江苏省技工院校一体化系列教材

电机与变压器

DIANJI YU BIANYAQI

江苏省技工院校教材编写委员会组织编写

苏州大学出版社
Soochow University Press

图书在版编目(CIP)数据

电机与变压器/刘青主编;江苏省技工院校教材编写委员会组织编写. —苏州:苏州大学出版社,2014.1(2015.2重印)
江苏省技工院校一体化系列教材
ISBN 978-7-5672-0730-1

Ⅰ.①电… Ⅱ.①刘… ②江… Ⅲ.①电机-技工学校-教材 ②变压器-技工学校-教材 Ⅳ.①TM

中国版本图书馆CIP数据核字(2013)第320463号

电机与变压器
江苏省技工院校教材编写委员会组织编写
责任编辑 周建兰

苏州大学出版社出版发行
(地址:苏州市十梓街1号 邮编:215006)
宜兴市盛世文化印刷有限公司印装
(地址:宜兴市万石镇南漕河滨路58号 邮编:214217)

开本787 mm×1 092 mm 1/16 印张25.25(共两册) 字数605千
2014年1月第1版 2015年2月第2次印刷
ISBN 978-7-5672-0730-1 定价:50.00元(共两册)

苏州大学版图书若有印装错误,本社负责调换
苏州大学出版社营销部 电话:0512-65225020
苏州大学出版社网址 http://www.sudapress.com

本书编审人员

主　编：刘　青

副主编：冷静燕

参　编：朱　伟　裴成平　郑　燕

主　审：刘进峰

总序

General Preface

近年来，我省加快经济发展方式转变和产业结构优化升级，为技工教育创造了广阔的发展空间，也对技能人才的培养提出了更高要求。为提高技能人才培养契合产业需求的有效性、针对性，从2009年起，人力资源和社会保障部启动了以课程为中心的一体化课程教学改革，给技能人才培养带来了全新的教学理念，是技能人才培养模式的一场教学革命，推动了我国技工教育与国际先进教学方式的接轨。

教材是体现技工院校教学课程目标和内容的重要载体，高质量的教学培训需要高质量的教材，加快研究开发理论与实践一体化的教材，是提高技工教育、技能人才培养质量的重要基础。为此，江苏省人力资源和社会保障厅于2013年初，组建了江苏省技工院校教材编写委员会，启动了全省技工院校新设专业课程标准和省版教材的开发。

省版教材的开发坚持两条原则：一是坚持贯彻急需紧缺并与部编教材相辅相成的原则，即开发目前尚无部编计划的教材，以及结合沿海地区经济发达、科技先进、教育领先的实际情况，经专家论证，重点开发高新技术专业教材和落后陈旧不适用的教材。二是坚持理论知识和实践操作融通合一的原则，教材编写借鉴先进的一体化课程教学改革的理念，采用项目引领、任务驱动、活动载体的格式体例，以学生为中心、以职业活动为导向、以综合职业能力培养为核心，充分调动学生的主观能动性和参与意识，实现理论教学与实践教学融通合一、能力培养与工作岗位对接合一，努力开发一批具有地方特色、理论与实践一体化的精品教材。

本教材可作为技工院校相关专业的教学用书及产业现场的职工技能培训用书。由于教材结构采用了理论知识和实践操作紧密结合、融通合一的方式，教学内容反映了国际先进的职业教育理念，因此本教材也可作为专家、学者的参考资料。

教材编写工作得到了全省各技工院校的大力支持，在此，我们表示诚挚的感谢。由于一体化课程教学改革目前仍处于探索、试点阶段，可供借鉴的资料和经验还不多，另外，由于受时间和编者水平的限制，不当甚至错误之处在所难免，恳切希望广大师生和专家学者提出宝贵意见与建议。

江苏省技工院校教材编写委员会

2013年12月

前言

Preface

《电机与变压器》是技工院校电工电子类专业中技阶段的通用教材，它不仅是一门专业基础课程，也是一门实用性很强的技术应用课程.

本书依据一体化课程改革的理念和要求，贯彻以学生为中心，以职业活动为导向，以综合职业能力培养为核心的原则，打破传统学科知识体系，注重项目引领、任务驱动，以实践活动为载体，调动学生的主观能动性和参与意识，实现理论教学与实践教学融通合一、能力培养与岗位技能对接合一的要求.

《电机与变压器》在江苏省人力资源和社会保障厅组织指导下，由省内多位知名专家反复研讨，多所技工院校的资深老师共同撰稿，并经多次函审、会审、修改，合作完成．本书根据省颁《电机与变压器课程标准》的要求，主要包括7个项目：单相变压器的使用、三相变压器的使用与维护、直流电机的使用与维修、三相异步电动机的认识与使用、三相异步电动机的运行与维修、单相异步电动机的使用与维修、特种电机的认识与使用.每一个项目分解为若干个任务，每一个任务包括：任务描述、学习目标、学习地点、学习准备、知识准备、任务实施、任务评价、知识拓展，并尽可能采用图表形式，简明直观.

本书在编写过程中突出了以下特点：

1. 紧贴产业现场岗位需求，突出职业能力培养，在理论知识上遵循“必需、够用”原则，压缩理论推导和分析等内容.

2. 从编写格式、体例上进行创新，尽可能使用图片、实物照片或表格等形式将各个知识点、工艺过程生动地展示出来，力求给学生营造一个更加直观的认知环境.

3. 采用理论与实践一体化的模式，使教材内容更加符合学生的认知规律，保证理论与实践密切结合.教材中相关技术内容及术语、单位、符号等都采用最新国家标准.

4. 教材配有习题集，按照教材项目和任务顺序编排，题型丰富多样，难易配置适当，有助于学生复习和巩固所学知识.

本书项目一、项目二、项目三及对应习题集由江苏省常州技师学院刘青编写，项目四、项目五及对应习题集由江苏省常州技师学院冷静燕编写，项目六及对应习题集由淮海技师学院裴成平编写，项目七及对应习题集由镇江技师学院朱伟编写，南京技师学院郑燕参与了项目三的编写工作.全书由刘青任主编，冷静燕任副主编，刘青负责全书的统稿工作，江苏省盐城技师学院刘进峰教授级高级讲师主审.本书在编写过程中参考了许多专家学者的著作和教材，在此对给予本书编写工作支持和帮助的专家与同行表示衷心的感谢.

本书可作为技工院校电工电子类专业教学用书，也可作为各类技能培训教学用书.

由于编者水平有限，编写和校稿时间仓促，本书在内容安排和叙述上，难免出现不妥和错误，恳请专家、同行和读者批评指正.

编　者

2013年12月

Contents

目　录

项目一　单相变压器的使用

项目学习目标

● 能说出变压器的作用和分类，认识变压器的外形和内部结构，熟悉各部件的作用．知道几种常用特种变压器的结构特点、应用场合及使用注意事项．

● 能识读变压器的工作原理图，能分析变压器空载运行时的电压变换关系、负载运行时的电流变换关系和阻抗变换关系．

● 能说出变压器的外特性、电压变化率、损耗和效率的含义，能正确分析变压器的运行情况．

● 能在教师指导下完成单相变压器的接线和简单的操作使用方法．通过对单相变压器的参数测定，知道变压器空载试验和短路试验的目的和实际意义．

● 能按变压器实际参数要求，并在教师指导下，按工艺要求完成小型单相变压器的制作．

任务一　单相变压器的认识

任务描述

变压器是一种常见的静止电气设备，它利用电磁感应原理，将某一数值的交变电压变换为同频率的另一数值的交变电压．变压器广泛应用于各种交流电路中，与人们的生产生活密切相关．小型变压器应用于机床的安全照明和控制电路、各种电子产品的电源适配器、电子线路中的阻抗匹配等．电力变压器是电力系统中的关键设备，起着高压输电、低压供电的重要作用．因此掌握变压器的相关知识和应用技能是电气技术人员必不可少的．

学习目标

◇ 能说出变压器的用途和分类，认识变压器的外形和内部结构，熟悉各组成部件的作用．

◇ 能口述变压器的基本工作原理，知道变压器的能量传递过程．

◇ 能在教师指导下，正确使用仪表，并完成单相变压器直流电阻和绝缘电阻的测量.

◇ 学会变压器的检测、接线等简单操作.

学习地点

变压器实训室.

学习准备

仪表：交流电压表、交流电流表、万用表、单臂电桥、兆欧表.

设备：单相变压器、单相自耦调压器、刀开关、多媒体设备等.

材料：连接导线等.

资料：电工手册、变压器安全操作规程、变压器相关资料.

知识准备

一、变压器的基本工作原理

图 1-1-1(a)所示为变压器的基本工作原理示意图，其主要部件是铁芯和绕组. 两个互相绝缘且匝数不同的绕组分别套装在铁芯上，两绕组间只有磁的耦合而没有电的联系，其中接电源 u_1 的绕组称为一次侧绕组(或称为原绕组、初级绕组)，其匝数用 N_1 表示；用于接负载的绕组称为二次侧绕组(或称为副绕组、次级绕组)，其匝数用 N_2 表示. 变压器符号如图 1-1-1(b)所示.

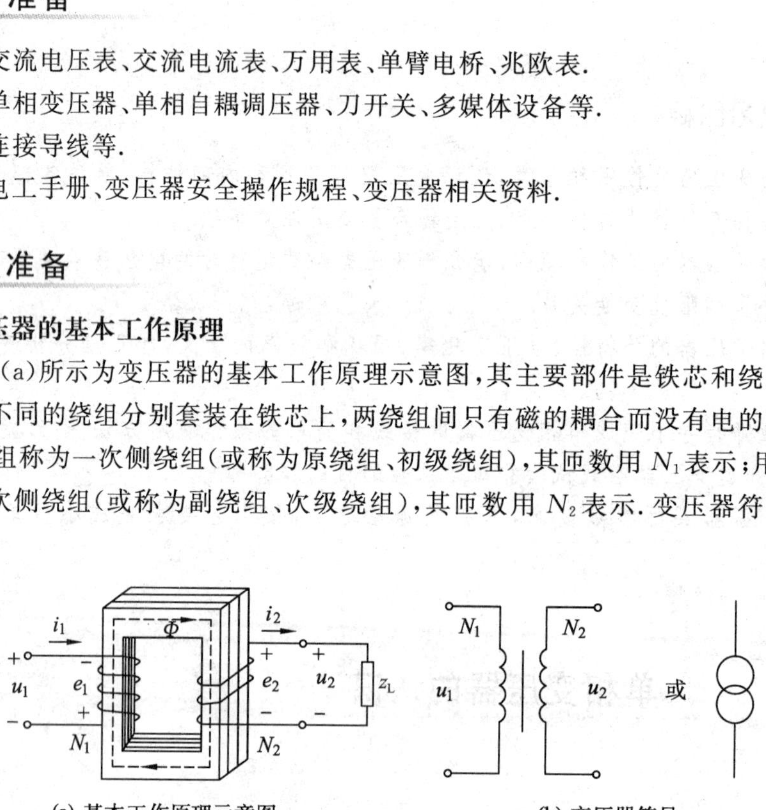

(a) 基本工作原理示意图　　(b) 变压器符号

图 1-1-1　变压器示意图

当一次侧绕组加上交流电压 u_1 后，绕组中便有电流 i_1 通过，在铁芯中产生与 u_1 同频率的交变磁通 Φ，根据电磁感应原理，将分别在两个绕组中感应出电动势 e_1 和 e_2，即

$$e_1 = -N_1 \frac{\Delta \Phi}{\Delta t} \tag{1-1-1}$$

$$e_2 = -N_2 \frac{\Delta \Phi}{\Delta t} \tag{1-1-2}$$

式中，负号表示感应电动势总是阻碍磁通的变化. 若把负载接在二次侧绕组上，则在电动势 e_2 的作用下，有电流 i_2 流过负载，实现了电能的传递. 由此可知，一次、二次侧绕组感应电动势的大小(近似于各自的电压 u_1 及 u_2)与绕组匝数成正比，故只要改变一次、二次侧绕组的匝数，就可达到改变电压的目的，这就是变压器的基本工作原理.

变压器从电网吸收电能后，依靠电磁感应的作用，以磁场为媒介，将电能传递给负载. 整个过程是：电能→磁场能→电能. 上述能量传递的过程也说明变压器只能传递交流电能，不能传递直流电能，也不能产生电能. 变压器只能改变交流电电压或电流的大小，而不能改变频率的高低. 变压器在传递能量的过程中损耗很小，效率极高.

二、变压器的用途

变压器在交流电路中主要起变电压、变电流、变阻抗、变相位和电气隔离的作用，在输、配电系统中主要用于变换交流电压的大小. 由发电站发出的电能在向用户输送的过程中，通常需用很长的输电线. 根据 $P=\sqrt{3}UI\cos\varphi$ 可知，在输送功率 P 和负载的功率因数 $\cos\varphi$ 一定时，输电线路上的电压 U 越高，则流过输电线路中的电流 I 就越小. 这不仅可以减少输电线的横截面积，节约导体材料，同时还可以减少输电线路的功率损耗. 因此，目前世界各国在电能的输送与分配方面都朝建立高电压、大功率的电力网系统方向发展，以便集中输送、统一调度与分配电能. 这就促使输电线路的电压由高压（110～220kV）向超高压（330～750kV）和特高压（750kV 以上）不断升级. 目前我国高压输电的电压等级有 110kV、220kV、330kV 及 500kV 等多种. 发电机本身由于其结构及所用绝缘材料的限制，不可能直接发出这样的高压，发电机输出电压一般有 400V、3.15kV、6.3kV、10.5kV 等数种. 因此在输电时必须首先通过升压变压器将电压升高.

高压电能输送到用户区后，为了保证用电安全和符合用电设备的电压等级要求，还必须通过各级降压变电站将电压降低. 图 1-1-2 所示为三相电力系统输电示意图.

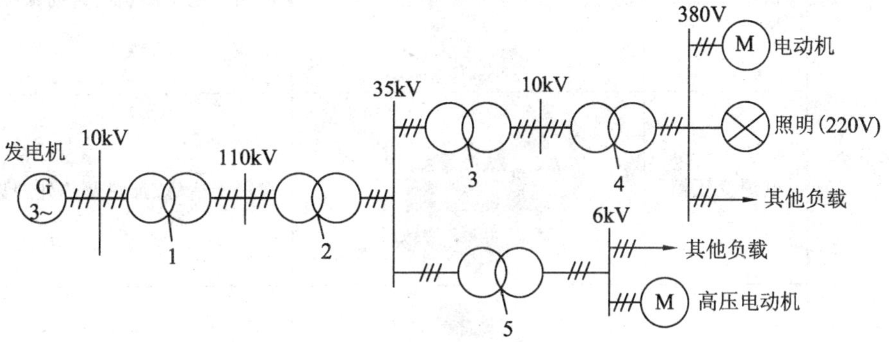

1—升压变压器　2、3—降压变压器　4、5—配电变压器

图 1-1-2　三相电力系统输电示意图

综上所述，变压器是输、配电系统中不可缺少的重要电气设备，从发电厂发出的电压经升压变压器升压输送到用户区后，再经降压变压器降压供电给用户，中间一般要经过 4～5 次甚至 8～9 次变压器的升降压. 据统计，1kW 的发电设备需 5～8kV·A 变压器容量与之配套. 由此可见，在电力系统中变压器是容量最多和最大的电气设备.

三、变压器的分类

为了适用于不同的使用目的和工作条件，变压器的种类很多，其常用的分类方法和主要用途如表 1-1-1 所示.

表 1-1-1　　变压器常用的分类方法和主要用途

分　类	名　称	外　形　图	主　要　用　途
按相数分类	单相变压器		常用于单相交流电路中隔离、电压等级的变换、阻抗变换、相位变换或三相变压器组
	三相变压器		三相变压器产品广泛用于工矿企业、纺织机械、工业自动化设备等所有需要正常电压保证的场合
按用途分类	电力变压器		常用于输、配电系统中变换电压和传输电能
	仪用互感器	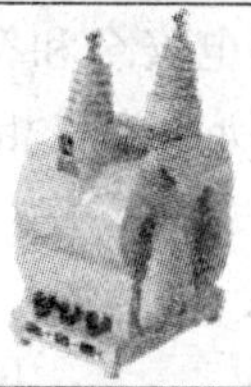	常用于电工测量与自动保护装置
	电炉变压器		常用于冶炼、加热及热处理设备电源
	自耦变压器		常用于实验室或工业上调节电压
	电焊变压器		常用于焊接各类钢铁材料的交流电焊机上
按铁芯结构形式分类	壳式铁芯		常用于小型变压器、大电流的特殊变压器，如电炉变压器、电焊变压器；或用于电子仪器及电视、收音机等的电源变压器

续表

分　类	名　称	外　形　图	主　要　用　途
按铁芯结构形式分类	心式铁芯		常用于大、中型变压器以及高压的电力变压器
	C形铁芯		常用于电子技术中的变压器
按冷却方式分类	油浸式变压器		常用于大、中型变压器
	风冷式变压器		强迫油循环风冷，用于大型变压器
	自冷式变压器		空气冷却，用于中、小型变压器
	干式变压器		用于安全防火要求较高的场合，如地铁、矿井、机场及高层建筑内的变电所等

另外，变压器的分类方式还有很多. 例如，电力变压器可分为升压变压器、降压变压器和配电变压器；按绕组分，可分为单绕组变压器、双绕组变压器、多绕组变压器；根据容量不同，可分为中、小型变压器(＜6300kV·A)，大型变压器(8000～63000kV·A)，特大型变

压器(＞63000kV·A).

四、单相变压器的基本结构

由变压器的基本工作原理可知,无论是单相变压器、三相变压器或其他各类变压器,它们主要由铁芯和绕组两部分组成.

(一) 变压器绕组

1. 绕组的作用及材料

变压器的线圈通常称为绕组,它是变压器的电路部分,小型变压器一般用具有绝缘的漆包圆铜线绕制而成,对容量稍大的变压器则用扁铜线或扁铝线绕制.

2. 绕组的命名

前面已介绍,接电源的绕组称为一次侧绕组、原绕组、原边或初级绕组;接负载的绕组称为二次侧绕组、副绕组、副边或次级绕组.按绕组所接电压高、低,可分为高压绕组和低压绕组.

3. 绕组的类型

按绕制方式不同,绕组可分为同心绕组和交叠绕组两种类型,其特点见表 1-1-2.

表 1-1-2　同心绕组和交叠绕组的特点

绕组类型	示意图	绕制特点	应用范围
同心绕组	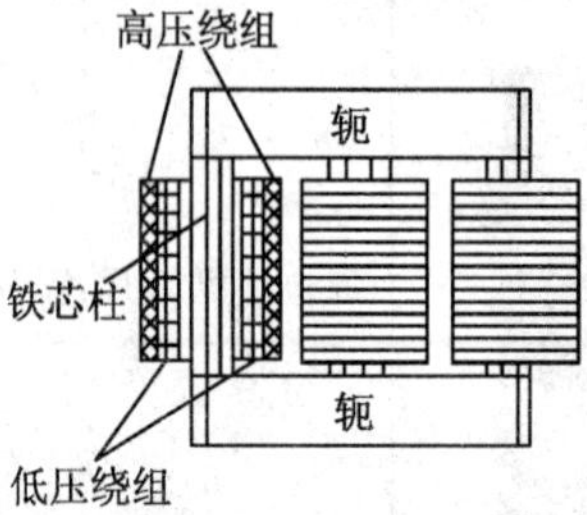	将一次、二次侧线圈套在同一铁芯柱的内外层,一般低压绕组在内层,高压绕组在外层.当低压绕组电流较大时,绕组导线较粗,也可放到外层,绕组的层间留有油道,以利于绝缘和散热.同心绕组结构简单,绕制方便	大多用于电力变压器中
交叠绕组	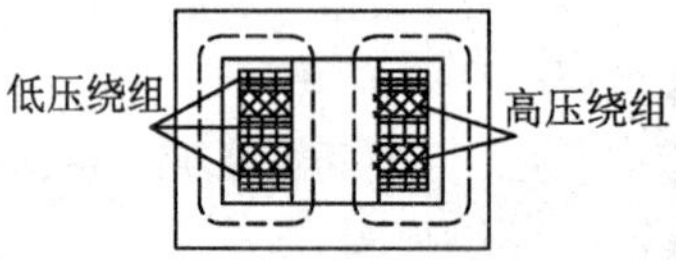	将高低压线圈绕成饼状,沿铁芯轴向交叠放置,一般两端靠近铁轭处放置低压绕组,以利于绝缘,其引线比较方便,机械强度好,易构成多条并联支路	大多用于壳式变压器、干式变压器、电炉变压器及电焊变压器等

(二) 变压器铁芯

1. 铁芯的作用及材料

铁芯是变压器的磁路部分、主磁通的通道,也是安放绕组的骨架.

铁芯材料的质量直接影响到变压器的性能.高磁导率、低损耗和价格,是选择铁芯材料时需要考虑的关键因素.为了提高铁芯的导磁能力,减小磁阻,减少铁芯内部的损耗(包括涡流损耗和磁滞损耗),变压器铁芯一般用 0.35mm 厚的冷轧硅钢片叠成.热扎和冷扎硅钢片的性能特点比较见表 1-1-3.

表 1-1-3　　**热扎和冷扎硅钢片的性能特点**

导磁材料名称	性能和特点	应用范围
热轧硅钢片	导磁性能好且损耗小,厚度有 0.35mm 和 0.5mm 两种,片间涂覆绝缘漆,工艺性能较好	多用于小型变压器中
冷轧硅钢片	性能比热轧硅钢片更好,但工艺性能较差,导磁有方向性且价格较贵.厚度有 0.27mm、0.30mm 和 0.35mm 等多种(越薄质量越好)	多用于大、中型变压器中,如电力变压器

目前,有些变压器铁芯采用非晶合金材料.非晶合金材料是 20 世纪 70 年代问世的一种新型合金材料,该合金具有优异的导磁性、耐蚀性、耐磨性、高硬度、高强度等独特性能特点.利用非晶合金材料制作铁芯而成的变压器比利用硅钢片制作铁芯而成的变压器,空载损耗下降 75%左右,空载电流下降约 80%,故现在已越来越多地用于安全和防火要求较高的大、中型变压器中.

2. 铁芯结构

变压器的铁芯因绕组放置的位置不同,可分成心式和壳式,如表 1-1-4 所示.

表 1-1-4　　**变压器铁芯的特点**

铁芯类型	示意图	性能和特点	应用范围
心式	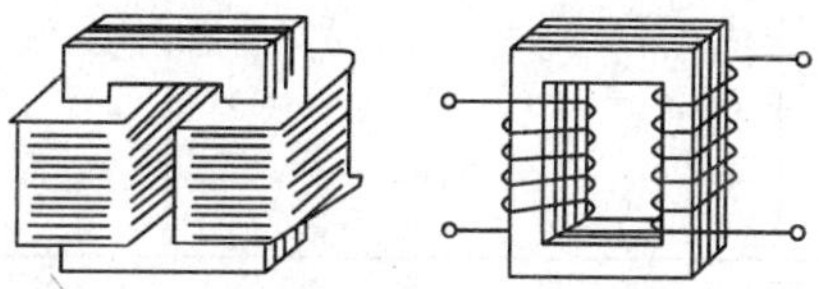	线圈包着铁芯,结构简单,装配容易,省导线	适用于大容量、高电压的场合.所以电力变压器大多采用三相心式铁芯
壳式	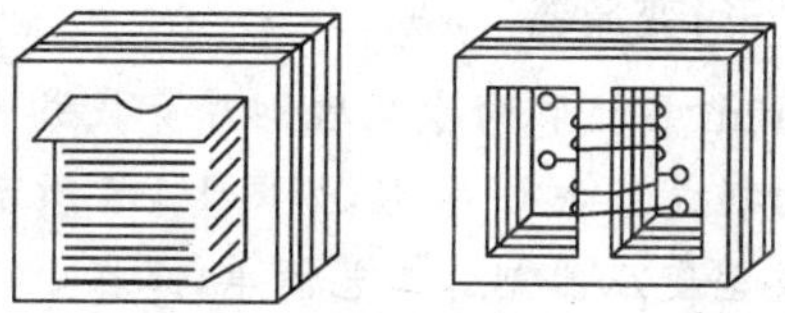	铁芯包着线圈,铁芯易散热,但用线量多,工艺复杂	除小型干式变压器外,很少采用

3. 铁芯柱与铁轭的装配工艺

铁芯由铁芯柱与铁轭构成.套装绕组的部分称为铁芯柱;连接铁芯柱形成闭合磁路的部分称为铁轭,如图 1-1-3 所示.

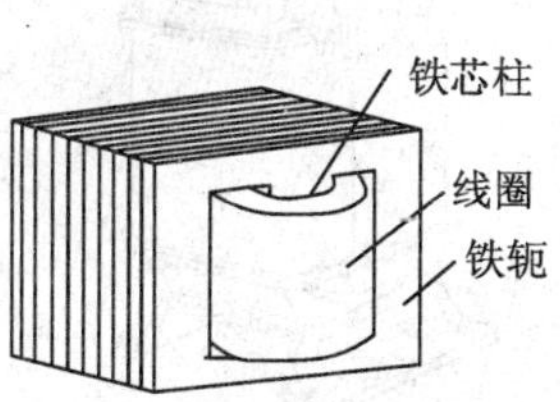

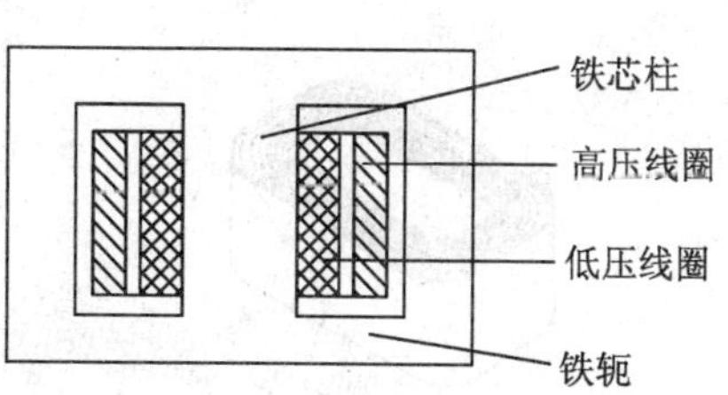

图 1-1-3　**单相壳式变压器铁芯柱与铁轭**

根据变压器的大小，铁芯柱与铁轭的装配工艺有所不同，分对接式和叠接式两种，如表 1-1-5 所示.

表 1-1-5　　铁芯柱与铁轭的装配工艺

装配工艺类别	示意图	性能和特点	应用范围
对接式	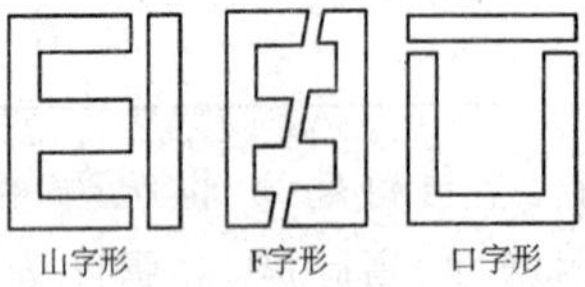	将铁芯和铁轭分别叠装夹紧，然后把它们对接起来，再把它们夹紧. 这种工艺气隙大，从而增加磁阻和励磁电流	小型变压器
叠接式	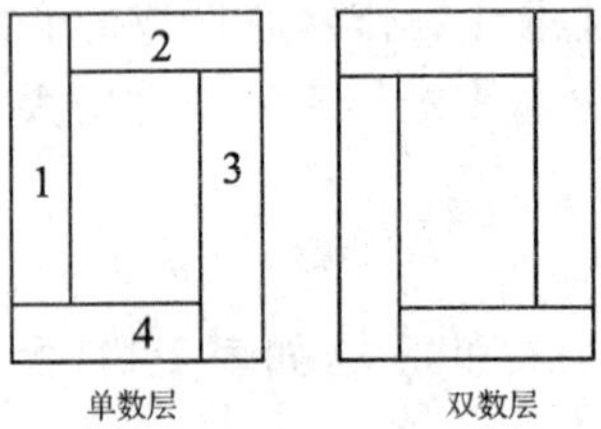 单相变压器硅钢片叠法 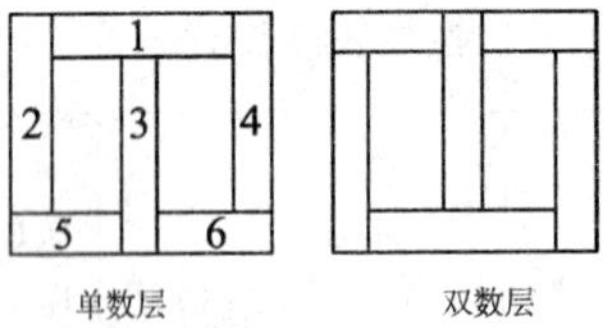 三相变压器硅钢片叠法	把铁芯柱和铁轭的钢片一层层相互交错重叠（每层不能多于三片），接缝相互错开. 因气隙较小，磁阻也相应减小，从而减少了励磁电流，改善了性能	目前大、中型变压器的铁芯都采用这种方式

提示

卷制式（C 形）变压器

目前卷制式（C 形）变压器铁芯采用 0.35mm 晶粒取向冷轧硅钢片剪裁成一定宽度的硅钢片带后再卷制成环形，将铁芯绑扎牢固后切割成两个 U 字形，如图 1-1-4 所示. 图 1-1-5 所示为用卷制铁芯制成的 C 形变压器. 由于该类型变压器制作工艺简单，正在小容量的单相变压器中逐渐普及. 随着制造技术的不断成熟，用卷制铁芯制作的三相电力变压器（500kV · A 以下）将逐步代替传统的叠接式变压器，其主要优点是重量轻、体积小、空载损耗小、噪音低、生产效率高、质量稳定.

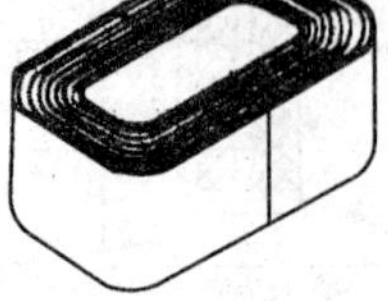

图 1-1-4　卷制式（C 形）铁芯

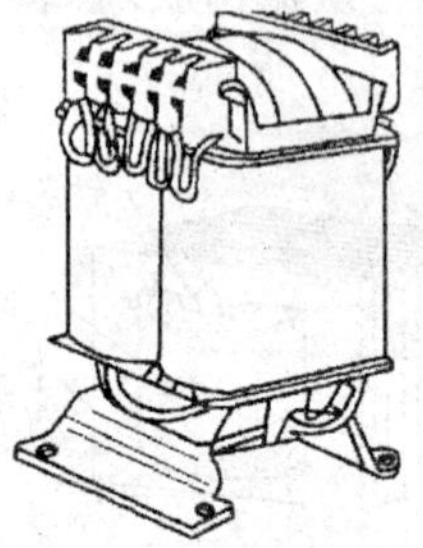

图 1-1-5　C 形变压器

任务实施

单相变压器的简单操作

一、实训目的

- 认识并检测单相变压器.
- 学会单相变压器的接线和操作使用方法.
- 测定单相变压器一次和二次侧绕组的直流电阻、绕组对地以及绕组之间的绝缘电阻.
- 测定单相变压器的输入/输出电压、输入/输出电流的关系.

二、实训器材

仪表、材料、设备等见学习准备.

三、实训内容及步骤

(一) 主要实训器材的认识

主要实训器材的作用及使用注意事项见表 1-1-6.

表 1-1-6　主要实训器材的作用及使用注意事项

序号	器材名称	图　例	规　格	作　用	备　注
1	单相调压器	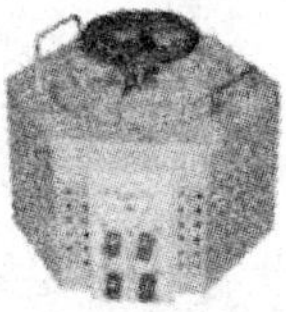	0～250V	可调节单相交流电源电压的大小	逆时针旋转电压调节手柄，使输出电压降低；顺时针旋转，使输出电压升高
2	单相变压器		BK-50W (220V/36V)	实训操作对象	通电后观察单相变压器的输入/输出电压的关系以及输入/输出电流的关系
3	交流电压表		量程为 250V	测定单相变压器的输入/输出电压	本次实训的测量工具，注意正确选择量程
4	交流电流表		量程为 2A	测定单相变压器的输入/输出电流	本次实训的测量工具，注意正确选择量程
5	万用表		MF-47 型	粗测单相变压器一次、二次侧绕组的直流电阻	注意选择欧姆挡

续表

序号	器材名称	图 例	规 格	作 用	备 注
6	可调负载电阻		$I_N=0.5A$ $R=0\sim1k\Omega$	改变单相变压器的负载大小	通过调节阻值，来改变变压器电流的大小. 开始通电前，电阻值应该调到最大位置
7	500V 兆欧表	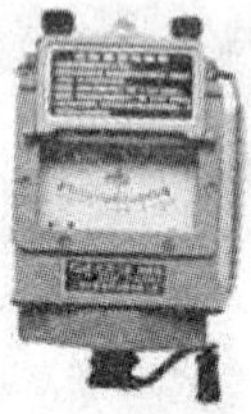	ZC25B-3 型 (500V)	用来测量单相变压器绕组对地以及绕组之间的绝缘电阻	又称绝缘电阻表，测定前应检查兆欧表的好坏
8	单臂电桥		QJ23a 型	精确测量单相变压器一次、二次侧绕组的直流电阻	根据万用表粗测的电阻值，合理选择单臂电桥的倍率

(二) 变压器绕组直流电阻的测定

单相变压器一次、二次侧绕组均由铜导线绕制而成，因此存在一定的直流电阻. 如果变压器的容量很小，则导线很细，此时绕组的直流电阻较大，约有几十欧，可用万用表电阻挡测量(最好用单臂电桥测量，其精确度较高)；如果变压器的容量稍大，此时绕组低压侧的直流电阻可能较小，只有几欧，则必须用单臂电桥测量.

测量变压器绕组的直流电阻可以确定哪一组为高压侧，哪一组为低压侧，同时也可初步判定变压器绕组的好坏(有无开路或短路故障).

1. *用万用表测量变压器一次及二次侧绕组的直流电阻值*

将万用表旋钮置于 $R\times1$ 挡，分别测量变压器一次侧绕组及二次侧绕组的直流电阻值 R_1 及 R_2，并记录于表 1-1-7 中.

表 1-1-7　变压器绕组直流电阻的测定

万用表测量	$R_1=$__________ Ω，$R_2=$__________ Ω
单臂电桥测量	$R_1=$__________ Ω，$R_2=$__________ Ω

2. *用单臂电桥精确测量电阻值*

在使用万用表粗测电阻值的基础上，用单臂电桥进行精确测量并记录于表 1-1-7 中.

(1) 选择单臂电桥. 选择 QJ23a 型单臂电桥，如图 1-1-6 所示.

(2) 校准电桥检流计指针的零位. 先校准电桥检流计指针的机械零位，后将电桥表面上的“G”拨钮打至“内接”，若指针不在零位，调整“调零”旋钮使之为零.

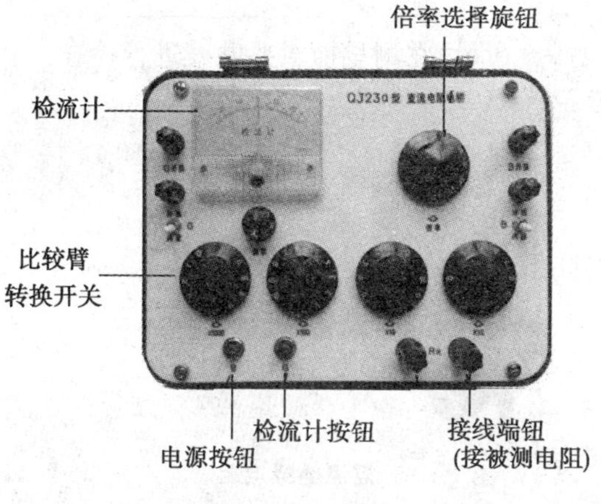

图 1-1-6　QJ23a 单臂电桥

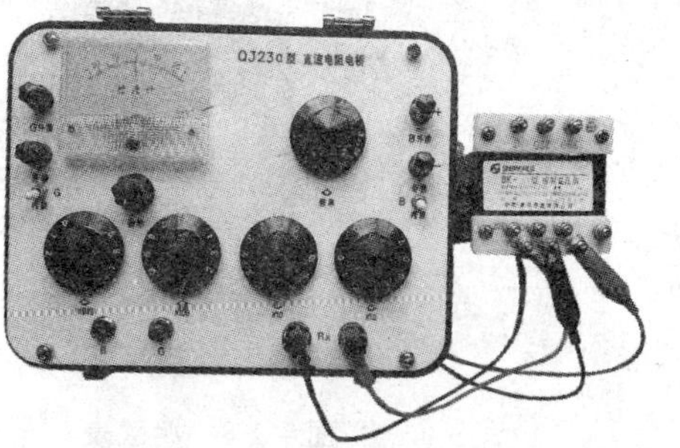

图 1-1-7　待测电阻接入电桥

(3) 接待测电阻. 选择单相变压器其中一相绕组的两个端点，接到电桥待测电阻“R_x”接线柱上，如图 1-1-7 所示.

(4) 选择电桥倍率. 根据已用万用表粗测的绕组阻值，将电桥倍率选择旋钮的指示线对准合适的刻度线. 例如，如果绕组阻值为 5Ω，则将倍率选择旋钮的指示线对准刻度线$\times 10^{-3}$.

(5) 调节电桥至平衡.

①先将比较臂“$R\times1000$”、“$R\times100$”、“$R\times10$”、“$R\times1$”旋钮旋至 10.

② 测量方法. 先按 B，后按 G，观察检流计指针的偏转方向，若检流计指针向“＋”偏转，则应增大比较臂电阻；若检流计指针向“－”偏转，则应减小比较臂电阻. 测量完毕，先松开 G，后松开 B，否则绕组突然断电产生自感电动势，从而损坏检流计.

例　如将“$R\times1000$”挡调到“5”，若指针向“－”偏转，应减小比较臂电阻. 先松开 G，后松开 B，调到“4”挡. 若指针向“＋”偏转，应增大比较臂电阻(由于“$R\times100$”、“$R\times10$”、“$R\times1$”都在“10”挡，不能继续增大比较臂电阻)，所以比较臂选择“5”挡.

③ 依次根据②的方法，确定“$R\times100$”、“$R\times10$”、“$R\times1$”的数值，直到检流计指针指向零位.

(6) 读数并计算阻值. 当电桥平衡后读出四个旋钮盘的读数，并计算出阻值. 例如，旋钮的读数为 5、0、7、3，被测绕组直流电阻值为：R_x＝比较臂电阻×倍率＝$5073\times10^{-3}\,\Omega$＝5.073Ω.

(7) 测量完毕后将“B”“G”拨钮开关打至“外接”，拆除被测电阻.

3. 比较两次测量结果

比较两种测量方法的测量结果，看一看哪一种方法测得的电阻值较精确.

(三) 变压器绕组绝缘电阻的测定

为保证变压器正常、安全地工作，变压器一次、二次侧绕组之间以及一次侧绕组与铁芯、二次侧绕组与铁芯之间均应有良好的绝缘. 根据测定的变压器绕组的绝缘电阻值，可判定变压器的绝缘性能，从而判定变压器质量的好坏. 变压器的绝缘电阻用兆欧表测定，对电压为 380V(或 220V)的变压器，测得的绝缘电阻阻值均不能低于 0.5MΩ.

1. 选择合适的兆欧表并检查

选择一只合适的兆欧表(0～500V)，如图 1-1-8 所示. 在测量前对兆欧表进行检查：

图 1-1-8　兆欧表

图 1-1-9　摇测绝缘电阻

(1) 开路验表. 将兆欧表 E、L 端开路，顺时针摇动兆欧表的手柄由慢至快并达到 120r/min 的速度，观察兆欧表的指针是否指向开路状态“∞”.

(2) 短路验表. 将兆欧表 E、L 端短路，并慢慢摇动兆欧表的手柄，观察兆欧表的指针是否指向“0”.

2. 测量绕组的绝缘电阻

将兆欧表 L 接线柱上的接线接变压器一次侧绕组的一端，兆欧表 E 接线柱上的接线接铁芯(应清除铁芯上的绝缘部分)，如图 1-1-9 所示. 匀速摇动兆欧表手柄，使其转速在 120r/min 左右，摇动 1min 后读取变压器一次侧绕组与铁芯间的绝缘电阻值，将数据记录于表 1-1-8 中. 同样测量变压器二次侧绕组与铁芯间以及一次、二次侧绕组之间的绝缘电阻值并记录于表 1-1-8 中.

表 1-1-8　　变压器绕组绝缘电阻的测定

测量内容	测量值	是否合格
变压器一次侧绕组与铁芯间的绝缘电阻值		
变压器二次侧绕组与铁芯间的绝缘电阻值		
变压器一次、二次侧绕组之间的绝缘电阻值		

3. 判断绕组的绝缘性能

根据所测数值大小来判断绕组的绝缘有无受潮，彼此之间及对地有无击穿等可能，若击穿短路电阻则为“0”.

(四) 单相变压器的输入/输出电压、输入/输出电流关系的测定

1. 绘制单相变压器的工作电路图

根据单相变压器的额定值和电源的参数，设计和绘制单相变压器的工作电路. 单相变压器最简单的工作电路如图 1-1-10 所示.

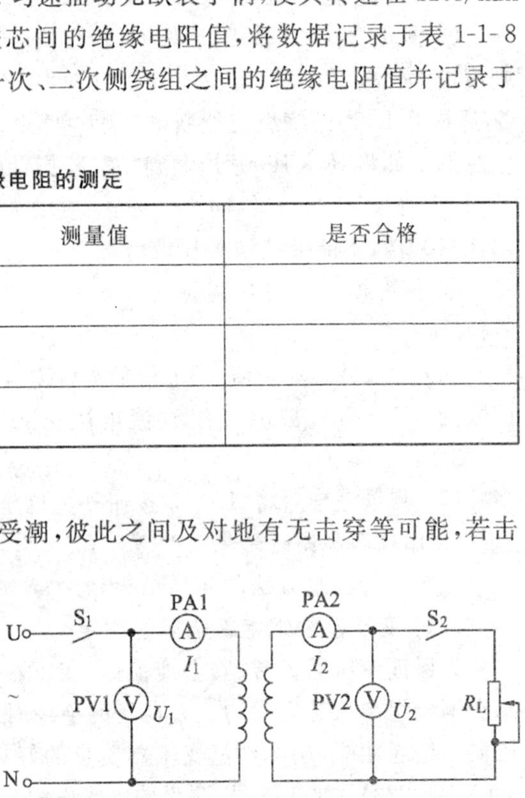

图 1-1-10　单相变压器的工作电路图

2. 连接单相变压器的工作电路

经指导教师认可后，按照所绘制的单相变压器工作电路图连接交流电源、单相变压器、交流电压表、交流电流表、可调负载电阻以及开关.

接通交流电源前，务必将电源输出电压调到最小位置，注意合理选择各电压表、电流表的量程，负载电阻 R_L 的阻值应调到最大位置.

3. 通电测试变压器的输入/输出电压关系

先闭合电源开关 S_1，接通单相交流电源；再慢慢升高电压，注意观察并记录两只电压表的读数，直至变压器的输入电压为额定值. 在 $0.2U_N \sim 1U_N$ 的范围内，共读取 7～8 组数据，并记录于表 1-1-9 中.

表 1-1-9　　变压器的输入/输出电压

U_1/V								
U_2/V								

4. 通电测试变压器的输入/输出电流关系

将变压器的输入电压调到额定电压的 80%左右. 闭合负载开关 S_2，慢慢减小负载电阻 R_L 的阻值，同样注意观察并记录两只电流表的读数，直至变压器的输入电流为额定值. 在 $0 \sim I_N$ 的范围内，共读取 7～8 组数据并记录于表 1-1-10 中.

表 1-1-10　　变压器的输入/输出电流

I_1/V								
I_2/V								

想一想

(1) 当变压器的输入电压 U_1 升高时，输出电压 U_2 如何变化？

(2) 当变压器的负载电阻 R_L 减小，负载电流 I_2 增大时，输入电流 I_1 如何变化？

(3) 估算变压器的输入功率与输出功率之间有什么关系？

四、注意事项

- 变压器必须接入可调交流电源，不可直接加入额定电源电压.
- 实际操作过程中，变压器输入/输出的电压和电流均不允许超过额定值.
- 变压器输入/输出的电压值不同，输入/输出的电流值也相差较大，选用电压表和电流表时要注意选取合适的量程.
- 选用负载电阻时，要注意其能承受变压器的额定输出电流. 调节负载电阻时，要注意其阻值不能过小，以防止烧坏实训设备.

任务评价

根据本任务的学习情况，按行为、技能、情感三个指标进行自我评价、小组评价和教师评价.

任务评价表

一级评价指标	二级评价指标	评价内容	配分	自我评价 0.3	小组评价 0.3	教师评价 0.4
行为指标	安全文明生产	是否遵守安装规程	5分			
		是否按安全规程正确操作，无任何元器件的损坏	5分			
		工作岗位是否整洁	5分			
		是否具有良好的工作习惯	5分			
技能指标	工作过程中理论知识的掌握	预习和查阅资料的能力	5分			
		观察和分析问题的能力	5分			
		解决问题的方法和效果	5分			
		对单相变压器的用途、分类和基本工作原理的理解程度	5分			
	工作过程中技能的掌握	完成工作的积极性	5分			
		变压器工作电路的接线是否掌握	10分			
		变压器绕组直流电阻、绝缘电阻的测定是否正确	10分			
		测试变压器的输入/输出电压关系、输入/输出电流关系的方法是否掌握	10分			
		理论与实际相结合的综合分析能力	5分			
		仪器、仪表的使用方法是否正确	5分			
情感指标	综合运用能力	团队协作能力	5分			
		工作效率	5分			
		知识或技能拓展能力	5分			
合　计			100分			
综合评价						

任务二　单相变压器参数的测定

任务描述

为了合理、高效、安全、可靠地使用变压器，发挥变压器的最大作用，电气技术人员应该了解变压器改变电压、电流和阻抗的工作原理;根据工作原理,在使用变压器时,应该注意哪些地方?变压器工作时性能的好差主要体现在哪些方面?如何用实验的方法来测定变压器的工作性能?决定变压器性能的主要参数有哪些?如何来测定一台变压器的这些参数?

学习目标

◇ 能叙述变压器改变电压、电流和阻抗的工作原理,并能进行简单计算.

◇ 知道变压器的外特性、电压变化率、损耗和效率的含义,能正确分析变压器的运行情况.

◇ 学会单相变压器参数的测定方法,能说出变压器空载试验和短路试验的目的和实际意义.

学习地点

变压器实训室.

学习准备

仪表:交流电压表、交流电流表、万用表、低功率因数功率表.

设备:单相变压器、单相自耦调压器、刀开关(或自动空气开关)、多媒体设备.

材料:连接导线.

资料:电工手册、变压器安全操作规程、变压器相关资料.

知识准备

一、单相变压器的运行原理

最简单的单相变压器是由一个闭合的铁芯和绕在铁芯上的两个匝数不等的绕组组成的.一次、二次侧绕组都用绝缘的导线绕成.虽然一次、二次侧绕组在电路上是相互分开的,但通过磁路,一次、二次侧绕组相互联系,传递能量.根据二次侧绕组是否连接负载,单相变压器的运行可分为空载运行和负载运行.

(一)单相变压器的空载运行

所谓单相变压器的空载运行,是指单相变压器一次侧绕组加额定电压,二次侧绕组开路的工作状态,如图1-2-1所示.下面具体分析变压器一次、二次侧绕组间的电压关系.

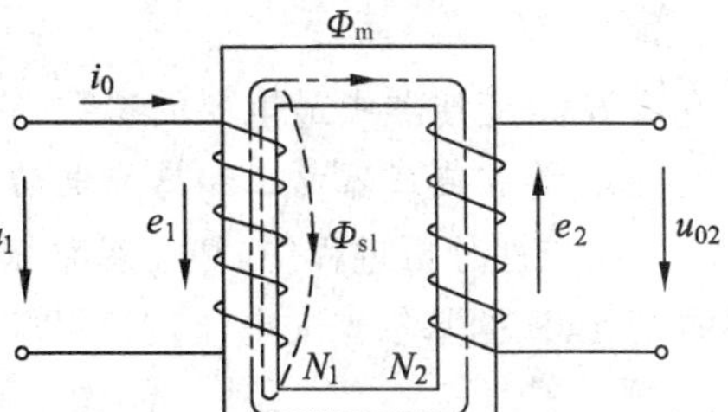

图 1-2-1 单相变压器空载运行原理图

当一次侧绕组接上交流电压 u_1 时,在一次侧绕组中就会有交流电流 i_0 通过并在铁芯中产生交变的磁通 Φ_m.这个交变磁通不仅通过一次侧绕组,而且通过二次侧绕组,并在两绕组中分别产生感应电动势 e_1 和 e_2.此时,因为二次侧绕组未接负载,二次侧绕组中没有电流流过,但二次侧绕组有输出电压 u_{02}.

1. 变压器绕组感应电动势的大小

根据电磁感应定律 $e=-N\dfrac{\Delta\Phi}{\Delta t}$,可推得变压器绕组上感应电动势大小的计算公式:

$$E=4.44fN\Phi_m \tag{1-2-1}$$

式中,Φ_m为主磁通幅值,单位为 Wb;f 为频率,单位为 Hz;E 为感应电动势有效值,单位为 V;N 为变压器绕组匝数,单位为匝.

主磁通在一次侧绕组中的感应电动势为

$$E_1=4.44fN_1\Phi_m \tag{1-2-2}$$

主磁通在二次侧绕组中的感应电动势为

$$E_2=4.44fN_2\Phi_m \tag{1-2-3}$$

从式(1-2-1)可以看出,变压器主磁通 Φ_m的大小主要取决于电源电压的大小、电源频率的高低以及绕组匝数的多少.因此,在使用变压器时必须注意:电源电压 u_1过高,电源频率 f 过低,绕组匝数 N_1过少,都会引起主磁通 Φ_m过大,磁路饱和,使变压器中用来产生磁通的励磁电流(即空载电流 I_0)大大增加而烧坏变压器.

对某台变压器而言,f 及 N_1 均为常数,因此当加在变压器上交流电压有效值 U_1恒定时,则变压器铁芯中的磁通 Φ_m基本上保持不变.这个恒磁通的概念很重要,在以后的分析中会经常用到.

提示

所有交流电路中带铁芯线圈的电器,如交流电动机、电磁铁、继电器、电抗器等,都必须注意其额定电压与电源电压要相符合,千万不要过电压运行.从美国、日本进口的电器要注意工作频率是 60Hz 还是 50Hz,60Hz 的电器用于 50Hz 等级电压的电网时,磁路中的磁通量变大,空载电流增大,只能减小容量运行,不能满负荷工作.修理电机变压器等电器的绕组时,必须保证线圈的匝数,偷工减料会影响其质量和寿命,甚至在短时间内会烧坏变压器.

2. 单相变压器的变比

单相变压器一次侧绕组电动势 E_1与二次侧绕组电动势 E_2之比,称为变压器的变比,用 K 表示,即

$$K=\frac{E_1}{E_2}=\frac{N_1}{N_2} \tag{1-2-4}$$

变比 K 是变压器中最重要的参数,它反映一台变压器改变电压、电流和阻抗的能力.

3. 单相变压器电压和感应电动势的关系

在定性分析过程中,往往忽略变压器一次侧绕组和二次侧绕组中的电阻及漏磁通产生的电抗,根据基尔霍夫电压定律可知,一次侧绕组的电压平衡方程式为

$$u_1=-e_1 \tag{1-2-5}$$

式(1-2-5)说明:一次侧绕组上的感应电动势大小等于电源电压大小,即 $U_1=E_1$;在相位上,e_1 与 u_1 反相位,e_1 也可以称为反电动势.

二次侧绕组的电压平衡方程式为

$$u_{02}=e_2 \tag{1-2-6}$$

式(1-2-6)说明:二次侧绕组上输出电压大小等于感应电动势大小,即 $U_{02}=E_2$;在相位

上，u_{02}与e_2同相位.

注意： 对于实际的变压器，虽然存在一次侧绕组电阻R_1和漏磁通Φ_{s1}，但由于空载励磁电流很小，因此i_0所对应的i_0R_1和漏抗电动势e_{s1}也很小，可以忽略不计.

因此实际变压器电压方程为$u_1 \approx -e_1, u_{02}=e_2$.

4. 单相变压器的电压变换原理

由变压器绕组电压和感应电动势的关系可知

$$U_1 \approx E_1 = 4.44 fN_1\Phi_m \tag{1-2-7}$$

$$U_{02} = E_2 = 4.44 fN_2\Phi_m \tag{1-2-8}$$

由式(1-2-7)和式(1-2-8)可知，一次侧绕组和二次侧绕组电压有效值之比为

$$\frac{U_1}{U_{02}} \approx \frac{E_1}{E_2} = \frac{N_1}{N_2} = K \tag{1-2-9}$$

上式表明，变压器一次侧绕组与二次侧绕组的电压之比约等于匝数之比. 当$N_1 > N_2$，即$K > 1$时，变压器起降压作用；当$N_1 < N_2$，即$K < 1$时，变压器起升压作用. 变压器通过改变一次侧绕组和二次侧绕组的匝数之比，就可以很方便地改变输出电压的大小. 这就是变压器的电压变换原理.

(二) 单相变压器的负载运行

单相变压器的负载运行，是指单相变压器一次侧绕组加额定电压，二次侧绕组接负载的运行状态，如图1-2-2所示. 下面具体分析变压器一次、二次侧绕组间的电流关系.

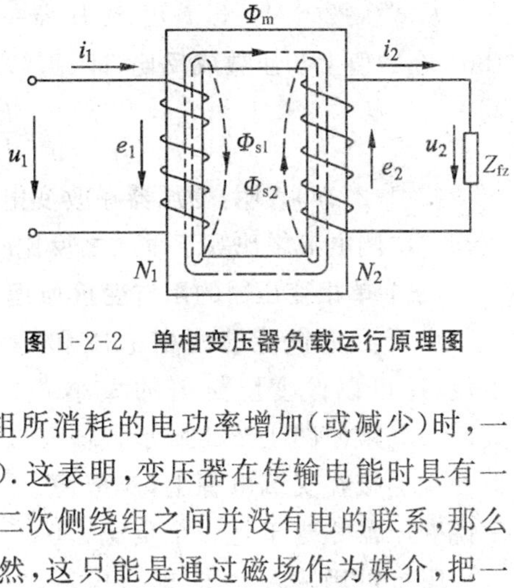

图1-2-2　单相变压器负载运行原理图

当二次侧绕组接上负载，一次侧绕组接上交流电源后，二次侧绕组有电流i_2通过，此时一次侧绕组的电流立即从空载电流i_0增加到i_1. 如果负载增大，则i_2增大，i_1也随之增大. 换句话说，变压器二次侧绕组所消耗的电功率增加(或减少)时，一次侧绕组从电源所取得的电功率也随之增加(或减少). 这表明，变压器在传输电能时具有一种自动调节的作用. 我们知道，双绕组变压器的一次、二次侧绕组之间并没有电的联系，那么这种能量传输的自动调节作用是怎样产生的呢？显然，这只能是通过磁场作为媒介，把一次、二次侧绕组相互联系起来的. 下面我们来分析这个问题.

1. 单相变压器的磁动势平衡方程

变压器负载运行时的电磁关系如图1-2-2所示.

变压器空载运行时，主磁通是由一次侧绕组中的空载励磁电流i_0产生的.

变压器负载运行时，二次侧绕组中的电流i_2也会产生磁动势i_2N_2，此时主磁通Φ_m将由一次侧电流i_1和二次侧电流i_2共同产生.

在电源电压基本不变时，一次侧绕组中的电动势e_1和铁芯中的主磁通也基本不变. 根据磁动势平衡关系，负载运行时的合成磁动势应该等于空载时的磁动势，因此变压器负载运行时的磁动势平衡方程式如下：

$$i_1N_1 + i_2N_2 = i_0N_1 \tag{1-2-10}$$

式(1-2-10)表明，当变压器从空载到负载运行时，由于二次侧电流i_2的存在，使一次侧

电流由 i_0 变为 i_1，以保持合成磁动势基本不变. 所以当负载发生变化时，i_2 发生变化，i_1 也必然发生相应的变化. 从变压器的磁动势平衡方程式，可得一次侧电流 i_1 与二次侧电流 i_2 之间的关系为

$$i_1 = i_0 + \left(-\frac{N_2}{N_1}i_2\right) = i_0 + (-i_2{}') \tag{1-2-11}$$

式(1-2-11)说明，一次侧电流 i_1 由两个分量组成：一个分量是空载励磁电流 i_0，用于产生主磁通 Φ_m；另一个分量为 $-i_2{}' = -\frac{N_2}{N_1}i_2$，用来抵消或平衡二次侧负载电流产生的磁动势，它是一个随负载变化而变化的量，称为负载分量.

2. 单相变压器的电流变换原理

因为变压器的磁路全部由铁磁材料组成，磁阻很小，所以用于产生主磁通的空载励磁电流 i_0 很小，只占 I_{1N} 的 2%～5%，在工程计算和分析时经常可以忽略不计，这时式(1-2-11)可以简化为

$$i_1 \approx -\frac{N_2}{N_1}i_2 \tag{1-2-12}$$

从式(1-2-12)可以看出，变压器一次侧绕组电流 i_1 与二次侧绕组电流 i_2 在相位上约差 180°，在数值上与匝数成反比，即

$$\frac{I_1}{I_2} \approx \frac{N_2}{N_1} = \frac{1}{K} \approx \frac{U_2}{U_1} \tag{1-2-13}$$

式(1-2-13)表明，变压器在改变电压的同时，电流也随之成反比例地变化，且一次侧电流与二次侧电流之比等于匝数之反比. 这就是变压器的电流变换原理.

(三) 单相变压器的阻抗变换原理

变压器不仅能够改变电压和电流，还可以改变阻抗值的大小. 其原理电路如图 1-2-3 所示，变压器一次侧接在交流电源上，对电源来说变压器相当于是一个负载，其输入阻抗可用输入电压、输入电流来计算，即变压器的输入阻抗为 $Z_1 = \frac{U_1}{I_1}$，而变压器的二次侧输出端又接了负载，变压器的输出电压、输出电流与负载之间存在 $Z_2 = \frac{U_2}{I_2} = Z_{fz}$ 关系，如图 1-2-3 所示. 可以看出，经过变压器把 Z_2 接到电源上和不要变压器直接把 Z_2 接到电源上，两者是完全不一样的，这里变压器起到改变阻抗的作用，即 Z_2 变成 Z_1 可以在 U_1 的电压下工作.

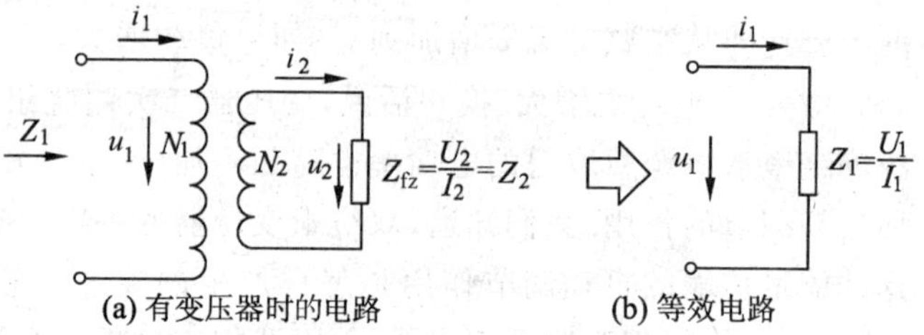

(a) 有变压器时的电路　　(b) 等效电路

图 1-2-3　变压器的阻抗变换原理

当忽略漏阻抗、不考虑相位、只计大小时，在空载和负载运行分析中，有

$$U_1 = KU_2 \tag{1-2-14}$$

$$I_1 = \frac{I_2}{K}$$

变压器的一次侧和二次侧的阻抗为：$Z_1=\frac{U_1}{I_1}$，$Z_2=\frac{U_2}{I_2}$. 所以可以得到阻抗变换公式：

$$Z_1=\frac{U_1}{I_1}=\frac{KU_2}{I_2/K}=K^2\frac{U_2}{I_2}=K^2Z_2=K^2Z_{fz} \tag{1-2-15}$$

这说明负载 Z_{fz}经过变压器以后阻抗扩大了 K^2倍. 如果已知负载阻抗 Z_{fz}的大小，要把它变成另一个一定大小的阻抗 Z_1，只需接一个变压器，该变压器的变比 $K=\sqrt{Z_1/Z_{fz}}$.

变压器改变阻抗的作用在电子技术中经常用到. 例如，扩音机设备中，由于喇叭的阻抗很小(4～16Ω)，如果把喇叭直接接到扩音机上，扩音机电源发出的功率大部分消耗在本身的内阻抗上，喇叭获得的功率很小而声音微弱. 理论推导和实验测试都可以证明：负载阻抗等于扩音机电源内阻抗时，可在负载上得到最大的输出功率. 所以喇叭的阻抗经变压器变换后，使之等于扩音机的内阻抗，就可在喇叭上获得最大的输出功率，这也称为阻抗匹配. 因此，在大多数的扩音机设备与喇叭之间都接有一个变阻抗的变压器，通常称之为线间变压器.

例 1-2-1　某晶体管收音机的输出变压器的一次侧匝数 $N_1=230$ 匝，二次侧匝数 $N_2=80$ 匝，原来配接 8Ω 的扬声器，现要改用同样功率而阻抗为 4Ω 的扬声器，则二次侧匝数 N_2 应改绕成多少？

解　先求出一次侧的 Z_1，因为不论 N_1 和 N_2 怎么变，必须保证 Z_1 不变，才能保证输出功率最大.

$$Z_1=K^2Z_2=\left(\frac{230}{80}\right)^2\times 8\ \Omega\approx 66.13\ \Omega$$

再由 Z_1和新的扬声器阻抗 $Z_2=4\Omega$，求出新的 K'和 N_2'.

$$K'=\sqrt{\frac{Z_1}{Z_2}}=\sqrt{\frac{66.13}{4}}\approx 4.07$$

$$N_2'=\frac{N_1'}{K'}=\frac{230}{4.07}\approx 57$$

则二次侧匝数 N_2应改绕成 57 匝.

二、单相变压器的运行特性

变压器对电网来说相当于用电设备，因此希望它损耗小、效率高；但对负载来说，它又相当于一个电源，要求其供电电压稳定. 因此表示变压器运行特性的主要指标有两个：一是效率，二是输出电压的稳定性(电压变化率).

(一) 变压器的外特性和电压变化率

1. 变压器的外特性

变压器的外特性是指一次侧电压为额定值 U_{1N}，负载功率因数 $\cos\varphi_2$一定时，二次侧端电压 U_2随负载电流 I_2变化的关系曲线，即 $U_2=f(I_2)$，如图 1-2-4 所示.

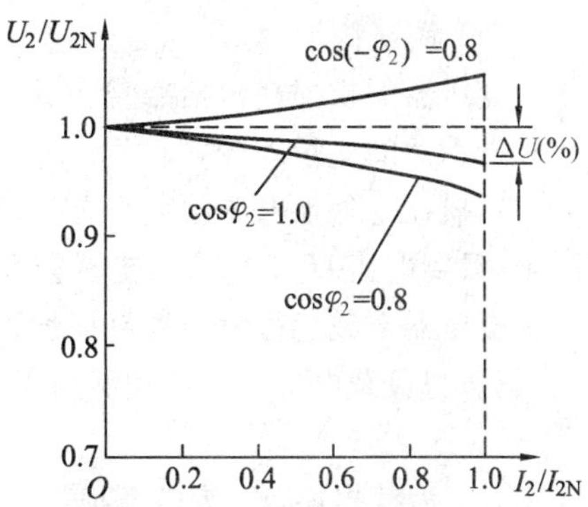

图 1-2-4　变压器的外特性曲线图

在负载运行时，由于变压器内部存在阻抗和漏抗，当负载电流流过时，变压器内部将产生阻抗压降，使二次侧端电压随负载的变化而变化.图1-2-4所示为不同负载性质时变压器的外特性曲线.由图可知,当负载容性时,外特性是上翘的;而负载感性时,外特性是下降的.也就是说,容性电流有助磁作用,使 U_2 上升;而感性电流有去磁作用,使 U_2 下降.

变压器二次侧电压的大小不仅与负载电流的大小有关,还与负载的功率因数有关.

因此,在变压器输入电压 U_1 不变时,影响外特性的因素是 Z_{s1}、Z_{s2}(Z_{s1}、Z_{s2} 分别为一次、二次侧绕组的漏阻抗)及 $\cos\varphi_2$.为了使各种不同容量和电压的变压器的外特性可以进行比较,在图1-2-4中坐标都用相对值 U_2/U_{2N}、I_2/I_{2N} 表示,这种值也称为标么值.

2. 电压变化率(电压调整率)

变压器二次侧输出电压随负载变化而变化的程度用电压变化率 $\Delta U\%$ 来表示.所谓电压变化率,是指变压器一次侧绕组加额定电压,负载的功率因数一定,空载与额定负载时二次侧端电压之差($U_{2N}-U_2$)与额定电压 U_{2N} 的比值,通常可以表示为

$$\Delta U\%=\frac{U_{2N}-U_2}{U_{2N}}\times 100\%=\frac{\Delta U}{U_{2N}}\times 100\% \qquad (1\text{-}2\text{-}16)$$

式中,U_{2N} 为变压器二次侧输出额定电压(即二次侧空载电压 U_{02}),U_2 为变压器二次侧额定电流时的输出电压.

电压变化率 $\Delta U\%$ 是表征变压器运行性能的重要指标之一,它的大小与负载大小、性质及变压器的本身参数有关,反映了供电电压的稳定性.

一般电力变压器,当 $\cos\varphi_2\approx 1$ 时,$\Delta U\%\approx 2\%\sim 3\%$;当 $\cos\varphi_2\approx 0.8$ 时,$\Delta U\%\approx 4\%\sim 6\%$.可见提高二次侧负载功率因数 $\cos\varphi_2$,还能提高二次侧电压的稳定性.一般情况下照明电源电压波动不超过 $\pm 5\%$,动力电源电压波动不超过 $+10\%\sim -5\%$.

提示

电力变压器输出电压调整

通常在变压器的高压侧设置抽头,并装设分接开关,调节变压器高压绕组的工作匝数,来调节变压器的二次侧电压.中、小型电力变压器一般有三个分接头.

(二) 变压器的损耗和效率

1. 变压器的损耗

变压器在能量传递过程中总会有能量损耗.变压器的损耗主要包括铁损耗和一次、二次侧绕组的铜损耗两部分.

(1) 铁损耗.

变压器的铁损耗包括磁滞和涡流损耗,它取决于铁芯中磁通密度的大小、磁通交变的频率和硅钢片的质量.

铁损耗与外加电压的大小有关,而与负载的大小基本无关.在铁芯材料和频率一定的情况下,只要电压 U_1 不变,Φ_m 就不会变,铁损耗 P_{Fe}($P_{Fe}\propto\Phi_m^2$)为常数,可看成不变的损耗.

变压器空载运行时的能量损耗以铁损耗为主,一般情况下认为变压器的铁损耗等于空载损耗,与负载电流的大小和性质无关,即

$$P_{Fe}\approx P_0 \qquad (1\text{-}2\text{-}17)$$

式中,P_{Fe} 为铁损耗,P_0 为空载损耗.

(2) 铜损耗.

变压器的铜损耗是电流在一次、二次侧绕组直流电阻上的损耗.

铜损耗与负载电流的平方成正比,铜损耗又称为可变损耗.

我们把某一负载电流 I_2 与额定负载电流 I_{2N} 之比值称为负载系数,用 β 表示,即 $\beta=\frac{I_2}{I_{2N}}$,铜损耗计算公式可写为

$$P_{Cu}=\beta^2 P_{CuN} \tag{1-2-18}$$

式(1-2-18)中,P_{CuN} 是额定负载下的铜损耗. 额定负载时铜损耗近似等于短路损耗,即 $P_{CuN}\approx P_K$.

2. 变压器的效率

变压器的效率是指变压器的输出功率 P_2 与输入功率 P_1 之比,用百分数表示,即

$$\eta=\frac{P_2}{P_1}=1-\frac{\Delta P}{P_2+\Delta P} \tag{1-2-19}$$

$$\Delta P=P_{Cu}+P_{Fe} \tag{1-2-20}$$

式(1-2-19)中,P_1 为变压器的输入功率,单相 $P_1=U_1I_1\cos\varphi_1$,三相 $P_1=\sqrt{3}U_1I_1\cos\varphi_1$;$P_2$ 为变压器的输出功率,单相 $P_2=U_2I_2\cos\varphi_2$,三相 $P_2=\sqrt{3}U_2I_2\cos\varphi_2$;$\Delta P$ 为变压器的总损耗.

一般中、小型电力变压器效率在95%以上,大型电力变压器效率可达到99%以上.

3. 变压器的效率特性

对效率公式进行处理,可以得到下列实用公式(单、三相均适用):

$$\eta=1-\frac{P_0+\beta^2 P_K}{\beta S_N\cos\varphi_2+P_0+\beta^2 P_K} \tag{1-2-21}$$

式中,S_N 为变压器的容量(视在功率),β 为负载系数(负载系数 $\beta=\frac{I_2}{I_{2N}}$),P_0 为空载损耗($P_0\approx P_{Fe}$),P_K 为短路损耗($P_K\approx P_{CuN}$),$\cos\varphi_2$ 为负载功率因数.

由式(1-2-21)可见,对某一台变压器来说,因空载损耗 P_0、短路损耗 P_K、容量 S_N 均为定值,当变压器的负载功率因数 $\cos\varphi_2$ 一定时,效率 η 只与负载系数 β 有关,其关系曲线 $\eta=f(\beta)$ 称为变压器的效率特性,如图1-2-5所示.

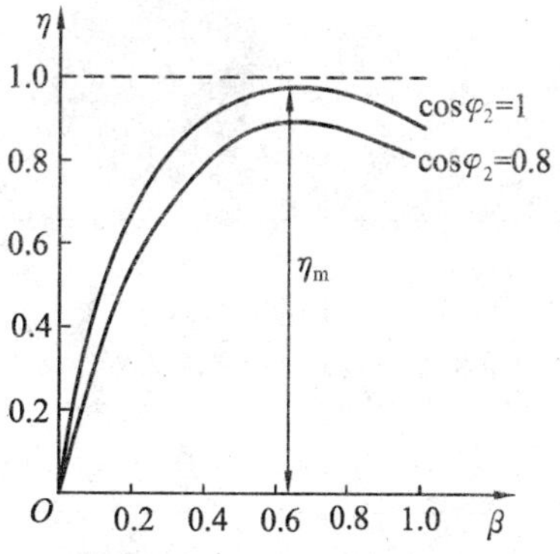

图 1-2-5　变压器的效率特性曲线

当 $\beta=0$ 时,$I_2=0$,$P_2=0$,所以 $\eta=0$.

当 β 增加时,I_2、P_2 迅速上升,而 ΔP 以 P_0 为主,基本不变,所以 η 上升较快. 当 $P_{Cu}=P_{Fe}$ 时,$\beta=\beta_m$,即 $\eta=\eta_m$ 为最大.

当 $\beta>\beta_m$,η 开始下降,因为 P_{Cu} 上升较快.

由上述分析可知,当 $P_{Cu}=P_{Fe}$,即 $\beta_m{}^2P_K=P_0$ 时,变压器的效率最高,这时

$$\beta_m=\sqrt{\frac{P_0}{P_K}} \tag{1-2-22}$$

β_m 一般在 0.6 左右.当然,在相同负载系数 β 下,负载功率因数 $\cos\varphi_2$ 高,效率也高.

变压器在 β_m 的条件下运行是经济运行状态,但从设备利用率和全年效益考虑,β 应在 0.9 以上为宜,因为电力变压器常年接在线路上,铁损耗固定不变,而铜损耗随负载的变化而变化,相对而言,减小铁损耗比较重要.所以一般使铁损耗 P_{Fe} 等于额定铜损耗 P_{CuN} 的三分之一到四分之一,对应的输出功率为额定容量的一半左右时,变压器的效率最高.因此要提高变压器的运行效率,就不应使变压器工作在空载或轻载的状态.当然 $\beta>1$,变压器过载也是不适宜的.因为变压器过载时,铜损耗急剧增加,效率下降,温升增高,从而烧坏变压器.

任务实施

单相变压器参数的测定

一、实训目的

- 测试单相变压器的变比.
- 测试单相变压器的空载损耗和励磁参数.
- 测试单相变压器的额定铜损耗和短路参数.

二、实训器材

仪表、材料、设备等见学习准备.

三、实训内容及步骤

(一) 主要实训器材的认识

主要实训器材的作用及使用注意事项见表 1-2-1.

表 1-2-1　主要实训器材的作用及使用注意事项

序号	器材名称	图　例	规　格	作　用	备　注
1	单相自耦调压器	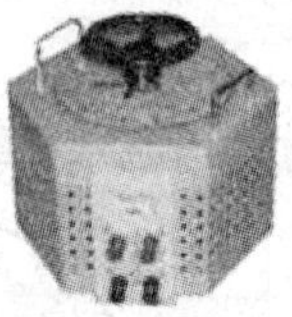	0～250V	可调节单相交流电源电压的大小	逆时针旋转电压调节手柄,使输出电压降低;顺时针旋转,使输出电压升高
2	单相变压器		BK-50W (220V/36V)	实训操作对象,通电测试单相变压器的空载损耗、额定铜损耗、励磁参数和短路参数	空载试验通常是将高压侧开路,低压侧通电进行测量.短路试验应将低压侧短路,高压侧通电进行测量
3	交流电压表		量程为 250V	空载试验测变压器的输入电压 U_1 和输出电压 U_2,短路试验测短路电压 U_K	变压器空载阻抗很大,空载电流 I_0 很小,为减少误差,故电压表应接在电流表的外侧

续表

序号	器材名称	图 例	规 格	作 用	备 注
4	交流电流表		量程为 2A	测定单相变压器空载电流 I_0 和短路电流 I_K	因变压器短路阻抗很小，故测量时电流表应接在电压表的外侧
5	低功率因数功率表		$\cos\varphi-0.1$，0.5 级	测定单相变压器空载损耗 P_0 和短路损耗 P_K	因变压器空载时功率因数很低，故应采用低功率因数功率表

(二) 单相变压器参数测定的意义

一只新生产或经维修后的变压器，一般都要做两项基本试验，这就是变压器的空载试验和短路试验. 变压器试验的目的是通过测出变压器的有关数据，检验变压器的性能是否符合有关标准和技术条件的规定，是否存在影响变压器正常运行的各种缺陷.

1. 空载试验的意义

变压器在空载状态下进行的试验称为空载试验. 利用空载试验可测出变压器的输入电压 U_1 和输出电压 U_2、空载电流 I_0 和空载损耗(铁损耗)P_0，计算出变压器的变比 K、励磁阻抗 R_m 和 X_m. 通过空载损耗 P_0 的测试，可以检查铁芯材料、装配工艺的质量和绕组的匝数是否正确、有否匝间短路. 如果空载损耗 P_0 和空载电流 I_0 过大，则说明铁芯质量差，气隙太大. 如 K 太小或太大，则说明绕组的绝缘或匝数有问题. 还可以通过示波器观察开路侧电压或空载电流 I_0 的波形，如不是正弦波，失真过大，则铁芯过于饱和. 因此通过空载试验，我们可以了解变压器的铁芯、线圈质量.

2. 短路试验的意义

变压器在短路状态下进行的试验称为短路试验. 通过变压器的短路试验，可以测出短路电流 I_K、短路电压 U_K 和短路损耗 P_K，计算出变压器的短路阻抗 R_K 和 X_K. 测出 $P_{CuN}\approx P_K$，可供变压器计算铜损耗用；测出 U_K 和 Z_K，它反映一次侧绕组在额定电流时的内部压降及内部阻抗，可以用来分析变压器的运行性能.

(三) 单相变压器的空载试验

1. 绘制单相变压器空载试验的电路图

一般来说，空载试验可以在高压侧进行，也可以在低压侧进行，但从试验电源和人身安全的因素、测量仪表和数据的精度考虑，应在低压侧进行为宜. 就是将高压绕组开路，将低压绕组接到额定频率的电源上，测量低压侧的电压 U_2、空载电流 I_{20}、空载损耗功率 P_0 以及高压侧的开路电压 U_{10}. 由于变压器空载时的功率因数很低，应当使用低功率因数功率表测量功率，以提高测量精度.

单相变压器空载试验的电路如图 1-2-6 所示.

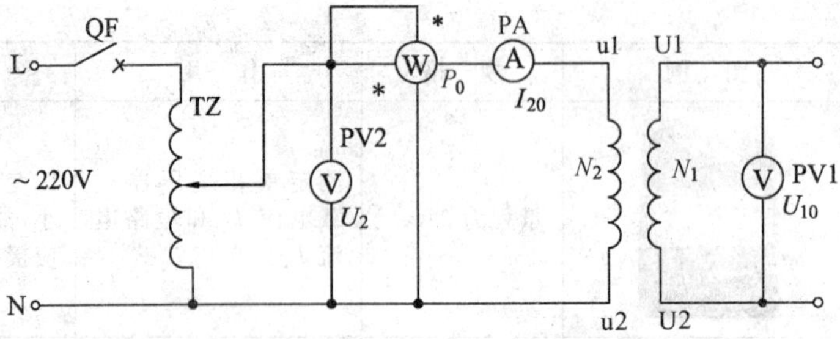

图 1-2-6　单相变压器空载试验的工作电路

2. 连接单相变压器空载试验的工作电路

经指导教师认可后，按照所绘制的单相变压器空载试验工作电路图进行接线，如图 1-2-7 所示. 接通交流电源前，务必将单相自耦调压器输出电压调到最小位置. 注意各电压表、电流表的量程以及功率表的量程和接线.

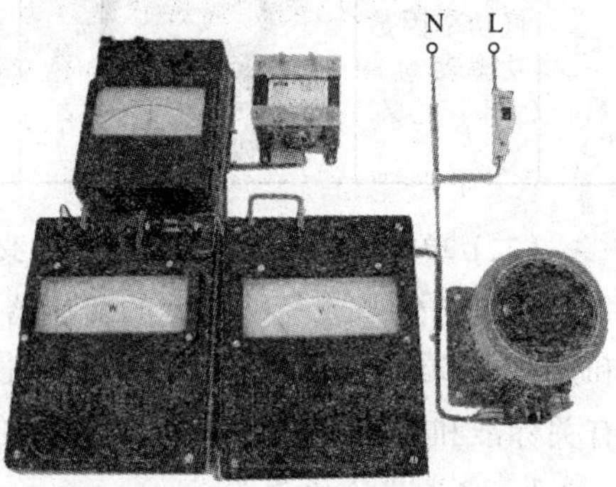

图 1-2-7　单相变压器空载试验接线

3. 通电测试空载试验数据

接通交流电源，调节调压器旋钮，使变压器空载电压 $U_2=1.2U_{2N}$，然后逐次降低电源电压，在 $0.2U_{2N}$～$1.2U_{2N}$ 的范围内，测取变压器的 U_2、I_{20}、P_0 和 U_{10}. 测取数据时，$U_2=U_{2N}$ 点必须测，并且在该点附近多测几个点，测取 5～6 组数据，记录于表 1-2-2中.

表 1-2-2　单相变压器空载试验数据

U_2/V						
I_{20}/A						
P_0/W						
U_{10}/V						

注意： 上述数据是变压器低压绕组通电所测得的参数，因为励磁阻抗与铁芯饱和程度有关，所以计算变压器相关参数时，应当取电源电压等于变压器额定二次侧电压时的该组数据. 根据表 1-2-2 中额定点的试验数据，可以计算出单相变压器额定时的参数，并记录于表 1-2-3 中.

表 1-2-3　单相变压器额定时的空载参数

单相变压器额定参数	计算公式	计算数值	备　注
变压器的变比	$K=\frac{U_{10}}{U_2}$		励磁参数如果需要折算到高压边，应分别乘以变比的平方
变压器空载功率因数	$\cos\varphi_0\approx\frac{P_0}{U_2 I_{20}}$		

续表

单相变压器额定参数	计算公式	计算数值	备注
励磁阻抗	$Z_m \approx \frac{U_2}{I_{20}}$		励磁参数如果需要折算到高压边,应分别乘以变比的平方
励磁电阻	$R_m \approx \frac{P_0}{I_{20}^2}$		
励磁电抗	$X_m = \sqrt{Z_m^2 - R_m^2}$		

(四) 单相变压器的短路试验

1. 绘制单相变压器短路试验的电路图

在正常运行情况下,在短路阻抗 $Z_K \ll$ 负载 Z_L' 时,一次侧绕组和二次侧绕组中的电流主要取决于负载阻抗 Z_L' 的大小. 如果二次侧绕组短路,$Z_L'=0$,会出现非常大的短路电流,其值为额定电流的几十倍,这是一种严重的故障状态,不允许出现. 因此做短路试验时,二次侧绕组先短路,一次侧绕组两端再施加一个很低的电压 $U_K \ll U_{1N}$,测量短路电流 I_K、短路电压 U_K 和短路损耗 P_K.

做变压器短路试验时,电压较低,电流较大,需注意人身、设备的安全和提高测量精度,短路试验一般都在高压侧做. 即高压线圈 U1U2 接电源,低压线圈 u1u2 短路.

单相变压器短路试验的工作电路如图 1-2-8 所示.

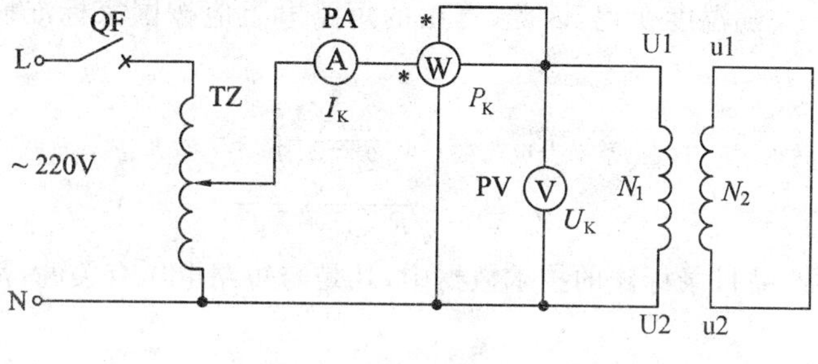

图 1-2-8 单相变压器短路试验的工作电路

2. 连接单相变压器短路试验的工作电路

经指导教师认可后,按照所绘制的单相变压器短路试验工作电路图连接电路,如图 1-2-9 所示. 接通交流电源前,务必将电源输出电压调到零,注意各电压表、电流表的量程以及功率表的量程和接线.

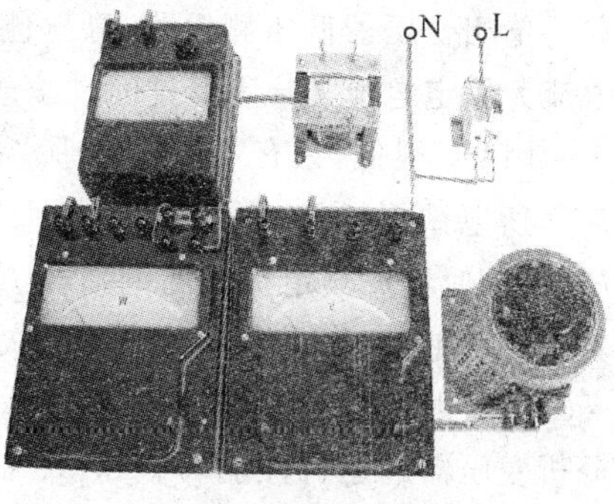

图 1-2-9 单相变压器短路试验接线

3. 通电测试短路试验数据

接通交流电源,缓慢增加输入电压,直到短路电流 I_K 等于 $1.1I_N$ 为止,在 $0.2I_N \sim 1.1I_N$ 范围内测取变压器的 U_K、I_K 和 P_K. 测取数据时,额定点 $I_K = I_N$ 必须要测,测取 5~6 组数据并记录于表 1-2-4 中. 实验时记下周围环境温度 θ(℃),便于将冷态电阻换算到标准温度(75℃)时的阻值.

表 1-2-4　　单相变压器短路试验数据　　室温 $\theta=$______℃

U_K/V						
I_K/A						
P_K/W						

由于做短路试验时，施加的电压很低，所以铁芯中的磁通量很小，励磁电流和铁损耗可忽略不计，也可以认为励磁阻抗 $Z_m\to\infty$，从上表中额定电流对应的那组数据可以计算出变压器的短路参数，记录于表 1-2-5 中.

表 1-2-5　　单相变压器额定时的短路参数

单相变压器额定参数	计算公式	计算数值
短路功率因数	$\cos\varphi_K\approx\frac{P_K}{U_K I_K}$	
短路阻抗	$Z_K\approx\frac{U_K}{I_K}$	
短路电阻	$R_K\approx\frac{P_K}{I_K^{\ 2}}$	
短路电抗	$X_K=\sqrt{Z_K^{\ 2}-R_K^{\ 2}}$	

由于短路电阻 R_K 随温度变化，因此，算出的短路电阻应按国家标准换算到基准工作温度 75℃时的阻值.

$$R_{K75℃}=R_K\,\frac{235+75}{235+\theta}$$

$$Z_{K75℃}=\sqrt{R_{K75℃}^{\ 2}+X_K^{\ 2}}$$

变压器铭牌和产品目录标注的技术数据中，凡是与短路电压有关的，都是指换算到 75℃时的阻值.

4. 短路损耗 P_K、短路电压 U_K 和短路阻抗 Z_K 的意义

(1) 单相变压器短路试验测出的短路损耗 P_K 可近似认为就是变压器额定铜损耗 P_{CuN}.

单相变压器低压侧短路，高压侧从可调变压器得到电源，并调节输入电压 U_1 使一次侧电流为额定电流 $I_1=I_{1N}$，这时功率表中读数为短路损耗 P_K，电压表读数为短路电压 U_K.

因 U_K 很低，只有 $4\%U_{1N}\sim10\%U_{1N}$，所以铁芯中磁通 Φ_m($\Phi_m\propto U_1$)很小，而铁损耗 $P_{Fe}\propto\Phi_m^{\ 2}$，所以铁损耗 P_{Fe} 可忽略不计，而这时一次侧、二次侧电流均为额定值，所以功率表的读数 P_K 可近似看成额定负载的铜损耗 P_{CuN}，由此求得：$P_K=P_{CuN}+P_{Fe}\approx P_{CuN}\approx I_{1N}^{\ 2}R_1+I_{2N}^{\ 2}R_2$. 其中，$R_1$ 和 R_2 分别为一次侧和二次侧的直流电阻.

(2) 测出 U_K 和 Z_K，它反映一次侧绕组在额定电流时的内部压降及内部阻抗，可以用来分析变压器的运行性能. U_K 和 Z_K 越小，反映变压器的内部压降和内部阻抗小，电压变化率低，电压越稳定. 但从限制短路时的短路电流来看，U_K 和 Z_K 大些好，Z_K 大则短路电流就小，对变压器和设备的危害就小. 因此不能绝对地讲 U_K 和 Z_K 应该大还是小，而要根据具体情况考虑. 例如，电炉用变压器容易短路，所以 U_K 和 Z_K 要设计得大些，以降低短路电流.

另外，U_K 一般用相对值（标么值）表示：$U_K{}'=\dfrac{U_K}{U_{1N}}\times100\%=4\%\sim10\%$. 一般变压器容量越大，电压越高，$U_K{}'$ 也越高. 为了便于变压器之间相互比较，Z_K 可用相对值表示：$Z_K{}'=\dfrac{Z_K}{U_{1N}/I_{1N}}=4\%\sim10\%$.

四、注意事项

◉ 变压器必须接入可调交流电源，不可直接施加额定电源电压.

◉ 在实训过程中，应注意电压表、电流表、功率表的合理布置及量程选择. 进行空载试验与短路试验时，电压表与电流表的相对位置是不同的，功率表的接法也不同.

◉ 进行短路试验时，在通电前，一定要检查电源电压是否调到零位. 调节电压要缓慢，以防电路出现过流的危险.

◉ 短路试验测量要快，否则线圈发热会引起电阻变化，影响测量精度.

◉ 遇异常情况，应立即断开电源，处理好故障后，再继续实验.

任务评价

根据本任务的学习情况，按行为、技能、情感三个指标进行自我评价、小组评价和教师评价.

任务评价表

一级评价指标	二级评价指标	评价内容	配分	自我评价 0.3	小组评价 0.3	教师评价 0.4
行为指标	安全文明生产	是否遵守安装规程	5分			
		是否按安全规程正确操作，无任何元器件的损坏	5分			
		工作岗位是否整洁	5分			
		是否具有良好的工作习惯	5分			
技能指标	工作过程中理论知识的掌握	预习和查阅资料的能力	5分			
		观察和分析问题的能力	5分			
		解决问题的方法和效果	5分			
		对单相变压器运行原理和运行特性的理解程度	5分			
	工作过程中技能的掌握	完成工作的积极性	5分			
		变压器的空载、短路试验的接线是否掌握	10分			

续表

一级评价指标	二级评价指标	评价内容	配分	自我评价 0.3	小组评价 0.3	教师评价 0.4
技能指标	工作过程中技能的掌握	测试变压器的空载试验、短路试验数据是否正确	10分			
		单相变压器参数测定的意义是否掌握	10分			
		理论与实际相结合的综合分析能力	5分			
		仪器和仪表的使用方法是否正确	5分			
情感指标	综合运用能力	团队协作能力	5分			
		工作效率	5分			
		知识或技能拓展能力	5分			
合　计			100分			
综合评价						

任务三　特殊变压器的应用

任务描述

在一些特殊的场合对变压器有一些特殊的要求.将普通变压器的结构和性能作一定的改进以适应不同的要求就形成了特种变压器.作为一名电气技术人员,在进行电器设备的试验时,经常会用到根据自耦变压器原理做成的调压变压器;在测量高电压和大电流时,往往要借助于电压互感器和电流互感器;电焊变压器(即交流电焊机)也是我们常见的电气作业工具.因此学习特种变压器的相关知识和了解其使用注意事项是很有必要的.本任务主要介绍几种常用特种变压器的基本结构、工作原理、性能特点和使用注意事项,并介绍仪用互感器在工程实践中的接线方法.

学习目标

◇ 能讲述自耦变压器的特点和应用场合.

◇ 通过对电压互感器和电流互感器的接线,知道其作用和使用注意事项.

◇ 能讲述电焊变压器的性能和结构特点.

学习地点

变压器实训室.

学习准备

仪表：交流电压表、交流电流表、三相四线电能表.

设备：电流互感器、电压互感器、自动空气开关、多媒体设备.

材料：连接导线.

资料：电工手册、变压器安全操作规程、变压器相关资料.

知识准备

一、自耦变压器的认识及使用

(一) 自耦变压器的认识

前面介绍的变压器的一次侧、二次侧都是分开绕制，虽然都装在一个铁芯上，但相互是绝缘的，只有磁路上的耦合，没有电路上的直接联系，能量是靠电磁感应传过去的，所以称为双绕组变压器. 而自耦变压器的一次侧绕组与二次侧绕组共用一个绕组，二次侧绕组是从一次侧绕组中抽头而来的. 所以自耦变压器的一次侧绕组与二次侧绕组之间不仅有磁的耦合，电路还互相连接，如图 1-3-1 所示.

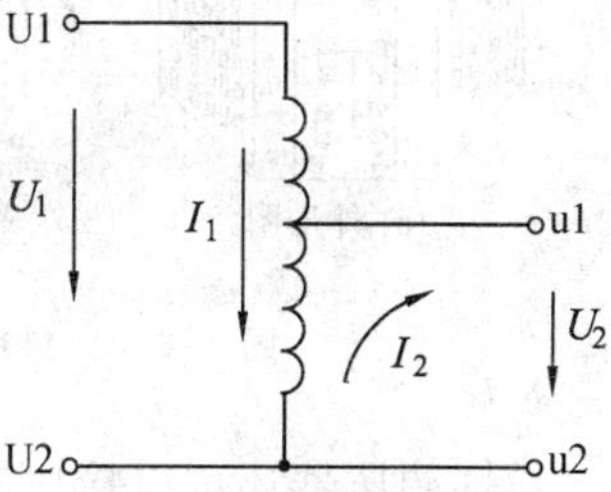

图 1-3-1　自耦变压器原理图

1. 自耦变压器的工作原理与变压比

由变压器绕组电压和感应电动势的关系，有

$$U_1 \approx E_1 = 4.44 f N_1 \Phi_m \tag{1-3-1}$$

$$U_2 \approx E_2 = 4.44 f N_2 \Phi_m \tag{1-3-2}$$

因此

$$\frac{U_1}{U_2} \approx \frac{E_1}{E_2} = \frac{N_1}{N_2} = K \geqslant 1 \tag{1-3-3}$$

式(1-3-1)中 N_1 为一次侧绕组 U1 与 U2 之间的匝数，N_2 为二次侧绕组 u1 与 u2 之间的匝数.

因此，改变绕组的抽头位置，就可以在输出端得到所需的电压.

2. 绕组中公共部分的电流

从磁动势平衡方程式可知，因为输入电压 U_1 不变，主磁通 Φ_m 也不变，所以空载时的磁动势和负载时的磁动势是相等的，即有 $i_1 N_1 + i_2 N_2 = i_0 N_1$，因为空载电流 I_0 很小，可忽略不计，则有

$$i_1 N_1 + i_2 N_2 = 0 \tag{1-3-4}$$

$$i_1 = -\frac{N_2}{N_1} i_2 = -\frac{1}{K} i_2 \tag{1-3-5}$$

由式(1-3-5)可见，自耦变压器一次、二次侧绕组中电流大小与匝数成反比，相位几乎相差 180°，因此，可以算出绕组中公共部分的电流为

$$I = I_2 - I_1 = (K-1) I_1 \tag{1-3-6}$$

当 K 接近于 1 时，绕组中公共部分的电流 I 很小，因此共用的这部分绕组导线的截面积可以减小很多，从而可减少变压器的体积和质量. 通常自耦变压器工作在变压比 $K=1.2 \sim 2$

之间.

(二) 自耦变压器的使用

1. 自耦变压器的用途

实验室里常用到自耦调压器，把自耦变压器的二次侧输出改成活动触头，可以接触绕组中任意位置，而使输出电压任意改变，如图 1-3-2 所示.

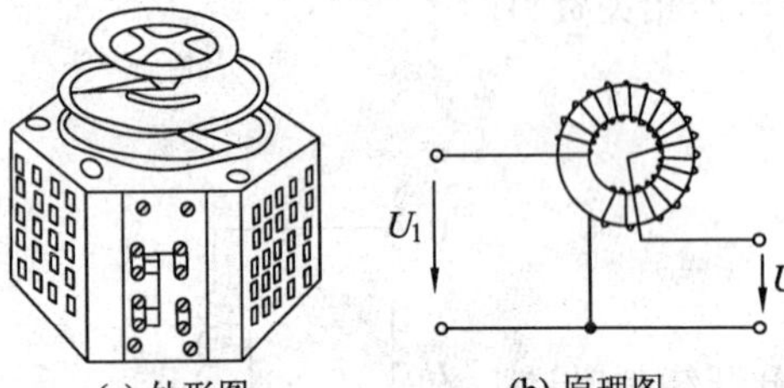

(a) 外形图　　(b) 原理图

图 1-3-2　自耦调压器

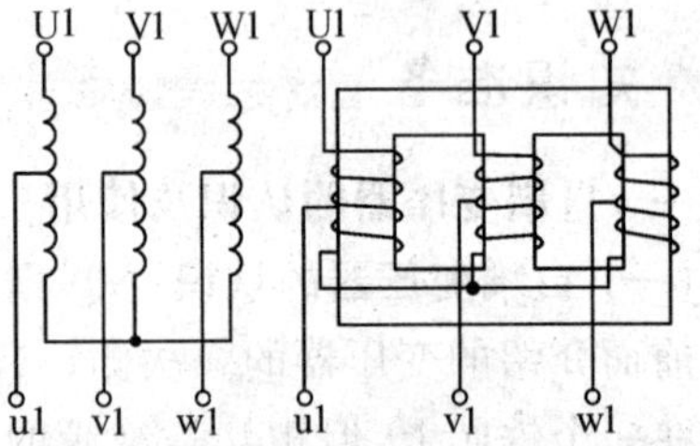

图 1-3-3　三相自耦变压器原理图

自耦调压器还可以接成三相，一般接成星形，如图 1-3-3 所示. 二次侧可以有几个抽头，以供使用时选择不同的输出电压. 大容量的交流电动机启动时，用自耦变压器降压可以达到减小启动电流的目的.

在电力系统中，用自耦变压器把 110kV、150kV、220kV 和 230kV 的高压电力系统连接成大规模的动力系统. 主要用于连接两个电压接近的大电网，用一个体积较小的自耦变压器就可以传递大功率的电能.

自耦变压器不仅可用于降压，也可用于升压，只要把输入、输出对调一下，就变成了升压变压器.

2. 单相自耦变压器的使用注意事项

(1) 自耦变压器不能用作安全照明变压器.

自耦变压器的缺点是：由于一次侧与二次侧的电路直接联系，使高压侧的电气故障会波及低压侧. 例如，当高压绕组绝缘损坏时，高电压会直接传到低压绕组；当公共绕组断路时，输入与输出电压是相等的. 所以低压侧的电气设备也要具备高压侧的绝缘等级，而且应有防止过电压的保护措施. 因此，规定自耦变压器不能用作安全照明变压器.

(2) 自耦变压器的接线.

实验室中广泛使用的单相自耦调压器，输入电压为 220V，输出电压可在 0～250V 之间调节. 使用时，要求把输入、输出的公共端 U2 和 u2 接零线，输入接线端 U1 和 U2 接电源，输出接线端 u1 和 u2 接负载，如图 1-3-4 所示. 如果在自耦变压器的输入端把相线和零线接反，变为如图 1-3-5 所示的形式，即使输出电压为 30V 时，输出端对地电压已经为 190V 了，操作者不小心碰到 u1 端也会触电. 此外，自耦调压器接电源之前，一定要调到零位.

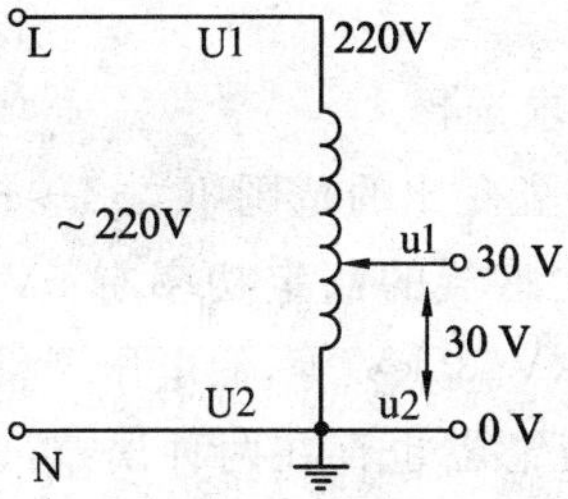

图 1-3-4 **自耦变压器的正确接法**

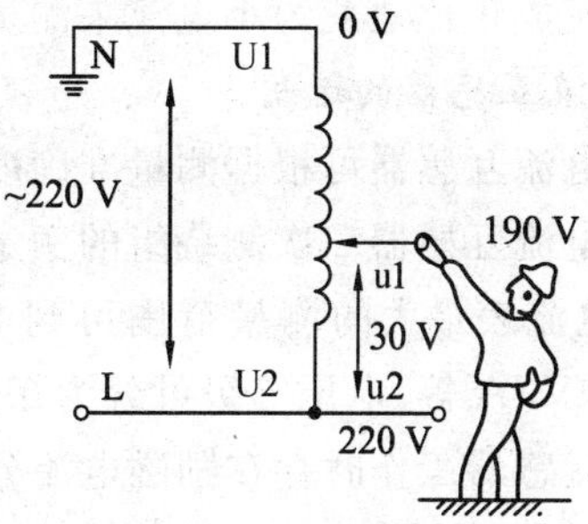

图 1-3-5 **自耦变压器的错误接法**

二、仪用互感器的认识及使用

专门用于测量的变压器称为仪用互感器. 使用仪用互感器测量有许多优点:① 可以使测量仪表与高电压或大电流电路隔离,以保证仪表和人身的安全;② 可以扩大仪表的量程,便于仪表的标准化,同一块仪表使用不同的仪用互感器就有不同的量程. 因此在交流电压、电流和电能的测量中,以及各种保护和控制电路中,仪用互感器的应用是相当广泛的. 根据用途不同,仪用互感器可以分为电压互感器和电流互感器两种,下面分别介绍它们的工作原理和使用方法.

(一) 电流互感器

1. 电流互感器的结构和工作原理

测量高压线路里的电流或测量大电流时,通常采用电流互感器,其符号为 TA. 电流互感器结构上与普通双绕组变压器相似,也有铁芯和一次、二次侧绕组,但它的一次侧绕组匝数很少,只有一匝到几匝,导线都很粗,串联在被测电路中. 被测电流的大小由用户负载决定,如图 1-3-6 所示.

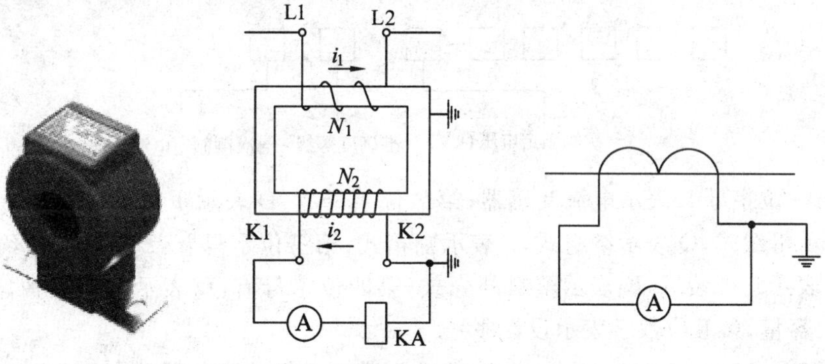

(a) 外形图 (b) 原理接线图 (c) 符号图

图 1-3-6 **电流互感器**

由于电流互感器的负载是仪器仪表的电流线圈,这些线圈的阻抗都很小,所以电流互感器相当于一台小型升压短路运行的变压器. 将二次侧绕组的匝数 N_2 与一次侧绕组的匝数 N_1 之比称为电流互感器的电流变比 K_i,则有

$$\frac{I_1}{I_2} \approx \frac{N_2}{N_1} = K_i \tag{1-3-7}$$

即

$$I_1 \approx K_i I_2 \tag{1-3-8}$$

式(1-3-8)表明,电流互感器利用一次侧绕组与二次侧绕组不同的匝数关系,可将线路

上的大电流成正比地变为小电流来测量.

2. **电流互感器的选用**

选用电流互感器可根据测量准确度、电压、电流要求选择.

一般电流互感器二次侧绕组的额定电流为 5A,电流变比的范围 $K_i=1\sim5000$. 这样,一只 5A 的电流表最大的测量范围可到 25000A. 电流互感器的额定功率有 5V·A、10V·A、15V·A、20V·A 等;电压等级可分为 0.5kV、10kV、15kV、35kV 等,低电压测量均用 0.5kV. 由于电流互感器工作时存在励磁电流分量,因此电流互感器也存在两种误差:电流变比误差和相位角误差. 按电流变比相对误差的百分值,电流互感器准确度分成 0.2、0.5、1.0、3.0 和 10.0 五个等级. 例如,0.5 级表示在额定电流时,误差最大不超过 ±0.5%,等级数字越大,误差越大.

电流互感器的结构形式有干式、浇注绝缘式、油浸式等多种,如图 1-3-7 所示.

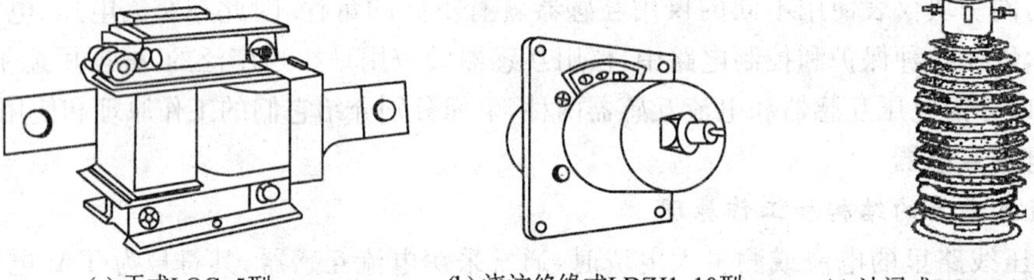

(a) 干式LQG-5型　(b) 浇注绝缘式LDZJ1-10型　(c) 油浸式LCWD2-110型

图 1-3-7　电流互感器的种类

电流互感器的型号格式如下:

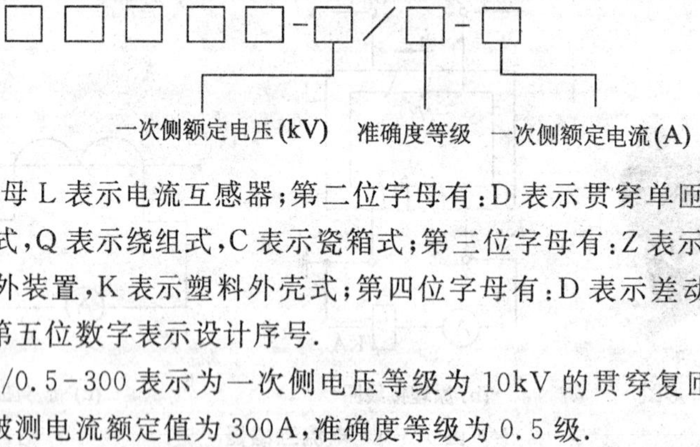

左起第一位字母 L 表示电流互感器;第二位字母有:D 表示贯穿单匝式,F 表示贯穿复匝式,M 表示母线式,Q 表示绕组式,C 表示瓷箱式;第三位字母有:Z 表示浇注绝缘,C 表示瓷绝缘,W 表示户外装置,K 表示塑料外壳式;第四位字母有:D 表示差动保护,J 表示接地保护或加大容量;第五位数字表示设计序号.

例如,LFC-10/0.5-300 表示为一次侧电压等级为 10kV 的贯穿复匝(即多匝)式瓷绝缘的电流互感器,被测电流额定值为 300A,准确度等级为 0.5 级.

在选择电流互感器时,必须按它的一次侧额定电压、一次侧额定电流、二次侧额定负载阻抗及要求的准确度等级选取,对一次侧电流应尽量选择相符的,如没有相符的,可以选择稍大一些的.

3. **使用电流互感器时的注意事项**

使用电流互感器时,必须注意下列事项:

(1) 电流互感器工作时二次侧绕组不允许开路,因为开路时 $I_2=0$,失去二次侧绕组的去磁作用,一次侧绕组磁动势 I_1N_1 全部用来产生磁通,将使铁芯中磁通密度剧增,这样,一方面使铁芯损耗剧增，铁芯严重过热，甚至烧坏绕组绝缘；另一方面还会在二次侧绕组中产生很高的电压，有时可达数千伏以上，将绕组绝缘击穿，还将危及测量人员的安全. 为此电流互感器的二次侧绕组电路中绝不允许装熔断器. 在运行中若要拆换电流表，应先将二次侧绕组短路后再进行.

(2) 二次侧绕组的一端和铁芯必须可靠接地，以免互感器的绝缘损坏时一次侧线路中的高压进入二次侧而发生危险.

(3) 二次侧绕组回路串联的电流线圈阻抗值不得超过允许值，以免降低测量精度.

例 1-3-1　有一台三相异步电动机，型号为 Y280S-4，额定电压为 380V，额定电流为 140A，额定功率为 75kW. 试选择电流互感器规格，并计算流过电流表的实际电流.

解　为了测量准确，又考虑到电动机允许可能出现的短时过负荷等因素，应使被测电流大致为满量程的 1/2～3/4，因此选择电流互感器额定电流为 200A. 变比为

$$K_i=\frac{200}{5}=40$$

流过电流表的电流 I_2 可由下式计算得到：

$$I_2=\frac{I_1}{K_i}=\frac{140}{40}\text{A}=3.5\text{A}$$

4. 钳形电流表

电工常用的钳形电流表实际上就是电流互感器与电流表的组合，如图 1-3-8 所示. 它的闭合铁芯可以张开，将被测载流导线钳入铁芯窗口中，被测导线相当于电流互感器的一次侧绕组，铁芯上绕有二次侧绕组，与测量仪表相连，在钳形电流表上可直接读出被测电流的数值，其优点是测量时不必断开电路，使用比较方便.

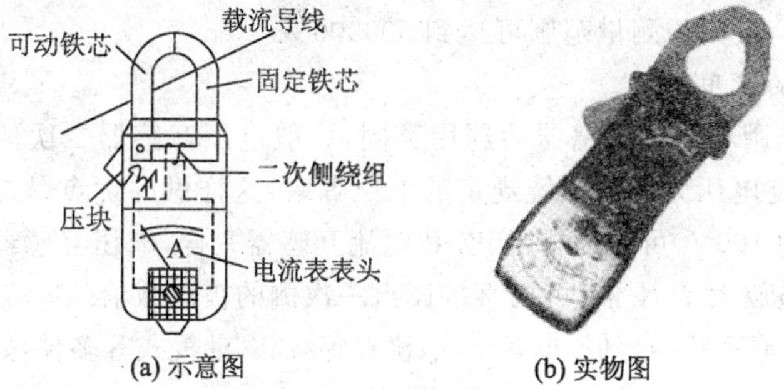

图 1-3-8　钳形电流表

使用钳形电流表时应注意使被测导线处于窗口中央，否则会增加测量误差；不知电流大小时，应将选挡开关置于大量程上；转换量程挡位时，必须在不带电情况下或者在钳口张开情况下进行，以免损坏仪表；如果被测电流过小，可将被测导线在钳口内多绕几圈，然后将读数除以所绕匝数；使用时还要注意安全，保持与带电部分的安全距离；并应戴绝缘手套和使用绝缘垫.

(二) 电压互感器

1. 电压互感器的结构和工作原理

电压互感器相当于一台小型的降压变压器，符号为 TV. 它的一次侧绕组匝数很多，二次侧绕组匝数较少. 工作时，一次侧绕组并联在需要测量电压的电路上，二次侧绕组接电压表

或其他仪表(如功率表、电能表等)的电压线圈,如图 1-3-9 所示.

由于电压互感器二次侧绕组接阻抗很大的电压线圈,工作时相当于变压器的空载运行状态.设一次侧绕组匝数为 N_1,二次侧绕组匝数为 N_2,可得电压互感器运行时的输入/输出电压关系为

$$\frac{U_1}{U_2}\approx\frac{N_1}{N_2}=K_u \tag{1-3-9}$$

即

$$U_1\approx K_uU_2 \tag{1-3-10}$$

式中,K_u 称为电压互感器的电压变比.

(a) 实物图

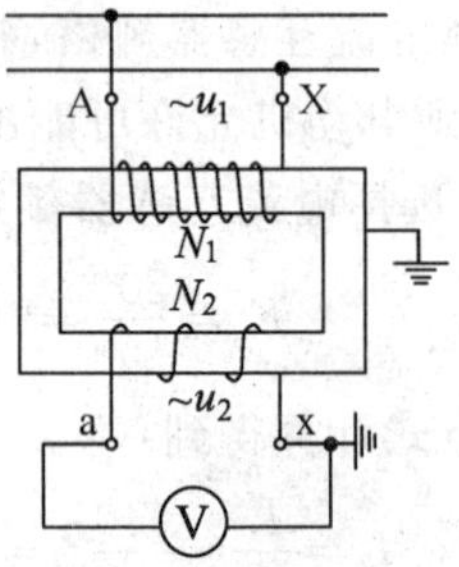

(b) 原理接线图

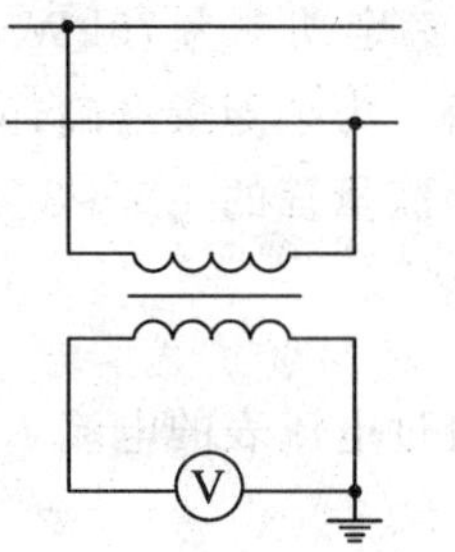

(c) 符号图

图 1-3-9　电压互感器

式(1-3-10)说明,电压互感器利用一次侧绕组匝数 N_1 大于二次侧绕组匝数 N_2 的关系,可以将高电压 U_1 成正比地转换为低电压 U_2,以便采用低压仪表测量.对于一只常用的电压表,选配一个电压变比 K_u 合适的电压互感器,就可适用于不同电压的线路.

一般电压互感器二次侧绕组的额定电压为 100V,电压变比的范围 $K_u=1\sim5000$.这样,一只 100V 的电压表,最大的测量范围可达到 500000V.

2. 电压互感器的选用

电压互感器的选用与电流互感器的选用类同,一般电压互感器二次侧额定电压都规定为 100 V,一次侧额定电压为电力系统规定的电压等级,这样做的优点是二次侧所接的仪表电压线圈额定值都为 100V,可统一标准化.和电流互感器一样,电压互感器二次侧所接的仪表刻度实际上已经被放大了 K 倍,可以直接读出一次侧的被测数值.

电压互感器和电流互感器相似,也有干式、浇注绝缘式、油浸式等多种,如图 1-3-10 所示.

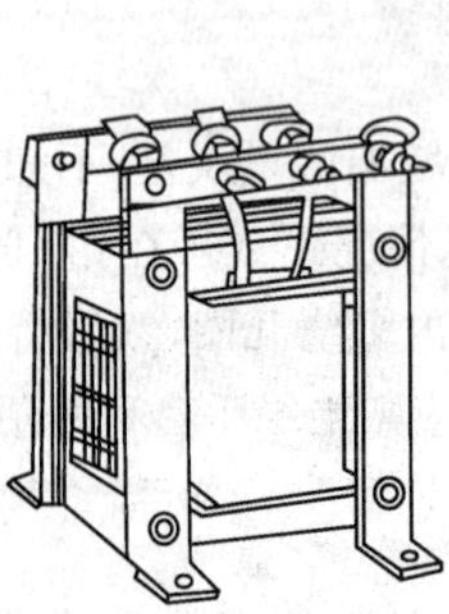

(a) 干式JDG–0.5型

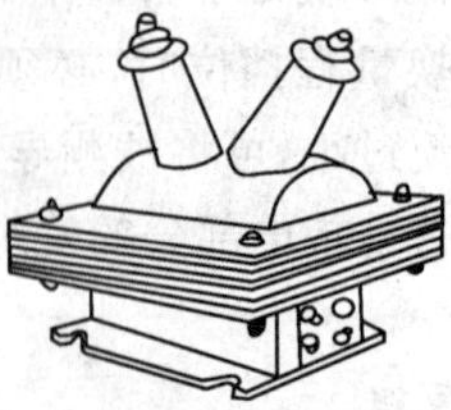

(b) 浇注绝缘式JDZJ–10型

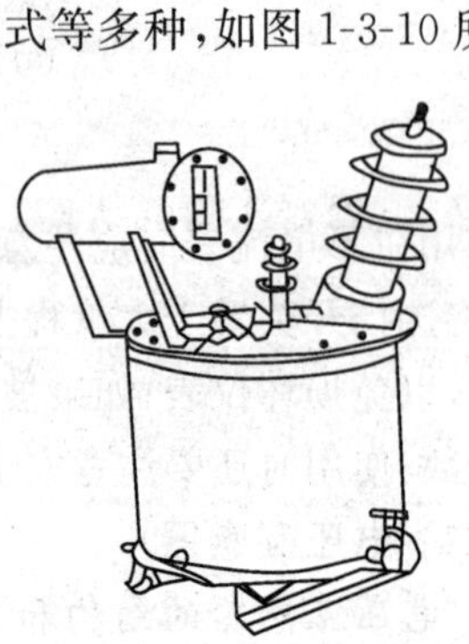

(c) 油浸式JDJJ–35型

图 1-3-10　电压互感器的种类

它的型号如下：

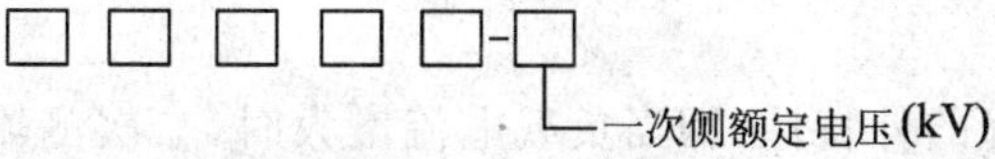

左起第一位字母 J 表示电压互感器；第二位字母有：D 表示单相，S 表示三相，C 表示串级式；第三位字母有：J 表示油浸式，G 表示干式，Z 表示浇注绝缘式；第四位字母 J 表示接地保护；第五位数字表示设计序号. 例如，JDG-0.5 型表示为单相干式电压互感器，额定电压为 500V.

电压互感器有两种误差：电压变比误差和相位角误差，按电压变比相对误差的大小，电压互感器的精度可分为 0.2、0.5、1.0 和 3.0 四个等级. 为了提高准确度，要减少空载电流，降低磁路饱和程度，使用高质冷轧硅钢片. 选择电压互感器时，一要注意额定电压要符合所测电压值；二要注意二次侧负载电流总和不得超过二次侧额定电流，使它尽量接近“空载运行”状态.

3. 使用电压互感器时的注意事项

使用电压互感器时，必须注意下列事项：

(1) 电压互感器运行时，二次侧绕组绝不允许短路. 否则短路电流过大，将会烧坏电压互感器. 为此在电压互感器的二次侧电路中应该串联熔断器作短路保护.

(2) 电压互感器的铁芯和二次侧绕组的一端必须可靠接地，以保证安全，以防一次侧的高压绕组绝缘损坏时，铁芯和二次侧绕组带高压，造成人员触电事故.

(3) 电压互感器二次侧所接电压线圈的阻抗值不能过小，使用时二次侧绕组不宜接入过多的仪表，否则将使测量精度降低.

例 1-3-2 用电压变比为 10000V/100V 的电压互感器，电流变比为 100A/5A 的电流互感器扩大量程来测量高电压和大电流，其电流表读数为 3.5A，电压表读数为 96V，试求被测电路的电流、电压.

解 因为电流互感器负载电流等于电流表读数乘上电流互感器的电流变比，即

$$I_1=\frac{N_1}{N_2}\times I_2=K_iI_2=\frac{100}{5}\times 3.5\text{A}=70\text{A}$$

而电压互感器所测高电压等于电压表读数乘上电压变比，即

$$U_1=\frac{N_1}{N_2}\times U_2=K_uU_2=\frac{10000}{100}\times 96\text{V}=9600\text{V}$$

被测电路的电流为 70A，电压为 9600V.

三、电焊变压器的认识

交流电焊机由于结构简单、成本低廉、制造容易、使用和维护方便而得到广泛的应用. 它实质上就是一台具有特殊外特性的降压变压器，故又称作电焊变压器. 电焊变压器的外特性曲线如图 1-3-11 所示.

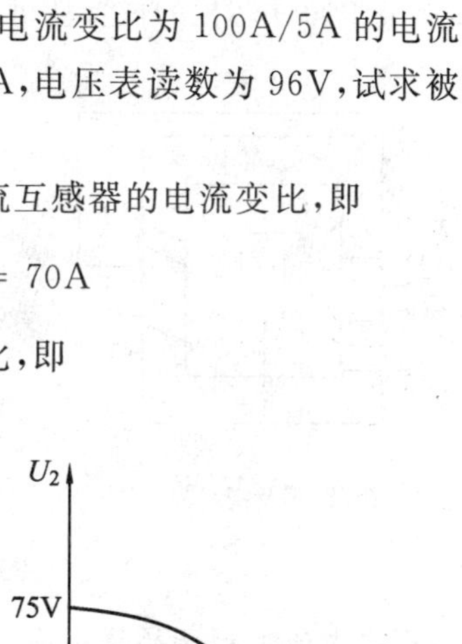

图 1-3-11 电焊变压器的外特性曲线

(一) 电焊变压器的性能特点

为了保证焊接的工艺质量，对电焊变压器有以下几方面的技术要求：

(1) 空载时，二次侧空载电压应为60～75V，以保证容易起弧. 同时为了安全起见，空载电压最高不超过85V.

(2) 负载时，具有陡降的外特性，即当负载电流增大时，二次侧输出电压应急剧下降. 通常额定运行时的输出电压U_{2N}为30V左右(即电弧上电压).

(3) 短路时，短路电流I_K不能太大，以免损坏电焊机.

焊条开始接触工件短路时，产生一个短路电流，引起电弧，然后焊条再拉起产生一个适当长度的电弧间隙. 所以，变压器要能经常承受这种短路电流的冲击.

(4) 为了焊接不同的工件和使用不同的电焊条，要求焊接电流能在一定的范围内可调.

根据前面分析，影响变压器外特性的主要因素是一次、二次侧绕组的漏阻抗Z_{S1}和Z_{S2}以及负载功率因数$\cos\varphi_2$. 由于焊接加工是属于电加热性质，故负载功率因数基本上都一样，即$\cos\varphi_2 \approx 1$，所以影响变压器外特性的负载功率因数这个因素一般不必考虑.

为了满足上述要求，电焊变压器必须具有较大的漏抗，而且可以调节. 而改变漏抗可以达到调节输出电流的目的. 根据形成漏抗和调节方法的不同，就会形成不同结构的电焊变压器.

(二) 几种常见的电焊变压器

1. ***磁分路动铁式电焊变压器***

这种变压器有三只铁芯柱，两边是主铁芯，中间为动铁芯，如图1-3-12所示. 变压器的一次侧绕组为一筒形绕组，绕于一个主铁芯位上；二次侧绕组分为两个部分，一部分绕在一次侧绕组的外层，另一部分绕在另一只主铁芯柱上. 由于磁路中有两个空气隙，中间铁芯又是可动的，这样就大大增加了变压器的漏抗. 动铁芯在最内位置时，漏磁通多，输出电压随输出电流增大而下降较快. 动铁芯在最外位置时，漏磁通少，输出电压随输出电流增大而下降较慢. 调节中间铁芯柱的位置就可获得如图1-3-12(c)所示的特性曲线.

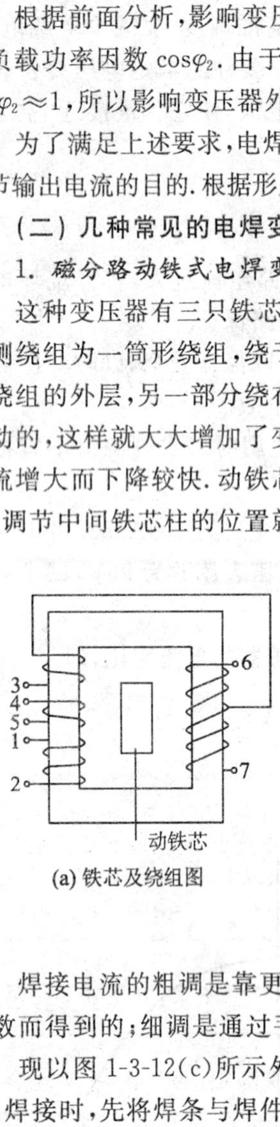

(a) 铁芯及绕组图

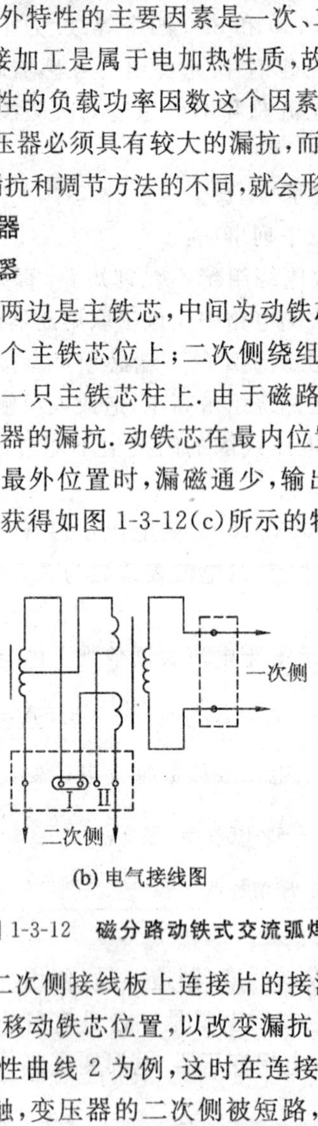

(b) 电气接线图

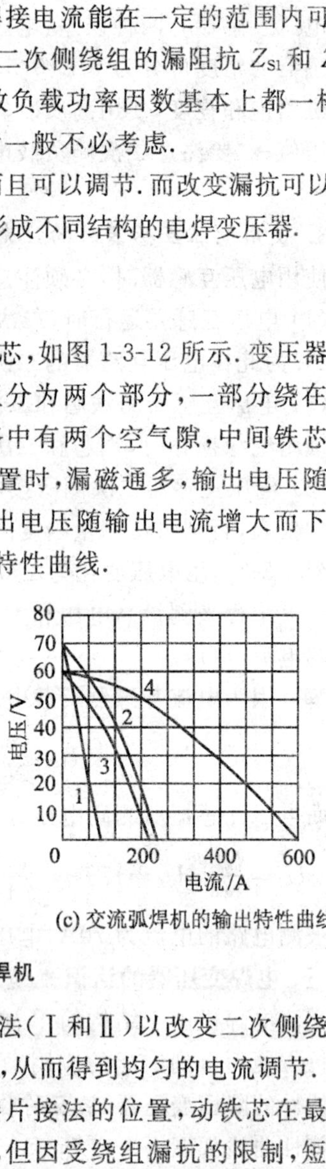

(c) 交流弧焊机的输出特性曲线

图1-3-12　磁分路动铁式交流弧焊机

焊接电流的粗调是靠更换二次侧接线板上连接片的接法(Ⅰ和Ⅱ)以改变二次侧绕组的匝数而得到的；细调是通过手柄移动铁芯位置，以改变漏抗，从而得到均匀的电流调节.

现以图1-3-12(c)所示外特性曲线2为例，这时在连接片接法的位置，动铁芯在最外位置. 焊接时，先将焊条与焊件接触，变压器的二次侧被短路，但因受绕组漏抗的限制，短路电流并不是很大，约为240A. 然后迅速将焊条提起，焊条与焊件之间产生电弧，电弧两端电压与弧长有关，当电弧电压为30V时，输出电流约为165A左右，因为特性曲线中这一部分很陡，当弧长变化时，电弧电压随之变化，但电流变化却并不显著，使得电弧比较稳定.

2. 带可调电抗器的电焊变压器

带可调电抗器的电焊变压器，根据结构不同可分为外加电抗器式和共轭式. 带电抗的电焊变压器由两部分组成：一是变压器，它和普通变压器相同，为了调节输出的空载电压，在一次侧绕组中备有分接头；二是可变电抗器，它的磁路有可调的气隙，气隙的大小可在 6～7mm 范围内变化，以改变电抗值，电抗器的绕组串联在变压器二次侧电路中，起弧时，短路电流的大小可由电抗器来调节. 具体介绍如表 1-3-1 所示.

表 1-3-1　带可调电抗器的电焊变压器

特性＼分类	外加电抗器式	共轭式
结构	由一台降压变压器的二次侧输出端再串接一台可调电抗器组合而成	将变压器铁芯和电抗器铁芯制成一体成为共轭式结构
原理接线图	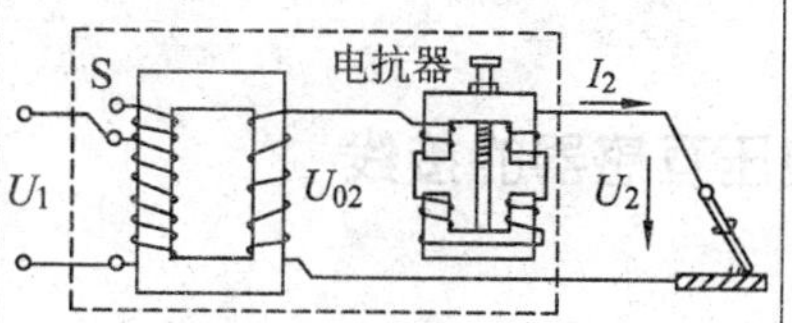	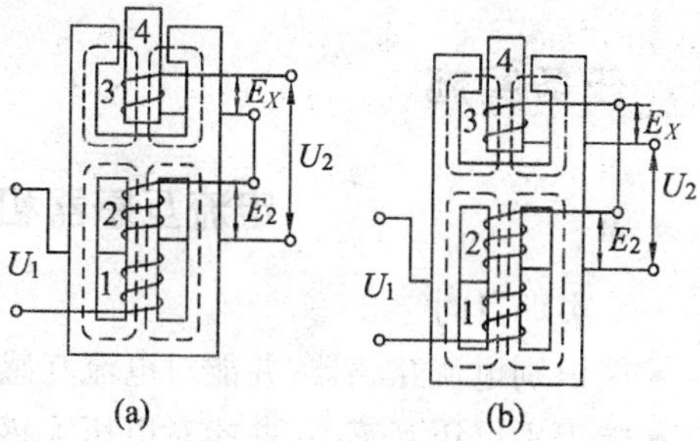
外特性	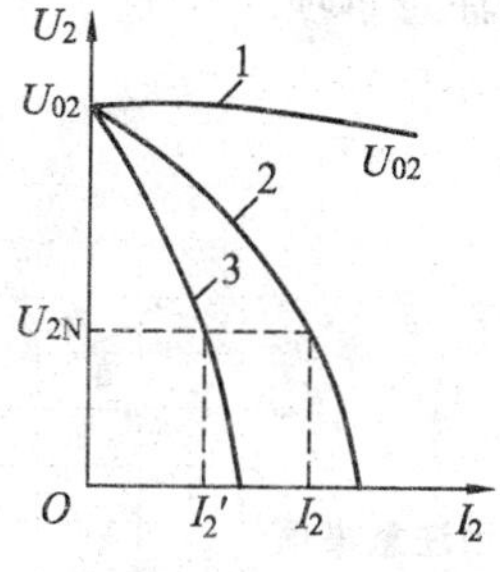	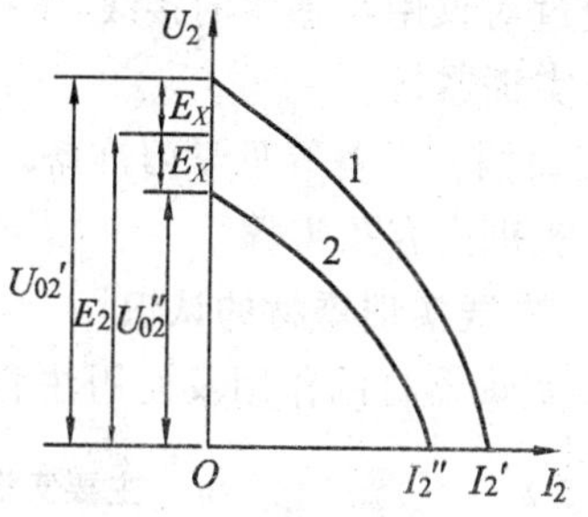
调节特点	通过改变电抗器的气隙大小来实现，如气隙减小时，电抗增大	只要调节电抗器铁芯中间的动铁芯，通过改变气隙来改变 E_X 的大小和电抗值，从而改变 E_X 曲线的下降陡度，达到改变电流的目的

3. 动圈式电焊变压器

动圈式电焊变压器与以上两种电焊变压器的主要区别在于改变漏磁的方法不同，它是通过改变一次、二次侧绕组的相对位置，以改变两者的耦合程度来实现的.

动圈式电焊变压器的结构如图 1-3-13 所示，它的一次侧绕组是固定的，二次侧绕组是可动的. 它是通过调节机构使二次侧绕组在中间铁芯柱上上下移动，从而改变了一次、二次侧绕组之间的距离。两绕组之间的距离不同，漏抗也不同. 绕组间的距离最大时，空间漏磁达到最大值，漏抗最大. 这时，空载输出电压降低，而焊接电流最小. 当两绕组接近时，空载输出电压升高,漏抗减小,焊接电流增大.

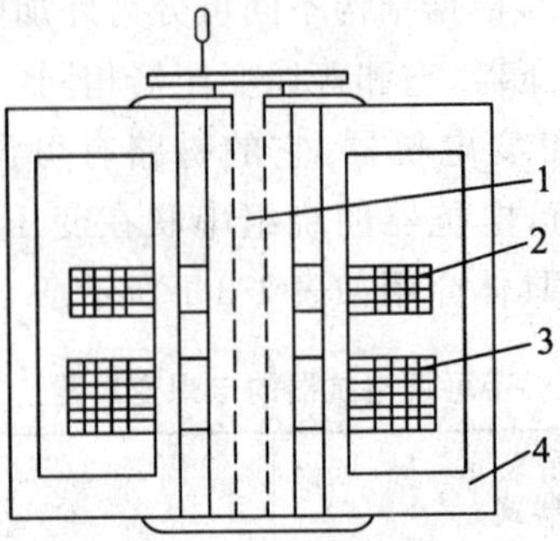

1—二次侧绕组调节结构　2—可动的二次侧绕组　3—固定的一次侧绕组　4—铁芯

图 1-3-13　动圈式电焊变压器的结构

任务实施

电流互感器和电压互感器的接线

一、实训目的

- 能识别电流互感器,并能对电流互感器进行简单接线.
- 能识别电压互感器,并能对电压互感器进行简单接线.
- 通过对仪用互感器的接线,掌握其作用和使用注意事项.

二、实训器材

仪表、材料、设备等见学习准备.

三、实训内容及步骤

(一) 主要实训器材的认识

主要实训器材的作用及使用注意事项见表 1-3-2.

表 1-3-2　　主要实训器材的作用及使用注意事项

序号	器材名称	图　例	规　格	作　用	备　注
1	电流互感器		LMZJ1-0.5 型 (0.5kV、50A/5A)	变换交流电流,测量大的交流电流	一次侧绕组串联在被测电路中,二次侧绕组与电流表或功率表的电流线圈串联成为闭合电路

续表

序号	器材名称	图　例	规　格	作　用	备　注
2	电压互感器		JDG－0.5 型 (0.5kV、400V/100V)	变换交流电压，测量高的交流电压	一次侧绕组并联在被测电路中，而二次侧绕组并接电压表或其他仪表(如功率表、电能表等)的电压线圈
3	三相四线 有功电能表		DTS607	测量三相交流电路负载的用电量	注意区分接线端子的含义
4	交流电流表	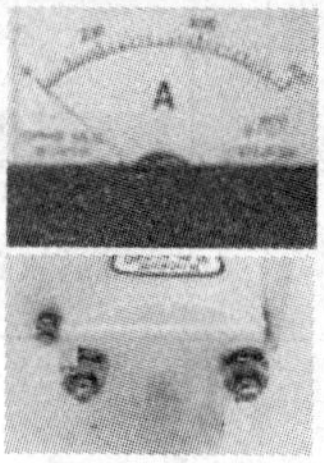	量程为 5A	显示电流互感器二次侧的电流	一般二次侧电流表均用量程为 5A 的仪表
5	交流电压表	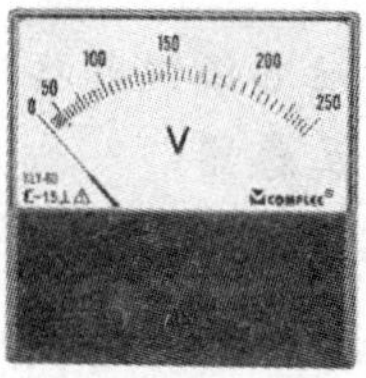	量程为 100V	显示电压互感器二次侧的电压	一般二次侧电压表均用量程为 100V 的仪表

(二) 电流互感器的接线

电力系统中广泛采用的是电磁式电流互感器(以下简称电流互感器)，也称作 TA. 它是把数值较大的一次侧电流通过一定的变比转换为数值较小的二次侧电流，用于保护、测量等领域. 如变比为 400A/5A 的电流互感器，可以把实际为 400A 的电流转变为 5A 的电流. 电流互感器一般安在开关柜内，是为了接电流表之类的仪表和继电保护用. 电流互感器的接线方式有一相式接线、三相星形接线、不完全星形接线、两相电流差接线等. 下面主要介绍电流互感器常见的二次回路的接线方式.

1. 电流互感器三相星形连接接线

三台电流互感器组成星形接线，此方式可以用来测量负荷平衡或不平衡的三相电力系统中的三相电流.

(1) 绘制电流互感器三相星形连接的电路图.

电流互感器三相星形连接的电路图如图 1-3-14 所示.

(2) 连接电流互感器三相星形连接的工作电路.

在指导教师指导下接线，电流互感器的接线要注意极性，电流互感器的极性是指在某一瞬间，一次侧和二次侧绕组同时达到高电位的对应端，称为同极性端或同名端. 通常在电流互感器的一次侧标有 L1、L2，二次侧标有 K1、K2，其中 L1 和 K1、L2 和 K2 为同名端，在电路图中常用"·"或"*"表示. 接线时每个电流互感器一次侧直接串联到线路中，母线式则母线直接穿过电流互感器，L1 端进，L2 端出；二次侧则直接接到负荷(电流表、继电器等)，K1 端进，K2 端出，一般在 K2 侧进行接地，如图 1-3-15 所示.

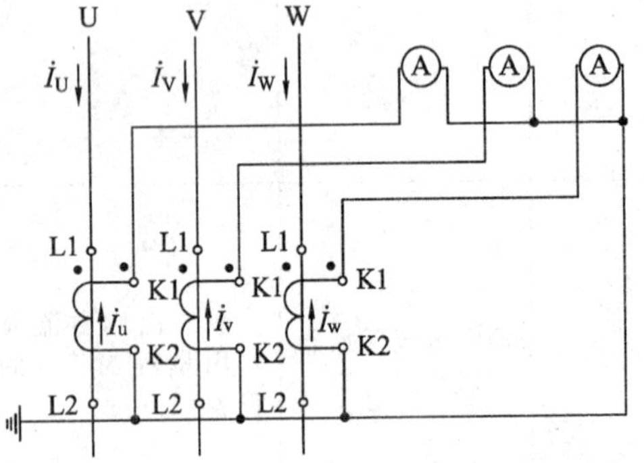

图 1-3-14 电流互感器三相星形连接电路

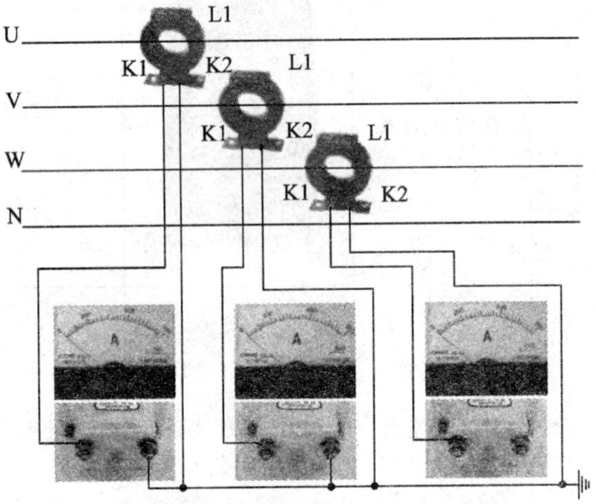

图 1-3-15 电流互感器三相星形连接实物接线示意图

注意：电流互感器极性接错将产生以下危害：用于继电保护电路中的电流互感器，将引起继电保护装置误动或拒动；用于计量回路中的电流互感器，会使计量及监视仪表失准，还可能使电能表反转. 所以接线前必须正确判断电流互感器的极性.

2. 三相四线有功电能表经电流互感器接线

三相四线有功电能表经电流互感器接线，此方式可以用来测量三相电力系统负载的用电量.

(1) 三相四线有功电能表的接线方法.

翻开三相四线有功电能表接线端子盖，就可以看到三相四线有功电能表接线图，三相四线有功电能表接线端子如图 1-3-16所示.

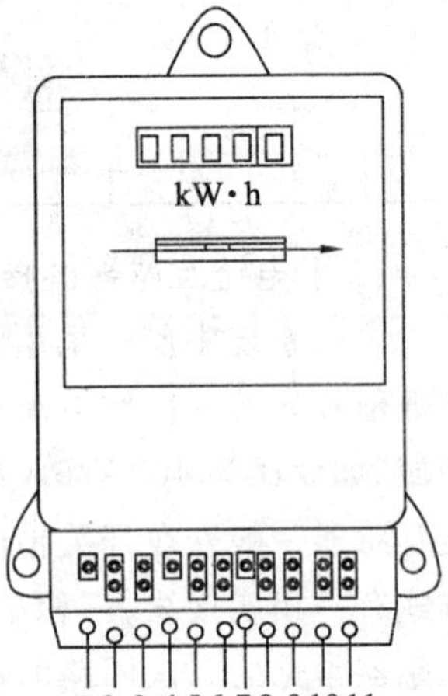

图 1-3-16 三相四线有功电能表接线端子示意图

三相四线有功电能表端子接线说明：端子 1、4、7 接电流互感器二次侧 K1 端，即电流进线端；3、6、9 接电流互感器二次侧 K2 端，即电流出线端；2、5、8 分别接三相电源；10、11 则接零端. 为安全起见，应将电流互感器 K2 端连接后接地. 注意：各电流互感器的电流测量取样必须与其电压取样保持同相，即 1、2、3 为一组；4、5、6 为一组；7、8、9 为一组.

(2) 绘制三相四线有功电能表经电流互感器接线的电路图.

三相四线有功电能表经电流互感器接线的电路图如图 1-3-17 所示.

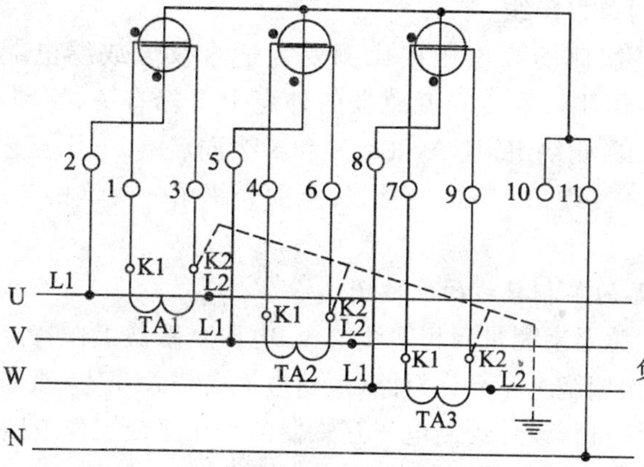

图 1-3-17　三相四线有功电能表经电流互感器接线的电路图

(3) 连接三相四线有功电能表经电流互感器接线的工作电路.

在指导教师指导下接线，如图 1-3-18 所示，三相相线从互感器中穿过，注意电流方向一致，然后接负载，电流互感器的 K1 端接电能表的电流线圈输入端，电能表的电流线圈输出端接电流互感器的 K2 端，同时 K2 端接地. 也就是说，电流互感器与电能表的电流线圈是串接的，再从每根相应的相线上接根线到电能表的电压线圈，零线接表的最后的零线桩头，注意电流互感器的一端是要接地的.

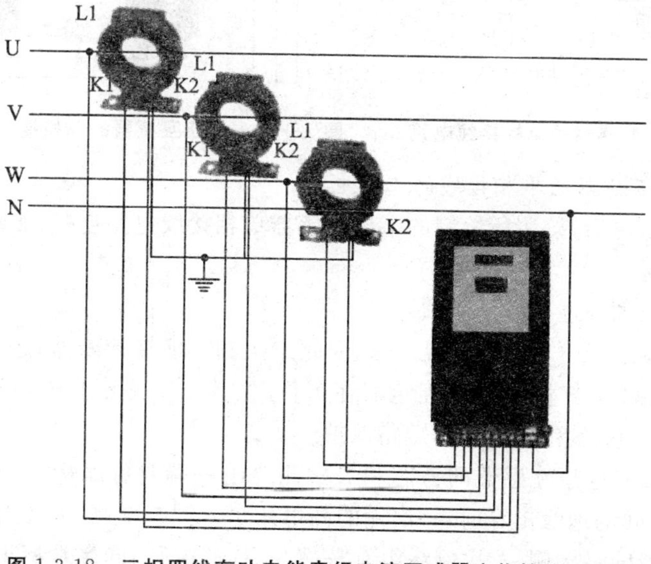

图 1-3-18　三相四线有功电能表经电流互感器实物接线示意图

提示

带有电压互感器和电流互感器的电能表读数方法为

电能表(电度表)用电量=读数×电压变比×电流变比

但常见的低压电能表,因为没有电压互感器,所以电能表用电量=读数×电流变比.

(三) 电压互感器的单相接线

电压互感器是将一次侧的高电压按比例变为适合仪表或继电器使用的额定电压为100V的变换设备,也称作TV.在电压互感器的外壳上常标有A、X和a、x,其中A、X表示一次侧绕组,a、x表示二次侧绕组,且A和a、X和x为同名端.电压互感器的接线形式有:单相接线、V/V接线、Y/Y接线、Y0/Y0/△接线.下面介绍用一台单相电压互感器来测量两相间线电压的接线方式.

1. 绘制电压互感器的单相接线的电路图

用一台单相电压互感器来测量两相间线电压,电压互感器工作特点和要求是:一次侧绕组与高压电路并联,二次侧绕组不允许短路(短路电流会烧毁TV),要装有熔断器,二次侧绕组有一点直接接地.建议自行设计绘制电压互感器的单相接线工作电路.

电压互感器单相接线的参考电路如图1-3-19所示.

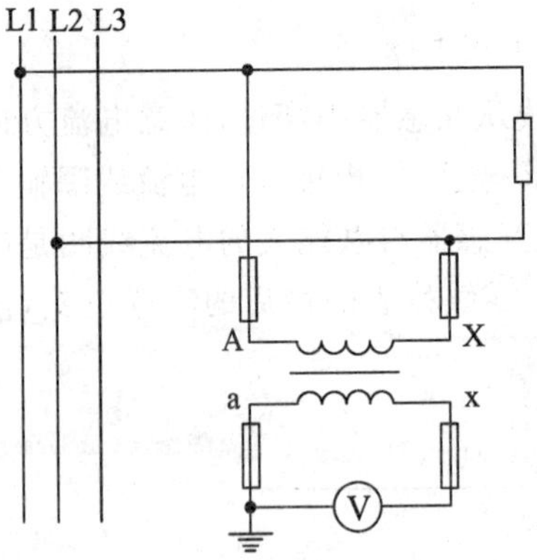

图 1-3-19 电压互感器的单相接线电路

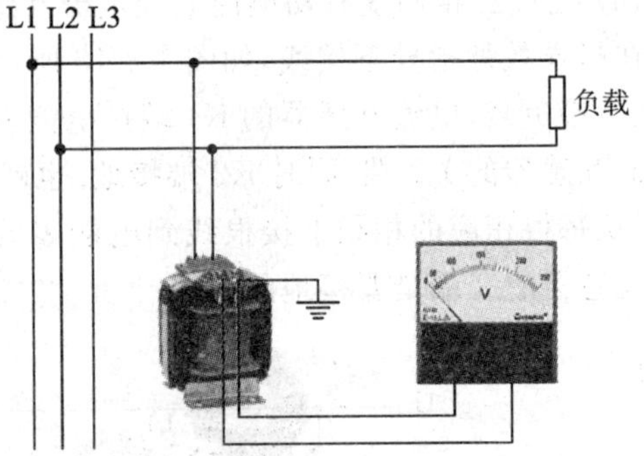

图 1-3-20 电压互感器的单相接线实物接线示意图

2. 连接电压互感器的单相接线的工作电路

经指导教师认可后,按照所绘制的电压互感器单相接线电路连接,如图1-3-20所示.

四、注意事项

使用仪用互感器应注意以下事项:

- 电流互感器运行中二次侧不得开路,因此二次侧不能接熔断器;运行中如要拆下电流表,必须先将二次侧短路才行.电压互感器在工作时,其二次侧不允许短路.为此,电压互感器二次侧电路中应串接熔断器,作为短路保护.
- 电流互感器和电压互感器的铁芯和二次侧绕组一端要可靠接地,其目的是为了防止一次、二次侧绕组间的绝缘击穿时,一次侧的高电压窜入到二次侧,危及人身和设备安全.
- 电流互感器的一次侧、二次侧绕组有"+""-"或"·"的同名端标记,二次侧接功率表或电能表的电流线圈时,极性不能接错.电压互感器二次侧所接测量仪表和继电器的电压线圈,应按要求的极性连接.否则,将会产生不良后果.

◉ 电压互感器的接线应保证其正确性，一次侧绕组和被测电路并联，二次侧绕组应和所接的测量仪表、自动装置的电压线圈并联.

任务评价

根据本任务的学习情况，按行为、技能、情感三个指标进行自我评价、小组评价和教师评价.

任务评价表

一级评价指标	二级评价指标	评价内容	配分	自我评价 0.3	小组评价 0.3	教师评价 0.4
行为指标	安全文明生产	是否遵守安装规程	5分			
		是否按安全规程正确操作，无任何元器件的损坏	5分			
		工作岗位是否整洁	5分			
		是否具有良好的工作习惯	5分			
技能指标	工作过程中理论知识的掌握	预习和查阅资料的能力	5分			
		观察和分析问题的能力	5分			
		解决问题的方法和效果	5分			
		对常用特种变压器的基本结构、工作原理、性能特点和使用注意事项的理解程度	5分			
	工作过程中技能的掌握	完成工作的积极性	5分			
		电流互感器三相星形连接接线是否正确	10分			
		三相四线有功电能表经电流互感器接线是否正确	10分			
		电压互感器的单相接线是否正确	10分			
		理论与实际相结合的综合分析能力	5分			
		工具、仪器和仪表的使用方法是否正确	5分			
情感指标	综合运用能力	团队协作能力	5分			
		工作效率	5分			
		知识或技能拓展能力	5分			
合　计			100分			
综合评价						

知识拓展

电压互感器和电流互感器在三相电路中常见的接线方式

1. 电压互感器常见的接线方式

在三相电力系统中，通常需要测量线电压、相对地电压和发生单相接地故障时的零序电压. 为了测量这些电压，就需要不同的接线方式，常见的电压互感器接线方式有以下几种.

(1) 用一台单相电压互感器来测量某一相对地电压或相间电压，一次侧绕组不能接地，二次侧绕组应有一端接地，此法适用于三相对称的小容量线路的测量与保护，二次侧可接仪表和继电器，如图 1-3-21 所示.

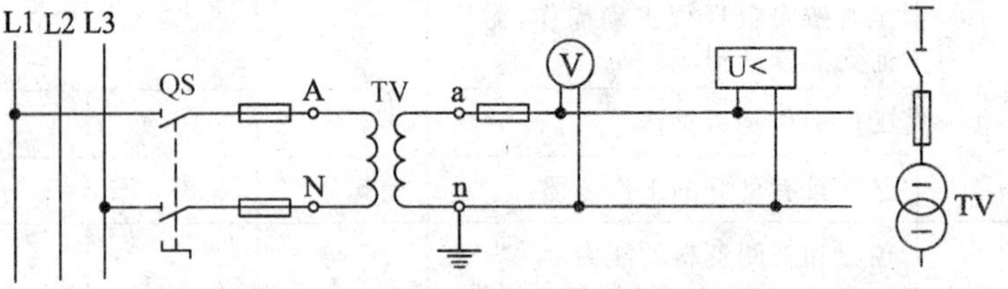

图 1-3-21　一个单相电压互感器接法

(2) 用两台单相互感器接成不完全星形，也称 V/V 形接法，用来测量各相间电压(线电压)，但不能测相电压，一次侧绕组不能接地，二次侧绕组 V 相接地. 其广泛应用于三相三线制 6～10kV 配电线路中，如图 1-3-22 所示.

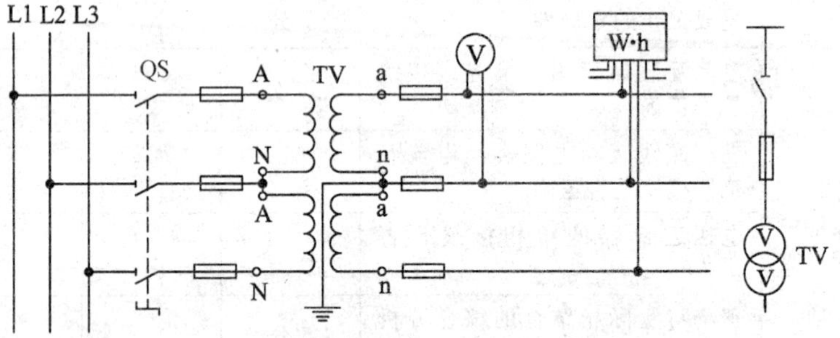

图 1-3-22　两个单相电压互感器 V/V 形接法

(3) 三个单相电压互感器接成 Y0/Y0 形，仪表和继电器接于各个线电压，绝缘监视电压表接于相电压，适用于三相三线制和三相四线制线路. 其广泛应用于 3～220kV 系统中，如图 1-3-23 所示.

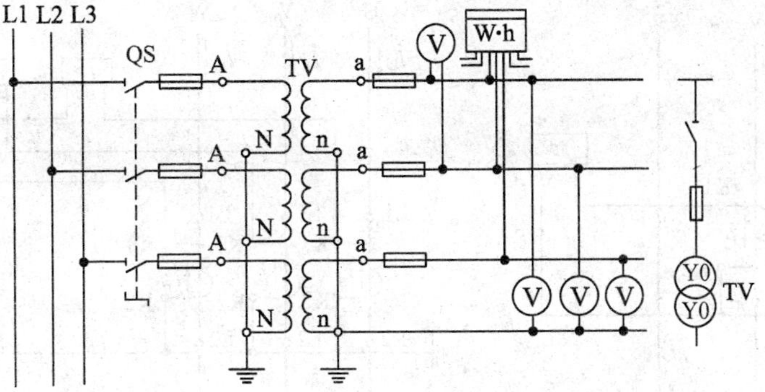

图 1-3-23　三个单相电压互感器 Y0/Y0 形接法

(4) 使用三个单相三绕组电压互感器或一个三相五柱式三绕组电压互感器接成 Y0/Y0/△形(开口三角形). 接成 Y0 形的二次侧线圈供电给仪表、继电器及绝缘监视电压表等. 辅助二次侧线圈接成开口三角形,供电给绝缘监视电压继电器. 当三相系统正常工作时,三相电压平衡,开口三角形两端电压为零. 当某一相接地时,开口三角形两端出现零序电压,接近于 100V,使绝缘监视电压继电器动作,发出信号,一般只用于 3～15kV 三相三线制线路,如图 1-3-24 所示.

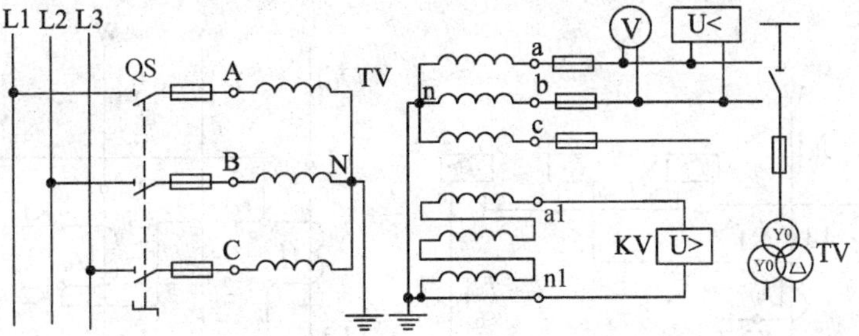

图 1-3-24　三相五柱式三绕组电压互感器 Y0/Y0/△形接法

2. 电流互感器常见的接线方式

(1) 一相式接线方式.

用一台电流互感器测量单相负荷电流或三相系统中平衡负载下的某一相电流,如图 1-3-25 所示.

(2) 三相星形连接方式.

三台电流互感器组成星形接线. 此方式可以用来测量负荷平衡或不平衡的三相电力系统中的三相电流. 这种三相星形接线方式组成的继电保护电路,能保证对各种故障(三相、两相短路及单相接地短路)具有相同的灵敏度,因此可靠性较高,其接线如图 1-3-26 所示.

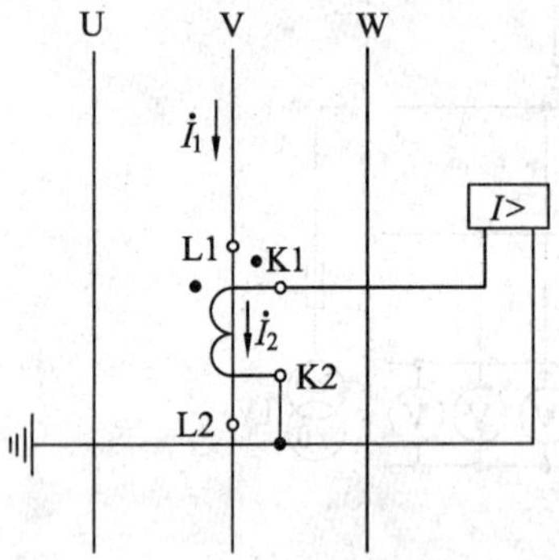

图 1-3-25　**一相式接线**

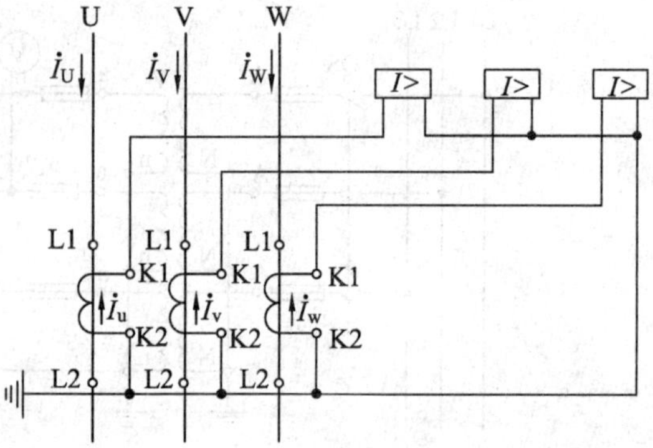

图 1-3-26　**三相星形连接**

(3) 不完全星形接线方式.

两台电流互感器组成不完全星形接线方式. 此方式也称两相 V 形接线，二次侧接三只电流表用以分别测量三相电流，由于 $\dot I_U+\dot I_W=-\dot I_V$，所以公共线中的电流就是未接互感器的 V 相的二次侧电流. 它可用于测量负载不论平衡与否的三相三线制线路，在 6～10kV 中性点不接地系统中应用较广泛. 较三相星形接线，继电保护灵敏度较差，但可节省投资费用，其接线如图 1-3-27 所示.

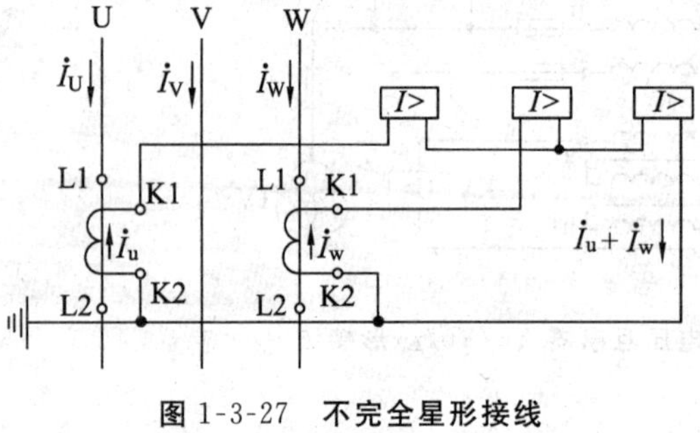

图 1-3-27　**不完全星形接线**

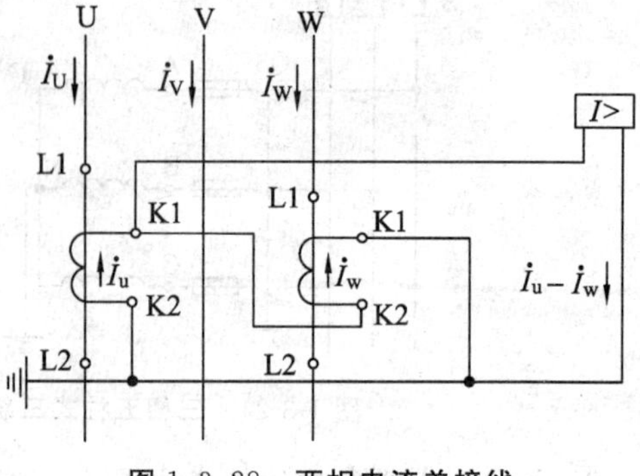

图 1-3-28　**两相电流差接线**

(4) 两相电流差接线方式.

两台电流互感器组成两相电流差接线. 二次侧公共线中流过的电流为两相电流之差，即 $\dot I=\dot I_u-\dot I_w$，其数值为一相电流的 $\sqrt{3}$ 倍，多用于三相三线制电路的继电保护线路中，其接线如图 1-3-28 所示.

任务四 小型单相变压器的绕制

任务描述

小型变压器是指在工频范围内进行电压、电流变换的小功率变压器，容量从几十伏安到1千伏安.小型变压器应用十分广泛，常见的有电源变压器、控制变压器及安全照明用变压器等.

某职业技术学校《数字电路》一体化课程，要求学生完成一个集OTL功放、可调稳压电源和数字钟为一体的多功能装置，如图1-4-1所示，该装置中所用的电源变压器，要求输入电压为220V，输出电压分别为17V和7V.为配合此课程的实施，学生首先要制作一个电源变压器，如图1-4-2所示.本任务将介绍小型电源变压器制作的有关知识，如变压器绕制步骤和工艺要求以及变压器的测试内容及测试方法.

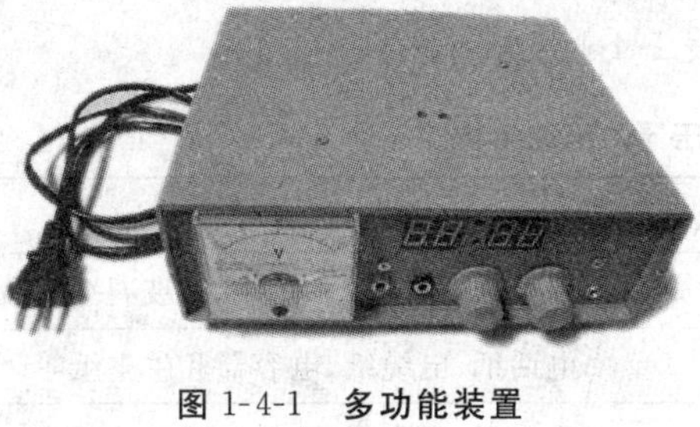

图1-4-1 多功能装置

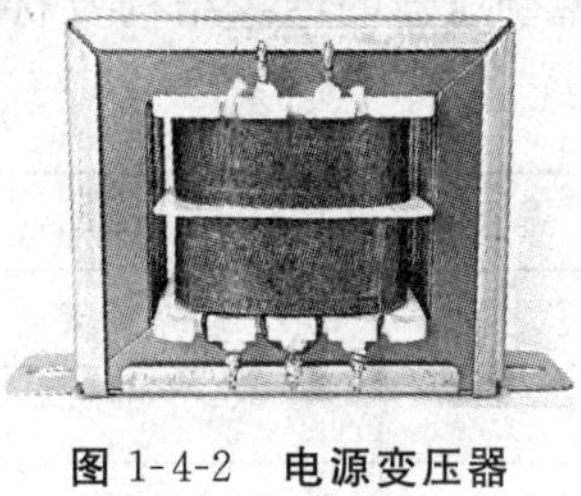

图1-4-2 电源变压器

学习目标

◇ 会选择小型变压器绕制材料.

◇ 通过线圈绕线训练，知道小型变压器的绕制方法.

◇ 学会小型变压器的制作工艺，并能按规范要求完成变压器的制作.

学习地点

变压器实训室.

学习准备

工具：电烙铁、剪刀、木榔头、百分尺、空线筒等.

仪表：万用表、兆欧表.

设备：手摇式绕线机或电动绕线机、多媒体设备.

材料：漆包线、硅钢片、绝缘材料、骨架等.

资料：电工手册、变压器安全操作规程、变压器相关资料.

知识准备

小型单相变压器的绕制分为选择导体和绝缘材料、制作木芯和骨架、线圈(线包)绕线、铁芯镶片、成品测试和绝缘处理等几道工艺.

一、小型单相变压器线圈的绕制

(一) 绕线前的准备工作

1. 选择导线及绝缘材料

根据计算的匝数和导线的截面积选用相应规格的漆包线.一般地,对于500V以下的变压器,当一次、二次侧绕组裸导线截面积乘以对应的匝数所得总面积占铁芯窗口面积的30%左右时,绕制的线包一般都可以放入铁芯.若导线总面积超过窗口面积的30%时,应考虑把匝数多的绕组改用小一号的导线,或都改用性质较好的绝缘材料,这样,绕好的线包(绕好的全部绕组简称)不会因无法装入铁芯而返工.

选择绝缘材料时应考虑两个方面因素.一是绝缘强度,对于层间绝缘,应按2倍层间电压的绝缘强度选用.对于1000V以下要求不高的变压器也可用电压的峰值,一般按$\sqrt{2}$倍层间电压为选用标准.对铁芯绝缘及绕组间的绝缘,按对地电压的2倍来选用.二是绝缘材料的种类,小型变压器的绝缘结构及材料如表1-4-1所示.

表1-4-1　　小型变压器的绝缘结构

绝缘结构		绝缘材料
线圈与铁芯之间	绝缘骨架	弹性纸(压制板)、钢质板、玻璃纤维板等
层间		电话纸、电缆纸、电容器和牛皮纸等
双线圈之间	衬垫物	牛皮纸、青壳纸、黄蜡布或涤纶薄膜
外层绝缘、保护层		牛皮纸、青壳纸、黄蜡布或涤纶薄膜

2. 制作木芯

制作木芯的材料和尺寸如表1-4-2所示.

表1-4-2　　制作木芯的材料和尺寸

木芯	用途	材料	尺寸		注意点
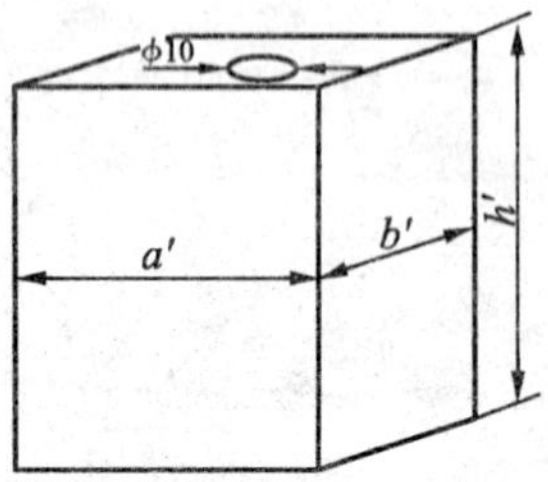	套在绕线机转轴上支撑绕组骨架	杨木或杉木	截面 $a'\times b'$	稍大于铁芯中心柱截面积尺寸($a\times b$)	(1) 中心孔必须钻得正直,四边也需垂直 (2) 木芯的边角需要用砂纸磨成圆角,以便于套进骨架,绕好后抽取也容易
			木芯长度 h'	稍大于铁芯窗口高度 h	
			木芯中心孔直径	10mm	

3．制作绕组骨架

绕组骨架（绕组架）除起支撑绕组的作用外，还对铁芯起到绝缘作用．它应具有一定的机械强度和绝缘强度．纸质无框绕组骨架一般用弹性纸制成，弹性纸的厚度应根据变压器的容量选用；要求较高的变压器都采用有框骨架，可用钢质板或玻璃纤维板等材料制成，如表 1-4-3 所示．

表 1-4-3　　　　制作骨架的尺寸及工艺要求

类型	骨架图	尺寸/mm	工　艺
纸质无框骨架	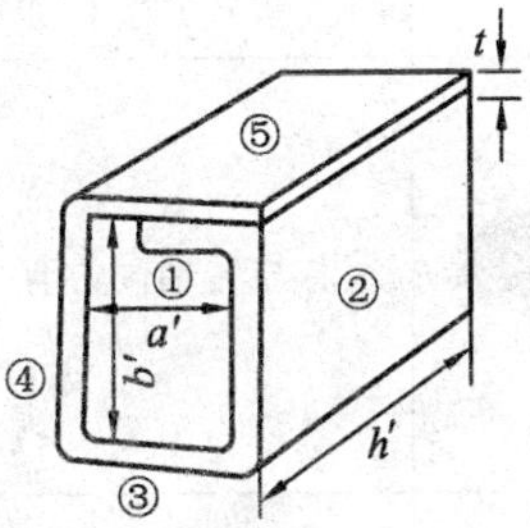	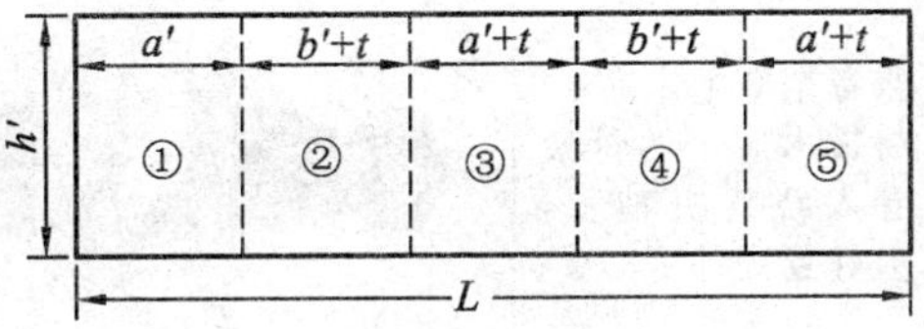	按图中虚线用裁纸刀划出浅沟，以便弯折，沟的深度以不划穿纸厚为原则，沿沟痕把弹性纸折成四方形．第⑤面与第①面重叠，用胶水黏合
有框骨架（电压较高的变压器）	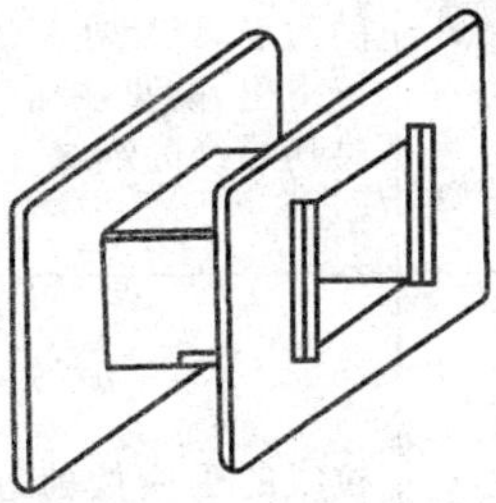	上下边 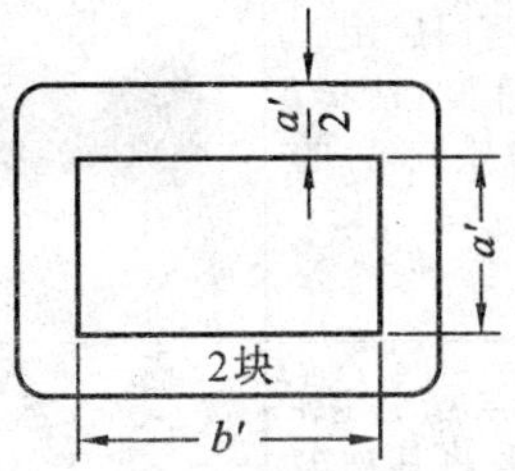	由上下两块边框板、四侧采用两种形状的夹板拼合而成一个完整的框架
		侧夹板 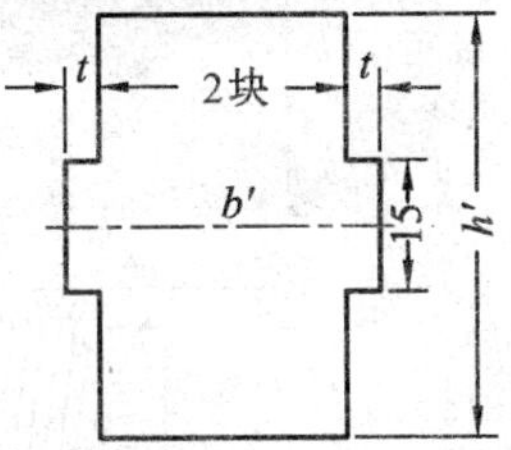	
		侧夹板 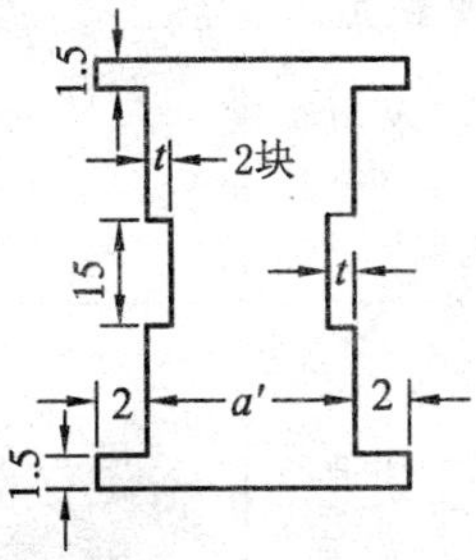	

备注：在条件允许的情况下，可以直接购买骨架，本教学中绕制变压器的骨架为直接购买．

(二) 绕线过程及工艺要求

绕线之前裁剪好各种绝缘纸(布).绝缘纸(布)的宽度应稍大于骨架的长度,而其长度应稍大于骨架的周长,但需计入绕组逐渐绕大后所需的裕量.绕线过程及工艺要求如表 1-4-4 所示.绕线的顺序按一次侧绕组、静电屏蔽、二次侧高压绕组及二次侧低压绕组依次叠绕.每绕完一组绕组后,要衬垫绕组间绝缘.当二次侧绕组数较多时,每绕好一组后用万用表检查是否通路.

表 1-4-4　　绕线过程及工艺要求

序号	步骤	工艺要求	实物图	注意事项
1	固定木芯、骨架	(1) 将骨架套上木芯 (2) 将带木芯子的骨架穿入绕线机轴上,上好紧固件		木芯与转轴同心且平行
2	安放第一层绝缘	将绝缘纸绕两周后用胶水(或用透明胶)粘牢,作为绕组与铁芯间的绝缘	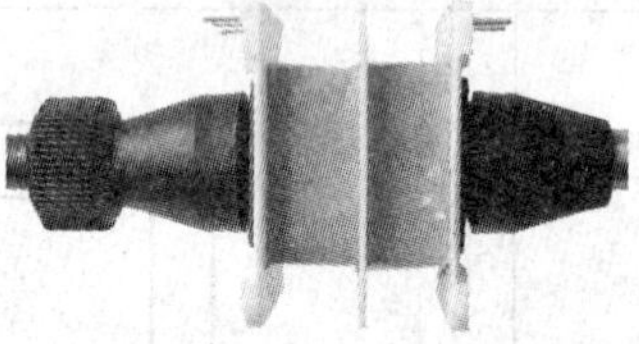	绝缘纸要求是牛皮纸、青壳纸
3	起绕并固定线头	(1) 引线需紧贴骨架,用透明胶将其粘牢 (2) 绕线时从引线的反方向开始绕起,以便压紧起始线头 (3) 将绕线机上的记数转盘调零		若采用无框骨架,导线起绕点不可过于靠近绕线芯子的边缘,以免在绕线时漆包线滑出,防止在插硅钢片时碰伤导线的绝缘
4	绕线	(1) 绕线时将导线稍微拉向绕线前进的相反方向(约 5° 左右),以便使导线排紧 (2) 导线要求绕得紧密、整齐,不允许有叠线现象	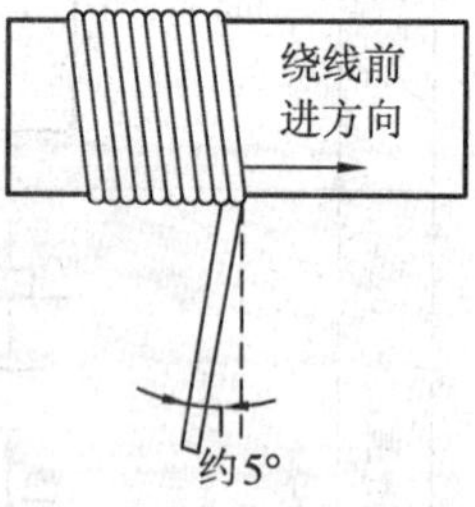	拉线的手应按前进方向移动,拉力大小根据导线粗细来调整
5	安放层间绝缘	绕完一层就刷一层薄凡立水,垫上一层间绝缘纸,再绕下一层		安放绝缘纸必须从骨架所对应的一个舌宽面开始安放.绝缘纸必须放平放正拉紧

续表

序号	步骤	工艺要求	实物图	注意事项
6	固定线尾	(1) 当一组绕组绕制快结束前，要垫上一条对折的棉线或绝缘带 (2) 继续绕线到结束，将线尾插入对折棉线的折缝中 (3) 抽紧绝缘带，线尾便固定 (4) 将线尾绕在引脚上，将多余的漆包线剪掉		注意对折的棉线放置的方向
7	安放绕组间的绝缘	同安放第一层绝缘步骤		绝缘纸要求是牛皮纸、青壳纸
8	安放静电屏蔽层（电子设备用电源变压器）	二次侧绕组间放铜箔作为静电屏蔽层，屏蔽层用0.1mm左右的薄铜箔，其宽度比骨架长度稍短1～3mm，在铜箔上焊一根多股软线引出接地		(1) 注意绝不能让静电屏蔽层首尾相连，否则将形成短路，使变压器通电时发高热，甚至烧毁变压器 (2) 若没有现成铜箔，可用0.12～0.15mm的漆包线密绕一层，一端埋在绝缘层内，一端接地
9	安放外层绝缘	同安放第一层绝缘步骤		绝缘纸要求是牛皮纸、青壳纸
10	引出线及焊接	一般用多股软线、较粗单股铜线或铜皮制成的焊片，将其焊在线圈端头，用绝缘材料包扎好后，引出线头．接引出线头的方法是用两条长的青壳纸或牛皮纸将一段多股导线或窄薄铜皮夹在纸中间，再用黏合剂粘牢	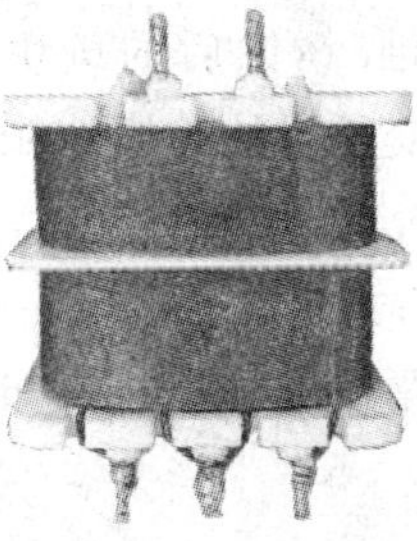	(1) 漆包线直径在0.2mm以上的用本线直接引出，直径在0.2mm以下的用多股软线做引出线．只有条件许可的，才用薄铜皮焊片做引出线头 (2) 应按耐压等级选用引出线的套管

提示

变压器中间抽头引出方法

若变压器有中间抽头(有些变压器有两个或两个以上的绕组,不需要分开绕线,只要在同一线圈中按需要抽出几个线头,用这些抽头来做副绕组引出线),可采用表1-4-5所示的方法制作.

表1-4-5　　中间抽头引出方法

引出方法		工　艺	示意图	备　注
焊接引出		在线圈抽头处刮去一小段绝缘漆,将引出线焊上去作为抽头,焊完后包上绝缘	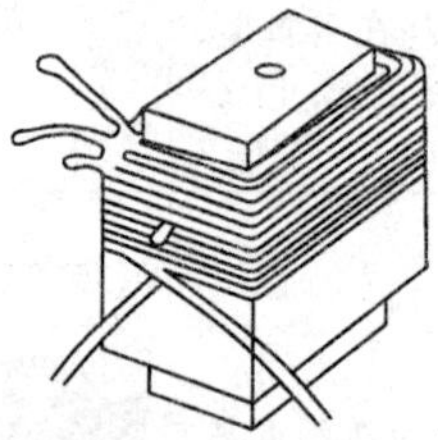	焊剂应采用松香焊剂,焊点表面应完整、连续和圆滑
本线引出	漆包线较细	在线圈抽头处不刮去绝缘漆,将漆包线拖长,两股排在一起作引出线	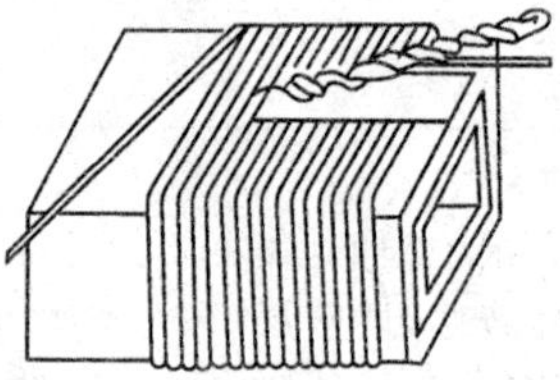	引出线折向一侧时,在线的下面垫上一层绝缘材料或给引出线套上绝缘套管,以避免短路
	漆包线较粗	把两根线平行对折作引出线(若将漆包线绞在一起),会使线包中间隆起,影响绕线和线包的平整	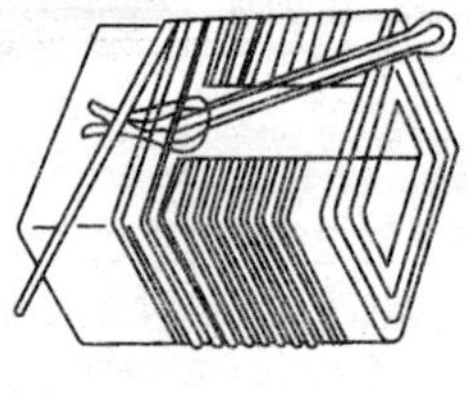	因粗漆包线弹性较大,弯头的地方不容易贴实,需另加一根纱带将它固定

二、铁芯镶片及变压器的固定

(一) 硅钢片的检查和选择

- 检查硅钢片是否平整,是否有毛刺.若硅钢片不平整会影响装配质量,若有毛刺容易造成磁路短路并增大涡流.
- 检查硅钢片表面是否锈蚀.锈蚀后的斑块会增加硅钢片的厚度,减小铁芯有效截面积,同时硅钢片容易受潮,降低变压器的绝缘性能.
- 检查硅钢片表面绝缘是否良好,如有剥落,应重新刷漆.
- 检查硅钢片的含硅量是否大体符合要求.一般硅钢片含硅量在3%～4%为正常.

硅钢片的含硅量估查可用弯折法,如表1-4-6所示.

表 1-4-6　　硅钢片含硅量估查方法

弯折法	现　象	含硅量
用钳子夹住硅钢片的一角，将其弯成直角	折断	4%以上
	弯成直角后回复到原位才折断	接近 4%
	反复弯三、四次才能折断	约 3%
	难于折断	2%以下

（二）铁芯镶片的要求

- 安装紧密．这不仅可以防止铁芯从骨架中脱出，又能保证它的有效截面积，还能避免绕组通电后因振动而产生杂音．
- 不得划破或胀破骨架，否则会切伤导线，造成断路或短路．
- 铁芯磁路中不应有空隙，各切片开口处要衔接紧密．
- 铁芯镶片要平整、美观．

（三）铁芯镶片方法——交叉插片法

对于控制变压器、电源变压器一类的铁芯装配，通常采用交叉插片法．下面以 EI 型硅钢片镶片为例介绍，如图 1-4-3 所示．

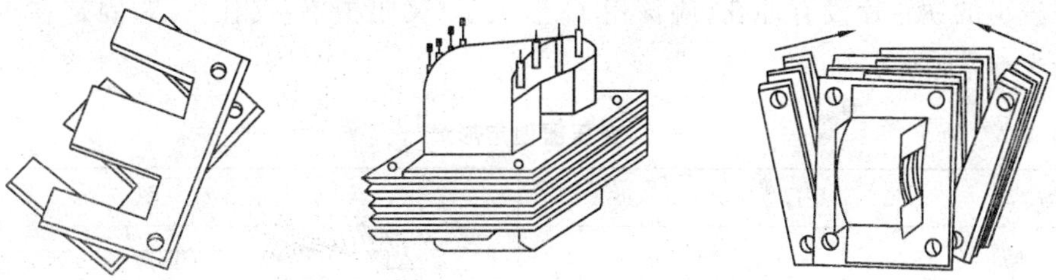

图 1-4-3　铁芯装配

（1）先在线圈骨架左侧插入 E 型硅钢片，根据情况可插入 1～4 片．

（2）接着在骨架右侧也插入至相应的片数．

（3）左右两侧交替对插，直至插满为止．

（4）最后将 I 型硅钢片（横条），按铁芯剩余空隙厚度叠好插进去．

（5）镶片完毕后，把变压器放在平板上，两头用木锤敲打平整．

（四）铁芯镶片注意事项

1．紧片处理

当线圈中镶满硅钢片时，余下大约 1/6 的硅钢片往往比较难镶，俗称紧片．这时可将已插进的硅钢片中容易分开的两片间用一字旋具撬开一条缝隙，嵌入一至两片硅钢片，用木锤慢慢敲进去，同时在另一侧与此相对应的缝隙中加入片数相同的横条．

2．“抢片”处理

所谓“抢片”，就是在双面插片时，一层的硅钢片插到另一层中间去了，如图 1-4-4 所示．一旦发生抢片，应立即停止敲打硅钢片，将抢片的硅钢片取出，整理平直后重新插片．

3. 错位处理

硅钢片错位现象如图 1-4-5 所示.硅钢片的舌片没有和线圈骨架腔对准,舌片抵在骨架上,如果强行将硅钢片敲进去,会损坏骨架和割断导线.凡遇到硅钢片敲打不进去时,应仔细检查原因.若线圈骨架空腔偏小,可将铁芯中间舌宽锉小.当线圈尺寸偏厚影响插片时,可在骨架内插入木芯,用两块木板在两侧保护住线包,在台钳上把线包夹扁一些,这时安放铁芯就方便了.

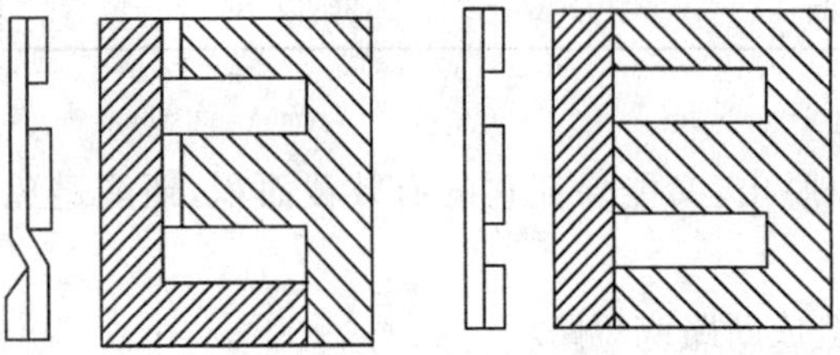

(a) 错误　　(b) 正确

图 1-4-4　抢片

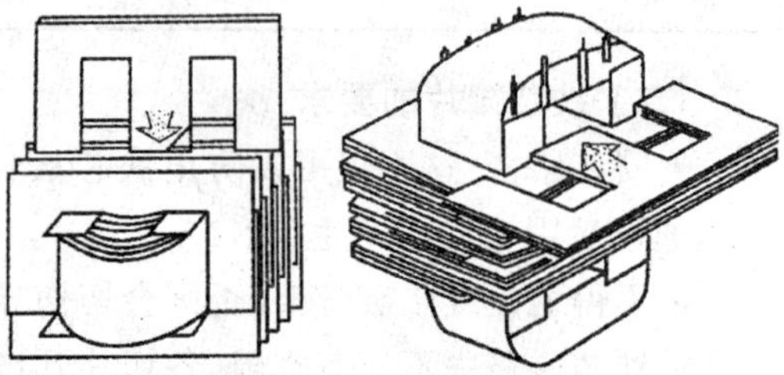

图 1-4-5　硅钢片错位

(五) 变压器固定形式

铁芯插好后,还需夹紧铁芯片和安装变压器.功率较大的变压器在铁芯片上冲有孔.在螺杆上套上薄套管穿在铁芯的孔内,用螺母加绝缘垫片拧紧,此螺杆也是变压器的安装螺钉.功率较小的铁芯片没有冲孔,应该用 U 形夹子(又叫护罩)夹住铁芯,固定在机器底板上,如表 1-4-7 所示.

表 1-4-7　变压器固定形式

固定形式	工　艺	示 意 图
夹式变压器	用铁皮剪成如右图所示形状,并沿虚线折好,套在铁芯外边,进行固定.把引出线焊到焊片上或连接在接线柱上	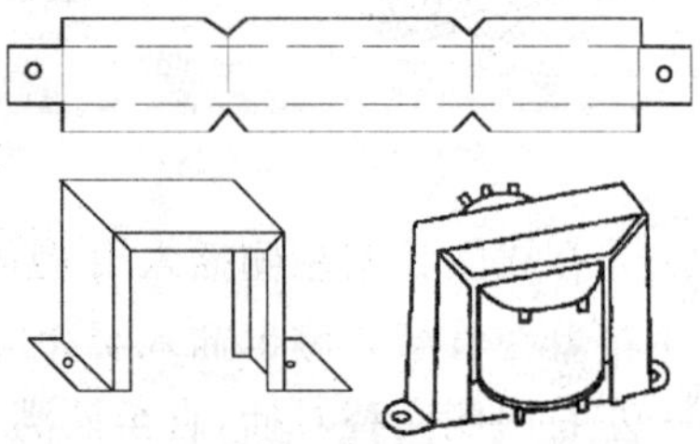
立式变压器	用螺钉或夹板固紧铁芯.把引出线焊到焊片上或连接在接线柱上	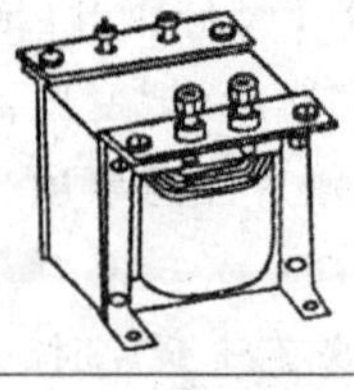
卧式变压器		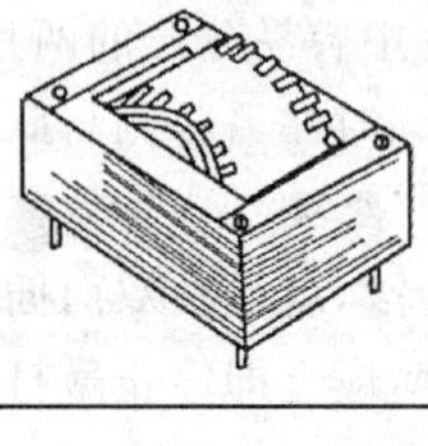

三、绝缘处理

新绕制和大修后的变压器必须进行绝缘处理（浸漆和烘烤），以提高防潮、防霉、防锈蚀的性能，保证变压器能长期稳定可靠地工作．绝缘处理的工艺过程如表 1-4-8 所示．

表 1-4-8　　变压器绝缘处理

工艺步骤	目　　的	方　　法
预烘	驱除内部潮气	在烘箱内加温到 70℃～80℃，烘烤 3～5 小时
浸漆	填充绝缘物毛细孔及导线、铁芯间的空隙，使外界潮气不能浸入．同时将线包与铁芯粘结成一个整体，以增强机械强度	将预烘干燥的变压器淹没于绝缘漆（1260 漆）中，浸泡半小时左右，直到线包浸透不冒泡为止
滴漆	滴去多余的漆	悬吊或放在铁丝网上 2～3 小时
烘烤	驱除水分、干燥固型	放进烘箱，用 80℃温度烘烤 8 小时左右

四、变压器的检测

为保证新制作或修理好的变压器的性能指标基本符合使用条件，一般进行以下几个方面的检测，如表 1-4-9 所示．

表 1-4-9　　变压器检测

检测项目	工具器材	检测方法	合 格 指 标
外观	电源设备	观察、通电检测	线圈引出线无断线、脱焊；绝缘材料无机械损伤；通电检查无焦臭味、冒烟
绝缘电阻	兆欧表	测各绕组间和各绕组对铁芯（地）的绝缘电阻	对于 400V 以下的变压器其绝缘电阻不低于 100MΩ
空载电压	电源设备、电压表	一次侧加电压到额定值，测量二次侧各绕组的空载电压	二次侧高压绕组误差 $\Delta U \leqslant \pm 2\%$；二次侧低压绕组误差 $\Delta U \leqslant \pm 5\%$；中心抽头电压误差 $\Delta U \leqslant \pm 2\%$
空载电流	电源设备、电流表	一次侧加电压到额定值，测量空载电流	空载电流约为额定电流的 5%～8%（当空载电流大于额定电流的 10%时，变压器损耗较大；当空载电流超过额定电流的 20%时，它的温升将超过允许数值，就不能使用）

任务实施

小型单相变压器的绕制

一、实训目的

- 通过线圈绕线训练，掌握小型变压器的绕制方法．
- 学会小型变压器的制作工艺，并能按规范要求完成变压器的制作．

二、实训器材

实训器材如表 1-4-10 所示.

表 1-4-10　　　　小型单相变压器的绕制实训器材

序号	名称	数量	备　注
1	漆包线	若干	(1) 一次侧 220V 绕组选用最大外径 0.23mm 漆包线,绕 1248 匝 (2) 二次侧 17V 绕组选用最大外径 0.77mm 漆包线,绕 102 匝 (3) 二次侧 7V 绕组选用最大外径 0.63mm 漆包线,绕 42 匝
2	硅钢片	若干	选用 $a=22$mm、$c=11$mm、$h=33$mm、$A=66$mm、$H=55$mm、厚度为 0.35mm 的 F 形通用冷轧硅钢片,叠厚 28mm
3	骨架	一只	骨架内边尺寸 $a=2.2$cm,$b=2.8$cm(a 和 b 的含义见骨架制作)
4	制作工具	各一个	手摇式绕线机或电动绕线机、百分尺、剪刀、锉刀、电工刀、电烙铁、棉线、木板、空线筒、木榔头及手电钻等
5	测试工具	各一只	万用表、兆欧表
6	绝缘材料	若干	青壳纸、弹性纸、窄纸带、绝缘漆、绝缘套管等
7	其他	若干	胶水、焊片、铜箔等

三、实训内容及步骤

(一) 绕线机和变压器骨架的认识

本次实训操作需要使用的手摇式绕线机或电动绕线机及骨架等相关设备如图 1-4-6、图 1-4-7 所示.

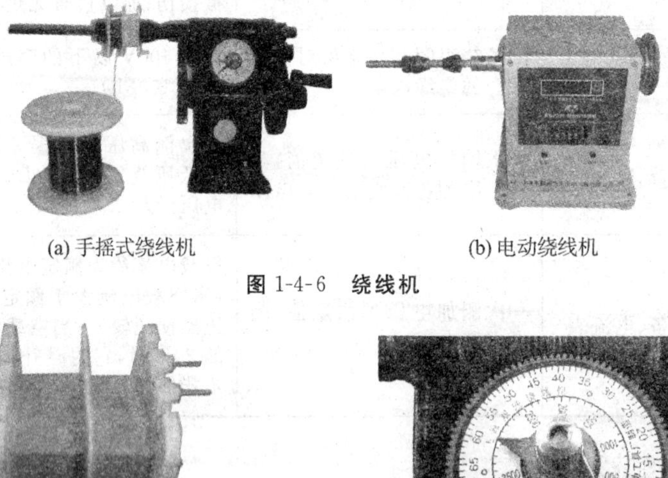

(a) 手摇式绕线机　　(b) 电动绕线机

图 1-4-6　绕线机

图 1-4-7　变压器骨架

图 1-4-8　手摇式绕线机刻度盘

对手摇式绕线机刻度盘的读数,注意外圈和内圈所标数字的含义:刻度盘外圈指针每移动一格数字,表示线圈绕完一匝;刻度盘内圈指针每移动一格数字,表示线圈绕完 100 匝.手摇式绕线机刻度盘如图 1-4-8 所示.

(二) 变压器线圈绕线方法的训练

(1) 绕线机的安装应牢固，转轴与木板边缘平行且绕线机底座距离木板的边缘10cm左右.

(2) 绕线前需对刻度盘进行调零，以免引起读数误差.

(3) 绕线时应戴上手套，不仅能防止手汗粘在漆包线上，腐蚀漆包线，而且可以避免漆包线割破手指.

(4) 绕线时导线要求绕得紧密、整齐，不允许有叠线现象，凡出现匝间空隙或叠绕现象时应退回重绕.

(三) 木芯和骨架的制作

骨架可以根据硅钢片的尺寸购买，硅钢片的叠厚为2.8cm，本次实训建议学生自己制作木芯和骨架.

按工艺要求制作木芯和骨架，将操作要求记录于表1-4-11中.

表 1-4-11　　木芯和骨架的制作

步骤	内容	工艺要点	备注
1	制作材料	(1) 木芯材料：________ (2) 骨架材料：________，厚度________	
2	木芯制作	(1) 截面尺寸：____×____ mm^2 长度尺寸：____ mm 中心孔直径：____ mm (2) 使用工具：________________ (3) 工艺要点：________________	
3	骨架上下挡板	(1) 下料尺寸：长________×宽________ mm^2 (2) 中间挖孔：长________×宽________ mm^2 (3) 引出线孔：上挡板________个，下挡板________个， 孔径________ mm	
4	骨架舌宽面侧夹板	(1) 下料尺寸：宽________×高________ mm^2 (2) 榫：宽________×高________ mm^2 (3) 上下高出挡板尺寸：宽________×高________ mm^2	
5	骨架叠片厚面侧夹板	(1) 下料尺寸：宽________×高________ mm^2 (2) 榫：宽________×高________ mm^2	
6	骨架组装	(1) 工艺要点：________________ (2) 黏合材料：________________	
7	检验	(1) 舌宽面是否合适：________________ (2) 叠片厚面是否合适：________________ (3) 引出线孔位置是否恰当：________________ (4) 机械强度是否足够：________________	

(四) 小型单相变压器的制作

要制作的电源变压器规格为 220V/17V,7V,次级对应输出容量分别为 25V·A、5V·A. 要求一次侧 220V 绕组选用最大外径 0.23mm 漆包线,绕 1248 匝;二次侧 17V 绕组选用最大外径 0.77mm漆包线,绕 102 匝;二次侧 7V 绕组选用最大外径 0.63mm漆包线,绕 42 匝,如图 1-4-9 所示.

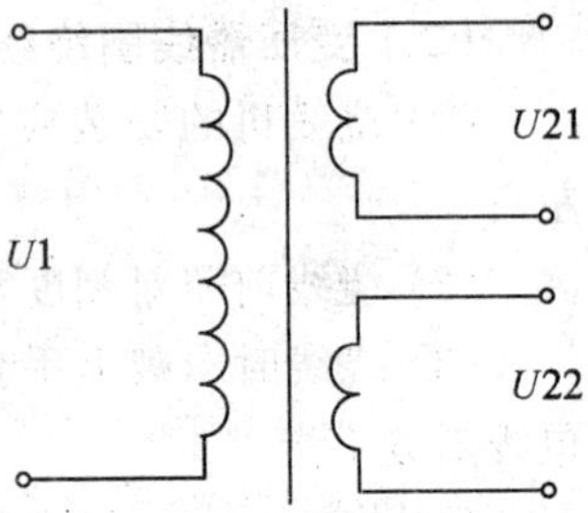

图 1-4-9 **绕制小型单相变压器**

按工艺要求绕制线包、插紧铁芯并进行初步测试、浸漆干燥,将操作要点记录于表 1-4-12 中.

表 1-4-12 **小型单相变压器的制作**

步骤	内容	工艺要点	备注
1	制作材料	(1) 硅钢片:规格型号________,厚度________ (2) 漆包线:牌号________,一次侧绕组线径________ mm 二次侧绕组线径:Ⅰ________ mm,Ⅱ________ mm (3) 绝缘纸:品名________,厚度________ mm 下料尺寸________×________ mm^2 (4) 静电屏蔽层:品名________,厚度________ mm 下料尺寸________×________ mm^2 (5) 引出线:一次侧绕组________根,规格________ 二次侧绕组________根,规格________	
2	线圈绕制	(1) 一次侧绕组数据:每层平均匝数________匝,层数________,总匝数________匝 (2) 二次侧绕组数据: 绕组Ⅰ每层平均匝数________匝,层数________,总匝数________匝 绕组Ⅱ每层平均匝数________匝,层数________,总匝数________匝 (3) 绕制工艺要点:________	
3	铁芯镶片	(1) 镶片方法:________ (2) 片数:________ (3) 镶片工艺要点:________	
4	检测	(1) 直流电阻:一次侧绕组________ Ω,二次侧绕组Ⅰ________ Ω,二次侧绕组Ⅱ________ Ω (2) 绝缘电阻:一次、二次侧绕组间________ MΩ,一次侧绕组与地间________ MΩ,二次侧绕组与地间________ MΩ (3) 空载电流________ A,空载电压________ V (4) 空载损耗功率________ W	
5	浸漆与烘烤	(1) 预烘:温度________℃,时间________小时 (2) 浸漆:绝缘漆牌号________,时间________小时 (3) 滴漆:时间________小时 (4) 烘烤:温度________℃,时间________小时 (5) 工艺要点:________	

四、注意事项

- 若骨架自制,木芯和活络框架做好经教师校验合格后,方可绕线.
- 绕完的线包需检测,合格后才能浸漆装入铁芯,用万用表电阻挡检测各绕组是否断开，用兆欧表检测各绕组之间是否绝缘良好．若绝缘电阻大于 100MΩ 为合格，小于 10MΩ 时可能漏电；绝缘电阻为零时，视为短路；若绝缘电阻忽大忽小，表示有碰线现象，应重绕．

- 一次侧绕组引出线放在左侧，二次侧绕组引出线放在右侧．
- 绕线时，应注意对线圈与铁芯之间、层与层之间、线圈之间以及线包外层进行绝缘处理．
- 按小型变压器绕制工艺绕制绕组，绕制结束后，先镶片，再紧固铁芯，然后焊接引出线和制作变压器铭牌，一切完成后教师检验，待评分后再进行烘干、浸漆．最后进行空载试验，测量空载电压及空载电流．
- 测试变压器时，应在教师的指导下进行．

任务评价

根据本任务的学习情况，按行为、技能、情感三个指标进行自我评价、小组评价和教师评价．

任务评价表

一级评价指标	二级评价指标	评价内容	配分	自我评价 0.3	小组评价 0.3	教师评价 0.4
行为指标	安全文明生产	是否遵守安装规程	5分			
		是否按安全规程正确操作，无任何元器件的损坏	5分			
		工作岗位是否整洁	5分			
		是否具有良好的工作习惯	5分			
技能指标	工作过程中理论知识的掌握	预习和查阅资料的能力	5分			
		观察和分析问题的能力	5分			
		解决问题的方法和效果	5分			
		对小型变压器的制作工艺的理解程度	5分			
	工作过程中技能的掌握	完成工作的积极性	5分			
		变压器线圈的绕线方法是否掌握	10分			
		制作木芯和骨架的方法是否掌握	10分			
		小型单相变压器的制作方法是否可行，输出电压是否处于误差范围内	10分			
		理论与实际相结合的综合分析能力	5分			
		工具、仪器和仪表的使用方法是否正确	5分			
情感指标	综合运用能力	团队协作能力	5分			
		工作效率	5分			
		知识或技能拓展能力	5分			
		合　计	100分			
综合评价						

项目二 三相变压器的使用与维护

项目学习目标

- 认识三相变压器的外形和内部结构，熟悉各部件的作用，知道变压器铭牌的含义.
- 知道变压器极性的重要意义，学会用时钟表示方法分析三相变压器的连接组别，并能对三相变压器的各种连接组别进行正确接线.
- 能说出三相变压器的常见连接组别及应用场合.
- 能说出三相变压器并联运行的优点及并联运行的条件.
- 知道三相电力变压器的日常维护、故障检查和运行检查等技术内容.
- 通过对电力变压器常见故障的分析，初步懂得电力变压器常见故障的处理方法.

任务一 三相变压器的认识

任务描述

目前电力系统普遍采用三相供配电，因而三相变压器被广泛使用.它是供配电系统中最关键的设备，其作用是将供配电系统中的电力电压升高或降低，以利于电力的合理输送、分配和使用.三相变压器可由三台同容量的单相变压器组成，称为三相变压器组.但大部分中小容量的三相变压器采用三相共有一个铁芯的三相芯式变压器，简称三相变压器.三相变压器在对称负载下运行时，任何一相的电磁关系均与单相变压器相同，因此前面对单相变压器的分析方法及其结论完全适用于三相变压器.三相变压器是每个企事业单位必备的电力设备，它的工作正常与否直接与企业的生产经营相关.只有掌握了三相变压器的基本知识，才能安全可靠地使用它，充分发挥它的作用.常见的三相电力变压器如图 2-1-1 所示.

图 2-1-1 常见的三相电力变压器

学习目标

◇ 认识三相变压器的外形和内部结构，熟悉各部件的作用. 知道变压器铭牌的含义并能对有关参数进行简单的计算.

◇ 知道变压器的极性的重要意义，学会用实验方法测定单相变压器和三相变压器的极性.

◇ 能说出三相变压器的常见连接组别及应用场合，学会用时钟表示法分析三相变压器的连接组别.

◇ 学会三相变压器的 Y 形和△形接法并能对三相变压器的各种连接组别进行正确接线.

◇ 能说出三相变压器并联运行的优点及并联运行的条件.

学习地点

变压器实训室.

学习准备

仪表：交流电压表、万用表、兆欧表.

设备：单相和三相变压器、单相和三相调压器、单相和三相刀开关、灯泡、多媒体设备等.

材料：连接导线等.

资料：电工手册、变压器安全操作规程、变压器相关资料.

知识准备

一、三相变压器结构的认识

在三相电力变压器中，目前使用最广的是油浸式电力变压器，其外形图如图 2-1-2 所示.

三相电力变压器主要由铁芯、绕组、油箱、冷却装置和保护装置等部件组成.

(一) 铁芯

铁芯是三相变压器的磁路部分，与单相变压器一样，它也是由 0.35mm 厚的硅钢片叠压(或卷制)而成的. 20 世纪 70 年代以前生产的电力变压器铁芯采用热轧硅钢片，其缺点是变压器体积大，损耗大，且效率低. 20 世纪 80 年代起生产的新型电力变压器铁芯均用高磁导率、低损耗的冷轧晶粒取向硅钢片制作，以降低损耗，提高变压器的效率，这类变压器称为低损耗变压器，以 S7(SL7)及 S9 系列为代表产品. 国家电力部规定从 1985 年起，新生产及新上网的变压器必须是低损耗电力变压器.

三相电力变压器铁芯均采用心式结构，通常心式结构的铁芯采用交叠式的叠装工艺.

变压器铁芯的最新发展趋势是采用铁基、铁镍基、钴基等非晶带材料代替硅钢. 我国已生产 SH11 系列非晶合金电力变压器，它具有体积小、效益高、节能等优点，极有发展前途.

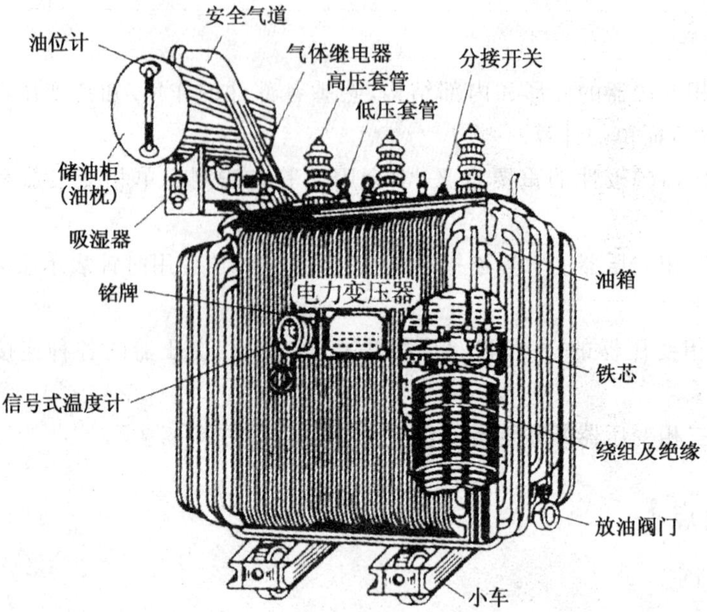

图 2-1-2　三相油浸式电力变压器的外形图

(二) 绕组

绕组是三相电力变压器的电路部分. 一般用绝缘纸包的扁铜线或扁铝线绕成. 绕组与单相变压器一样有同心式绕组和交叠式绕组. 当前新型的绕组结构为箔式绕组,绕组用铝箔或铜箔氧化技术和特殊工艺绕制,使电力变压器整体性能得到较大的提高,我国已开始批量生产.

绕组制作完成后,将变压器铁芯的上夹件拆开,并将上部的铁轭硅钢片拆去,随后将三相高、低压绕组套在三个铁芯柱上,再重新装好上铁轭和上夹件,就得到了电力变压器器身.

(三) 油箱、冷却装置和保护装置等部件

如表 2-1-1 所示为三相油浸式电力变压器的主要附件.

表 2-1-1　三相油浸式电力变压器主要附件的作用

名　称	图　例	作　　用
油箱		油箱由箱体、箱盖、散热装置、放油阀组成,其主要作用是把变压器连成一个整体及进行散热. 其内部是绕组、铁芯和变压器油. 变压器油既有循环冷却和散热作用,又有绝缘作用. 绕组与箱体(箱壁、箱底)有一定的距离,由油箱内的油作绝缘

续表

名　称	图　例	作　　用
高低压套管		套管为瓷质绝缘管，内有导体，用于变压器一次、二次侧绕组接入端和引出端的固定和绝缘
气体继电器		容量在 800kV·A 及以上的油浸式变压器(户内式的变压器容量在 400kV·A 及以上)才安装，用于在变压器油箱内部发生故障时进行气体继电保护
储油柜		又叫油枕，内储有一定的油，它的作用为：一是补充变压器因油箱渗油和油温变化造成的油量下降；二是当变压器油发生热胀冷缩时保持与周围大气压力的平衡．其附件吸湿器与油枕内油面上方空间相连通，能够吸收进入变压器的空气中的水分，以保证油的绝缘强度
防爆管		其作用是防止油箱发生爆炸事故．当油箱内部发生严重的短路故障，变压器油箱内的油急剧分解成大量的瓦斯气体，使油箱内部压力剧增，此时，防爆管的出口处玻璃会自行破裂，释放压力，并使油向一定方向喷出．近年来防爆管正被逐步淘汰，取而代之的是压力释放阀
分接开关		用于改变变压器的绕组匝数以调节变压器的输出电压．变压器调整电压的方法是在其某一侧绕组上设置分接，以切除或增加一部分绕组的线匝，改变绕组匝数，从而达到改变电压变比的目的．一般情况下是在高压侧设置分接，因为高压侧绕组置于外侧，易于分接，同时高压侧电流小，分接开关容易制造．变压器二次侧不带负载，一次侧与电网断开时的调压，称为无励磁调压．变压器二次侧带负载，且一次侧与电网连接时的调压，称为有载调压
吸湿器		吸湿器被安置于储油柜下部．为了使储油柜内上部的空气保持干燥和避免工业风尘的污染，储油柜通过吸湿器与大气相通．吸湿器内装有氯化钙或氯化钴浸过的硅胶，能吸收水分，当它受潮到一定程度时，其颜色会由蓝色变成白色或粉红色

二、变压器的铭牌

为了使变压器能安全、经济运行，并保证一定的使用寿命，制造厂按标准规定了变压器的额定数据. 有关额定数据写在铭牌上，铭牌上的主要技术数据有型号、额定容量、额定电压、额定电流、额定频率等.

(一) 型号

变压器的型号表明变压器的类型和特点，它由字母和数字两部分组成. 字母代表变压器的基本结构特点，数字代表额定容量(kV·A)和一次侧绕组的额定电压(kV)，常见形式如下：

①②-③/④

①——变压器的分类型号，由多个拼音字母组成，见表 2-1-2；②——设计序号；③——变压器的额定容量，单位为 kV·A；④——一次侧绕组的额定电压，单位为 kV.

变压器的分类型号含义如表 2-1-2 所示.

表 2-1-2　　变压器的分类型号含义

分类项目	符号	分类项目	符号
单相变压器	D	全密封	M
三相变压器	S	三相双绕组变压器	S
油浸自冷式	-(或 J)	自耦变压器	O
油浸风冷式	F	无励磁调压	-
油浸水冷式	S	有载调压	Z
强迫油循环	P	铝线变压器	L
干式空气自冷	G	卷绕式铁芯	R
干式浇注绝缘	C	低压箔式	B

例如，SFZ9-31500/35 表示第 9 设计序号，三相油浸风冷式有载调压 31500kV·A、35kV 的电力变压器.

(二) 变压器的额定值

1. 额定电压 U_{1N}、U_{2N}

U_{1N}为一次侧的额定电压；U_{2N}为二次侧的额定电压，是指一次侧加额定电压时二次侧的空载(开路)电压，单位为 V 或 kV. 三相变压器的额定电压指线电压. 变压器额定电压的确定取决于绝缘材料的介电常数和允许温升.

2. 额定电流 I_{1N}、I_{2N}

额定电流是变压器绕组允许长期连续通过的工作电流，是指在某环境温度、某种冷却条件下允许的满载电流值. 当环境温度、冷却条件改变时，额定电流也应变化. 如干式变压器加风扇散热后，电流可提高 50%. 在三相变压器中，额定电流指的是线电流，单位为 A.

3. 额定容量 S_N

变压器的额定容量是指变压器的视在功率，表示变压器在额定条件下的最大输出功率. 其大小是由变压器的额定电压 U_{2N} 与额定电流 I_{2N} 所决定的，当然也受到环境温度、冷却条件的影响. 额定容量的单位为 V·A 或 kV·A.

单相变压器额定容量：$S_N=U_{2N}I_{2N}$；三相变压器额定容量：$S_N=\sqrt{3}U_{2N}I_{2N}$.

注意：由于电力变压器的效率很高，通常一次、二次侧的额定容量相等，即是变压器的额定容量.

4. **额定频率** f_N

我国规定电力系统的额定频率为50Hz.

5. **温升**

温升是指变压器在额定工作条件下，内部绕组允许的最高温度与环境温度之差，它取决于所用绝缘材料的等级.

除额定值外，铭牌上还标有变压器的相数、连接组、接线图、短路电压百分值、变压器的运行及冷却方式等. 为了考虑运输和吊心，还标有变压器的总重、油重和器身的重量等.

例 2-1-1　某台三相有载调压电力变压器，$S_N=5000\text{kV}\cdot\text{A}$，$U_{1N}/U_{2N}=35\text{kV}/10.5\text{kV}$，Y，d 接法. 求一次、二次侧的额定电流和变比.

解

$$I_{1N}=\frac{S_N}{\sqrt{3}U_{1N}}=\frac{5000\times10^3}{\sqrt{3}\times35\times10^3}\text{A}\approx82.5\text{A}$$

$$I_{2N}=\frac{S_N}{\sqrt{3}U_{2N}}=\frac{5000\times10^3}{\sqrt{3}\times10.5\times10^3}\text{A}\approx275\text{A}$$

变压器的变比为

$$K=\frac{U_{1P}}{U_{2P}}=\frac{35000/\sqrt{3}}{10500}\approx1.92$$

注意：当求三相变压器的变比 K 时，如果一次、二次侧都是 Y 形接法，或都是△形接法时，可以和单相变压器中一样求解，即 $K=\frac{U_{1N}}{U_{2N}}$. 如果一次、二次侧绕组接法不一样，需要把线电压转化为相电压进行计算.

三、三相变压器的磁路系统

三相变压器可以由三个单相变压器连接组成，称为三相组式变压器. 但大多数均采用三相合为一体的三相心式变压器，因为它体积小，经济性也好.

(一) 三相组式变压器的磁路系统

三相组式变压器是由三个完全一样的单相变压器组成的，如图 2-1-3 所示. 它的磁路特

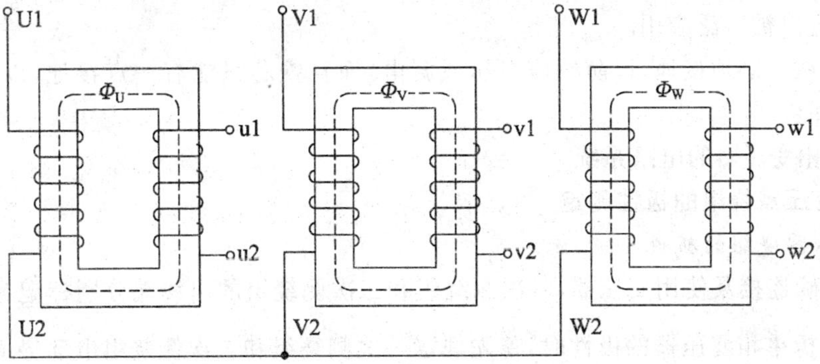

图 2-1-3　三相组式变压器的磁路系统

点是三相磁通互不关联，各有自己单独的回路．如果外加电压是三相对称的，则三相磁通也一定是对称的．如果三个铁芯的材料和尺寸完全一样，三相磁路的磁阻相等，则三相空载电流也是对称的，即 $I_{0U}=I_{0V}=I_{0W}$．

三相组式变压器常用于大容量变压器中，以便于运输和制造．例如，一节列车的载重量是 60t，当变压器的重量为 100t 时，就无法运输．如果做成三相组式变压器，则可用三节列车来运输．大型变电站有时为了减少变压器的备用容量，也采用这种形式，可以节省三分之二的变压器容量．

（二）三相心式变压器的磁路系统

三相心式变压器的磁路是由三个独立的单相变压器磁路演变而来的．如果把三个单相心式变压器的铁芯放在一起，如图 2-1-4(a)所示，在对称运行时，三相主磁通也是对称的，其相量和等于零，即

$$\dot{\Phi}_U+\dot{\Phi}_V+\dot{\Phi}_W=0 \tag{2-1-1}$$

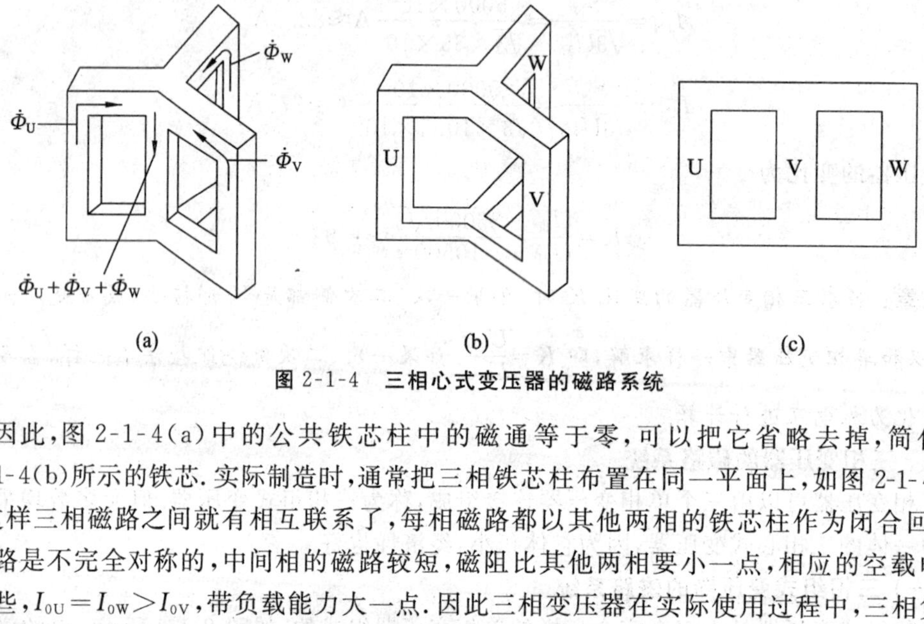

图 2-1-4　三相心式变压器的磁路系统

因此，图 2-1-4(a)中的公共铁芯柱中的磁通等于零，可以把它省略去掉，简化成如图 2-1-4(b)所示的铁芯．实际制造时，通常把三相铁芯柱布置在同一平面上，如图 2-1-4(c)所示．这样三相磁路之间就有相互联系了，每相磁路都以其他两相的铁芯柱作为闭合回路．三相磁路是不完全对称的，中间相的磁路较短，磁阻比其他两相要小一点，相应的空载电流也小一些，$I_{0U}=I_{0W}>I_{0V}$，带负载能力大一点．因此三相变压器在实际使用过程中，三相负载分配不均匀时，将较大的这一部分负载接在中间这一相电路中．由于三相心式变压器体积小，经济性好，所以被广泛应用．

变压器铁芯必须接地，以防感应电压或漏电．而且铁芯只能有一点接地，以免形成闭合回路，产生环流．

四、三相变压器的电路系统

（一）变压器绕组的极性测定

1．变压器绕组的极性

为了正确连接及使用变压器，一次侧绕组和二次侧绕组的出线端分别标记为 U1、U2 和 u1、u2．在分析单相变压器的极性时，首先规定一次侧绕组和二次侧绕组电动势 $\dot{E}_U$ 和 $\dot{E}_u$ 的正方向都是从首端指向末端，如图 2-1-5 所示．

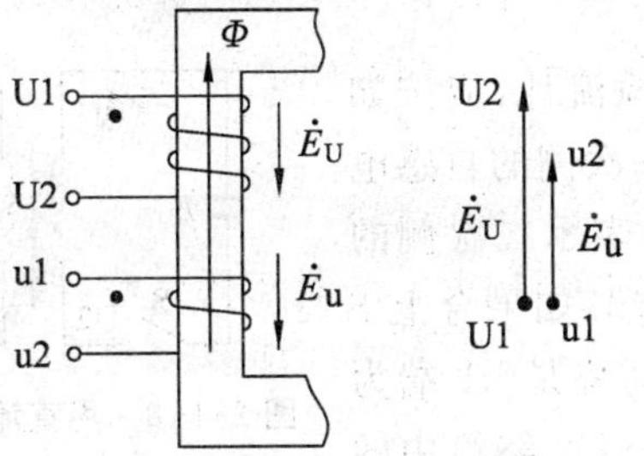

图 2-1-5　单相变压器的极限和向量图

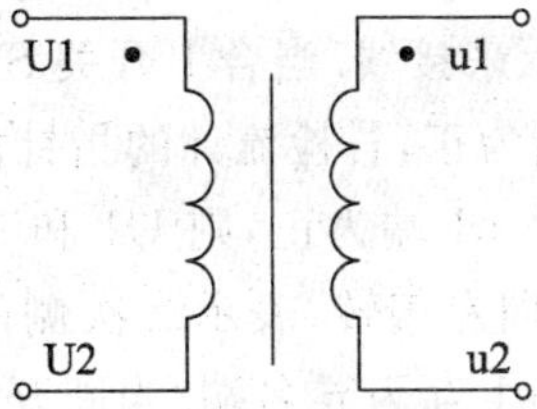

图 2-1-6　变压器同名端表示

所谓变压器绕组的极性是指变压器一次、二次侧绕组的感应电动势之间的相位关系.

单相变压器(或三相变压器中任一相)的一次侧绕组和二次侧绕组套在同一铁芯柱上,且被同一磁通 Φ 所交链. 设 U1—U2 为一次侧绕组,u1—u2 为二次侧绕组,它们的绕向相同,在同一交变磁通作用下,两绕组中同时产生感应电动势. 在任何瞬间,两绕组中同时具有相同的电动势极性的两个端钮,称为同名端,或同极性端. 常用黑点"·"或星号"*"表示两绕组的同名端. 如图 2-1-6 所示,U1 端和 u1 端是同名端.

如图 2-1-6 所示,分别从 U1 端和 u1 端同时通入电流,则两个绕组产生的磁通方向是相同的. 这表示在同一铁芯上的两个绕组,当从同名端通入电流时,产生磁通的方向是相同的. 反之,从异名端通入电流时,两个绕组产生的磁通是相互抵消的. 因此,要使同一铁芯上的两个绕组串联,应当把它们的一组异名端相接;要使同一铁芯上的两个绕组并联,则应当使同名端相接.

注意:

(1) 当一次侧绕组和二次侧绕组的同极性端同时标为首端时,则一次侧绕组电动势 $\dot{E}_U$ 与二次侧绕组电动势 $\dot{E}_u$ 同相位. 向量图如图 2-1-5 所示.

(2) 当一次侧绕组和二次侧绕组的异名端标为首端时,则一次侧绕组电动势 $\dot{E}_U$ 与二次侧绕组电动势 $\dot{E}_u$ 的相位相反.

2. 单相变压器绕组的极性测定方法

已经制成的变压器由于经过浸漆或其他工艺处理,绕组的绕向从外观也就无法看出,只能借助仪表来测定同名端. 单相变压器的极性测定方法有交流法和直流法两种.

(1) 交流法.

如图 2-1-7 所示为单相变压器,在它的一次侧加上合适的交流电压,分别用电压表测出一次、二次侧电压 U_1 和 U_2,然后连接 u2—U2,再用电压表测 U1—u1 两端电压 U_3,若 $U_3=U_1+U_2$,则 U2—u2 为异名端相接,U1 和 u1 互为异名端,U1 和 u2 互为同名端;若 $U_3=U_1-U_2$,则 U2—u2 为同名端相接,U1 和 u1 互为同名端. 因为一次、二次侧电动势相差 180°,它们的连接,在前一种情况下是相加的,而在后一种情况下则是相减的. 采用这个方法时要注意选择电压表的量程.

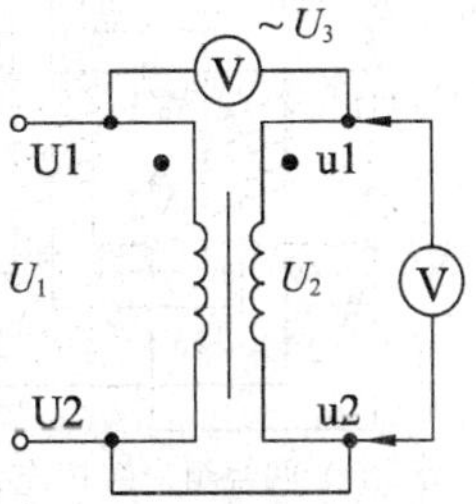

图 2-1-7　用交流法判断极性

(2) 直流法.

采用这种方法时要用两节干电池和一只检流计,应按如图 2-1-8 所示来接线.当合上开关 S 的瞬间,一次侧的自感电动势是 U1 端为正,若检流计的指针向右偏转,表示二次侧的感应电动势是 u1 端为正,则 U1 和 u1 为同名端.如果合上 S 的瞬间,指针向左偏转,表示二次侧的感应电动势是 u1 端为负,则 U1 和 u1 互为异名端.当断开 S 时,U1—U2 绕组中的自感电动势是 U2 端为正,若 u2 和 U2 互为同名端,这时二次侧的互感电动势应当是 u2 端为正,则检流计的指针应当向左偏转.这个方法中,宜将高压绕组接电池,以减少电能的消耗;而低压绕组接检流计,以减少对检流计的冲击.

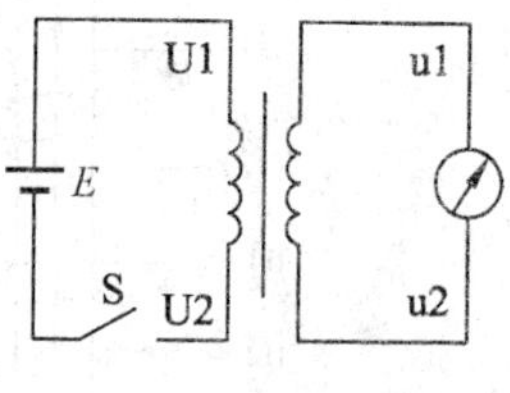

图 2-1-8　**用直流法判断极性**

3. 三相变压器绕组的首尾端判别

单相变压器绕组的极性判别,同样也适合于三相变压器绕组的极性鉴别,对三相变压器来说,它的每一相的一次、二次侧绕组之间的同名端判别,与单相变压器一样.但是三相变压器三相绕组分别绕在不同的铁芯柱上,有各自的磁通,因此不存在同名端关系,但根据三相磁场的对称要求,应有首尾判别问题,现以交流法为例叙述如下.

对于三相变压器,不仅各相一次、二次侧绕组之间应有一致的相对极性,而且各相绕组的首端和末端的标志也应该一致.因为当一相绕组接反后,该相绕组产生的磁动势会与另外两相绕组产生的磁动势相抵消,使得变压器空载阻抗变得很小,接入电源后会产生很大的电流而损坏变压器.

如图 2-1-9(a)所示,两绕组为末端相接时,加电压 U_1后,在第三相绕组中几乎不产生感应电动势,即 $U_2 \approx 0$.这表明,V1、V1 同时为首端;若两绕组为首尾相接,如图 2-1-9(b)所示,会在第三相绕组中感应电动势 $E_2 = U_2 \approx U_1$,这表明,V1、U2 中一端为首端,另一端为末端.换一相绕组后,重复上述试验,则可决定三相绕组的相对极性.用同样的方法也可决定二次侧各绕组的相对极性.

上述实验即所谓三相变压器绕组的首尾端测定,它对于三相变压器的正确连接是非常重要的.

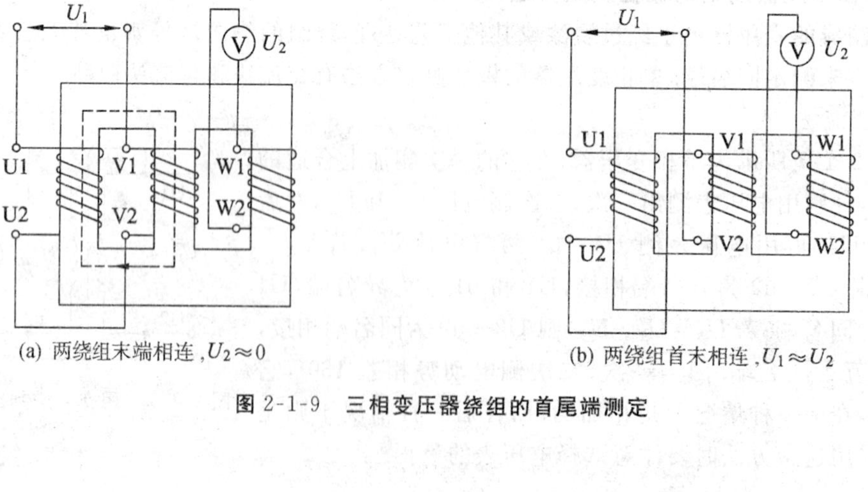

(a) 两绕组末端相连, $U_2 \approx 0$　　(b) 两绕组首末相连, $U_1 \approx U_2$

图 2-1-9　**三相变压器绕组的首尾端测定**

（二）三相变压器绕组的连接

三相变压器的一次侧绕组和二次侧绕组均可以接成 Y 形或△形. 在原国家标准中分别用 Y 和△表示. 而新的国家标准规定，一次侧绕组星形接法用 Y 表示，有中线时用 YN 表示，三角形接法用 D 表示；二次侧绕组星形接法用 y 表示，有中线时用 yn 表示，三角形接法用 d 表示. 三相变压器一次侧绕组和二次侧绕组的首端分别用 U1、V1、W1 和 u1、v1、w1 标记，末端分别用 U2、V2、W2 和 u2、v2、w2 标记，星形接法的中点分别用 N、n 标记. 无论哪一种接法都有一定的要求，切不可随意连接，其理由分述如下：

1. *星形接法*

变压器的一次侧绕组采用星形接法时，一般是把三相绕组的末端连在一起，构成中性点 N，而三个首端则接三相电源，如图 2-1-10 所示. 这种接法中，当电流从任何一相流入，从另外两相流出时，各相电流产生的磁通的方向在铁芯中是一致的，感应电动势也是相加的. 如果有一相接反了，将该相的首端和另外两相的末端接成中性点，则当电流从该相流入，从另外两相流出时，三个铁芯中的磁通会互相抵消，如图 2-1-11 所示. 这会使变压器的空载电流急剧增大，中性点严重偏移而不能运行.

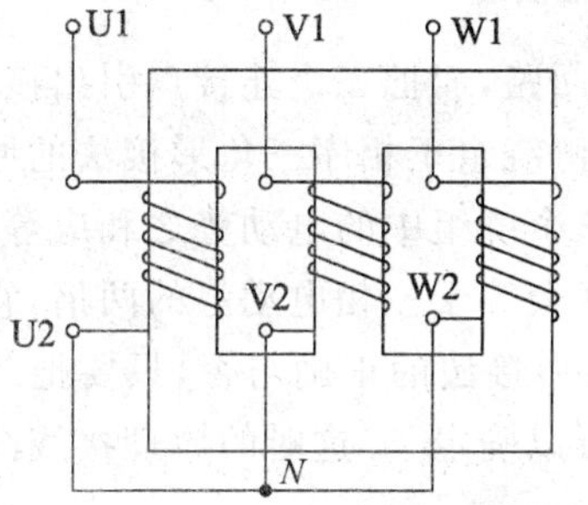

图 2-1-10　一次侧绕组的星形接法

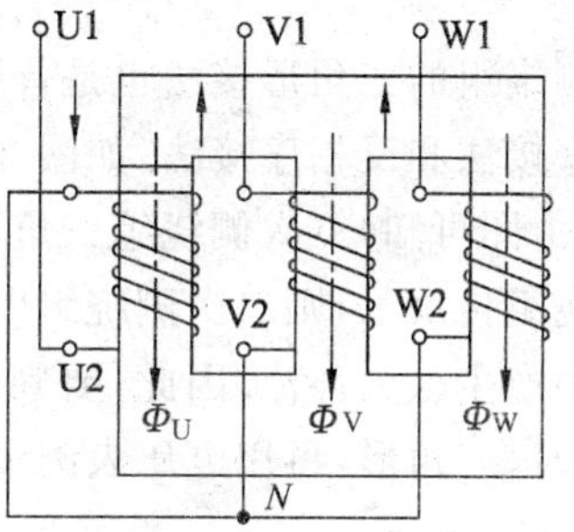

图 2-1-11　星形接法时一次侧绕组一相接反

二次侧绕组的星形接法，是把三个末端连接成中性点 n，三个首端引出，以获得三相对称的电动势，如图 2-1-12(a)、(b)所示. 若一相接反，如 V 相接反，则该相电动势由 $\dot{E}_v$ 变成了相反的 $-\dot{E}_v$，如图 2-1-12(c)所示. 这时二次侧的两组线电压 U_{vw} 和 U_{uv} 的值会等于二次侧相电动势的值，很容易用电压表测量而判断它.

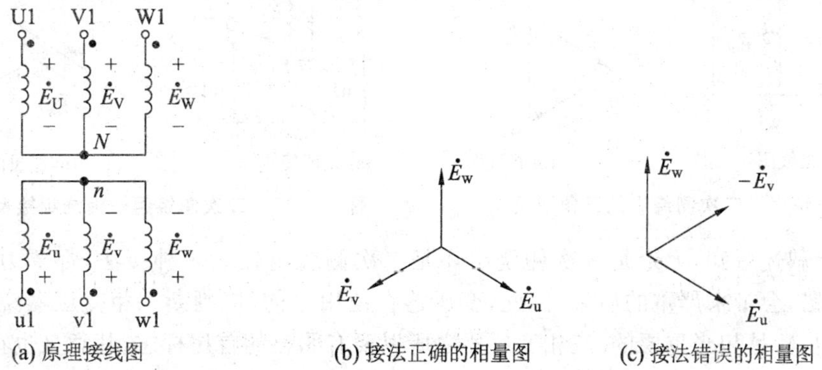

(a) 原理接线图　(b) 接法正确的相量图　(c) 接法错误的相量图

图 2-1-12　二次侧绕组的星形接法

2. 三角形接法

三相变压器一次侧绕组的三角形接法，是把一次侧绕组间的首端和末端相互连接后形成闭合回路的形式，再从三个连接点引出端线接三相电源. 三角形接法又分正相序接法（即U2V1、W2U1、V2W1）和反相序接法（即 U2W1、W2V1、V2U1）. 无论用哪一种接法，当电流从一根电源线流进，从另外两相流出时，都能够保证它们在铁芯中产生的磁通的方向是一致的，如图 2-1-13 所示. 如果其中有一相绕组接反，则会造成不良后果.

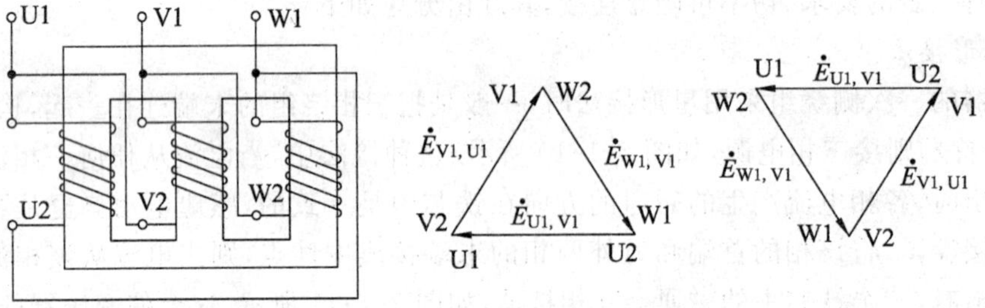

（a）原理接线图　（b）反相序接法　（c）正相序接法

图 2-1-13　一次侧绕组的三角形接法

二次侧绕组的三角形接法也是首尾相互连接成闭合回路，而把三个连接点引出接负载，也分正相序接法和反相序接法. 如图 2-1-14 所示为二次侧绕组正相序三角形接法的原理图和相量图. 由图可知，二次侧绕组三角形接法时，二次侧三个绕组中的电动势之和应等于零. 若有一相绕组接反了，则二次侧绕组中三个电动势之和就会等于一相电动势的两倍，它将在闭合回路中产生很大环流. 因此，要判断二次侧绕组三角形接法的正确与否，只要把二次侧绕组接成开口三角形，再用电压表测量开口处的电压就可以确定了. 这时的原理接线图和相量图如图 2-1-15 所示.

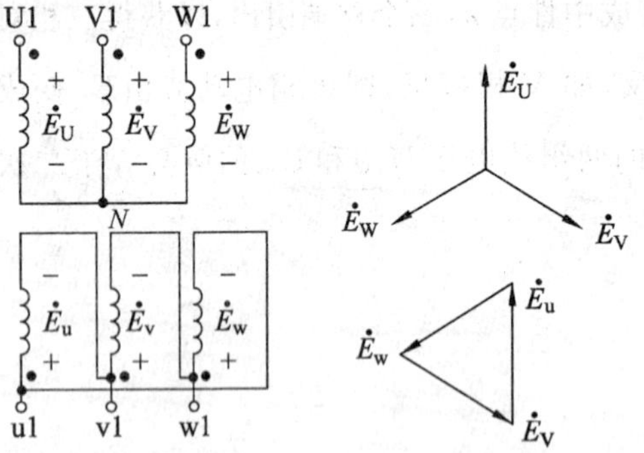

(a) 原理接线图　(b) 相理图

图 2-1-14　二次侧绕组的三角形接法

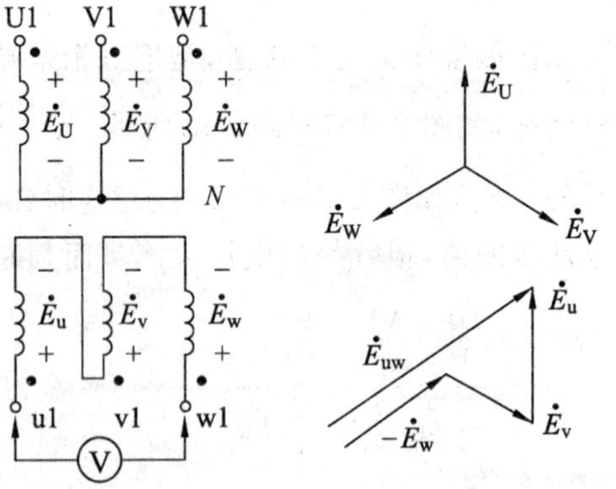

(a) 原理接线图　(b) 相量图

图 2-1-15　二次侧绕组一相绕组接反的情况

由以上叙述可知，无论是一次侧绕组还是二次侧绕组任意一种接法，都要力求正确连接. 一旦接错，会带来严重的后果. 因此，变压器在使用之前，应判断三相变压器绕组首端和末端，这一步骤是相当重要的. 三相变压器之所以要有明显的首尾标志，其意义也在于此.

(三) 常用三相变压器的连接组

1. 三相变压器连接组的时钟表示法

三相变压器一次、二次侧绕组不同接法的组合形式有：Y, y; YN,d; Y,d; Y,yn; D,y; D, d 等,其中最常用的组合形式有三种,即 Y, yn; YN,d 和 Y,d. 不同形式的组合,各有优缺点. 对于高压绕组来说,接成星形最为有利,因为它的相电压只有线电压的 $1/\sqrt{3}$,当中性点引出接地时,绕组对地绝缘的要求降低了. 而对于大电流的低压绕组,采用三角形连接可以使导线截面为星形连接时的 $1/\sqrt{3}$,且便于绕制,所以大容量的变压器通常采用 Y, d 或 YN,d 连接. 容量不太大而且需要中性线的变压器,广泛采用 Y,yn 连接,以适应照明与动力混合负载需要的两种电压.

上述各种接法中,一次侧绕组线电压与二次侧绕组线电压之间的相位关系是不同的,这就是所谓三相变压器的连接组. 三相变压器连接组不仅与绕组的绕向和首末端的标记有关,而且与三相绕组的连接方式有关. 理论与实践证明,无论怎样连接,一次、二次侧绕组线电动势的相位差总是 30°的整数倍. 因此,国际上规定,标志三相变压器一次、二次侧绕组线电动势的相位关系用时钟表示法,即规定一次侧绕组线电动势 $\dot{E}_{UV}$ 为长针,永远指向钟面上的"12";二次侧绕组线电动势 $\dot{E}_{uv}$ 为短针,它指向钟面上的那个数字则为该三相变压器的连接组标号.

2. 三相变压器连接组的分析

分析三相变压器连接组的方法如下：

(1) 在三相变压器绕组连接图中标出各个相电动势和线电动势的正方向.

(2) 根据一次侧绕组的接法,首先画出一次侧绕组线电动势的相量图. Y 形接法作 Y 形相量图,△形接法作△形相量图,在各端点标上对应的字母符号,并确定一次侧绕组线电动势 $\dot{E}_{UV}$ 的相量.

(3) 根据同一铁芯柱上一次侧绕组和二次侧绕组的相位关系,先确定二次侧绕组 u 相的电动势相量,然后按照二次侧绕组的接线方式画出另外两相的电动势相量,再画出二次侧绕组线电动势 $\dot{E}_{uv}$ 的相量.

(4) 比较一次侧绕组与二次侧绕组线电动势的相位关系,根据时钟表示法,$\dot{E}_{UV}$ 相量指向时钟"12"的位置,$\dot{E}_{uv}$ 相量所指的数字就是连接组别的标号.

下面就 Y,y 接法和 Y,d 接法的三相变压器分别分析一下它们的连接组别.

(1) Y,y 接法的连接组.

如图 2-1-16 所示,变压器的一次、二次侧绕组都接成星形,且首端为同名端,故一次、二次侧相电动势之间为同相位,线电动势之间也是同相位,当 $\dot{E}_{UV}$ 指向时钟的"12"时,$\dot{E}_{uv}$ 也指向"12",如图 2-1-16 所示. 这种接法称为 Y,y0 连接组.

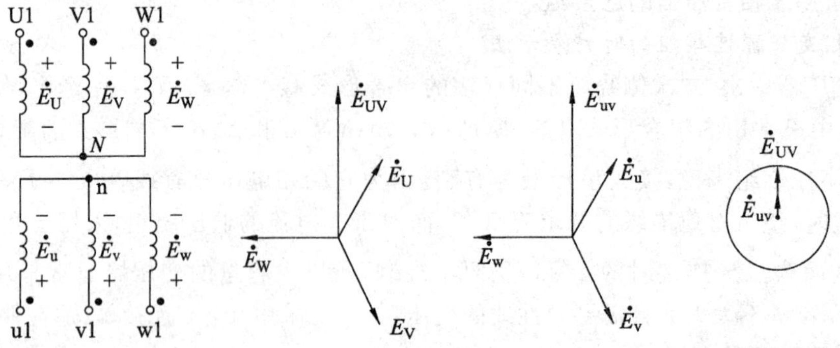

(a) 原理图　　(b) 相量图　　(c) 时钟表示图

图 2-1-16　Y,y0 连接组

若在 Y,y 接法中,变压器的一次、二次侧绕组的首端不是同名端,而是异名端,如图 2-1-17(a)所示.则所得相量图如图 2-1-17(b)所示,这时的$\dot{E}_{uv}$与$\dot{E}_{UV}$在相位上相差 180°,故当$\dot{E}_{UV}$指向“12”时,$\dot{E}_{uv}$指向“6”,如图 2-1-17(c)所示.这种接法称为 Y,y6 连接组.

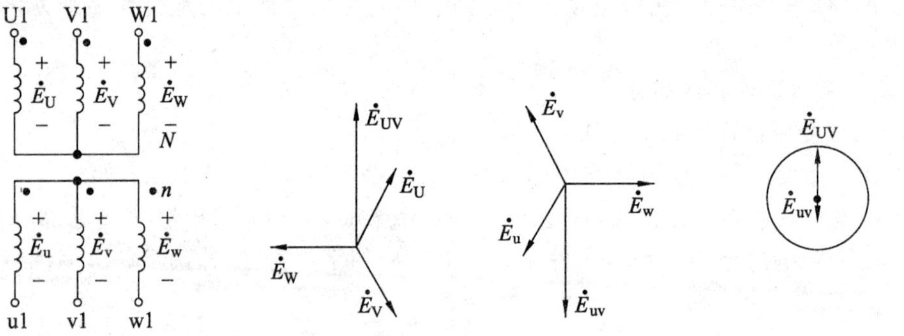

(a) 原理图　　(b) 相量图　　(c) 时钟表示图

图 2-1-17　Y,y6 连接组

(2) Y,d 接法的连接组.

如图 2-1-18 所示,变压器绕组采用 Y,d 接法,二次侧按 u2v1、v2w1、w2u1 正相序连接,且一次、二次侧绕组的首端互为同名端,对应的相量图如图 2-1-18(b)所示.其中$\dot{E}_{uv}=\dot{E}_{u}$,它滞后$\dot{E}_{UV}$ 30°,故当$\dot{E}_{UV}$指向“12”时,$\dot{E}_{uv}$指向“1”,如图 2-1-18(c)所示.这种接法称为 Y,d1 连接组.

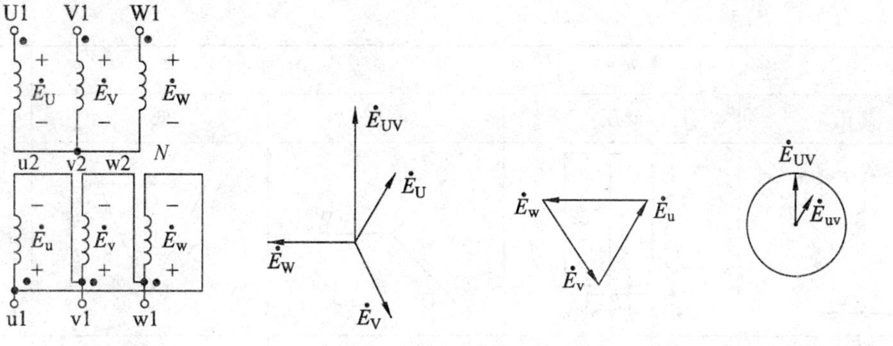

(a) 原理图　　(b) 相量图　　(c) 时钟表示图

图 2-1-18　Y,d1 连接组

如图 2-1-19 所示，变压器绕组也是采用 Y,d 接法，一次、二次侧绕组的首端仍互为同名端，但二次侧按 u2w1、w2v1、v2u1 反相序接法. 对应的相量图和前面的稍有差别，如图 2-1-19(b)所示. 其中$\dot{E}_{uv}=-\dot{E}_v$，它超前$\dot{E}_{UV}$ 30°，故当$\dot{E}_{UV}$指向“12”时，$\dot{E}_{uv}$指向“11”，如图 2-1-19(c)所示. 这种接法称为 Y,d11 连接组.

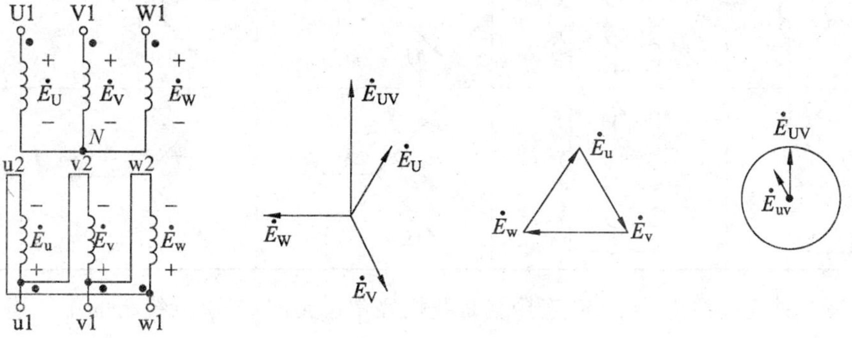

(a) 原理图　　(b) 相量图　　(c) 时钟表示图

图 2-1-19　Y,d11 连接组

3. 五种标准连接组

三相电力变压器的连接组标号还有许多种，为了便于制造和运行上的需要，国家标准规定了三相电力变压器只采用五种标准连接组，即 Y,yn0；YN,d11；YN,y0；Y,y0 和 Y,d11. 五种标准连接组的连接图和相量图见表 2-1-3.

表 2-1-3　　国家标准规定的绕组连接组

连 接 图		相 量 图		标号
高压	低压	高压	低压	
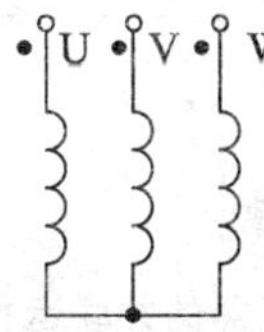	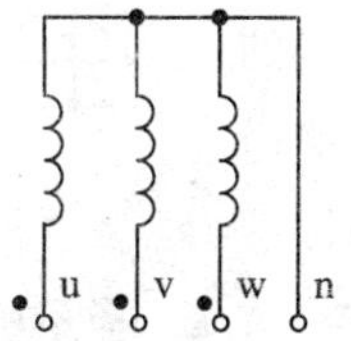	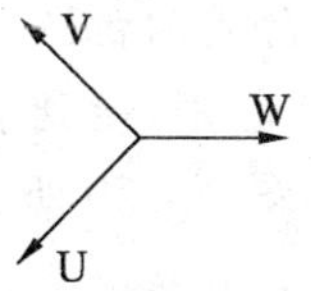	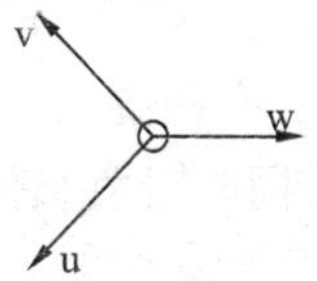	Y,yn0

续表

连接图		相量图		标号
高压	低压	高压	低压	
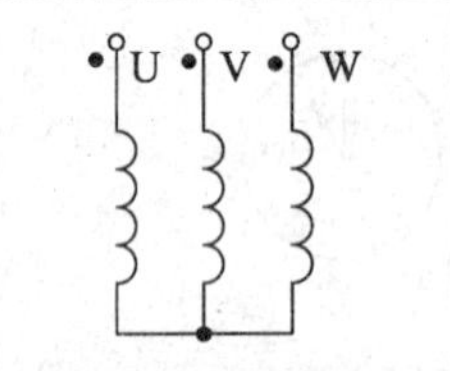	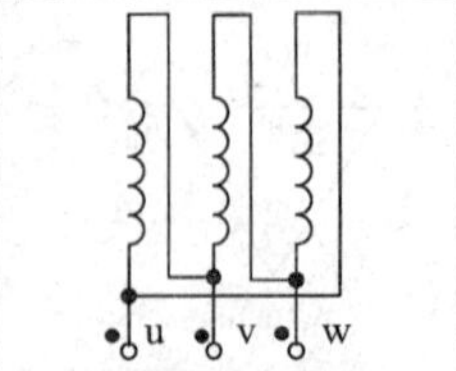	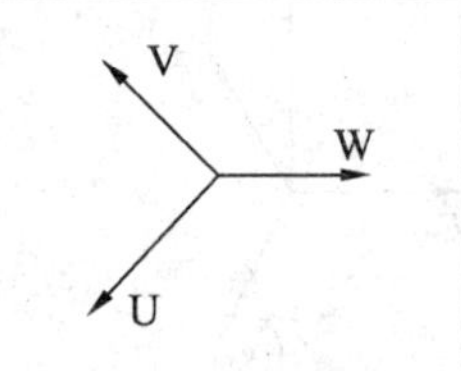	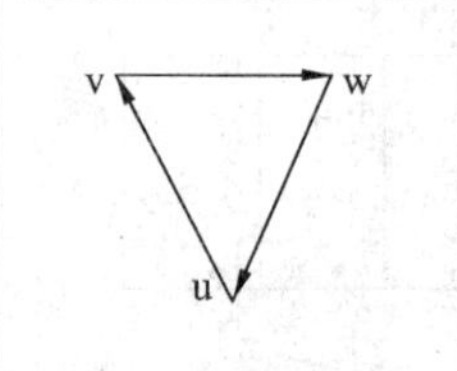	Y,d11
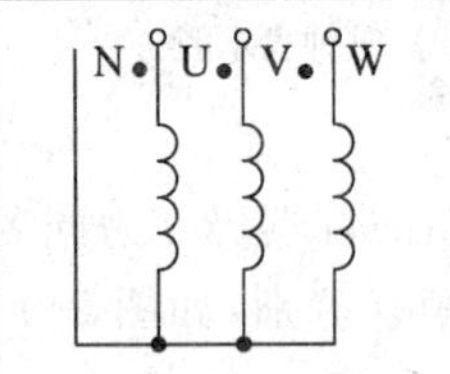	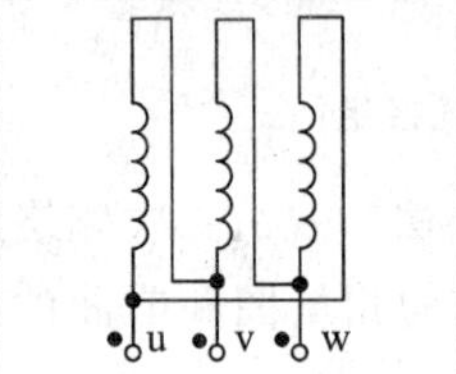	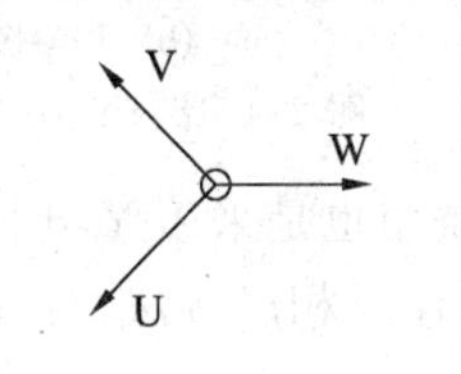	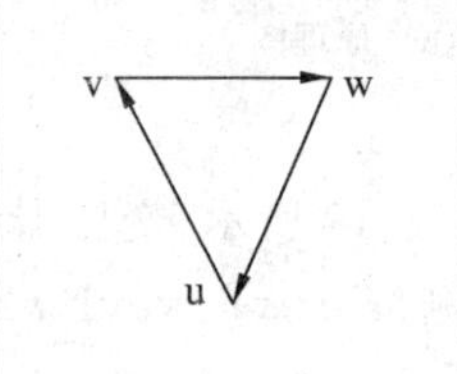	YN,d11
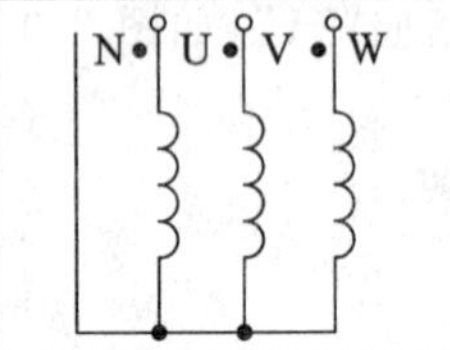	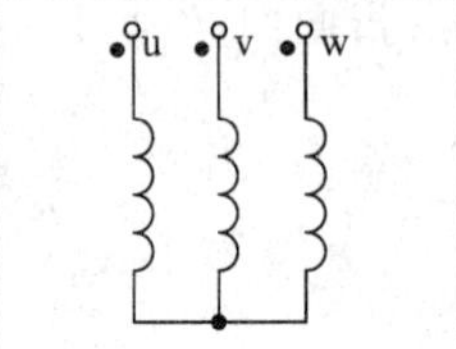	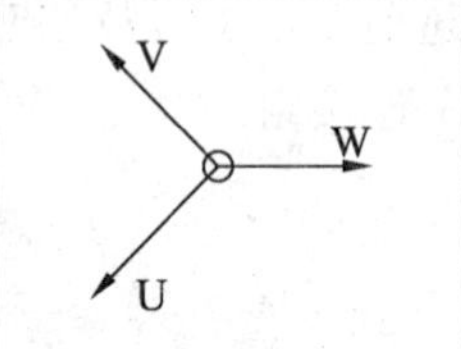	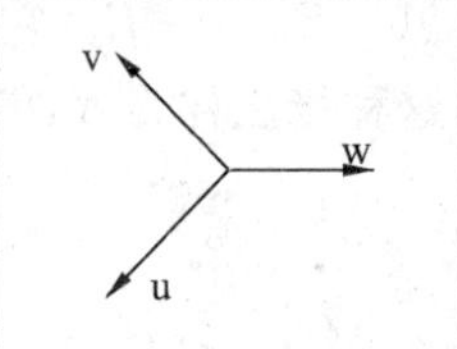	YN,y0
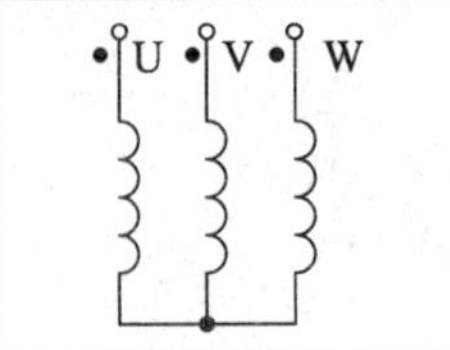	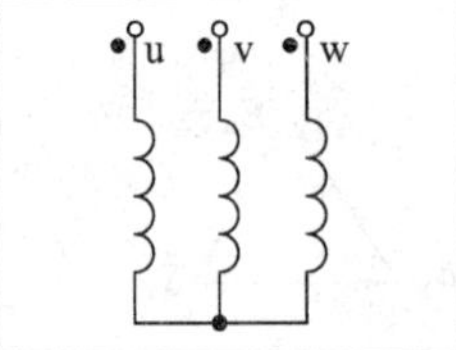	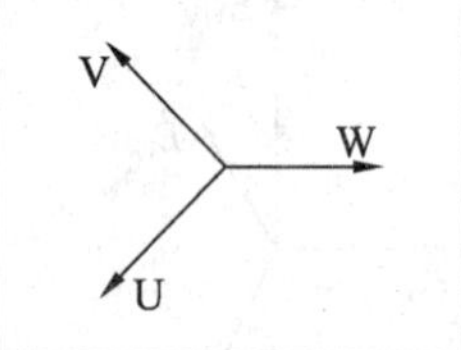	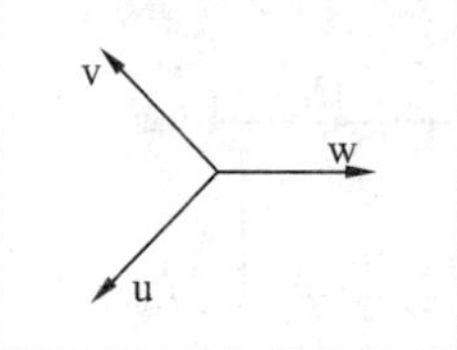	Y,y0

在上述五种连接组中,Y,yn0 连接组是我们经常碰到的,二次侧绕组的中线引出以三相四线制供电,它主要用于容量不大的三相电力变压器,一次侧绕组电压不超过 35kV,二次侧绕组电压为 400V/230V,以供给动力和照明的混合负载.Y,d11 连接组标号的三相变压器用于低压绕组超过 400V 的电力线路中;YN,d11 连接组标号的三相变压器用于 110kV 以上的高压输电线路中,其高压侧可以通过中点接地;YN,y0 连接组标号的三相变压器用于一次侧绕组需要接地的场合;Y,y0 连接组标号的三相变压器专门为三相动力负载供电,不能用于三相变压器组,只能用于具有三铁芯的三相变压器.

五、三相变压器的并联运行

现代发电站和变电所中,常采用多台变压器并联运行的方式.变压器的并联运行是指两台或两台以上变压器的一次侧绕组和二次侧绕组分别并联起来,接到输入和输出的公共母线上,同时对负载供电,如图 2-1-20 所示.

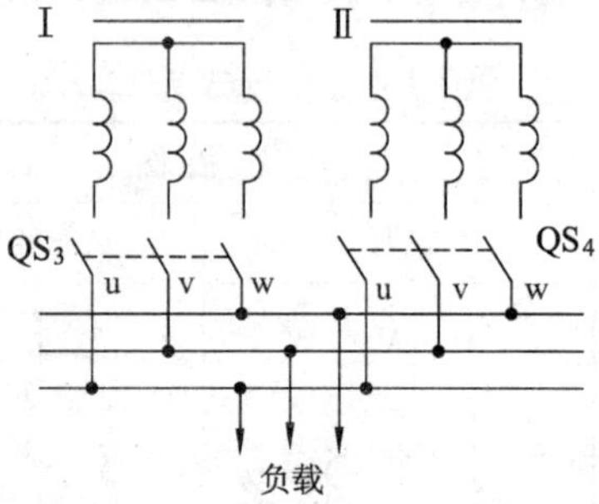

图 2-1-20　变压器的并联运行

1. 变压器并联运行的优点

(1) 提高供电的可靠性.如果某台变压器发生故障,可把它从电网切除,进行维修,电网仍能继续供电.

(2) 可根据负载的大小,调整运行变压器的台数,使工作效率提高.

(3) 可以减少变压器的备用量和初次投资,随着用电负荷的增加,分期分批安装新的变压器.

2. 变压器并联运行的条件

为了实现变压器的并联运行,各台参与并联运行的变压器必须满足以下条件:

(1) 各变压器输入/输出的额定电压相等,即变比相等.

如果变比不相等,则并联运行的几台变压器的二次侧绕组空载电压也不相等,各台变压器的二次侧绕组之间将产生环流,即电压高的绕组向电压低的绕组供电,引起很大的铜损耗,导致绕组过热或烧毁.

(2) 各变压器的连接组别相同.

如果连接组别不同,则并联运行的各台变压器输出电压的大小相等,相位却不相同,它们二次侧电压的相位差至少差 30°,这样在一次侧绕组和二次侧绕组中将产生极大的环流,这是绝对不允许的.

(3) 各变压器的短路电压相等.

由于并联运行时各台变压器的负荷与对应的短路电压值成反比,短路电压值大的变压器承担的负荷小,不能充分发挥作用;短路电压值小的变压器承担的负荷大,很容易过载.

实际变压器并联运行中,并不要求变比绝对相等,误差在±0.5%以内是允许的,所形成的环流不大;也不要求短路电压值绝对相等,但误差不能超过10%,否则容量分配不合理;但变压器的连接组别一定要相同,这是变压器并联运行首先要满足的条件.并联运行的各台变压器容量差别越大,就离理想并联动作的要求越远.所以,在并联运行的各台变压器中,最大容量与最小容量之比不宜超过 3∶1,最好是同规格、同型号的变压器并联运行.

任务实施

三相变压器的极性测定和常见连接组的接线

一、实训目的

- 认识并检测三相变压器,学会用实验方法测定单相变压器和三相变压器的极性.
- 学会三相变压器的星形接法和三角形接法.
- 学会三相变压器各种连接组的接线及三相自耦调压器的使用方法.

二、实训器材

仪表、材料、设备等见学习准备.

三、实训内容及步骤

(一) 主要实训器材的认识

主要实训器材的作用及使用注意事项见表 2-1-4.

表 2-1-4　　主要实训器材的作用及使用注意事项

序号	器材名称	图　例	规　格	作　用	备　注
1	单相调压器	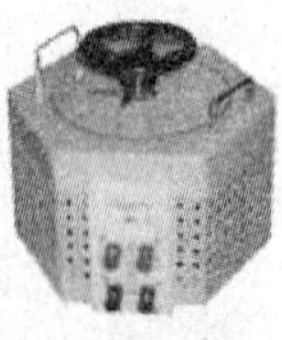	0～250V	调节单相交流电源电压的大小	逆时针旋转电压调节手柄，使输出电压降低；顺时针旋转，使输出电压升高
2	单相变压器		BK-50W (220V/36V)	实训操作对象	用交流法测定单相变压器的极性
3	三相调压器		TC-TSGC2-3kV·A(电压变比：380V/0～430V)	调节三相交流电源电压的大小	本实训还涉及三相调压器的使用
4	三相变压器		SBK-0.3kV·A (380V/220V)	实训操作对象	(1) 三相变压器的极性测定 (2) 三相变压器的星形和三角形接法 (3) 三相变压器各种连接组接线
5	兆欧表		ZC25B-3 型 (500V)	三相变压器一次、二次侧绕组绝缘电阻的核查	测定前应检查兆欧表的好坏
6	交流电压表		量程为 250V	单相和三相变压器有关电压的测量	本次实训的测量工具，要注意正确选择量程
7	万用表		MF-47 型	变压器有关电压的测量	注意选择挡位和量程

(二) 单相变压器极性的测定

1. 绘制测定变压器极性的电路图

根据一次侧绕组和二次侧绕组同名端的性质，绘制测试变压器中两个绕组同极性端的电路图. 将变压器一次侧绕组和二次侧绕组的首末端分别标记为 U1、U2 和 u1、u2. 图 2-1-21 所示为测试变压器同名端的参考电路.

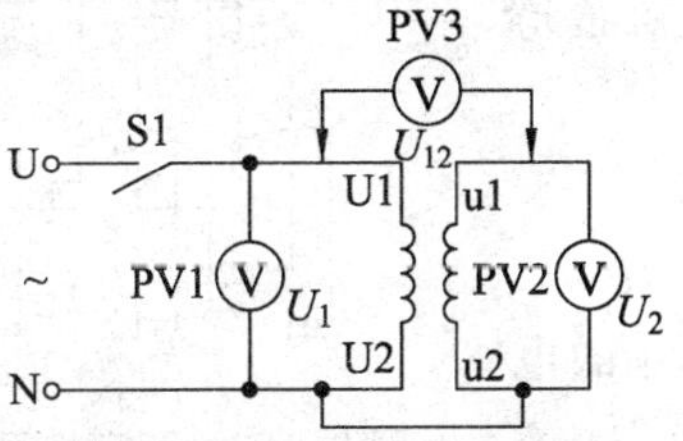

图 2-1-21　测定变压器极性的参考电路图

图 2-1-22　测定变压器极性接线

2. 连接测试变压器同名端的工作电路

经指导教师认可后，按照所绘制的测试电路图连接交流电源、单相变压器、交流电压表以及开关. 将一次侧绕组和二次侧绕组的两个末端用导线连在一起，成为等电位点，如图 2-1-22所示. 接通交流电源前，将电源输出电压调到最小位置.

3. 通电测试变压器的同名端

先闭合电源开关 S_1，接通单相交流电源；再慢慢升高电压直至 $U_1=100\text{V}$ 左右，读取电压表 PV2 的数值 U_2，用万用表测取 U1 与 u1 两端的电压 U_{12}，将结果记录于表 2-1-5 中.

表 2-1-5　　测定单相变压器的极性和连接组

测量数据			数据分析结果
U_1/V	U_2/V	U_{12}/V	同名端：$U_1\longleftrightarrow$______

提示　*若 $U_{12}=U_1-U_2$，则 U1 与 u1 为同名端；若 $U_{12}=U_1+U_2$，则 U1 与 u2 为同名端.*

(三) 三相变压器极性的测定

1. 区分三相变压器一次、二次侧绕组

首先用万用表的电阻挡测量三相变压器的 12 个出线端，区分开 6 个绕组，假设被测试变压器为降压变压器，则直流电阻大的 3 个绕组为一次侧绕组(高压绕组)，暂定出线端标记 U1、U2、V1、V2、W1、W2. 直流电阻小的 3 个绕组为二次侧绕组(低压绕组)，暂定出线端标记 u1、u2、v1、v2、w1、w2.

2. 核查三相变压器一次、二次侧绕组的绝缘电阻

为保证三相变压器在进行实验时的人身及设备安全，必须核查绕组的绝缘电阻应符合要求，具体核查内容有：

(1) 一次侧绕组对地绝缘电阻. 三个一次侧绕组串联，用兆欧表测量一次侧绕组对地绝缘电阻值为________ MΩ.

(2) 二次侧绕组对地绝缘电阻.将三个二次侧绕组串联,用兆欧表测量二次侧绕组对地绝缘电阻值为________ MΩ.

(3) 一次、二次侧绕组间的绝缘电阻.将三个一次侧绕组串联为一组,将三个二次侧绕组串联为另一组,测量一次、二次侧绕组间的绝缘电阻值为________ MΩ.

说明:对于500V以下的变压器,上述绝缘电阻值均不能低于0.5MΩ,通常均在几兆欧以上.

3. 测定三个一次侧绕组的极性(首末端)

按图2-1-23所示接线,将一次侧绕组的V2与W2相连,在绕组U1U2上用自耦调压器加上约$0.5U_N$的电压,用电压表测出以下数值,并填入表2-1-6中.

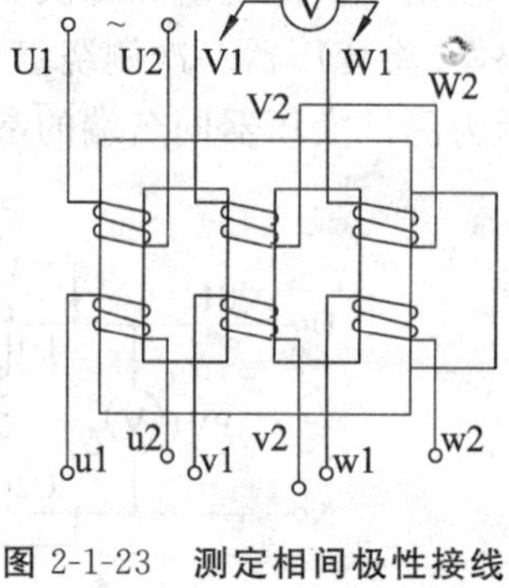

图2-1-23 测定相间极性接线

表2-1-6 测定三个一次侧绕组的极性

测量数据			数据分析结果
U_{V1V2}/V	U_{W1W2}/V	U_{V1W1}/V	

提示 若$U_{V1W1}=|U_{V1V2}-U_{W1W2}|$,则标记正确;若$U_{V1W1}=|U_{V1V2}+U_{W1W2}|$,则标记错误,应把V相或W相中任一相的端点标记互换.

用同样的方法,在绕组V1V2上加约$0.5U_N$的电压,确定U、W相的端点标记,测定好以后,在三个一次侧绕组首末端作好正式标记.

4. 测定每相一次、二次侧绕组的极性

与测定单相变压器的极性相同,可用直流法(检流计法)或交流法来测定每相一次、二次侧绕组的极性.现介绍交流测量法,如图2-1-24所示,即将V相绕组V2与v2相连,在绕组V1V2上用自耦调压器加上约$0.5U_N$的电压,用电压表测出下列数值,并填入表2-1-7中.

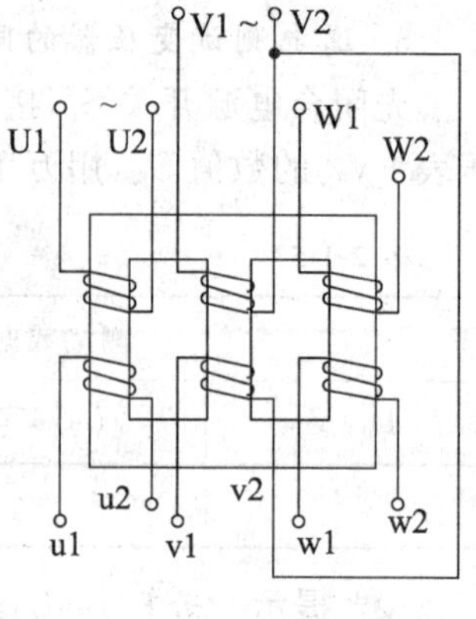

图2-1-24 测定每相一次、二次侧绕组极性接线

表2-1-7 测定每相一次、二次侧绕组的极性

测量数据			数据分析结果
U_{V1v1}/V	U_{V1V2}/V	U_{v1v2}/V	

提示 若$U_{V1v1}=|U_{V1V2}-U_{v1v2}|$,则标记正确;反之,则应把标记互换.

同理,测定U相及W相的极性,测定好后,在三个二次侧绕组首末端作好正式标记.

(四) 三相变压器常见连接组的接线

1. Y,y0连接组的接法

将三相变压器的一次、二次侧绕组接成Y,y0连接组,接线方法如图2-1-16(a)所示.接好后将一次侧绕组 U1、V1、W1 接三相交流电源（注意加在一次侧绕组上的相电压不能超过该绕组的额定电压），用交流电压表测量下列电压：

表 2-1-8　　Y，y0 连接组时的电压

测量数据			
U_{UV}/V	U_{U1U2}/V	U_{uv}/V	U_{u1u2}/V

2. Y，d11 连接组的接法

将三相变压器一次、二次侧绕组接成 Y，d11 连接组，接线方法如图 2-1-19(a)所示. 接好后将一次侧绕组 U1、V1、W1 接三相交流电源（注意加在一次侧绕组上的相电压不能超过该绕组的额定电压），用交流电压表测量下列电压：

表 2-1-9　　Y，d11 连接组时的电压

测量数据			
U_{UV}/V	U_{U1U2}/V	U_{uv}/V	U_{u1u2}/V

（五）三相调压器的使用

（1）按图 2-1-25 所示电路图接线.

（2）接线经检查无误后，将三相调压器手柄旋到输出电压为零的位置，闭合三相电源刀开关 QS_1 及 QS_2.

（3）调节三相调压器的输出手柄，使输出的相电压 $U_P = 220$ V.

（4）用电压表分别测量负载对称（三个灯泡均为 60W）时加在各个灯泡上的电压 $U_{UN'}$、$U_{VN'}$、$U_{WN'}$ 以及中性点间的电压 $U_{NN'}$，并观察各灯泡的发光亮度. 将三相自耦调压器手柄旋回零位.

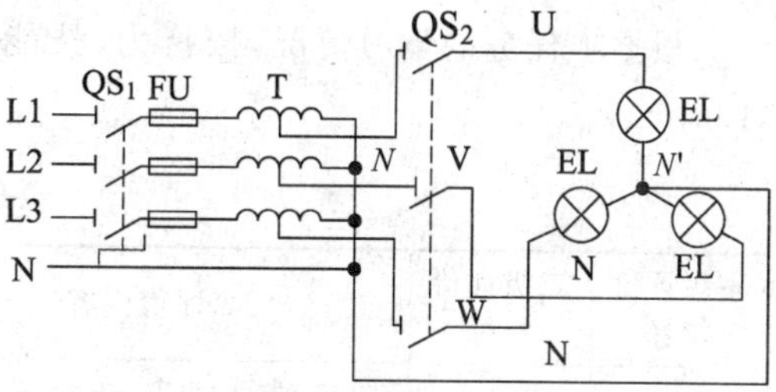

图 2-1-25　三相负载的星形连接原理电路图

（5）调节三相自耦调压器手柄，使加在每相白炽灯上的电压为 50V、110V、150V、180V、220V、240V，分别观察不同输出电压时白炽灯的发光情况（不亮、微亮、较暗、正常、强光），填入表 2-1-10 中.

表 2-1-10　　三相自耦调压器的使用

白炽灯两端电压 U_P/V	50	110	150	180	220	240
白炽灯发光情况						

四、注意事项

- 单相、三相变压器必须接入可调交流电源，一次侧绕组上的电压绝对不能超过额定电压.
- 实训操作过程中，选用电压表时要注意选择合适的量程.
- 三相变压器的三个一次侧绕组及三个二次侧绕组必须判别清楚，绝对不能弄错.

◉ 三相变压器每相一次、二次侧绕组的同极性端判定必须正确，若判定不正确，则在进行 Y，d11 连接组接线时，由于二次侧绕组为三角形连接，自成闭合回路，回路中将有很大的短路电流而导致变压器烧损. 为防止意外事故发生，可以把三角形接法的三相绕组先接成开口的△，慢慢升高电压，用电压表测试开口处的电压值，当电压值为零时，就可以确定△形接法是正确的.

◉ 用兆欧表测对地绝缘电阻时必须注意：将兆欧表接线柱"L"接被测绕组的导电部分，接线柱"E"接被测变压器的铁芯部分. 均速摇动兆欧表手柄，使转速达到 120r/min 左右，1min 后读数.

◉ 使用自耦调压器时，必须严格按照正确的使用方法进行，每次通电前和使用完断电前，应将手柄置于"0"位上.

◉ 在使用自耦变压器时必须注意，当 u1u2 两端电压超过 220V 后，应很快旋动手柄使电压为 240V 左右，并立即观察白炽灯发光亮度，然后将手柄迅速退回到"0"位，以免在 240V 处停留时间过长，烧损白炽灯.

◉ 每次更改接线时，都要在断电的情况下进行，不允许带电操作.

◉ 通电试验前应由教师检查线路无误后方可进行.

◉ 注意人身及设备的安全.

任务评价

根据本任务的学习情况，按行为、技能、情感三个指标进行自我评价、小组评价和教师评价.

任务评价表

一级评价指标	二级评价指标	评价内容	配分	自我评价 0.3	小组评价 0.3	教师评价 0.4
行为指标	安全文明生产	是否遵守安装规程	5 分			
		是否按安全规程正确操作，无任何元器件的损坏	5 分			
		工作岗位是否整洁	5 分			
		是否具有良好的工作习惯	5 分			
技能指标	工作过程中理论知识的掌握	预习和查阅资料的能力	5 分			
		观察和分析问题的能力	5 分			
		解决问题的方法和效果	5 分			
		对三相变压器的外形、内部结构、铭牌、极性、常见连接组别和并联运行的理解程度	5 分			
	工作过程中技能的掌握	完成工作的积极性	5 分			
		测定单相、三相变压器极性的方法是否掌握	10 分			
		三相变压器常见连接组的接线是否正确	10 分			

续表

一级评价指标	二级评价指标	评价内容	配分	自我评价 0.3	小组评价 0.3	教师评价 0.4
技能指标	工作过程中技能的掌握	三相调压器的使用方法是否掌握	10分			
		理论与实际相结合的综合分析能力	5分			
		仪器、仪表的使用方法是否正确	5分			
情感指标	综合运用能力	团队协作能力	5分			
		工作效率	5分			
		知识或技能拓展能力	5分			
合　计			100分			
综合评价						

知识拓展

国产电力变压器介绍

目前我国使用量最大的电力变压器是容量在30～6300kV·A之间的中小型三相电力变压器，常见的以及最近已投入批量生产的三相电力变压器主要系列有：

1. SJL系列

该系列变压器为我国20世纪70年代以前的产品，容量范围为20～6300kV·A，铁芯用0.35mm的D43热轧硅钢片，高压侧带无励磁调压开关，调压范围为±5%．这种变压器现已不再生产，但目前仍有在电网上使用．

2. SJL1系列油浸式变压器

该系列变压器为SJL系列的改进产品，其容量范围不变，由于铁芯采用0.35mm厚的D330冷轧硅钢片，空载损耗比SJL系列降低了30%～50%，且质量也较前者轻．这种系列的变压器也不再生产，但目前仍在电网上使用，但不准新装上网．

3. S7(SL7)系列油浸式变压器

20世纪80年代起，我国研制并生产出高效节能低损耗电力变压器，铁芯采用优质冷轧晶粒取向硅钢片，45°全斜接缝，高强度漆包线，在结构上采用先进的全斜无冲孔粘带绑扎铁芯及片式散热器等，且工艺水平也得到进一步改善与提高．这些使变压器的损耗大为降低，且体积小，质量轻．自1985年起，国家电力管理部门规定新生产及投入运行的必须是低损耗电力变压器．

4. S9、S10系列油浸式变压器

20世纪90年代中期起，我国又开始生产S9系列高效节能低损耗电力变压器，如图2-1-26所示．铁芯采用优质冷轧晶粒取向硅钢片，45°全斜接缝，在铁芯夹紧、绕组及器身的固定方面采取了一些有效措施，提高了产品的可靠性；由于采用条型分接开关，不仅降低了油箱的高度,而且使变压器的总损耗比S7系列又降低了约23%,因而成为S9系列变压器的替代产品.而S10系列与S9系列相比的最大特点是S10系列的空载损耗比有明显的降低,因此对一、二班制生产的企业及农村电力网,当变压器有较长时间处于轻载或空载运行状态,则S10系列变压器更具节能效果.

图 2-1-26 S9系列油浸式变压器

图 2-1-27 环氧树脂干式变压器

5. S11、S13系列油浸式变压器

它们分别为三相平面及三相立体三角形卷制条型变压器,即铁芯不是像一般三相电力变压器一样用叠片结构,而是采用冷轧晶粒取向硅钢片卷制而成,因此铁芯制造工艺较简单,接缝间隙小,进一步降低了变压器损耗,被称为最新一代配电变压器,现已开始批量生产.

6. SC(B)9、SC(B)10系列树脂浇注干式变压器

20世纪末期,由于高层建筑的发展和某些工业企业、交通运输业的需要,对变压器的安全、可靠运行提出了越来越高的要求,取消易燃、易爆的变压器油,改用环氧树脂浇注的干式变压器越来越被人们关注,如图2-1-27所示.这类变压器的优点是无毒、阻燃、散热性能好、体积小、噪声低、运行可靠、环保性能优越、使用寿命长,因此特别适用于高层建筑、地下铁道、繁华市区等人口密集场所,在我国一些大城市中其使用比例已占20%以上,欧、美等发达国家则更高.

7. 箱式变压器

最早系从美国引进,故又称为美国箱式变压器,它将高压进线柜和低压出线柜附于变压器本身内,外露的仅为变压器油箱及散热装置,高、低压引出线用电缆引入与引出,所以变压器的整体安全性好,可直接放置在地面上.目前在我国已被广泛采用于住宅区照明动力用电的配电变压器.

8. SH11系列非晶合金铁芯变压器

变压器铁芯已不再用传统的硅钢片制作,而是采用铁基、铁镍基、钴基等非晶带材料制作.非晶合金变压器具有体积小、效益高、节能等优点.特别是空载损耗小,因而对每天有较长时间处于轻载或空载状态运行的变压器节能效果更明显.我国已开始生产10kV·A、500kV·A以下非晶合金铁芯变压器,如图2-1-28所示.

图 2-1-28 非晶合金铁芯变压器

任务二　三相变压器的运行维护

任务描述

变压器是变、配电过程中的主要电气设备，变压器的好坏直接影响供电和用电的安全性、电能质量和能耗量．变压器一旦发生事故，则会中断对部分用户的供电，修复所用时间也很长，可能造成严重的经济损失．为了保证变压器能够安全可靠地运行，在变压器发生异常情况时，必须及时发现事故苗头，能够迅速判断原因和性质，正确地处理事故，防止事故扩大，将故障消除在萌芽状态，达到防止严重故障出现的目的．因此，对变压器应该做定期巡回检查，严格监视其运行状态，并做好数据记录．

学习目标

◇ 知道三相电力变压器日常维护和故障检查等技术内容．

◇ 通过对电力变压器常见故障的分析，初步懂得电力变压器常见故障的处理方法．

◇ 知道运行中的变压器检查内容，并学会记录有关技术数据．

学习地点

变压器实训室或变配电所．

学习准备

工具：常用电工工具一套．

设备：绝缘鞋和劳保用品、多媒体设备．

材料：笔纸若干．

资料：电工手册、变压器安全操作规程、变压器相关资料．

知识准备

一、电力变压器的日常维护与故障检查

（一）电力变压器运行中的日常维护内容

以装有储油柜的变压器为例，检查内容包括：

（1）值班人员应根据控制盘上的仪表监视变压器的运行情况，并按规定时间抄录仪表数据．

（2）变压器在过负载运行时，应严密监视负载情况，及时抄录仪表数据，变压器的油温可在巡视时同时记录．

(3) 定时对变压器进行外部巡视检查，并注意检查变压器运行时的声音是否正常．变压器的正常声音应是均匀的“嗡嗡”声．如果声音较正常时响，说明变压器过负载严重；如果声音尖锐，说明电源电压过高．

(4) 检查变压器油的温度是否超过允许值．油浸式变压器上层油的温度一般不应该超过 85℃，最高不能超过 95℃．油温过高可能是由变压器过负载引起的，也可能是变压器内部存在故障．

(5) 所有备用变压器均应随时可以投入运行，长期停用的备用变压器应定期充电，并投入冷却装置．

(6) 变压器运行时，瓦斯继电器应投入信号和跳闸，备用变压器的瓦斯继电器应投入信号，以便监视油面．

(7) 检查油枕及瓦斯继电器的油位和油色，检查各密封处有无渗油和漏油现象．油面过高，可能是由于冷却装置运行不正常或变压器内部故障所引起的；油面过低，可能有渗油、漏油现象．变压器油正常时应为透明略带浅黄色．如油色变深变暗，则说明油质变坏．

(8) 有载调压的变压器在变换分接头时，应正反方向各转动几次以便消除触头上的氧化膜及油污．同时要注意分接头位置是否正确，变换分接头后应测量线圈的直流电阻，检查锁紧位置，并对该分接头情况做好记录．

(9) 检查瓷套管是否清洁，有无破损裂纹和放电痕迹；检查高低压接头的螺栓是否紧固，有无接触不良和发热现象．

(10) 检查防爆膜是否完整无损；检查吸湿器是否畅通，硅胶是否吸湿饱和．

(11) 检查接地装置是否正常．

(12) 检查冷却、通风装置是否工作正常．

(13) 检查变压器及其周围有无影响安全运行的异物（如易燃易爆等物）和异常现象．

（二）电力变压器特殊巡视检查项目

当电力系统发生短路故障或天气突然发生变化时，值班人员应对变压器及其附属设备进行重点检查．

(1) 电力系统发生短路或变压器事故后的检查．检查变压器有无爆裂、移位、变形、焦味、闪络及喷油等现象，油温是否正常，电气连接部分有无发热、熔断，瓷质外绝缘有无破裂，接地线有无烧断．

(2) 大风、雷雨、冰雹后的检查．检查变压器的引线摆动情况及有无断股，引线和变压器上有无搭挂落物，瓷套管有无放电闪络痕迹及破裂现象．

(3) 浓雾、小雨、下雪时的检查．检查瓷套管有无沿表面放电闪络，各引线接头发热部位在小雨中或落雪后应无水蒸气上升或落雪融化现象，导电部分应无冰柱．若有水蒸气上升或落雪融化，应用红外线测温仪进一步测量接头实际温度．若有冰柱，应及时清除．

(4) 气温骤变时的检查．气温骤冷或骤热时，应检查油枕油位和瓷套管油位是否正常，油温和温升是否正常，各侧连接引线有无变形、断股或接头发热和发红等现象．

(5) 过负载运行时的检查．检查并记录负载电流，检查油温和油位的变化，检查变压器的声音是否正常，检查接头发热状况，检查示温蜡片有无熔化现象，检查冷却器运行是否正常，检查防爆膜、压力释放器是否处于未动作状态．

(6) 新投入或经大修的变压器投入运行后的检查. 在 4 小时内，应每小时巡视检查一次，除了正常项目以外，应增加检查内容：

① 检查变压器声音的变化. 如发现响声特大、不均匀或有放电声，则可认为内部有故障.

② 检查油位和油温变化. 正常油位、油温随变压器带负载，应略有上升和缓慢上升.

③ 检查冷却器温度. 手触及每一组冷却器，温度应均匀、正常.

(三) 电力变压器的故障检查

1. 观察法

变压器的故障如过载、短路、接触不良、打火等通常都反映在发热上，变压器油温上升，有气体、油冲出，闻到焦味，发出爆裂声、打火声等，可以观察变压器上的保护装置是否动作，防爆膜是否冲破，喷出油的颜色是否变黑或有焦味（变黑、有焦味说明故障严重），上层油温是否超过 85℃，液面是否正常，各连接部位是否漏油，箱内有无不正常声音等. 总之，通过看、闻、听就可大致判断变压器是否有问题.

2. 测试法

对于观察无法进一步判断的问题，必须用仪表测试才能作出正确的判断.

(1)绕组绝缘电阻的测量. 用 2500V 绝缘电阻表测量相间和每相对地的绝缘电阻，可以判明变压器绝缘破坏的情况. 对于 6～10kV 电力变压器绝缘电阻要求是：变压器油的温度为 10℃～20℃时应为 600～300MΩ；30℃～40℃时应为 150～80MΩ；50℃～60℃时应为 45～24MΩ；70℃～80℃时应为 13～8MΩ.

(2) 绕组直流电阻的测量. 绕组的直流电阻测量的往往是两根相线之间的线电阻，小容量变压器可用单臂电桥测量，电桥精度为 0.5 级；大容量变压器可用双臂电桥（可测 1Ω 以下电阻）测量，电桥精度为 0.2 级. 三相线电阻值相差不超过 2%，其公式为

$$\frac{R_D - R_C}{R_P} \times 100\% \leqslant 2\%$$

式中，R_D 为最大线电阻，R_C 为最小线电阻，R_P 为三相线电阻平均值.

当分接开关在不同位置，测得的电阻值相差很大时，就可能是分接开关接触有问题. 通过对变压器绕组直流电阻的测量可查出匝间短路、断路、引线与套管接触不良等.

(3) 测量各分接头上的电压变比. 高压侧应接电压互感器测量，要求各相绕组相同分接头位置上测出的电压变比应与铭牌值相符，相差不应超过 1%.

(4) 测定额定电压下的空载电流 I_0. I_0 应为 I_N 的 5%左右.

二、电力变压器常见故障的分析及处理

变压器在运行过程中，可能会发生各种不同的故障，而造成变压器故障的原因是多方面的，要根据具体情况进行细致分析，并加以恰当处理. 变压器常见的故障主要有绕组故障、铁芯故障及分接开关、瓷套管故障等. 其中，变压器绕组故障最多，占变压器故障的 60%～70%. 绕组故障主要有匝间（或层间）短路、对地击穿和线圈相间短路等. 其次是铁芯故障，约占 15%，铁芯故障主要有铁芯片间绝缘损坏、铁芯片局部短路或局部熔毁、硅钢片有不正常的响声或噪声等. 表 2-2-1 列出了变压器的常见故障及处理方法.

表 2-2-1　　电力变压器常见故障及分析处理

故障种类	故障现象	故障可能的原因	检查处理方法
绕组短路	(1) 变压器异常发热 (2) 油温升高 (3) 油发出“吱吱”声 (4) 一次侧电流增大 (5) 高压熔丝熔断 (6) 油枕盖有黑烟 (7) 气体继电器动作	(1) 绕组匝间绝缘老化或损坏 (2) 变压器油中含有水分及腐蚀性杂质 (3) 外部短路过载等所产生的磁场力使绕组产生机械变形而使绝缘损坏	(1) 吊出器身,检查外观 (2) 用电桥测量直流电阻 (3) 在绕组上施加 10%～20%额定电压做空载试验,冒烟处即为短路点 (4) 局部修补或更换绕组
绕组开路	(1) 断线处有电弧使变压器内有放电声 (2) 断线的相没有电流	(1) 导线接头焊接不良、出线焊接不良 (2) 雷击造成断线 (3) 安装套管时引线扭断	(1) 用电桥测量三相绕组直流电阻 (2) 吊出器身,检查找出断线处 (3) 重新接线或更换绕组
绕组对地击穿或相间短路	(1) 过电流保护装置动作 (2) 安全气道爆破、喷油 (3) 气体继电器动作 (4) 无安全气道与气体继电器的小型变压器油箱变形受损	(1) 绝缘因老化而有破裂、折断等严重缺陷 (2) 绝缘油受潮,使绝缘性能严重下降 (3) 短路时造成绕组变形损坏 (4) 过电压引起绝缘击穿 (5) 引线随导电杆转动造成接地	(1) 吊出器身检查 (2) 用兆欧表测绕组对油箱的绝缘电阻 (3) 立即停止运行,更换绕组 (4) 过滤或更换变压器油
铁芯片间绝缘损坏	(1) 空载损耗大 (2) 高压熔丝熔断 (3) 油温升高 (4) 油色变深	(1) 剧烈振动使片间绝缘损坏 (2) 片间绝缘老化或局部损坏 (3) 夹紧铁芯的穿芯螺杆与铁芯间绝缘老化造成短路而发热,引起局部熔毁 (4) 铁芯两点接地形成涡流通路,使铁芯局部发热严重	(1) 吊出器身,查看铁芯及绝缘损坏情况 (2) 对熔化不严重的铁芯,可将故障部位刮平,再涂上绝缘漆 (3) 若烧熔严重,应送修理厂处理,消除多余接地点
铁芯松动	铁芯片间有异常响声	(1) 铁芯叠片中有多片或缺片 (2) 铁芯的紧固件松动 (3) 铁芯油道内或夹件下有未夹紧的自由端 (4) 铁芯局部短路或熔毁 (5) 铁芯片间有杂物或接缝处两边弯曲	(1) 吊出器身,判断声响或噪声的部位 (2) 夹紧夹件或重新叠片
分接开关触头熔化与灼伤	(1) 油温升高 (2) 高压熔丝熔断 (3) 触头表面产生放电声	(1) 开关装配不当,造成接触不良 (2) 弹簧压力不够	(1) 停电后,转换开关,看是否灵活,接触是否良好 (2) 调整或更换转换开关

续表

故障种类	故障现象	故障可能的原因	检查处理方法
分接开关相间触头放电	(1) 高压熔丝熔断 (2) 油枕盖冒烟 (3) 变压器油发出“咕嘟”声 (4) 气体继电器动作,安全气道爆破	(1) 过电压引起 (2) 变压器油内有水分 (3) 螺丝松动,接触不良 (4) 变压器有灰尘或受潮	(1) 查看电压表,检查是否过电压 (2) 检查螺丝的紧固状况 (3) 查明原因,进行相应处理
套管对地击穿	高压熔丝熔断	(1) 套管有隐蔽的裂纹或有碰伤 (2) 套管表面污秽严重	(1) 仔细观察判断 (2) 消除污秽,更换套管
套管间放电	高压熔丝熔断	套管间有杂物	(1) 仔细观察判断 (2) 更换套管
气体继电器不动作	发生严重故障时不动作	(1) 上下油杯不灵活 (2) 干簧接点的通断不正确 (3) 干簧接点有粘住现象 (4) 接线板及接线柱间绝缘损坏 (5) 接线板、放油口、试验顶杆和两端法兰处有漏油现象	(1) 检查上下开口杯转动是否灵活 (2) 检查触点是否能接通,干簧接点有无黏住 (3) 检查有无漏油现象 (4) 找出故障点,进行修复
变压器油变质	变压器油色变暗	(1) 变压器故障引起油分解 (2) 变压器油长期受热氧化严重,油质恶化	(1) 观察油的颜色或抽油检查 (2) 过滤或换油

任务实施

对运行中的电力变压器进行检查

一、实训目的

知道运行中的变压器检查内容,并做好数据记录.

二、实训器材

工具、材料、设备等见学习准备.

三、实训内容及步骤

(一) 对运行中的电力变压器进行检查的内容和步骤

(1) 在教师或值班人员指导下进一步认识变配电设备和各类仪表的作用.

(2) 在教师或值班人员指导下检查运行中的变压器.

(3) 抄录电压表、电流表、功率表的读数.

(4) 记录油面温度和室内温度.

(5) 检查各密封处有无漏油迹象.

(6) 检查高低压瓷管是否清洁,有无破裂及放电痕迹.

(7) 检查导电排、电缆接头有无变色现象,有示温蜡片的,检查蜡片是否熔化.

(8) 检查防爆膜是否完好.

(9) 检查硅胶是否变色.

(10) 观察有无异常声响.

(11) 检查油箱接地是否完好.

(12) 检查消防设备是否完整,性能是否良好.

(二) 填写运行中的电力变压器检查记录表

将抄录下的有关数据填入检查记录表,如表 2-2-2 所示.

表 2-2-2　　运行中的电力变压器检查记录表

<table>
<tr><td rowspan="3">铭牌数据</td><td>型号</td><td colspan="2"></td><td>容量</td><td colspan="3"></td></tr>
<tr><td>电压</td><td colspan="2"></td><td>电流</td><td colspan="3"></td></tr>
<tr><td>接法</td><td colspan="2"></td><td>温升</td><td colspan="3"></td></tr>
<tr><td rowspan="13">检查记录</td><td rowspan="2">高压侧</td><td>电压</td><td></td><td rowspan="2">输入功率</td><td colspan="3" rowspan="2"></td></tr>
<tr><td>电流</td><td></td></tr>
<tr><td rowspan="2">低压侧</td><td>电压</td><td></td><td>电流</td><td colspan="3"></td></tr>
<tr><td>功率表读数</td><td></td><td>功率因数</td><td colspan="3"></td></tr>
<tr><td>油面温度</td><td></td><td>室温</td><td></td><td>温升</td><td colspan="2"></td></tr>
<tr><td rowspan="2">绝缘瓷管</td><td>清洁</td><td></td><td>无破裂</td><td></td><td>有放电痕迹</td><td></td></tr>
<tr><td>不清洁</td><td></td><td>有破痕</td><td></td><td>无放电痕迹</td><td></td></tr>
<tr><td rowspan="2">防爆膜</td><td>完好</td><td></td><td rowspan="2">导电排和电缆接头</td><td colspan="2">有变色现象</td><td></td></tr>
<tr><td>不完整</td><td></td><td colspan="2">无变色现象</td><td></td></tr>
<tr><td rowspan="2">硅胶</td><td>变色</td><td></td><td rowspan="2">有无异常声响</td><td rowspan="2"></td><td rowspan="2">有无漏油</td><td rowspan="2"></td></tr>
<tr><td>未变色</td><td></td></tr>
<tr><td rowspan="2">接地线</td><td>可靠</td><td></td><td rowspan="2">消防设备品种数量</td><td colspan="3" rowspan="2"></td></tr>
<tr><td>不可靠</td><td></td></tr>
</table>

四、注意事项

- 进入变压器室前,要进行安全教育.
- 进入变压器室后,不可抚摸或拨动室内任何设备.
- 要切实注意人身安全.

任务评价

根据本任务的学习情况,按行为、技能、情感三个指标进行自我评价、小组评价和教师评价.

任务评价表

一级评价指标	二级评价指标	评价内容	配分	自我评价 0.3	小组评价 0.3	教师评价 0.4
行为指标	安全文明生产	是否遵守安装规程	5分			
		是否按安全规程正确操作，无任何元器件的损坏	5分			
		工作岗位是否整洁	5分			
		是否具有良好的工作习惯	5分			
技能指标	工作过程中理论知识的掌握	预习和查阅资料的能力	5分			
		观察和分析问题的能力	5分			
		解决问题的方法和效果	5分			
		对三相电力变压器的日常维护和故障检查等技术内容的掌握程度	5分			
	工作过程中技能的掌握	完成工作的积极性	5分			
		对电力变压器常见故障的分析是否掌握	10分			
		电力变压器常见故障的处理方法是否正确	10分			
		知道运行中变压器检查内容，并学会做数据记录	10分			
		理论与实际相结合的综合分析能力	5分			
		工具、仪器、仪表的使用方法是否正确	5分			
情感指标	综合运用能力	团队协作能力	5分			
		工作效率	5分			
		知识或技能拓展能力	5分			
合　计			100分			
综合评价						

项目三 直流电机的使用与维修

项目学习目标

● 能说出直流电机的分类、内部结构组成及各部件的作用，会叙述直流电动机和直流发动机的工作原理.

● 知道直流电动机的电枢电动势、电磁转矩、电磁功率及其平衡方程式的物理意义，并能进行简单的计算.

● 能根据直流电动机的机械特性曲线，分析直流电动机的运行特点.

● 能说出直流电动机的启动、调速、反转、制动原理及实现方法，并学会正确接线和操作使用.

● 知道电枢反应和换向的概念及其产生的后果，学会直流电动机换向器的检修方法.

● 能对直流电机进行日常维护，学会分析和处理直流电动机的常见故障.

任务一 直流电机的认识

任务描述

直流电机是电机的主要类型之一.一台直流电机既可作为发电机使用，也可作为电动机使用.用作直流发电机可以得到直流电源，如直流电动机电源、化学工业中电解电镀所需的低电压大电流的直流电源、直流电焊机电源等.作为直流电动机，由于其具有良好的启动和调速性能，常应用于对启动和调速有较高要求的场合，如宾馆高速电梯、龙门刨床、电力机车、内燃机车、城市电车、地铁列车、大型精密机床和大型起重机等生产机械中.作为一名电气自动化专业技术人员，必须知道直流电机的结构、工作原理和性能特点，能对直流电机的主要参数进行分析和计算，并能熟练地操作使用和检修直流电机.

学习目标

◇ 认识直流电机的外形和内部结构，熟悉各部件的作用.

◇ 能说出直流电机的特点、用途、分类和铭牌的含义，并能根据铭牌参数进行简单的计算.

◇ 能叙述直流电动机和直流发动机的工作原理.

◇ 通过测量电枢绕组的直流电阻、绝缘电阻以及负载运行试验,会检查并判断直流电机的制造或修理质量.

◇ 学会直流电动机的检查、接线、启动、停止、反转、改变转速等简单操作.

学习地点

电机实训室.

学习准备

工具:常用电工工具一套.

仪表:万用表、转速表、直流电流表、直流电压表、500V 兆欧表等.

设备:直流电动机、直流励磁电源、电枢电源、调节电阻、多媒体设备等.

材料:连接导线等.

资料:电工手册、电动机安全操作规程、直流电动机相关资料等.

知识准备

一、电机概述

电机是一种实现电能与机械能相互转换的电磁装置,其运行原理基于电磁感应定律.

电机的种类与规格很多,按其电流类型分类,电机可分为直流电机和交流电机两大类;按其功能的不同,交流电机可分为交流发电机和交流电动机两大类.

目前广泛采用的交流发电机是同步发电机,这是一种由原动机拖动旋转(例如,火力发电厂的汽轮机、水电站的水轮机)产生交流电能的装置.当前世界各国的电能几乎均由同步发电机产生.交流电动机则是指由交流电源供电将交流电能转变为机械能的装置.

根据电动机转速的变化情况,可分为同步电动机和异步电动机两类.同步电动机是指电动机的转速始终保持与交流电源的频率同步,不随所拖动的负载变化而变化的电动机,它主要用于功率较大、转速不要求调节的生产机械,如大型水泵、空气压缩机、矿井通风机等上面.而交流异步电动机是由交流电源供电,电动机的转速随负载变化而稍有变化的旋转电机,这是目前使用最多的一类电动机.

按供电电源的不同,异步电动机又可分为三相异步电动机和单相异步电动机两大类.三相异步电动机由三相交流电源供电,由于其结构简单、价格低廉、坚固耐用、使用维护方便,因此在工、农业及其他各个领域中都获得了广泛的采用.据我国及世界上一些发达国家的统计表明,在整个电能消耗中,电动机的耗能约占 60%～67%,而在整个电动机的耗能中,三相异步电动机又居首位.单相异步电动机取用单相交流电源,电动机功率一般比较小,主要用于家庭、办公场所等只有单相交流电源的场所,如电风扇、空调、电冰箱、洗衣机等电器设备中.

各种常用电机的分类如下:

- 电机
  - 变压器(静止的交流电机)
  - 直流电机
    - 直流电动机
    - 直流发电机
  - 交流电机
    - 同步电机
      - 同步发电机
      - 同步电动机
    - 异步电机
      - 异步发电机
      - 异步电动机(单相异步电动机、三相异步电动机)
  - 特种电机(伺服电机、步进电机、直线电机、测速发电机等)

二、直流电机的特点

直流电机是直流发电机与直流电动机的总称.直流电机具有可逆性,既可作发电机运行,也可作电动机运行.作直流发电机运行时,将机械能转变成直流电能输出;作直流电动机运行时,则将直流电能转换成机械能输出.20 世纪 70 年代以来,由于大功率半导体整流器件的广泛应用,直流电能的获得基本上靠将交流电通过整流装置变成直流电,而不采用体积大、价格贵的直流发电机发出直流电.因而本项目重点介绍有关直流电动机的概念、特性与使用.

与交流电动机相比,直流电动机具有优良的调速性能和启动性能.直流电动机有宽广的调速范围,平滑的无级调速特性;过载能力大,能承受频繁的冲击负载;可实现频繁的无级快速启动、制动和反转;能满足生产过程自动化系统各种不同的特殊运行要求.而直流发电机则能提供无脉动的大功率直流电源,且输出电压可以精确地调节和控制.但直流电机也有它显著的缺点:一是制造工艺复杂,消耗有色金属较多,生产成本高;二是直流电机在运行时由于电刷与换向器之间容易产生火花,因而可靠性较差,维护比较困难.所以在一些对调速性能要求不高的领域中已被交流变频调速系统所取代.但是在某些要求调速范围大,启动、制动和反转的快速性高,精密度好,控制性能优异的场合,直流电动机的应用目前仍占有较大的比重.直流电机的外形图如图 3-1-1 所示.

(a) Z2 系列　　(b) Z4 系列

图 3-1-1　直流电机的外形图

三、直流电机的工作原理

发电机的基本原理是导线切割磁感线产生感应电动势,电动机的基本原理是载流导体在磁场中受电磁力的作用.因此,任何电机在结构上都包含磁路部分和电路部分,在原理上都存在电和磁的相互作用.

(一) 直流发电机的工作原理

图 3-1-2 是直流发电机的工作原理图，其主要由主磁极、电刷、电枢绕组和换向器等部件构成，定子上有两个磁极 N 和 S，它们建立恒定磁场，两磁极中间有装在转子上的电枢绕组．绕组元件 *abcd* 的两端 *a* 和 *d* 分别与两片相互绝缘的半圆形铜片（换向器）相接，通过电刷 A、B 与外电路相连．

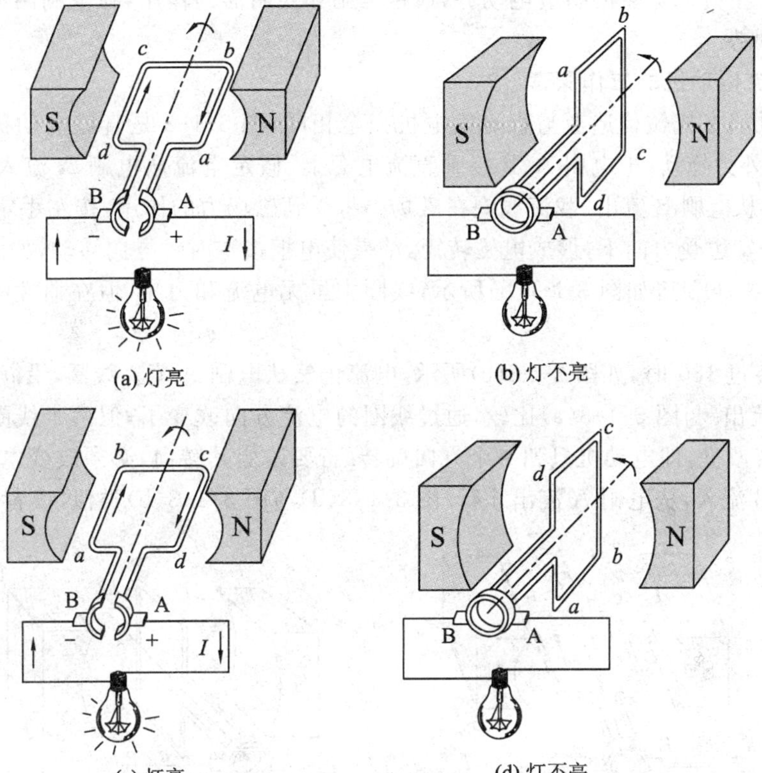

图 3-1-2　直流发电机的工作原理图

当原动机带着电枢逆时针方向旋转时，线圈两条有效边 *ab* 和 *cd* 将切割磁感线产生感应电动势，方向按右手定则确定，如图 3-1-2(a)所示，在 S 极下由 $d \to c$，在 N 极下由 $b \to a$，电刷 A 为正极，电刷 B 为负极．负载电流的方向为 A→B．

当线圈转过 90°时，如图 3-1-2(b)所示，两个线圈的有效边位于磁场物理中性面上，导体的运动方向与磁感线平行，不切割磁感线，因此感应电动势为零．虽然两电刷同时与两铜片相接，使线圈短路，但线圈中无电动势和电流．

当线圈转过 180°时，如图 3-1-2(c)所示，此时线圈边中的电动势方向改变了，在 S 极下由 $a \to b$，在 N 极下由 $c \to d$．由于此时电刷 A 和电刷 B 所接触的铜片已经互换，因此电刷 A 仍为正极，电刷 B 仍为负极，输出电流 I 的方向不变．图 3-1-2(d)与图 3-1-2(b)类似，读者可自行分析．

线圈每转过一对磁极，其两个有效边中的电动势方向就改变一次，但是两电刷之间的电动势方向是不变的，电动势的大小只在零和最大值之间变化．显然，这种电动势方向虽然不变，但大小波动很大，这样的电动势是没有实用价值的. 要减小电动势的波动程度，实用的发电机在电枢圆周表面装有较多互相串联的线圈和相应的铜片数. 这样，换向后合成电动势的波动程度就会显著减小. 由于实际发电机的线圈数较多，所以电动势波动很小，可认为是恒定不变的直流电动势.

由以上分析可得出直流发电机的工作原理为：当原动机带着直流发电机电枢旋转时，在电枢绕组中产生方向交变的感应电动势，通过电刷和换向器的作用，在电刷两端输出方向不变的直流电动势.

（二）直流电动机的工作原理

直流电动机在机械构造上与直流发电机完全相同，图 3-1-3 是直流电动机的工作原理图. 电枢不用外力拖动，把电刷 A、B 接到直流电源上，假定电流从电刷 A 流入线圈，沿 $a \to b \to c \to d$ 方向从电刷 B 流出. 载流线圈在磁场中将受到磁场力的作用，按左手定则可确定 ab 边受力向上，cd 边受力向下，形成电磁转矩，结果使电枢按逆时针方向转动，如图 3-1-3(a)所示. 当电枢转过 90°时，如图 3-1-3(b)所示，线圈中虽无电流和力矩，但在惯性的作用下仍继续旋转.

当电枢转过 180°时，如图 3-1-3(c)所示，电流仍然从电刷 A 流入线圈，沿 $d \to c \to b \to a$ 方向从电刷 B 流出. 与图 3-1-3(a)比较，通过线圈的电流方向改变了，但两个线圈边受电磁力的方向却没有改变，即电动机只朝一个方向旋转. 若要改变其转向，必须改变电源的极性，使电流从电刷 B 流入，从电刷 A 流出才行. 图 3-1-3(d)与图 3-1-3(b)类似，读者可自行分析.

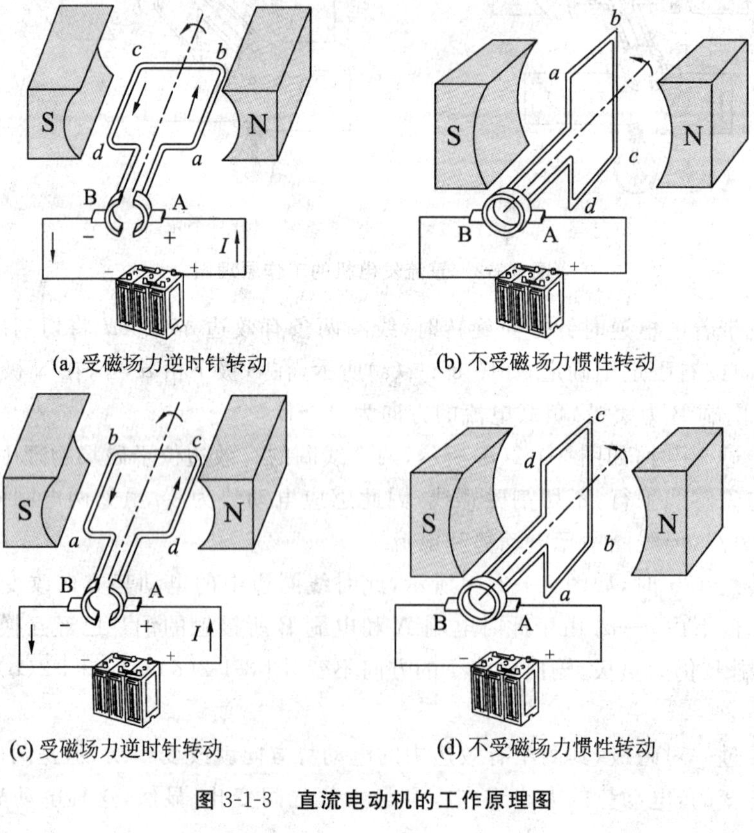

(a) 受磁场力逆时针转动　(b) 不受磁场力惯性转动

(c) 受磁场力逆时针转动　(d) 不受磁场力惯性转动

图 3-1-3　直流电动机的工作原理图

由以上分析可得出直流电动机的工作原理：当直流电动机接入直流电源时，借助于电刷和换向器的作用，使直流电动机电枢绕组中流过方向交变的电流，从而使电枢产生恒定方向的电磁转矩，保证了直流电动机朝一定的方向连续旋转.

同一台电机，既能作发电机运行，又能作电动机运行的原理，称为电机的可逆原理. 如果在电刷两端加上直流电源，将电能输入电枢，则从电机轴上输出机械能，拖动生产机械工作，这时直流电机将电能转换为机械能，工作在电动机状态；如果用原动机拖动直流电机的电枢旋转，从电机轴上输入机械能，则从电刷两端可以引出直流电动势，输出直流电能，这时直流电机将机械能转换为直流电能，工作在发电机状态.

四、直流电动机的结构

直流电动机由定子和转子(电枢)两大部分组成. 电动机定子与转子之间的空隙称为气隙，在小容量电机中，气隙约为 0.5～3mm. 气隙数值虽小，磁阻却很大，是电机磁路中的主要组成部分. 气隙的大小对电机运行性能有很大的影响.

直流电动机的结构示意图如图 3-1-4 所示，直流电动机总装配图如图 3-1-5 所示. 下面简要介绍各主要结构部件的基本结构及其作用.

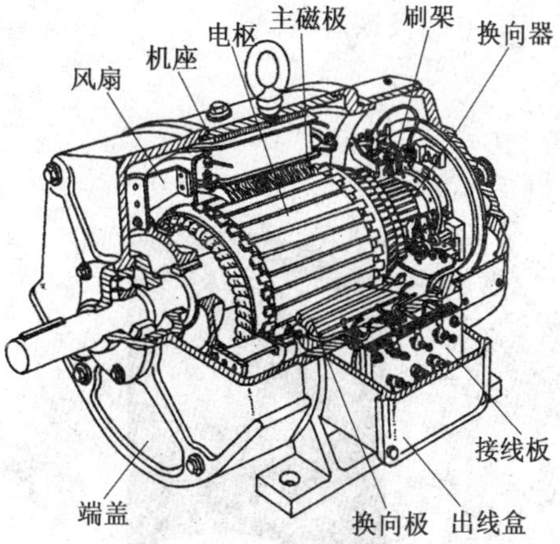

图 3-1-4 直流电动机的结构示意图

(一) 定子部分

电动机中静止不动的部分称为定子，包括机座、前端盖、后端盖、主磁极、换向极和电刷装置等部分，如图 3-1-4 所示.

1. 机座

机座作为电动机磁路的一部分，还可用来安装主磁极、换向极和前后端盖等部件. 机座一般为铸钢件，小功率的直流电动机机座也可用无缝钢管加工而成.

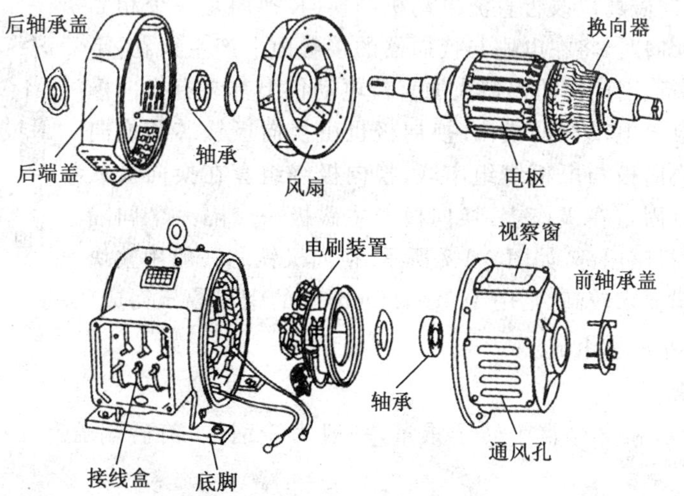

图 3-1-5 直流电动机的总装配图

2. 主磁极

其作用是产生主磁场.永磁电动机的主磁极直接由永久磁体组成.励磁电动机的主磁极则由主磁极铁芯和主磁极绕组两部分组成.

(1) 主磁极铁芯.其作为电动机磁路的一部分.由于电枢在旋转时,电枢铁芯上的槽与齿相对于主磁极铁芯在不断地变化,即磁路的磁阻在不断变化,从而在主磁极铁芯中将引起涡流耗损,为减小此耗损,主磁极铁芯一般用1～1.5mm薄钢板冲制成型后,再用铆钉铆紧成一个整体,最后用螺钉固定在机座上,如图3-1-6所示.

(2) 主磁极绕组(励磁绕组).用来通入直流电流,产生励磁磁动势.小型电动机用绝缘铜线绕制而成,大、中型电动机则用扁铜线制造.绕组在专用设备上绕好后,经过绝缘处理,安装于主磁极铁芯上.

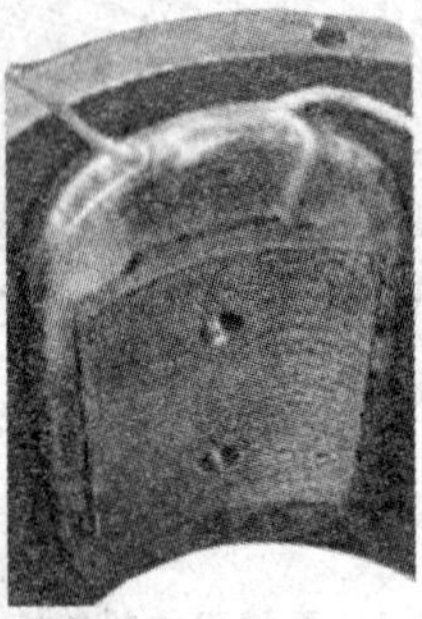

(a) 实物图

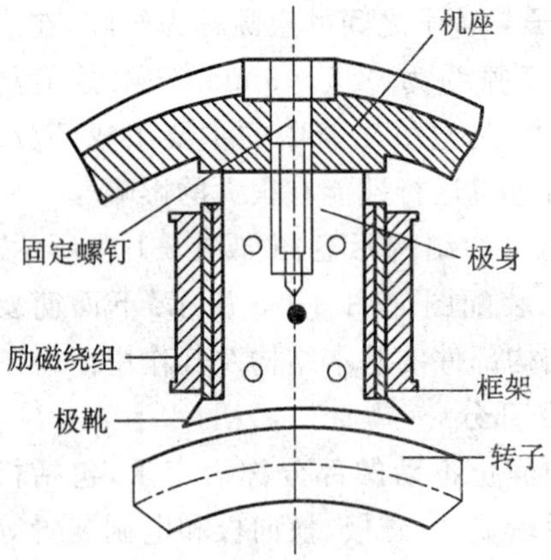

(b) 结构示意图

图3-1-6 主磁极的实物图和结构示意图

3. 换向极

用来产生换向磁场以改善直流电动机的换向.换向是一个相当复杂的过程,在换向时,将在电刷与换向器的接触面上产生火花,不利于电动机的运行,因此在功率稍大的直流电动机上都装有换向极来减小火花,以改善电动机的换向.换向极也由换向极铁芯和换向极绕组组成,且换向极与电枢绕组串联,换向极绕组套在换向极铁芯外面,再用螺钉固定在极座上,换向极与主磁极一个隔一个间隔排列均匀分布在机座内部,如图3-1-7所示.换向极铁芯一般用整块钢制成,如果换向要求较高,则用1.0～1.5mm厚的钢板叠压而成,其绕组中流过的是电枢电流.

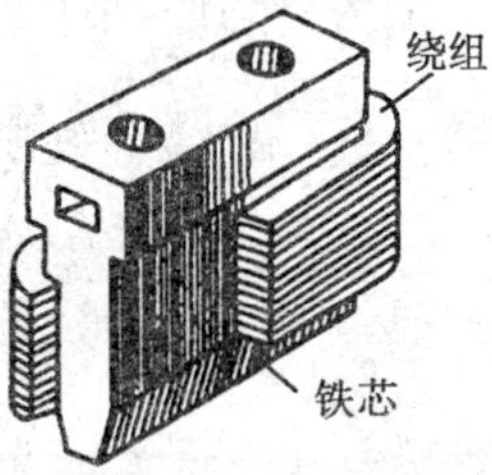

图3-1-7 直流电动机的换向极

4. 前后端盖

用来安装轴承和支撑整个转子重量,一般为铸钢件.前后端盖利用螺钉固定在机座两侧.

5. 电刷装置

通过电刷与换向器表面之间的滑动接触,把电枢绕组中的电流引入或引出.

电刷装置一般由电刷、刷握、刷杆等部分组成，如图 3-1-8 所示. 对电刷的要求是既要有良好的导电性能，又要有好的耐磨性，因此电刷一般用石墨粉压制而成. 电刷放置在电刷盒内，并用弹簧把电刷压紧在换向器上. 电刷盒是刷握的主要部分，刷握固定在刷杆上，刷杆则固定于刷杆座上，成为一个整体部件.

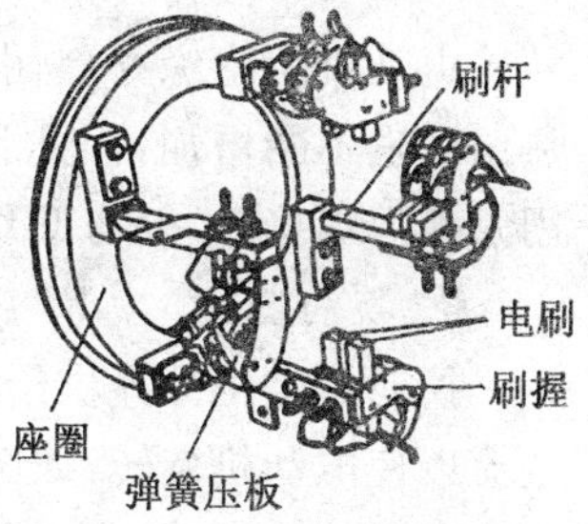

图 3-1-8　直流电动机的电刷装置

（二）转子部分

转子统称为电枢，是电动机的旋转部分，由电枢铁芯、电枢绕组、换向器、转轴、风扇等部分组成.

1. 电枢铁芯

电枢铁芯的作用一方面是构成磁通通路的一部分，另一方面则用来嵌放电枢绕组. 由于电枢铁芯不断地在 N 极和 S 极下旋转，使通过电枢铁芯的磁通大小及方向都在不断地变化，因此将产生磁滞及涡流损耗. 为了减小磁滞及涡流损耗，电枢铁芯一般均用 0.35～0.5mm 厚表面具有绝缘层的硅钢片叠压而成，在硅钢片的外圆冲有均匀分布的铁芯槽，用以嵌放电枢绕组，如图 3-1-9 所示. 较大容量电动机的电枢铁芯沿轴向分成数段，段间留有 8～10mm 的径向风道，以改善冷却条件. 小容量电动机的电枢铁芯上装有风翼，较大容量的电动机则在轴上装有风扇. 电枢铁芯固定在转轴或转子支架上.

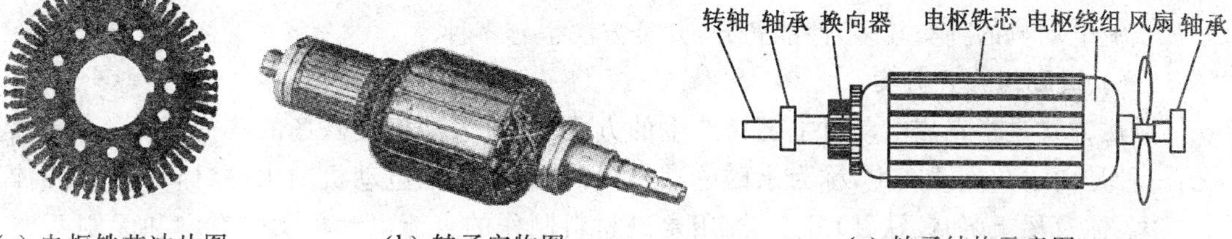

(a) 电枢铁芯冲片图　(b) 转子实物图　(c) 转子结构示意图

图 3-1-9　转子(电枢)实物图和结构示意图

2. 电枢绕组

电枢绕组用来产生感应电动势和通过电流，实现机电能量的相互转换. 电枢绕组通常都用圆形（用于小功率电动机）或矩形（用于大、中功率电动机）截面的导线绕制而成，再按一定的规律嵌放在电枢铁芯槽内，如图 3-1-9(c) 所示，并利用绝缘材料进行线匝之间以及整个电枢绕组与电枢铁芯之间的绝缘处理. 为了防止电枢旋转时由于离心力而使绕组飞散出来，槽口处需用绝缘材料做成槽楔将绕组压紧. 伸出槽外的绕组端接部分，用无纬玻璃丝带绑紧. 绕组端头则按一定规则嵌放在换向器铜片的升高片槽内，并用锡焊焊牢，成为一个完整的电枢. 电枢线圈在槽内安放情况如图 3-1-10 所示.

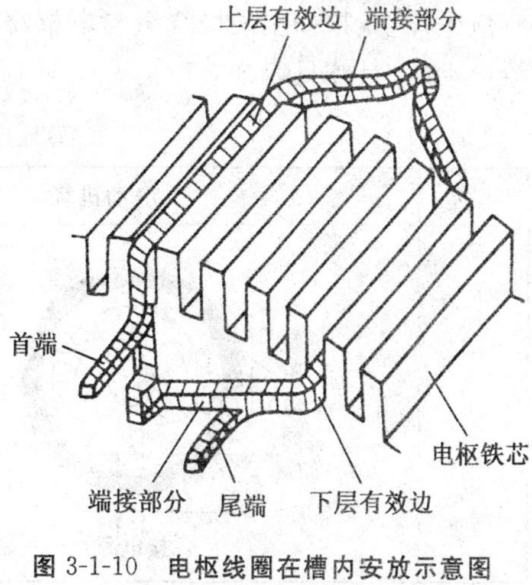

图 3-1-10　电枢线圈在槽内安放示意图

随着电动机用绝缘材料耐热等级的提高，电动机允许的发热温度也不断增加，因此目前不少电动机已不用锡焊而改用氩弧焊焊接(一般为 F 级以上绝缘材料).

3. 换向器

换向器是把外界供给的直流电流转变为绕组中的交变电流以使电动机旋转，如图 3-1-11 所示，换向器是由换向片组合而成的，而且是直流电动机的关键部件，也是最薄弱的部分. 换向器采用导电性能好、硬度大、耐磨性能好的纯铜或铜合金制成. 换向片的底部做成燕尾形状，各换向片拼成圆筒形套入钢套筒上，相邻换向片间以 0.6～1.2mm 厚的云母片作为绝缘，换向片下部的燕尾嵌放在两端的 V 形铜环内，换向片与 V 形云母片绝缘，最后用螺旋压圈压紧换向器固定在转轴的一端.

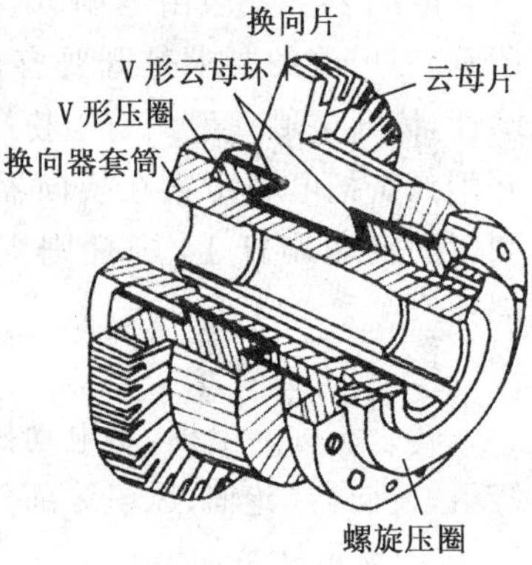

图 3-1-11　换向器的结构示意图

4. 转轴

转轴用来传递转矩. 为了使直流电动机能安全、可靠地运行，转轴一般用合金钢锻压加工而成.

5. 风扇

风扇用来降低电动机在运行中的升温.

五、直流电动机的分类

直流电动机的种类较多，性能各异，分类方法也有多种.

(一) 按励磁方式分类

励磁方式是指直流电动机主磁场产生的方式. 直流电动机主磁场的获得通常有两种情况：一种是由永久磁铁产生，称为永磁电动机. 目前制作永磁电动机的永磁材料主要有铝镍钴、铁氧体及稀土(如钕铁硼)等三类. 用永磁材料制作的直流电动机又分有刷和无刷两类. 永磁电动机由于其具有体积小、结构简单、重量轻、损耗小、效率高、节约能源、温升低、可靠性高、使用寿命长、适应性强等突出优点而越来越被广泛地使用. 另一种是主磁极绕组通入直流电产生，根据主磁极绕组与电枢绕组连接方式的不同，可分为他励、并励、串励、复励直流电动机. 具体见表 3-1-1.

表 3-1-1　　直流电动机按励磁方式分类

名称	电动机绕组接线图	特　点
他励直流电动机	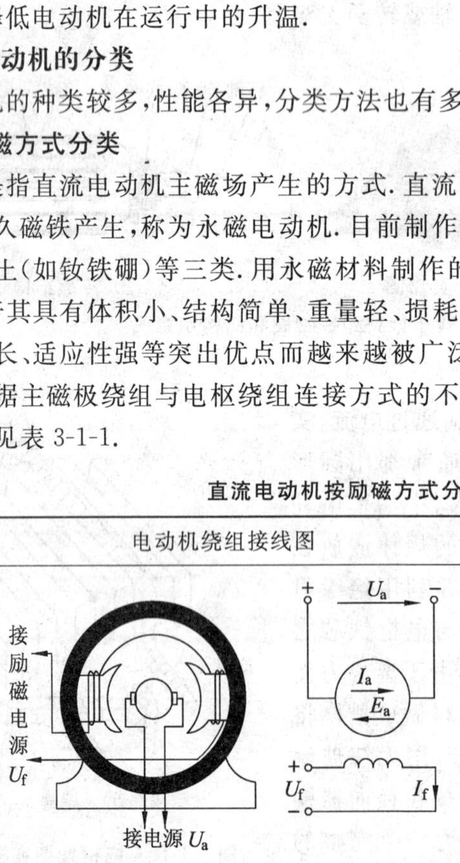	励磁绕组(主磁极绕组)与电枢绕组由各自的直流电源单独供电，在电路上没有直接联系

续表

名称		电动机绕组接线图	特　点
自励直流电动机	并励	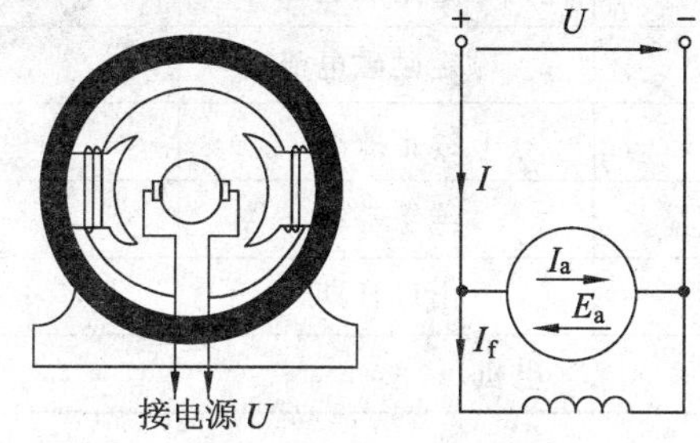	(1) 励磁绕组与电枢绕组并联，加在这两个绕组上的电压相等，而通过电枢绕组的电流 I_a 和通过励磁绕组的电流 I_f 则不同，总电流 $I=I_a+I_f$ (2) 励磁绕组匝数多，导线截面较小，励磁电流只占电枢电流的一小部分
	串励	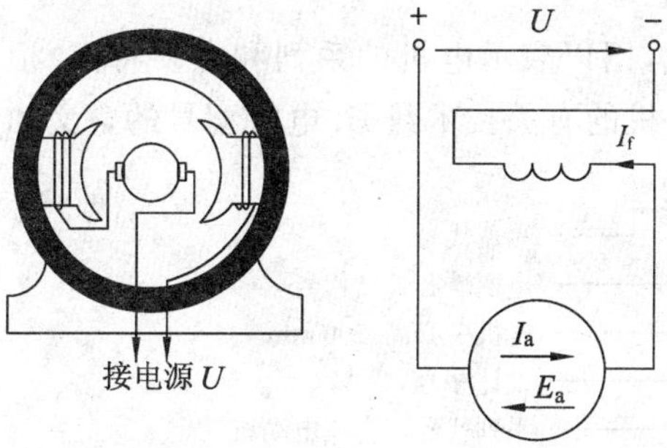	(1) 励磁绕组与电枢绕组串联，因此励磁绕组的电流与电枢绕组的电流相等 (2) 励磁绕组匝数少，导线截面较大，励磁绕组上的电压降很小
	复励	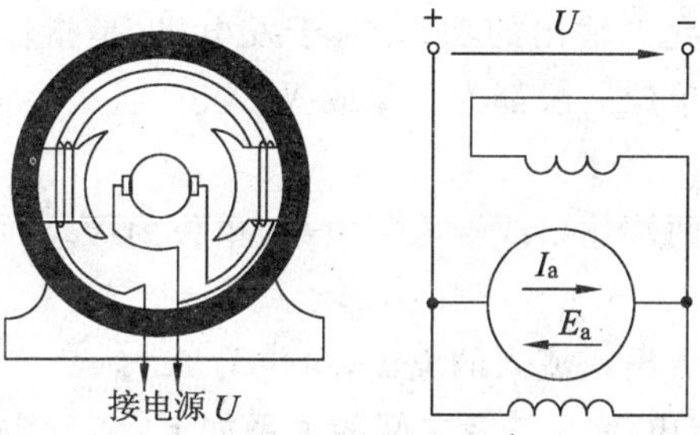	(1) 复励电动机的励磁绕组有两组，一组与电枢绕组串联，另一组与电枢绕组并联 (2) 当两个绕组产生的磁通方向一致时，称为积复励电动机 (3) 当两个绕组产生的磁通方向相反时，称为差复励电动机

(二) 按电枢直径分类

电枢直径为 1000mm 以上的，称为大型直流机；电枢直径为 425～1000mm 的，称为中型直流机；电枢直径小于 425mm 的，称为小型直流机.

(三) 按防护方式分类

有开启式、防护式、防滴式、全封闭式和封闭防水式等.

六、直流电机的铭牌和额定值

每台直流电机的机座上都钉有一块铭牌，如图 3-1-12 所示，上面标注了直流电动机的型号和一些重要技术数据，这些技术数据叫做额定值. 额定值是正确选择和合理使用电机的依据.

直流电动机			
型号	Z4-200-21	励磁方式	他励
额定功率	75kW	额定励磁电压	180V
额定电压	440V	额定励磁电流	0.4A
额定电流	188A	额定效率	81.2%
额定转速	1500r/min	绝缘等级	F级
定额	连续	出厂日期	××××年××月
××××电机厂			

图 3-1-12　直流电动机的铭牌

1. 型号

电机型号由若干字母和数字组成，用以表示电机的系列和主要特点. 根据电机的型号，便可以从相关手册及资料中查出该电机的有关技术数据. 电机型号的含义如下：

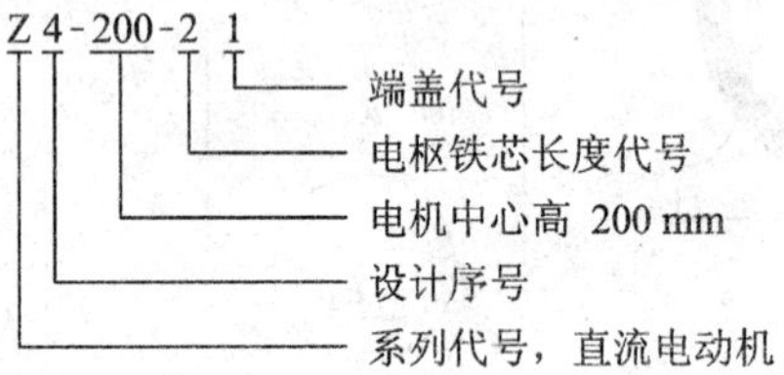

2. 额定功率 P_N

额定功率是指电机在额定情况下允许输出的功率. 对于发电机，是指输出的电功率；对于电动机，是指轴上输出的机械功率，单位一般都为 kW 或 W.

3. 额定电压 U_N

额定电压是指在额定情况下电刷两端输出或输入的电压，单位为 V.

4. 额定电流 I_N

额定电流是指在额定情况下电机流出或流入的电流，单位为 A.

额定功率 P_N、额定电压 U_N 和额定电流 I_N 三者之间的关系如下：

直流发电机　$$P_N = U_N \cdot I_N \tag{3-1-1}$$

直流电动机　$$P_N = U_N \cdot I_N \cdot \eta_N \tag{3-1-2}$$

式(3-1-2)中，η_N 为额定效率.

5. 额定转速 n_N

额定转速是指在额定功率、额定电压、额定电流时电机的转速，单位为 r/min.

6. 励磁方式

励磁方式是指电动机励磁绕组连接和供电方式. 通常有他励、自励，自励又包括并励、串励、复励等.

7. 额定励磁电压 U_{fN}

额定励磁电压是指在额定情况下励磁绕组所加的电压，单位为 V.

8. **额定励磁电流 I_{fN}**

额定励磁电流是指在额定情况下通过励磁绕组的电流，单位为 A.

9. **定额**

定额是指电动机在额定值允许的持续运行时间.电动机定额一般分为连续、短时和断续三种工作方式，分别用 s1、s2、s3 表示.

(1) 连续定额(s1)表示电动机在额定工作状态下可以长期连续运行.

(2) 短时定额(s2)表示电动机在额定工作状态下只能在规定时间内短期运行.我国规定的短时运行时间有 10min、30min、60min 及 90min 种.

(3) 断续定额(s3)表示电动机运行一段时间后，就要停止一段时间，只能周期性地重复运行，每一周期为 10min.我国规定的负载持续率有 15%、25%、40%及 60%四种.例如，持续率为 25%时，2.5min 为工作时间，7.5min 为停车时间.

10. **额定温升**

额定温升是指电动机在额定状态下运行时电动机所允许的温升，即电动机允许的工作温度减去环境温度的数值，单位用 K 表示.

11. **绝缘等级**

绝缘等级是指电动机所采用的绝缘材料的耐热等级.一般有 B 级、F 级、H 级、C 级.

任务实施

直流电动机的简单操作

一、实训目的

- 认识并检测直流电动机及相关实训器材.
- 通过测量电枢绕组的直流电阻、绝缘电阻和负载运行试验，会检查并判断直流电动机制造或修理质量.
- 会绘制直流电动机的工作原理图，并能进行正确接线.
- 学会直流电动机的启动、停止、反转、改变转速等简单操作.

二、实训器材

工具、仪表、材料、设备等见学习准备.

三、实训内容及步骤

(一) 主要实训器材的认识

主要实训器材的作用及使用注意事项见表 3-1-2.

表 3-1-2　主要实训器材的作用及使用注意事项

序号	器材名称	图 例	规 格	作 用	备 注
1	直流电动机		$P_N=2kW$ $U_N=220V$ $U_{fN}=220V$	实训操作的对象	通电后观察启动、反转以及转速变化的情况

续表

序号	器材名称	图　例	规　格	作　用	备　注
2	500V 兆欧表		ZC25B-3 型 (500V)	测量各绕组对机壳之间的绝缘电阻、刷握对机壳之间的绝缘电阻	检测前应检查兆欧表的好坏，要边摇边读数，不能停下来读数
3	直流电动机励磁电源	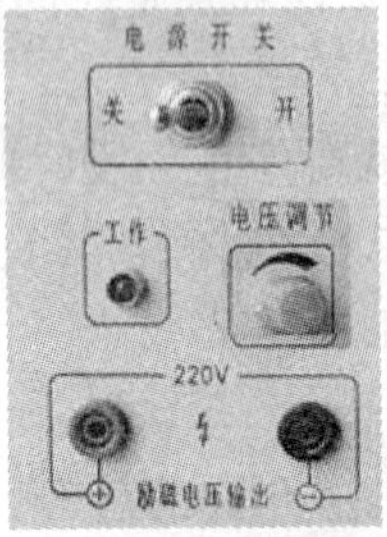	$U=0\sim220\text{V}$	给励磁绕组提供励磁电源	可以利用调节旋钮改变励磁电源输出电压的高低
4	可调电枢电源	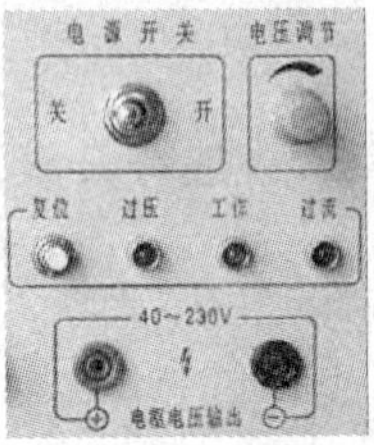	$U=0\sim220\text{V}$	给电枢绕组提供电枢电源	可以利用调节旋钮改变电枢电源输出电压的高低
5	直流电流表		直流毫安表，量程选用 1.5A 挡	伏安法测量电枢绕组的直流电阻	本次实训的测量工具，要注意正确选择量程
6	直流电压表	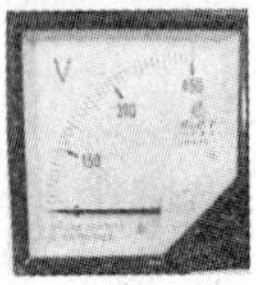	量程选用 250V	伏安法测量电枢绕组的直流电阻	本次实训的测量工具，要注意正确选择量程
7	调节电阻		$I_N=0.5\text{A}$ $R=0\sim1\text{k}\Omega$	调节直流电动机励磁电流或电枢电流	改变电动机励磁电流或电枢电流，从而改变电动机的转速的大小
8	转速表		DM6235P ($n_N=1800\text{r/min}$)	测量直流电动机的转速	—

(二) 直流电动机的检查

1. 实训前的一般检查

(1) 刷握应牢固、精确地固定在刷架上，各组刷握间的距离应相等.

(2) 电刷的牌号是否符合要求，电刷在刷盒内能否上下移动，电刷表面与换向器能否很好地吻合，电刷顶部弹簧压力是否适合(一般电动机为 0.012～0.017MPa).

(3) 换向器表面应清洁光滑，换向片间的云母片下刻深度约为 1～1.5mm.

(4) 检查电动机引出线连接是否正确.

(5) 检查转子转动是否灵活，轴的径向摆动是否在限值以内.

2. 测量绝缘电阻

绝缘电阻包括各绕组对机壳的绝缘电阻、刷握对机壳的绝缘电阻. 直流电机在冷态时，绝缘电阻值最低要求不低于 1MΩ/kV，一般额定电压在 500V 以下的电机在热态时(绕组温升接近额定温升时)绝缘电阻最低不低于 0.5MΩ.

(1) 测量方法.

如图 3-1-13 所示，对低压电动机，将 500V 兆欧表的"E"端接在电枢轴(或机壳)上，"L"端分别接在电枢绕组、励磁绕组、刷握上，以 120r/min 的转速摇动 1min 后读出其指针指示的数值，测量出电枢绕组对机壳、励磁绕组对机壳和刷握对机壳的绝缘电阻. 将数据记录于表 3-1-3 中.

图 3-1-13　测量绝缘电阻

(2) 记录表格.

表 3-1-3　　直流电动机绝缘电阻的测定

测量内容	测量值	是否合格
电枢绕组对机壳的绝缘电阻值		
励磁绕组对机壳的绝缘电阻值		
刷握对机壳的绝缘电阻值		

3. 测量电枢绕组的直流电阻

测量绕组的直流电阻常用电桥法和伏安法. 若用电桥法，对于单叠绕组，应在换向器之间两端的两片换向片上进行测量；对于单波绕组，应在等于极距的两片换向片上进行测量. 测量时要提起电刷，然后用单臂电桥进行测量. 这里重点介绍用伏安法测量电枢绕组的直流电阻.

(1) 用伏安法测电枢绕组直流电阻原理图.

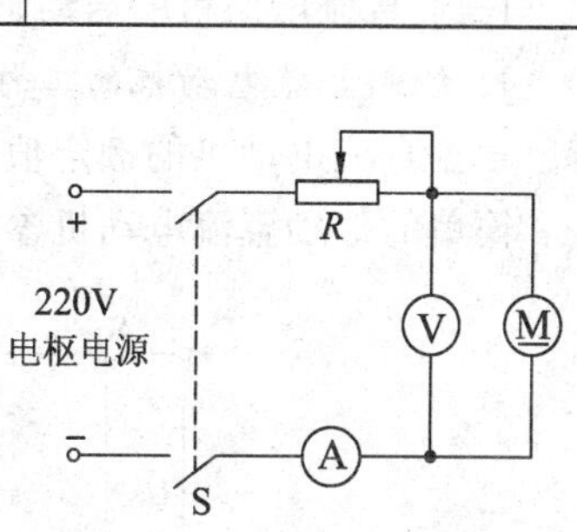

图 3-1-14　伏安法测电枢绕组的直流电阻原理图

如图 3-1-14 所示，由于电枢绕组电阻值小，电流表的内阻会影响测量精度，采用电流表外接时，电压表测量得到的

电压值不包含电流表内阻的电压降，故测量较精确. 此时被测电阻值 R_a 为

$$R_a = \frac{U}{I}$$

（2）连接工作电路.

按图 3-1-14 接线，电阻 R 用 380Ω 阻值并调至最大，电流表选用量程为 1.5A 挡的直流毫安表. 经检查无误后接通电枢电源，并调至 220V. 调节 R 使电枢电流达到 0.2A（如果电流太大，可能由于剩磁的作用使电动机旋转，测量无法进行；如果此时电流太小，可能由于接触电阻产生较大的误差），迅速测取电动机电枢两端电压 U 和电流 I. 将电动机分别旋转三分之一和三分之二周，同样测取 U、I 另外两组数据并记录于表 3-1-4 中. 取三次测量的平均值作为实际冷态电阻值.

由实验直接测得的电枢绕组电阻为实际冷态电阻值. 冷态温度为室温. 按下式换算得到基准工作温度时的电枢绕组电阻值：

$$R_{aref} = R_a \frac{235 + \theta_{ref}}{235 + \theta_a}$$

式中 R_{aref} 为换算到基准工作温度时的电枢绕组电阻（Ω）；R_a 为电枢绕组的实际冷态电阻（Ω）；θ_{ref} 为基准工作温度，对于 E 级绝缘为 75℃；θ_a 为实际冷态时电枢绕组的温度（℃）.

（3）记录表格.

表 3-1-4　　直流电动机电枢绕组的直流电阻的测量数据　　室温______℃

序号	U/V	I/A	R_a/Ω	R_a（平均值）/Ω	R_{aref}（换算）/Ω	测量结果判定
1			$R_{a1}=$			一般要求测得的电阻值 R_{aref} 和电机出厂值比较不超过±2%
2			$R_{a2}=$			
3			$R_{a3}=$			

4. 对负载试验进行检查

安装好直流电动机，让直流电动机在额定电压、额定电流、额定转速下带上额定负载运行一段时间，观察直流电动机的运行状况是否良好，换向火花是否在允许范围之内.

负载试验要求换向器上无黑痕及电刷上无灼痕，运行平稳，无噪声和振动.

（三）直流电动机的启动、停止、反转、改变转速等简单操作

1. 绘制直流电动机的工作电路

根据直流电动机的额定值和电源的参数，绘制直流电动机的工作电路.

简单的他励直流电动机参考工作电路如图 3-1-15 所示.

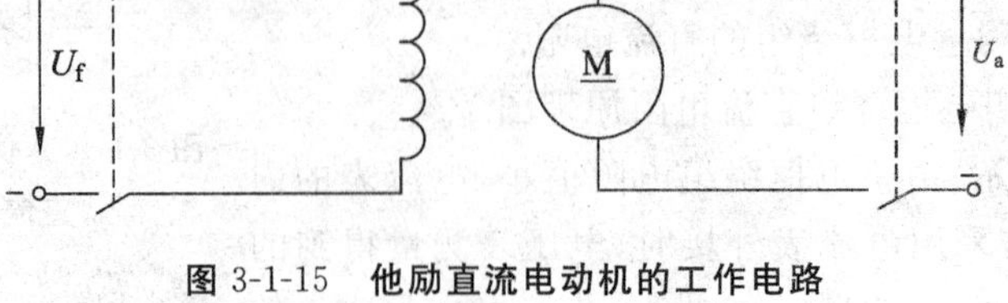

图 3-1-15　他励直流电动机的工作电路

2. 连接直流电动机的工作电路

经指导教师认可后，按照所绘制的电路图连接直流励磁电源、电枢电源、调节电阻和直流电动机. 启动电动机前，务必将励磁回路调节电阻 R_{pf} 的阻值调到最小，电枢回路调节电阻 R_{pa} 的阻值调到最大.

(1) 通电启动直流电动机.

先闭合开关 S_1，接通直流励磁电源，调节“电压调节”旋钮，使励磁电压上升到额定值；再闭合开关 S_2，接通电枢电源；观察直流电动机是否启动运转. 启动后观察转速表指针偏转方向，应为正向偏转，若不正确，可拨动转速表上正、反向开关来纠正.

(2) 改变直流电动机的转速.

调节电枢电源的“电压调节”旋钮，使电动机的端电压为 220V 额定电压，观察电枢电压上升过程中电动机转速的变化情况；逐渐减小电枢回路调节电阻 R_{pa} 的阻值，观察电动机转速的变化情况；调节励磁电源的“电压调节”旋钮，慢慢减小励磁电压，或者保持励磁电压为额定值，逐渐增大励磁调节电阻 R_{pf} 的阻值. 观察电动机转速的变化情况，将结果记录到表 3-1-5 中.

(3) 改变直流电动机的转向.

将电枢回路调节电阻 R_{pa} 的阻值调回到最大值，先断开电枢电源开关 S_2，再断开励磁电源开关 S_1，使电动机停机. 在断电情况下，将电枢(或励磁)绕组的两端接线对调后，再按直流电动机的启动步骤启动电动机，并观察电动机的转向及转速表指针偏转的方向. 将结果记录于表 3-1-5 中.

表 3-1-5 直流电动机的转速和转向控制

序号	操作内容	转速或转向的变化情况
1	增大电枢两端的电压值 U_a	
2	减小电枢回路调节电阻 R_{pa} 的阻值	
3	减小励磁电压或增大励磁回路调节电阻 R_{pf} 的阻值	
4	电枢绕组的两端接线对调	
5	励磁绕组的两端接线对调	
6	电枢绕组和励磁绕组两端接线同时对调	

想一想：
(1) 直流电动机启动时，应该先接励磁电源，还是先接电枢电源？
(2) 直流电动机停机时，应该先切断电枢电源，还是先断开励磁电源？
(3) 用哪些方法可以改变直流电动机的转速？如何改变？
(4) 用哪些方法可以改变直流电动机的转向？如何改变？

四、注意事项

◉ 直流电动机启动时，必须将励磁回路调节电阻 R_{pf} 的阻值调至最小，励磁电源的“电压调节”旋钮旋到最大，先接通励磁电源，使励磁电流最大；同时必须将电枢回路调节电阻 R_{pa} 的阻值调至最大，然后方可接通电枢电源，使电动机正常启动.

◉ 直流电动机停机时，必须先切断电枢电源，然后断开励磁电源. 同时必须将电枢回路

调节电阻 R_{pa} 的阻值调回到最大值，励磁回路调节电阻 R_{pf} 的阻值调回到最小值. 为下次启动做好准备.

◉ 测量前注意仪表的量程、极性及其接法是否正确.

任务评价

根据本任务的学习情况，按行为、技能、情感三个指标进行自我评价、小组评价和教师评价.

任务评价表

一级评价指标	二级评价指标	评价内容	配分	自我评价 0.3	小组评价 0.3	教师评价 0.4
行为指标	安全文明生产	是否遵守安装规程	5分			
		是否按安全规程正确操作，无任何元器件的损坏	5分			
		工作岗位是否整洁	5分			
		是否具有良好的工作习惯	5分			
技能指标	工作过程中理论知识的掌握	预习和查阅资料的能力	5分			
		观察和分析问题的能力	5分			
		解决问题的方法和效果	5分			
		对直流电机的结构、用途、分类、铭牌和工作原理的理解程度	5分			
	工作过程中技能的掌握	完成工作的积极性	5分			
		直流电动机工作电路的检查和接线的掌握程度	10分			
		直流电动机的启动和停止操作是否掌握	10分			
		直流电动机的反转与调速操作是否掌握	10分			
		理论与实际相结合的综合分析能力	5分			
		仪器、仪表的使用方法是否正确	5分			
情感指标	综合运用能力	团队协作能力	5分			
		工作效率	5分			
		知识或技能拓展能力	5分			
合　计			100分			
综合评价						

任务二　直流电动机的启动

任务描述

使用一台直流电动机时，首先碰到的问题是怎样把它转动起来. 要使直流电动机启动的过程达到最优，常常要考虑启动电流 I_{st} 和启动转矩 T_{st} 的大小以及启动设备是否简单等问题；直流电动机通电启动后，为了高效经济地利用它，就需要了解直流电动机的效率在什么情况下最高，与哪些因素有关；一台机床的负载大小会根据加工零件和加工工艺的不同而改变，这就要求直流电动机能根据负载的不同而改变其转矩的大小、转速的高低；电动机拖动的生产机械，常常需要改变运动方向，如起重机、刨床、轧钢机等，这就需要电动机能快速地正反转.

直流电动机的上述问题都需要由电气技术人员来解决，因此熟悉直流电动机的运行性能，掌握直流电动机启动和反转的方法，对电气技术人员是很重要的.

学习目标

◇ 知道直流电机的电枢电动势、电磁转矩、电磁功率三个公式，以及直流电动机电压、转矩、功率三个平衡方程式的物理意义，并能进行简单计算.

◇ 能说出直流电动机的启动和反转原理及其实现的方法.

◇ 能说出直流电动机各种启动方法的特点及应用场合.

◇ 学会直流电动机几种启动和反转实现方法的接线和操作.

学习地点

电机实验室.

学习准备

工具：常用电工工具一套.

仪表：直流电压表、直流电流表、转速表、万用表等.

设备：直流电动机、直流励磁电源、可调电枢电源、启动变阻器、多媒体设备等.

材料：连接导线.

资料：电工手册、电动机安全操作规程、直流电动机相关资料.

知识准备

一、直流电机的电动势、电磁转矩和功率

无论是直流电动机还是直流发电机，在转动时，其电枢绕组都会由于切割主磁极产生的

磁感线而感应出电枢电动势；同时，由于电枢绕组中有电流流过，电枢电流与主磁场作用又会产生电磁转矩.因此，直流电机的电枢绕组中同时存在着电枢电动势和电磁转矩，它们对电机的运行起着重要的作用.直流发电机中是电枢电动势起主要作用，直流电动机中是电磁转矩起主要作用.

1. **直流电机的电动势**

电枢电动势是指直流电机正、负电刷之间的感应电动势，也就是电枢绕组每条支路中各元件的感应电动势之和.电枢电动势表达式为

$$E_a=\frac{pN}{60a}\Phi n=C_e\Phi n \tag{3-2-1}$$

式(3-2-1)中，N 为电枢的导体总数；a 为电枢绕组并联支路对数；$C_e=\dfrac{pN}{60a}$为电机结构常数；Φ 为每个磁极的磁通量(Wb)；n 为电机的转速(r/min)；E_a为电枢电动势(V).

可见，对于已经制造好的直流电机，其电枢电动势的大小正比于每个磁极的磁通量 Φ 和转速 n，通过调节励磁电流 I_f的大小(即每个磁极的磁通量 Φ)和转速 n 的高低都可以达到改变电枢电动势 E_a大小的目的.电枢电动势 E_a的方向由电机的转向和主磁场的方向根据右手定则决定.若两者只变其一，则电枢电动势 E_a的方向改变；若两者同时改变，则电枢电动势 E_a的方向不变.

例 3-2-1 已知某直流发电机 $2p=4$，单波绕组，电枢绕组的导体总数 $N=648$，发电机的转速 $n=1450\text{r/min}$，$\Phi=0.0051\text{Wb}$，求发出的电动势 E_a.如果保持 Φ 不变，转速减为$n'=1000\text{r/min}$，此时的 E_a'又为多少？

解

$$C_e=\frac{pN}{60a}=\frac{648\times2}{60\times1}=21.6$$

$n=1450\text{r/min}$ 时：$E_a=C_e\Phi n=21.6\times0.0051\times1450\text{V}\approx160\text{V}$

$n'=1000\text{r/min}$ 时：$E_a'=C_e\Phi n'=21.6\times0.0051\times1000\text{V}\approx110\text{V}$

2. **直流电机的电磁转矩**

在直流电机中，电磁转矩是由电枢电流与主磁场作用产生的电磁力所形成的.由电磁力公式可知，每根载流导体在磁场中所受到的电磁力 $f=Bli$.对于给定的电机，磁感应强度 B 与每个磁极的磁通量 Φ 成正比，导体中的电流 i 与电枢电流 I_a成正比，而导体在磁场中的有效长度、导体总数及电枢半径等都是固定的，仅取决于电机的结构.由于电枢绕组中各导体所产生的电磁转矩方向是一致的，因此直流电动机总的电磁转矩 T 的大小可以表示为

$$T=\frac{pN}{2\pi a}\Phi I_a=C_T\Phi I_a \tag{3-2-2}$$

式(3-2-2)中，$C_T=\dfrac{pN}{2\pi a}$，为电机电磁转矩常数；I_a为电枢电流(A).

可见，对于已经制造好的直流电机，其电磁转矩 T 的大小正比于每个磁极的磁通量 Φ 和电枢电流 I_a，通过调节励磁电流 I_f的大小和电枢电流 I_a的大小都可以达到改变电磁转矩大小的目的.电磁转矩 T 的方向由主磁场的方向和电枢电流 I_a的方向根据左手定则决定.只要改变其中一个的方向，电磁转矩的方向将随之改变；而两个方向同时改变时，则电磁转矩的方向不变.

在同一台直流电机中，电机结构常数和电磁转矩常数是恒定的，两者之间有如下关系：

$$C_T = 9.55C_e \tag{3-2-3}$$

电枢电动势和电磁转矩同时存在于发电机和电动机中，但是所起的作用却各不相同.

例 3-2-2　某 4 极直流电动机，单波绕组，电枢的导体总数 $N=186$ 根，每极磁通量为 6.98×10^{-2} Wb，电枢电流 $I_a=331$A. 求电磁转矩.

解　4 极电机 $p=2$，单波绕组 $a=1$，则电磁转矩为

$$T=\frac{pN}{2\pi a}\Phi I_a=\frac{186\times2\times6.98\times10^{-2}\times331}{2\times3.14\times1}\text{N}\cdot\text{m}\approx1368.6\text{N}\cdot\text{m}$$

3. 直流电机的电磁功率

在直流电机中通过电磁转矩的传递，实现机械能和电能的相互转换，通常把电磁转矩所传递的功率称为电磁功率.

由力学知识可知，电机的电磁功率可表示为

$$P=T\omega \tag{3-2-4}$$

式(3-2-4)中，$\omega=\frac{2\pi n}{60}$是电枢转动的角速度.

由于 $T=C_T\Phi I_a$，$E_a=C_e\Phi n$，$C_T=\frac{pN}{2\pi a}$和 $C_e=\frac{pN}{60a}$，电磁功率又可表示为

$$P=E_aI_a \tag{3-2-5}$$

式(3-2-5)表明，从机械角度看电磁功率是电磁转矩与角速度的乘积；从电的角度看电磁功率是电枢电动势与电枢电流的乘积. 这两者同时存在且互相转换.

实际中的直流电机是有功率损耗的，因此电磁功率总是小于输入功率而又大于输出功率.

二、直流电动机的基本平衡方程式

直流电动机的基本平衡方程式是了解和分析直流电动机性能的主要方法和重要手段，直流电动机的基本平衡方程式包括电压平衡方程式、转矩平衡方程式、功率平衡方程式等.

图 3-2-1 所示为并励直流电动机的工作原理图. 下面以它为例分析电压、转矩和功率的关系. 并励直流电动机的励磁绕组与电枢绕组并联，由同一直流电源供电. 接通直流电源后，励磁绕组中流过励磁电流 I_f，建立主磁场；电枢绕组中流过电枢电流 I_a. 电枢电流与主磁场作用产生电磁转矩 T，使电枢朝 T 的方向以转速 n 旋转，将电能转换为机械能，带动生产机械工作.

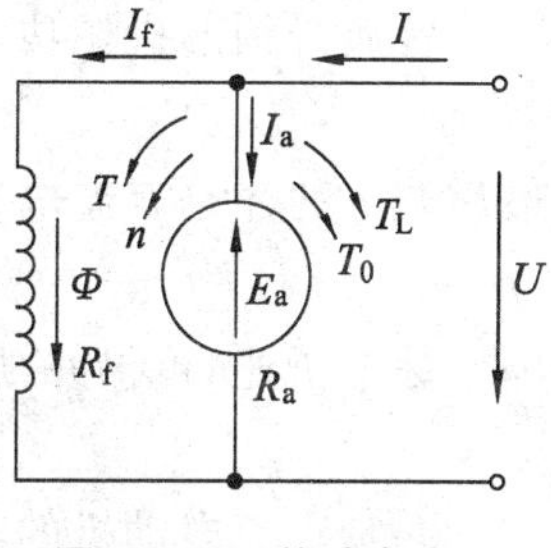

图 3-2-1　并励直流电动机的工作原理图

1. 电压平衡方程式

并励直流电动机通电旋转后，电枢导体切割主磁场，产生电枢电动势 E_a，在电动机中，此电动势的方向与电枢电流 I_a的方向相反，称为反电动势. 电源电压 U 除了提供电枢内阻压降 I_aR_a外，主要用来与电枢电动势 E_a相平衡. 列出电压平衡方程式如下：

$$U=E_a+I_aR_a \tag{3-2-6}$$

式(3-2-6)表明直流电机在电动状态下运行时，电枢电动势 E_a总是小于端电压 U.

2. 转矩平衡方程式

直流电动机正常工作时，作用在轴上的转矩有三个：一个是电磁转矩 T，方向与转速 n

方向相同，为拖动性质转矩；一个是电动机空载损耗形成的转矩 T_0，是电动机空载运行时的制动转矩，方向总与转速 n 方向相反；还有一个是轴上所带生产机械的负载转矩 T_L，一般为制动性质转矩. T_L在大小上也等于电动机的输出转矩 T_2.

稳态运行时，直流电动机中拖动性质的转矩总是等于制动性质的转矩，据此可得直流电动机的转矩方程式为

$$T = T_0 + T_L = T_0 + T_2 \tag{3-2-7}$$

进一步分析输出转矩公式 $T_2 = \frac{P_2}{W}$可得

$$T_2 = \frac{P_2}{W} = \frac{P_2}{\frac{2\pi n}{60}} \approx 9.55\frac{P_2}{n}$$

上式反映了输出功率、输出转矩和转速三者之间的关系，P 的单位为 W，n 的单位为 r/min.

3. **功率平衡方程式**

从图 3-2-1 直流并励电动机的工作原理图可以看出，电源输入的电功率为

$$P_1 = UI \tag{3-2-8}$$

电动机励磁回路电阻 R_f上的铜损耗为

$$P_{Cuf} = I_f^2 R_f$$

电枢回路中的铜损耗为

$$P_{Cua} = I_a^2 R_a$$

输入的电功率扣除上述两项损耗后，通过电磁感应关系转换为机械功率，电动机中由电能转换为机械能的那一部分功率称为电磁功率，即

$$P = P_1 - P_{Cua} - P_{Cuf} = E_a I_a = T\omega \tag{3-2-9}$$

转换得到的机械功率还要扣除机械损耗和铁损耗，即空载损耗

$$P_0 = P_\Omega + P_{Fe}$$

最后剩下的才是直流电动机轴上输出的机械功率

$$P_2 = P - P_0 = T_2\omega$$

综上所述，可得并励直流电动机的功率方程式如下：

$$P_1 = P_{Cuf} + P_{Cua} + P_\Omega + P_{Fe} + P_2 \tag{3-2-10}$$

并励直流电动机的功率关系可用图 3-2-2 表示.

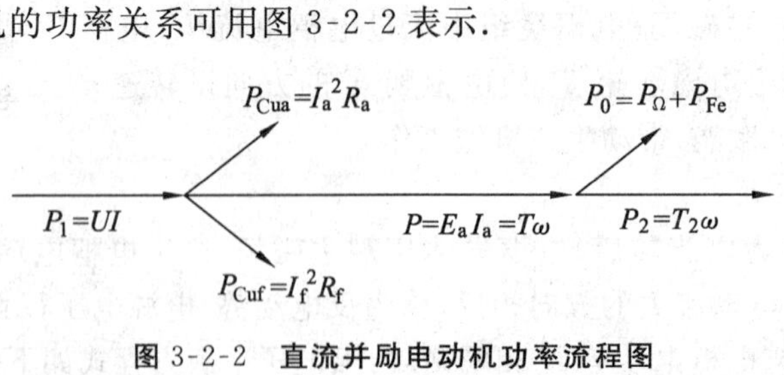

图 3-2-2 **直流并励电动机功率流程图**

直流电动机的效率为

$$\eta = \frac{P_2}{P_1} \times 100\% \tag{3-2-11}$$

例 3-2-3 一台直流电动机额定数据为：$P_N = 13$kW，$U_N = 220$V，$n_N = 1500$r/min，$\eta_N =$

87.6%.求额定输入功率 P_{1N}、额定电流 I_N 和额定输出转矩 T_{2N}.

解　已知额定输出功率 $P_N=13\text{kW}$，额定效率 $\eta_N=87.6\%$，则额定输入功率

$$P_{1N}=\frac{P_N}{\eta_N}=\frac{13}{0.876}\text{kW}\approx 14.84\text{kW}$$

额定电流
$$I_N=\frac{P_{1N}}{U_N}=\frac{14.84\times 10^3}{220}\text{A}\approx 67.45\text{A}$$

由于输出功率 $P_N=T_{2N}\cdot\omega_N$，而角速度 $\omega_N=\dfrac{2\pi n_N}{60}$，所以

额定输出转矩　$T_{2N}=\dfrac{60P_N}{2\pi n_N}\approx 9.55\times\dfrac{P_N}{n_N}=9.55\times\dfrac{13\times 10^3}{1500}\text{N}\cdot\text{m}\approx 82.77\ \text{N}\cdot\text{m}$

例 3-2-4　一台 Z2-51 他励直流电动机，额定功率(输出功率)$P_2=3\text{kW}$，电源电压 $U=220\text{V}$，电枢电流 $I_a=16.4\text{A}$，电枢回路电阻 $R_a=0.84\Omega$.求输入功率 P_1、铜损耗 P_{Cua}、空载损耗 P_0、反电动势 E_a 和电动机的效率 η.

解
$$P_1=UI_a=220\times 16.4\text{W}=3608\text{W}=3.608\text{kW}$$
$$P_{Cua}=I_a^2R_a=16.4^2\times 0.84\text{W}\approx 226\text{W}=0.226\text{kW}$$
$$P_0=P_1-P_2-P_{Cua}=(3.608-3-0.226)\text{kW}=0.382\text{kW}$$
$$E_a=U-I_aR_a=(220-16.4\times 0.84)\text{V}\approx 206.2\text{V}$$
$$\eta=\frac{P_2}{P_1}\times 100\%=\frac{3}{3.608}\times 100\%\approx 83\%$$

三、直流电动机的启动

直流电动机接入电源后转速从零逐渐上升到稳定转速的过程称为启动过程.

直流电动机启动的基本要求是:有足够的启动转矩，一般为额定转矩的 2～2.5 倍，以便快速启动，缩短启动时间;启动电流不能过大，要在一定的范围内，一般规定启动电流不应超过额定电流的 2～2.5 倍;启动设备安全、可靠、经济.

1. 全压启动

全压启动又称为直接启动，即直流电动机在启动时，给电动机加额定电压 U_N 直接启动电动机.由直流电动机的电压平衡方程式可知，正常工作时的电枢电流为

$$I_a=\frac{U_N-E_a}{R_a} \tag{3-2-12}$$

在电动机启动的瞬间，$n=0$，所以 $E_a=C_e\Phi_N n=0$，此时电枢电流 I_a 为

$$I_a=\frac{U-E_a}{R_a}=\frac{U}{R_a}=I_{st} \tag{3-2-13}$$

此时的电流称为启动电流，用 I_{st} 表示.由于 R_a 很小，直接加额定电压启动，启动电流很大，可达额定电流的 10～20 倍.这样大的启动电流将带来以下不良影响:

(1) 电动机电刷与换向器之间产生强烈的火花，从而导致电刷与换向器表面发生烧损.

(2) 由于电磁转矩与电枢电流成正比，所以电动机的启动转矩非常大，产生机械冲击，损坏传动机构.

(3) 大电流还会使电网的电压波动，将影响到同一电网上其他用电设备的正常运行.

例如，Z2-22 直流电动机，$P_N=0.8\text{kW}$，$U_N=220\text{V}$，$I_N=5\text{A}$，$R_a=4\Omega$.如将电动机直接

接入电网启动，启动瞬间电流 $I_{st}=\frac{U_N}{R_a}=\frac{220}{4}\text{A}=55\text{A}$，是额定电流的 11 倍. 大型直流电动机由于电枢电阻更小，启动电流更大. 这样大的电枢电流显然是不允许的.

因此除小功率直流电动机以外，一般不允许全电压直接启动. 通常采用的启动方法有两种：即减小电源电压启动和在电枢回路串电阻启动.

直接启动的优点是所需设备简单，操作方便；缺点是启动电流较大.

2. 减小电源电压启动

如图 3-2-3 所示，当他励直流电动机的电枢回路由专用可调直流电源供电时，可用降低电枢电压的方法来限制启动电流，由式(3-2-13)可知，启动电流将与电枢电压降低的程度成正比地减小. 电动机启动前先调好励磁电流，然后将电源电压从低到高调节，最低电压所对应的启动转矩 $T_1>T_L$ 时，电动机就开始启动. 电动机启动后，随着转速的上升相应地提高电源电压，使电枢电流和电磁转矩维持在一定的数值范围内，电动机获得一定的加速转矩，按需要的加速度升速，直到额定转速为止. 此时加在电动机上的电压即是电动机的额定电压.

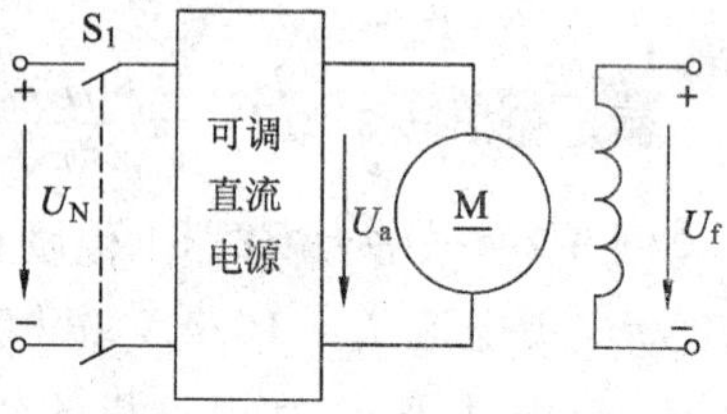

图 3-2-3 他励直流电动机的降压启动电路

降压启动过程中能量损耗很少；由于电压连续可调，所以电动机启动平滑；但采用降压启动时，需要专用可调压的直流电源，设备投资较大. 因此降压启动常用于要求经常启动的场合以及大中型直流电动机的启动，如起重机械、运输机械上的电动机.

注意：

(1) 在手动调节电源电压启动时应注意电压不能升得太快，否则会产生较大的冲击电流.

(2) 用减小电源电压的方法启动并励电动机时，启动时并励电动机上必须加额定的励磁电压，使磁通保持额定值，否则电动机启动电流虽然比较大，但启动转矩却很小，电动机可能无法启动.

3. 电枢回路串电阻启动

并励直流电动机电枢回路串电阻启动电路如图 3-2-4 所示. 通常可按把启动电流限制在 $1.5I_N\sim2.5I_N$ 的范围内来选择启动电阻的大小. 一般 150kW 以下的直流电动机启动电流可取上限；150kW 以上的直流电动机则取下限.

启动时，电枢回路串接可变电阻 R_{st}，R_{st} 称为启动电阻. 电动机加额定电压，这时的启动电流减小到

$$I_{st}=\frac{U_N}{R_{st}+R_a} \tag{3-2-14}$$

对应的启动电阻为

$$R_{st}=\frac{U_N}{I_{st}}-R_a \tag{3-2-15}$$

在启动过程中，随着电动机转速 n 的升高，E_a 也随之升高，电枢电流相应减小，为了保持一定的加速转矩，应将启动电阻逐渐切除. 图 3-2-5 所示为用于 10kW 以下的直流电动机启动用的启动变阻器，启动时启动手轮置于图中所示的位置，开始启动时，全部启动电阻 R_{st} 均

串入电枢回路，启动电流被限制在允许的范围内，随着电动机转速不断升高，直到手轮右旋到底，被失压线圈的电磁力吸住，此时 $R_{st}=0$，电动机启动完毕.

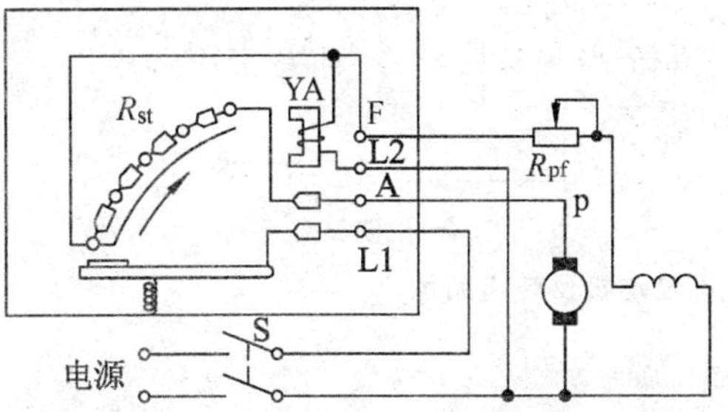

图 3-2-4　并励直流电动机串变阻器启动电路

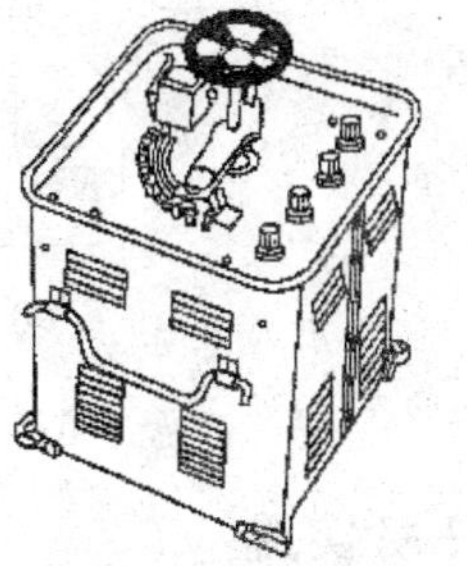

图 3-2-5　启动变阻器外形图

电枢回路串电阻启动，设备简单，初始投资较小，但在启动过程中消耗能量较多，常用于中小容量启动不频繁的直流电动机.

例 3-2-5　一台他励直流电动机 $P_N=60\text{kW}$，$U_N=440\text{V}$，$I_N=150\text{A}$，$n_N=1000\text{r/min}$，$R_a=0.156\Omega$，拖动额定恒转矩负载.

(1) 若采用电枢回路串电阻启动，最大启动电流 $I_{st}=2I_N$，计算串入的总电阻 R_{st}.

(2) 若采用降压启动，条件同上，初始启动电压 U_{st} 应降至多少？

解　(1) 电枢回路串电阻启动，有

$$R_{st}=\frac{U_N}{I_{st}}-R_a=\left(\frac{440}{2\times150}-0.156\right)\Omega\approx1.31\Omega$$

(2) 若采用降压启动，有

$$U_{st}=I_{st}\cdot R_a=2\times150\times0.156\text{V}=46.8\text{V}$$

四、直流电动机的反转

电力拖动系统在工作过程中，常常需要改变转动方向，为此需要电动机反方向启动和运行. 直流电机在电动机状态下，电磁转矩是拖动性质的转矩，电动机的转向由电磁转矩的方向决定. 即反转就是要改变电动机产生的电磁转矩的方向. 因为电磁转矩是由主磁通与电枢电流相互作用而产生的，由 $T=C_T\Phi I_a$ 可知，根据左手定则，任意改变两者之一时，电磁转矩的方向就改变. 所以，直流电动机改变转向的方法有两种：

(1) 在励磁电流方向不变即磁场方向不变的条件下，将电枢电压的正负极性反接，从而改变电枢电流和电磁转矩的方向，使电动机反转，如图 3-2-6(a)所示.

(2) 在电枢电压的极性不变时，将励磁绕组反接，改变励磁电流的方向，即改变了磁场的方向，可使电磁转矩方向改变，实现电动机反转，如图 3-2-6(b)所示.

由于励磁绕组的匝数多，电感大，电磁惯性较大，为了实现电动机高效、快速地反转，往往采用电枢反接的方法.

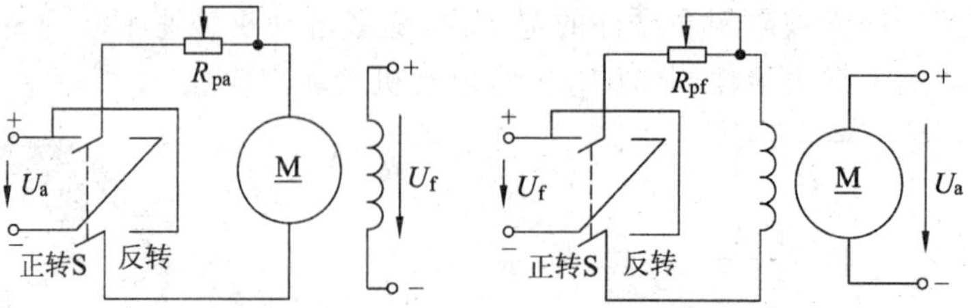

(a) 电枢反接　　　　(b) 励磁反接

图 3-2-6　他励直流电动机反转电路图

任务实施

直流电动机的启动与反转

一、实训目的

- 学会直流电动机电枢串电阻启动、减小电源电压启动的接线和操作.
- 学会直流电动机反转电路的接线和操作.

二、实训器材

工具、仪表、材料、设备等见学习准备.

三、实训内容及步骤

(一) 主要实训器材的认识

主要实训器材的作用及使用注意事项见表 3-2-1.

表 3-2-1　　主要实训器材的作用及使用注意事项

序号	器材名称	图　例	规　格	作　用	备　注
1	直流电动机		$P_N=2kW$ $U_N=220V$ $U_{fN}=220V$	实训操作的对象	可接他励和并励电路，通电后观察启动、反转以及转速变化的情况
2	启动变阻器		启动电流 2～26A，启动电阻 0～10Ω	电枢回路串电阻降压启动	电枢回路串电阻降压启动

注意：直流电动机励磁电源、可调电枢电源、转速表、直流电流表、直流电压表等实训器材的作用及使用注意事项见本项目任务 1.

(二) 他励直流电动机减小电源电压启动

1. 绘制他励直流电动机的工作电路并接线

其工作电路如图 3-2-7 所示，并按图进行接线.

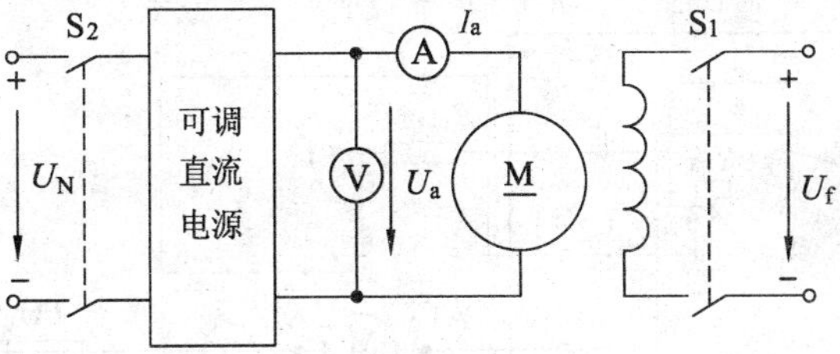

图 3-2-7　他励直流电动机减小电源电压启动

2. 减小电源电压启动实训步骤

(1) 先接通直流励磁电源开关 S_1，提供励磁电压，再将开关 S_2 合上，接通电枢电源启动直流电动机.

(2) 选取 5～6 种电源电压分别启动直流电动机，测量启动电流，并将数据记录于表 3-2-2 中.

(3) 逐渐升高电枢电压，直至额定电压 $U_N=220V$，观察直流电动机降压启动过程中转速和电流的变化情况.

(4) 停机时，先断开电源开关 S_2，把可调直流电枢电源调到零位，然后断开 S_1，切断励磁电源，为下次降压启动做好准备.

表 3-2-2　　直流电动机减小电源电压启动电流的测量

序号	1	2	3	4	5	6
U_a/V	220					
I_{st}/A						
结论：________						

(三) 并励直流电动机电枢回路串电阻降压启动

本技能训练将用启动变阻器对并励直流电动机进行启动. 电动机启动变阻器又分为三点式启动变阻器及四点式启动变阻器两种，四点式启动变阻器是目前使用十分广泛的一种启动变阻器.

1. 绘制电枢回路串电阻降压启动的工作电路

(1) 电枢回路串电阻降压启动工作原理图.

电枢回路串电阻对并励直流电动机进行启动的原理图如图 3-2-8 所示.

(2) 四点式启动变阻器接线图.

图 3-2-9 所示为四点式启动变阻器与直流电动机的接线图.

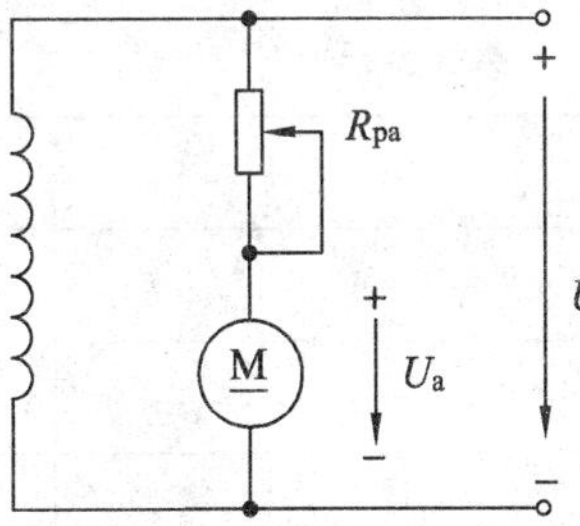

图 3-2-8　电枢回路串电阻降压启动原理图

2. 电枢回路串电阻降压启动实训步骤

(1) 按图 3-2-9 所示进行接线.

(2) 将启动器手柄置于零位，合上电源开关 S，首先将励磁回路串联的电阻器 R_{pf} 的阻值调到最小，以保证启动时主磁场最强.

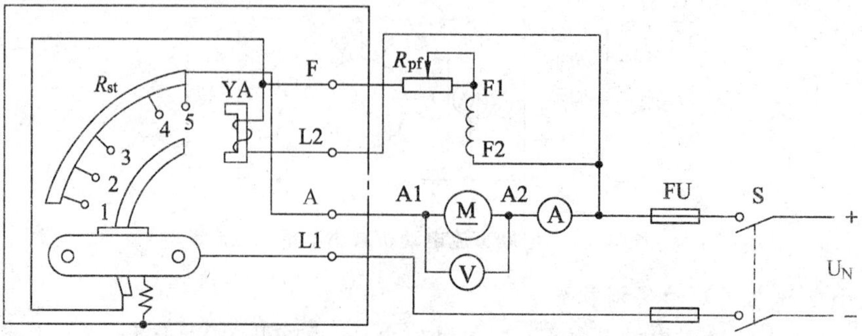

图 3-2-9 电枢回路串启动变阻器的接线图

(3) 当启动变阻器手柄接触可变电阻器 R_{st} 的 1 位时，在电枢绕组回路 A1 和 L1 两点间串入的 R_{st} 值最大，电动机开始启动；转动手柄至 2、3、4、5 位时，R_{st} 的阻值逐渐减小；当电阻全部切除时，手柄被电磁铁 YA 吸住不动，电动机正常运转.

(4) 从电动机轴伸端观察电动机旋转方向为____________________.用转速表测量电动机转速为__________ r/min，启动电压为__________ V，启动电流为__________ A.

(5)停机时，断开电源开关 S，启动器手柄被弹簧拉回初始位置，为下次启动做好准备.

(四) 并励直流电动机的反转

1. 绘制并励直流电动机反转的工作电路

并励直流电动机反转工作电路如图 3-2-9 所示，仍然采用电枢回路串启动变阻器降压启动.

2. 反转实训步骤

(1) 切断电源，在励磁绕组接法不变的情况下，将电枢绕组两端反接，然后重新启动电动机，从轴伸端观察电动机的旋转方向，并记录于表 3-2-3 的操作项目 1 中.

(2) 切断电源，在电枢绕组接法不变的情况下，将励磁绕组两端反转，然后重新启动电动机，从轴伸端观察电动机的旋转方向，并记录于表 3-2-3 的操作项目 2 中.

(3) 切断电源，将电枢绕组和励磁绕组同时反接(即改变电源极性)，然后重新启动电动机，从轴伸端观察电动机的旋转方向，并记录于表 3-2-3 的操作项目 3 中.

表 3-2-3 并励直流电动机的反转

操作项目	接 法	转向(顺时针或逆时针)
1	电枢绕组反接	
2	励磁绕组反接	
3	改变电源极性	
结论：______________________________		

四、注意事项

- 他励直流电动机启动时，必须先接通励磁电源，使励磁电流最大，然后方可接通电枢电源，使电动机降压启动.
- 他励直流电动机停机时，必须先切断电枢电源，然后断开励磁电源. 把可调直流电源调到零位，为下次启动做好准备.

- 测量前注意仪表的量程、极性及其接法，看是否符合要求.
- 训练时应注意观察电动机的转速，发现异常立即切断电源.
- 注意人身设备的安全.

任务评价

根据本任务的学习情况，按行为、技能、情感三个指标进行自我评价、小组评价和教师评价.

任务评价表

一级评价指标	二级评价指标	评价内容	配分	自我评价 0.3	小组评价 0.3	教师评价 0.4
行为指标	安全文明生产	是否遵守安装规程	5分			
		是否按安全规程正确操作，无任何元器件的损坏	5分			
		工作岗位是否整洁	5分			
		是否具有良好的工作习惯	5分			
技能指标	工作过程中理论知识的掌握	预习和查阅资料的能力	5分			
		观察和分析问题的能力	5分			
		解决问题的方法和效果	5分			
		对直流电动机电压、功率、转矩三个平衡方程式的物理意义和对直流电动机降压启动的理解程度	5分			
	工作过程中技能的掌握	完成工作的积极性	5分			
		直流电动机电枢回路串电阻启动操作是否掌握	10分			
		直流电动机降低电源电压启动操作是否掌握	10分			
		直流电动机反转操作是否掌握	10分			
		理论与实际相结合的综合分析能力	5分			
		工具、仪器和仪表的使用方法是否正确	5分			
情感指标	综合运用能力	团队协作能力	5分			
		工作效率	5分			
		知识或技能拓展能力	5分			
合　计			100分			
综合评价						

任务三 直流电动机的调速

任务描述

直流电动机的最大优点是具有线性的机械特性，调速性能优异，因此广泛应用于对调速性能要求较高的电气自动化系统中．要了解、分析和掌握直流电动机的调速方法，首先要掌握直流电动机的机械特性．直流电动机有三种不同的人为机械特性，所对应的就是三种不同性能的调速方法，分别应用于不同的场合．因此熟悉机械特性是基础，掌握调速方法是目的．知道了各种调速方法的性能特点后，就可以根据实际生产机械负载的工艺要求来选择一种最合适的调速方法，发挥直流电动机的最大效益．

学习目标

◇ 能根据直流电动机的机械特性曲线，分析直流电动机的运行特点．

◇ 能说出直流电动机各种调速方法的特点及应用场合．

◇ 学会直流电动机三种调速方法的接线和操作．

学习地点

电机实训室．

学习准备

工具：常用电工工具一套．

仪表：直流电压表、直流电流表、转速表、万用表等．

设备：直流电动机、直流励磁电源、可调电枢电源、直流测功机 MG、多媒体设备等．

材料：连接导线．

资料：电工手册、电动机安全操作规程、直流电动机相关资料．

知识准备

一、电力拖动系统组成

用各种原动机带动生产机械的工作机构运转，完成一定生产任务的过程被称为拖动．用电动机作为原动机的拖动被称为电力拖动．在电力拖动系统中，电动机是原动机，起主导作用，生产机械是负载．电动机的机械特性是分析电力拖动的基础．

电力拖动系统一般由电动机、传动机构、生产机械的工作机构、控制设备以及电源五部分组成．现代化生产过程中，多数生产机械都采用电力拖动，其主要原因是：电能的传输和分配非常方便，电动机的效率高，电动机各种各样的特性能很好地满足大多数生产机械的不同要求，电力拖动系统的操作和控制都比较简便，可以实现自动控制和远距离操作等.

电力拖动系统中主要的机械物理量有：电动机的转速 n、电磁转矩 T 和负载转矩 T_L. 当 $T=T_L$ 时，系统处于恒定转速运行的稳态；当 $T>T_L$ 时，系统处于加速运动的过渡过程中；当 $T<T_L$ 时，系统处于减速运动的过渡过程中.

二、直流电动机的机械特性

当直流电动机的电源电压 U_N、励磁电流 I_f、电枢回路总电阻 R 都等于常数时，转速 n 与电磁转矩 T 之间的关系称为直流电动机的机械特性，即 $n=f(T)$ 关系曲线. 它是电动机机械性能的主要表现，也是电动机最重要的特性.

(一) 他励直流电动机的机械特性

下面先导出直流电动机的机械特性方程式 $n=f(T)$，再根据方程式分析他励直流电动机在各种不同情况下的人为机械特性.

1. 固有机械特性

当电源电压 $U=U_N$；励磁电流 $I_f=I_{fN}$，即主磁通 $\Phi=\Phi_N$；以及电枢回路不串电阻，即电枢电路电阻为 R_a 时，电动机的转速与电磁转矩之间的关系 $n=f(T)$，称为电动机的固有机械特性.

将 $E_a=C_e\Phi_N n$，$T=C_T\Phi_N I_a$ 代入 $U_N=E_a+I_aR_a$，经过整理后即可得到

$$n=\frac{U_N}{C_e\Phi_N}-\frac{R_a}{C_eC_T\Phi_N^2}T \tag{3-3-1}$$

如果用 n_0 表示理想空载转速 $\left(\frac{U_N}{C_e\Phi_N}\right)$，用 α 表示常数 $\frac{R_a}{C_eC_T\Phi_N^2}$，则式(3-3-1)可写成

$$n=n_0-\alpha T \tag{3-3-2}$$

他励直流电动机的固有机械特性曲线如图 3-3-1 所示. 其有以下几个特点：

(1) 随着电磁转矩 T 的增大，转速 n 降低，其特性曲线是一条略为向下倾斜的直线.

(2) 当 $T=0$ 时，$n=n_0$，电动机工作在理想空载状态.

(3) 由于电动机电枢回路不串电阻，机械特性曲线斜率 α 的数值很小，特性曲线较平坦，称之为硬特性. 即电动机负载转矩增大时，转速的下降并不大.

(4) 当 $T=T_N$ 时，$n=n_N$，此点为电动机的额定工作点.

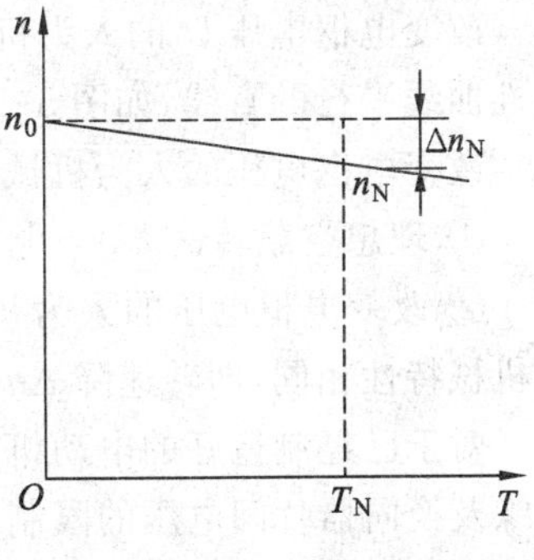

图 3-3-1 他励直流电动机的固有机械特性曲线

按照我国电动机技术标准规定，电动机的转速调整率 $\Delta n\%$ 为

$$\Delta n\%=\frac{n_0-n_N}{n_N}\times 100\% \tag{3-3-3}$$

一般他励电动机的转速调整率 $\Delta n\%$ 约为 3%～8%. 这种特性适用于在负载变化时要求转速比较稳定的场合，经常用于金属切削机床、造纸机械等要求恒速的地方.

2. 人为机械特性

直流电动机可以通过改变电枢回路电阻、电枢电源电压、励磁磁通等方法使机械特性发生变化，以适应负载和工艺的要求. 参数改变后对应的机械特性称为人为机械特性. 下面以他励直流电动机为例说明三种人为机械特性.

（1）电枢回路串入电阻的人为机械特性.

保持直流电动机的电枢电压 $U=U_N$，磁通 $\Phi=\Phi_N$，只在电枢回路中串入电阻 R_p 时的人为机械特性方程式为

$$n=\frac{U_N}{C_e\Phi_N}-\frac{R_a+R_p}{C_eC_T{\Phi_N}^2}T=n_0-\alpha_R T \tag{3-3-4}$$

电枢回路串入不同电阻 R_p 值时的人为机械特性曲线如图 3-3-2 所示. 其有如下特点：

① 改变电枢回路串入的电阻 R_p 时，理想空载转速 n_0 不变.

② R_p 越大，人为机械特性的斜率越大，转速降 Δn 越大，特性越软.

因此，电枢回路串入电阻的人为机械特性曲线是通过理想空载点的一组放射性直线.

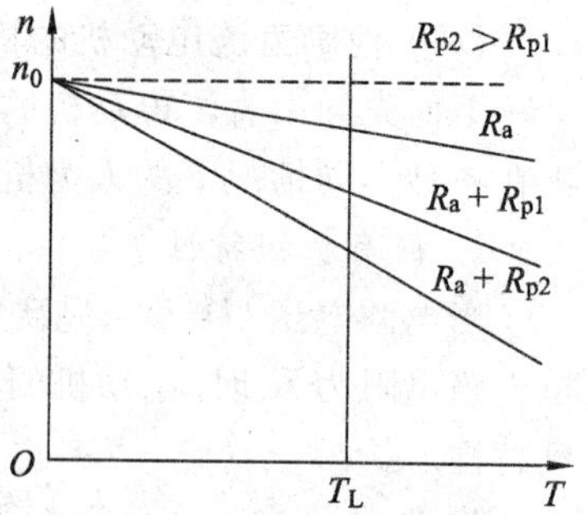

图 3-3-2 电枢回路串入不同电阻的人为机械特性曲线

（2）改变电枢电压的人为机械特性.

电枢回路不串入电阻，磁通 $\Phi=\Phi_N$，只改变电枢电压 U 的大小，此时的人为机械特性方程式为

$$n=\frac{U}{C_e\Phi_N}-\frac{R_a}{C_eC_T{\Phi_N}^2}T=n_{0U}-\alpha T \tag{3-3-5}$$

改变电枢电压 U 的人为机械特性曲线是一组与固有机械特性曲线平行的直线，如图 3-3-3 所示.

改变电枢电压的人为机械特性曲线有如下特点：

① 理想空载转速 n_{0U} 与电枢电压 U 成正比.

② 改变电枢电压的人为机械特性曲线斜率 α 不变，与固有机械特性相同，即转速降 Δn 不变.

对于已经制造好的电动机，额定电压是一个定值. 受绕组绝缘及换向器片间电压的限制，电动机不能过电压运转，所以只能降低电枢电压 U，因此改变电枢电压的人为机械特性曲线全在固有机械特性曲线的下方.

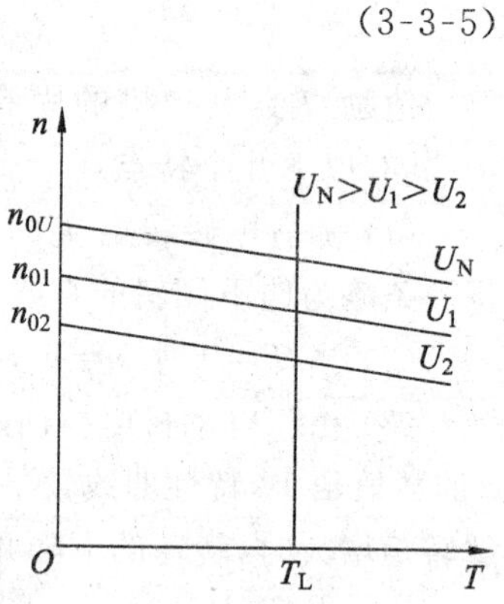

图 3-3-3 改变电枢电压的人为机械特性曲线

（3）减弱磁通的人为机械特性.

减弱磁通是通过减小励磁电流来实现的. 保持电枢电压为额定值不变，电枢回路不串电阻，只改变励磁磁通的人为机械特性方程式为

$$n=\frac{U_N}{C_e\Phi}-\frac{R_a}{C_eC_T\Phi^2}T=n_{0\Phi}-\alpha_\Phi T \tag{3-3-6}$$

改变励磁磁通的人为机械特性曲线有如下特点：

① Φ 越小，理想空载转速 $n_{0\Phi}$ 越高，特性越倾斜.

② 机械特性斜率 α 与 Φ^2 成反比，Φ 越小，机械特性越软.

不同磁通时的人为机械特性曲线如图 3-3-4 所示. 它是既不平行又不呈放射形的一组直线.

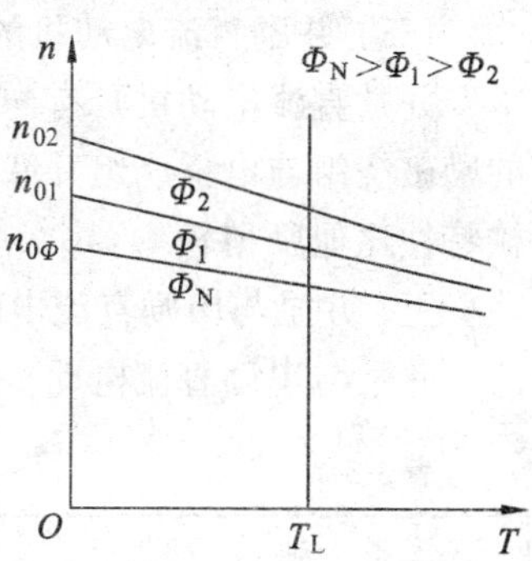

图 3-3-4 减弱磁通的人为机械特性曲线

对于一般电动机，为节省铁磁材料，减小电动机体积，已使磁路接近饱和，所以只能减弱磁通. 因此，改变磁通的人为机械特性曲线都在固有机械特性曲线的上方.

从以上三种人为机械特性曲线看，电枢回路串入电阻和减弱磁通，机械特性都变软.

(二) 串励直流电动机的机械特性

串励直流电动机的电气原理图如 3-3-5 所示，其最大特点是励磁绕组与电枢绕组串联，$I_f = I_a = I$. 因此机械特性也与他励（并励）直流电动机有明显的不同.

在磁路不饱和时，$\Phi = K_1 I$，$T = C_T \Phi I_a = K_2 I^2$，其机械特性表达式可写成

$$n = \frac{U}{C_e K_1 I} - \frac{R}{C_e C_T (K_1 I)^2} T = \frac{U\sqrt{K_2}}{C_e K_1 \sqrt{T}} - \frac{R K_2}{C_e C_T {K_1}^2} = \frac{A}{\sqrt{T}} - B \tag{3-3-7}$$

式中，A 和 B 分别是常数. 所以串励直流电动机的机械特性曲线是一条双曲线.

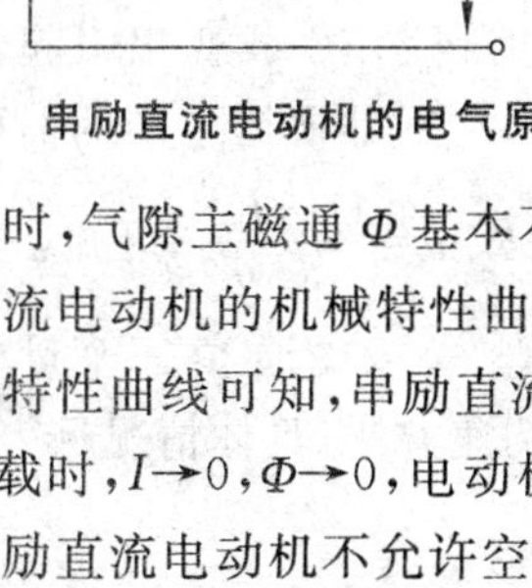

图 3-3-5 串励直流电动机的电气原理图

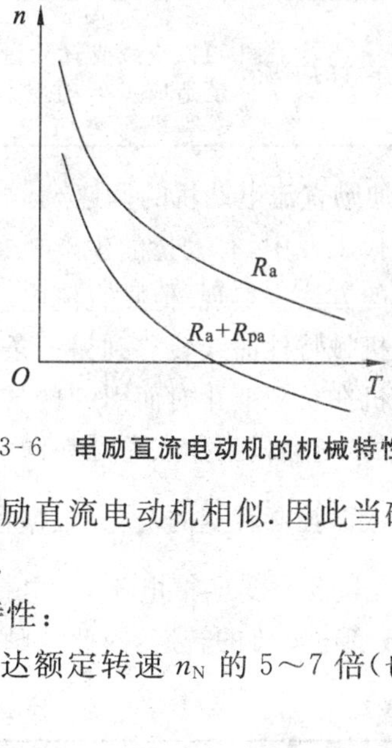

图 3-3-6 串励直流电动机的机械特性曲线

当磁路饱和时，气隙主磁通 Φ 基本不变，机械特性与他励直流电动机相似. 因此当磁路不饱和时串励直流电动机的机械特性曲线如图 3-3-6 所示.

从机械特性曲线可知，串励直流电动机具有以下特性：

(1) 空载时，$I \to 0$，$\Phi \to 0$，电动机转速极高，一般可达额定转速 n_N 的 5～7 倍（也称为飞车），所以串励直流电动机不允许空载或轻载运行.

(2) 由于串励直流电动机的电磁转矩与电流的平方成正比，因此启动和过载能力强.

(3) 串励直流电动机接交流电源后，由于磁通 Φ 和电枢电流 I_a 同时改变方向，所以电磁转矩方向不变，因此是一种交直流两用的电动机.

串励电动机广泛应用于电力牵引设备中，如工厂中的电瓶车、公共电车、电力机车等. 平时电工常用的手电钻、电锤、家用绞肉机、吸尘器等也是串励电动机.

（三）并励直流电动机的机械特性

并励直流电动机具有与他励直流电动机相似的“硬的”机械特性，由于并励直流电动机的励磁绕组与电枢绕组并联，共用一个电源，电枢电压的变化会影响励磁电流的变化，使机械特性比他励稍软.

三、并励与串励直流电动机的性能比较

并励与串励直流电动机的性能比较见表 3-3-1.

表 3-3-1　　并励与串励直流电动机的性能比较

类　别	并励直流电动机	串励直流电动机
主磁极绕组构造特点	绕组匝数比较多，导线线径比较细，绕组的电阻比较大	绕组匝数比较少，导线线径比较粗，绕组的电阻较小
主磁极绕组和电枢绕组连接方法	主磁极绕组和电枢绕组并联，主磁极绕组承受的电压较高，流过的电流较小	主磁极绕组和电枢绕组串联，主磁极绕组承受的电压较低，流过的电流较大
机械特性	具有硬的机械特性，负载增大时，转速下降不多，具有恒转速特性	具有软的机械特性，负载较小时，转速较高；负载增大时，转速迅速下降，具有恒功率特性
应用范围	适用于在负载变化时要求转速比较稳定的场合	适用于恒功率负载，速度变化大的负载
使用时应注意的事项	可以空载或轻载运行. 主磁通很小时可能造成飞车，主磁极绕组不允许开路	空载或轻载时转速很高，会造成换向困难或离心力过大而使电枢绕组损坏，不允许空载启动及皮带传动

四、他励直流电动机的调速

在现代工业中，有大量的生产机械要求能改变工作速度. 调速可以用机械的、电气的或机电配合的方法来实现. 他励直流电动机的调速就是人为地改变电气参数，使电动机的工作点从一条机械特性曲线转移到另一条机械特性曲线上，从而在同一负载下得到不同的转速. 它与电动机在负载变化时而引起的转速变化是两个不同的概念. 负载变化引起转速变化是自动进行的，电动机工作点总是在同一条机械特性曲线上，它不是根据生产的需要人为地控制电气参数而控制转速的变化. 根据直流电动机的转速公式 $n=\dfrac{U-I_aR_a}{C_e\Phi}$ 可知：当负载不变时 $T=T_L$，只要改变电枢电压 U、电枢回路串入的电阻 R_p、每极磁通 Φ 三个量中的任意一个，都能改变电动机的转速，因此他励直流电动机有三种调速方法，具体情况见表 3-3-2.

表 3-3-2　　他励直流电动机的调速方法

项目	电枢回路串电阻调速	减小主磁通 Φ 调速	降低电枢电压调速
实现方法	保持电源电压 U_N 及磁通 Φ_N 为额定值，改变电枢回路串入的调速电阻阻值的大小	保持电源电压为额定值，电枢回路不串电阻，调节励磁回路串入的电阻 R_{pf}，改变励磁电流 I_f，以改变磁通 Φ	电枢回路不串电阻，保持磁通为额定值，降低电枢电压

续表

项目	电枢回路串电阻调速	减小主磁通 Φ 调速	降低电枢电压调速
原理图	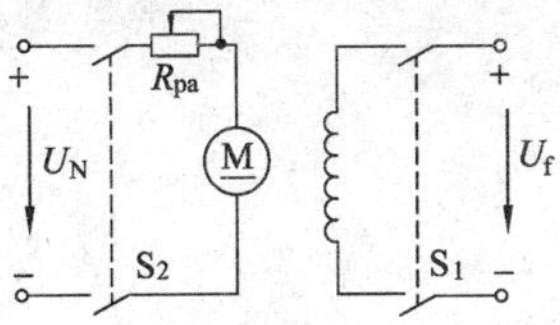	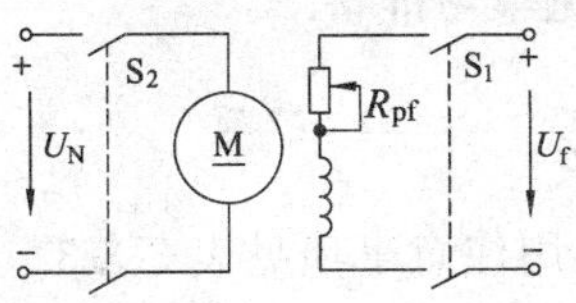	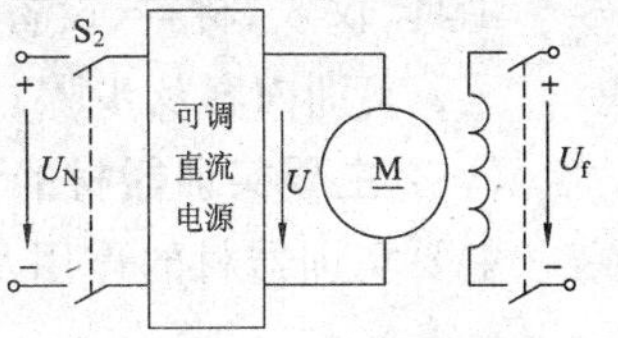
机械特性	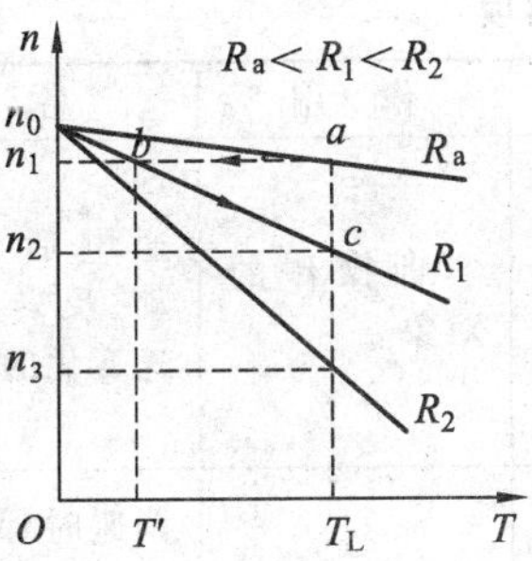	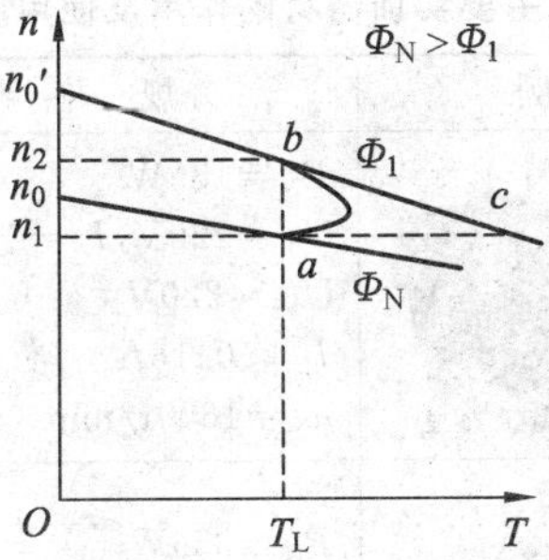	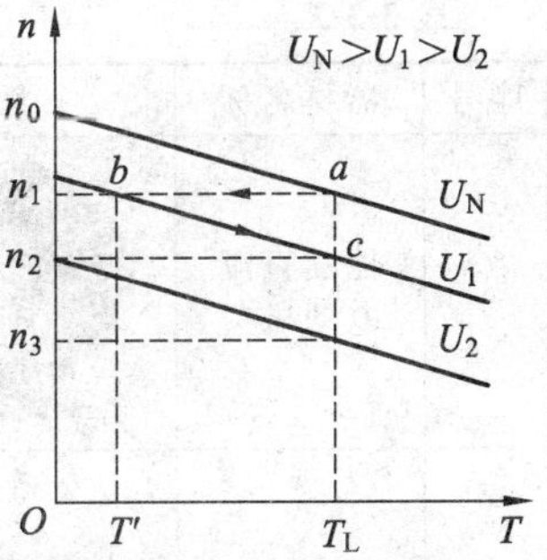
特点	(1) 只能分级调速，调速平滑性差 (2) 低速时，机械特性很软，转速受负载影响变化大，转速越低，电枢串入的电阻越大，电能损耗也越大，调速的经济性差 (3) 调速范围小，电机动空载时几乎无调速作用 (4) 属于恒转矩调速方式，转速只能由额定转速往下调	(1) 机械特性较硬，稳定性好 (2) 励磁回路电流小，调速时能量损耗小，调速的经济性好，控制方便 (3) 可实现无级调速，调速平滑性好，但转速只能往上调，不能在额定转速以下进行调节 (4) 受到换向能力、机械强度等因素的限制，调速范围较小，在磁通减少太多时，由于电枢磁场对主磁场的影响加大，会使电机火花增大、换向困难. 一般调速范围不超过 $2n_N$	(1) 改变电枢电压调速时，机械特性曲线的斜率不变，所以调速的稳定性好 (2) 电压可作连续变化，调速的平滑性好，调速范围广，最高转速与最低转速之比可达10倍以上 (3) 属于恒转矩调速，电动机不允许电压超过额定值，只能由额定值往下降低电压调速，即只能减速 (4) 需要专用的可调直流电源，初次投资大，电能损耗小，效率高. 还可用于降压启动
应用	只适用于对调速性能要求不高、电动机容量不大的中、小型直流电动机，适用于带动恒转矩负载工作. 例如，起重机等负载	适用于拖动恒功率性质的负载，如用于机床切削工件时的调速. 粗加工时，切削量大，用低速；精加工时，切削量小，用高速. 由于其调速范围较小，所以很少单独使用，一般都与降压调速相配合	常用于对调速要求较高的场合和大、中容量电动机的调速. 这种调速方式适用于电动机拖动恒转矩负载

任务实施

直流电动机的调速

一、实训目的

- 认识并检测直流电动机及相关实训器材.
- 会绘制直流电动机调速的工作原理图，并能进行正确接线.

◉ 学会直流电动机三种调速方法的接线和操作.

二、实训器材

工具、仪表、材料、设备等见学习准备.

三、实训内容及步骤

(一) 主要实训器材的认识

主要实训器材的作用及使用注意事项见表 3-3-3.

表 3-3-3　　主要实训器材的作用及使用注意事项

序号	器材名称	图　例	规　格	作　用	备　注
1	他励直流电动机		$P_N=185W$ $U_N=220V, I_N=1.2A$ $U_{fN}=220V$ $I_{fN}<0.16A$ $n_N=1600r/min$	实训操作的对象	通电后观察启动、反转以及转速变化的情况
2	直流测功机 MG		$P_N=355W$ $U_N=220V, I_N=2.2A$ $U_{fN}=220V$ $I_{fN}<0.16A$ $n_N=1500r/min$	按他励发电机连接，作为直流电动机的负载	调速时保持直流测功机 MG 的 I_F 值(T_2 值)不变，负载电阻 R_L 选用两个 900Ω 电阻并联
3	直流电流表	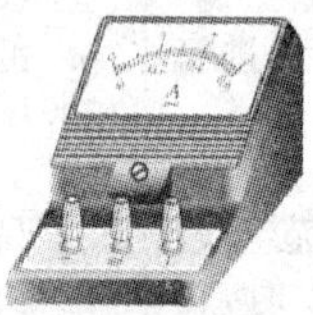	电枢回路 PA 和 PA3 的量程均选用 5A；励磁回路 PA1 和 PA2 均选用 1000mA 量程	测量直流电动机的励磁电流和电枢电流	本次实训的测量工具，要注意选择量程和极性
4	励磁电源	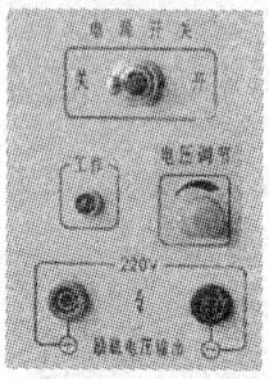	$U=0\sim220V$	给他励直流电动机和直流测功机 MG 励磁绕组提供励磁电源	—
5	可调电枢电源	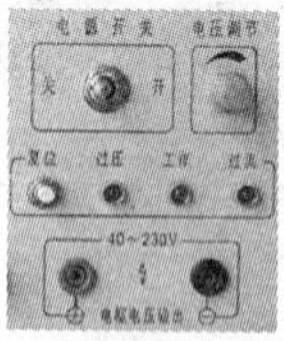	$U=0\sim220V$	给电枢绕组提供电枢电源	电枢电源可以利用调节旋钮，改变输出电压的大小
6	调节电阻		(1) 励磁回路串接电阻 $R_{pf1}=R_{pf}=1800\Omega$ (2) 启动电阻 $R_{pa}=180\Omega$	直流测功机 MG 的励磁电流调节和直流电动机减弱磁通调速	改变电枢电流、励磁电流，从而改变电动机转速的大小

续表

序号	器材名称	图　例	规　格	作　用	备　注
7	转速表		DM6235P (n_N=1800r/min)	测量直流电动机的转速	—

(二) 绘制并连接他励直流电动机调速的工作电路

直流电动机调速实训的电路如图 3-3-7 所示. 接好线后,检查 M、MG 之间是否用联轴器直接连接好.

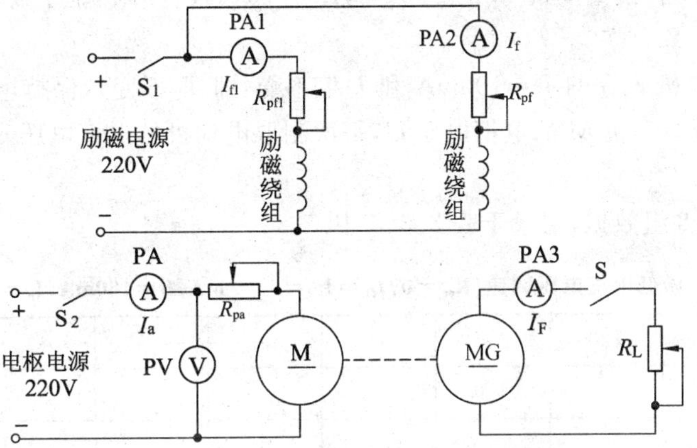

图 3-3-7　他励直流电动机的调速工作电路

(三) 电枢串电阻调速

(1) 将他励直流电动机 M 的励磁调节电阻 R_{pf1} 调至最小值,与电枢串联的启动电阻 R_{pa} 调至最大值,直流发电机 MG 的励磁调节电阻 R_{pf} 调至最大值,负载电阻 R_L 调至最大值. 先接通直流励磁电源开关 S_1,再接通电枢电源开关 S_2,启动直流电动机. 其旋转方向应符合转速表正向旋转的要求.

(2) 直流电动机 M 运行后,将电枢调节电阻 R_{pa} 调至零,保持电枢电源电压为 220V. 调节直流发电机 MG 的励磁电流 I_f=100mA 不变,再调节发电机 MG 负载电阻 R_L 和电动机 M 励磁电阻 R_{pf1},使电动机 M 的 $U=U_N$,$I_a=0.5I_N$,$I_{f1}=I_{fN}$,记下此时发电机 MG 的电枢电流 I_F.

(3) 保持发电机 MG 此时的 I_f=100mA 和 I_F 值不变(即 T_2 不变),保持电动机 M 的 $U=U_N$,$I_{f1}=I_{fN}$ 不变,逐次增加 R_{pa} 的阻值,使 R_{pa} 从零调至最大值,每次测取电动机的转速 n 和电枢电流 I_a.

(4) 测取 5 组数据,记录于表 3-3-4 中.

表 3-3-4 电枢串电阻调速($U=220V, I_{f1}=I_{fN}=$____ mA, $I_f=100mA$, $I_F=$____ mA)

R_{pa}	0	10%	25%	50%	100%
n/(r/min)					
I_a/A					
结论:______					

(四) 降低电枢电压调速

(1) 与电枢串入电阻调速一样,先将电动机的电枢调节电阻 R_{pa} 调至零,电枢电源电压调至220V. 调节发电机 MG 的励磁电流 $I_f=100mA$ 不变,再调节发电机负载电阻 R_L 和电动机励磁调节电阻 R_{pf1},使电动机 M 的 $U=U_N$, $I_a=0.5I_N$, $I_{f1}=I_{fN}$,记下发电机 MG 的电枢电流 I_F.

(2) 保持发电机 MG 的 $I_f=100mA$ 和 I_F 值不变(即 T_2 不变),保持电动机 $R_{pa}=0$, $I_{f1}=I_{fN}$ 不变,逐渐降低电动机 M 的电枢电压 U,每次测取电动机的电枢电压 U、转速 n 和电枢电流 I_a.

(3) 共取 7~8 组数据,记录于表 3-3-5 中.

表 3-3-5 降低电枢电压调速($R_{pa}=0, I_{f1}=I_{fN}=$____ mA, $I_f=100mA$, $I_F=$____ mA)

U/V	220							
n/(r/min)								
I_a/A								
结论:______								

(五) 减弱磁通调速

(1) 直流电动机正确启动后,将电动机 M 的电枢串联电阻 R_{pa} 和励磁调节电阻 R_{pf1} 调至零,调节电枢电源电压为额定值. 再调节发电机 MG 的励磁调节电阻 R_{pf},使 $I_f=100mA$,调节 MG 的负载电阻 R_L,使电动机 M 的 $U=U_N$, $I_a=0.5I_N$,记下发电机 MG 此时的 I_F 值.

(2) 保持电动机 M 的电枢电压 $U=220V$, $R_{pa}=0$ 不变,调节负载电阻 R_L,保持发电机 MG 的 I_F 值不变. 逐渐增加电动机励磁调节电阻 R_{pf1} 的阻值,直至 $n=1.3n_N$,每次测取电动机的 n、I_{f1} 和 I_a.

(3) 共取 7~8 组数据,记录于表 3-3-6 中.

表 3-3-6 减弱磁通调速($U=220V, R_{pa}=0, I_f=100mA, I_F=$________ mA)

I_{f1}/mA							
n/(r/min)							
I_a/A							
结论:______							

四、注意事项

◉ 每次启动直流电动机时，都要将励磁调节电阻 R_{pf1} 调至最小，电枢调节电阻 R_{pa} 调至最大；先接通励磁电源，再接通电枢电源；启动后将 R_{pa} 调至最小.

◉ 直流电动机停机时，必须先切断电枢电源，再断开励磁电源.

◉ 调节直流电动机励磁调节电阻 R_{pf1} 时，动作要慢，防止励磁电流 I_{f1} 过小引起电动机"飞车".

◉ 测试前注意仪表的种类、量程、极性及其接法是否正确.

任务评价

根据本任务的学习情况，按行为、技能、情感三个指标进行自我评价、小组评价和教师评价.

任务评价表

一级评价指标	二级评价指标	评价内容	配分	自我评价 0.3	小组评价 0.3	教师评价 0.4
行为指标	安全文明生产	是否遵守安装规程	5分			
		是否按安全规程正确操作，无任何元器件的损坏	5分			
		工作岗位是否整洁	5分			
		是否具有良好的工作习惯	5分			
技能指标	工作过程中理论知识的掌握	预习和查阅资料的能力	5分			
		观察和分析问题的能力	5分			
		解决问题的方法和效果	5分			
		直流电动机的机械特性曲线和直流电动机调速方法的理解程度	5分			
	工作过程中技能的掌握	完成工作的积极性	5分			
		直流电动机及相关实训器材是否认识	10分			
		是否会绘制直流电动机的工作原理图并接线	10分			
		直流电动机三种调速方法的操作是否掌握	10分			
		理论与实际相结合的综合分析能力	5分			
		工具、仪器、仪表的使用方法是否正确	5分			
情感指标	综合运用能力	团队协作能力	5分			
		工作效率	5分			
		知识或技能拓展能力	5分			
合　计			100分			
综合评价						

任务四 直流电动机的制动

任务描述

某些生产机械除了需要电动机提供驱动力矩外，还要求电动机在必要时提供制动的力矩，以便限制转速或快速停车. 例如，电车下坡和刹车时，起重机下放重物时，机床反向运动开始时，都需要电动机进行制动. 因此掌握直流电动机的制动方法，对电气技术工作人员是很必要的.

学习目标

◇ 能说出直流电动机的制动原理及实现方法.
◇ 能说出直流电动机各种制动方法的特点及应用场合.
◇ 学会直流电动机的制动方法的接线和操作使用.

学习地点

电机实训室.

学习准备

工具：常用电工工具一套.
仪表：直流电流表、万用表等.
设备：直流电动机、直流电机励磁电源、可调电枢电源、励磁调节电阻、电刷调节电阻、倒顺开关、多媒体设备等.
材料：连接导线.
资料：电工手册、电动机安全操作规程、直流电动机相关资料.

知识准备

电动机大多运行于电动状态，但在电力拖动系统中，为了满足生产工艺的要求或者为了安全起见，或有时为了限制电动机转速的升高(例如，电车下坡)，以及紧急停车等，需要对电动机进行制动.

制动的方式很多，最简单的方法就是用机械抱闸，依靠摩擦力把电动机制动，这种方式称为机械制动. 本任务主要讨论电气制动，即通过电动机产生与旋转方向相反的电磁转矩达到制动的目的. 电气制动的优点是制动转矩大，制动强度比较容易控制. 在电力拖动系统中多采用这种方法，或者与机械制动配合使用.

电动机的电气制动有三种方法：能耗制动、反接制动和再生制动. 三种制动方法的共同点是:在保持原来磁场大小和方向不变的情况下,使电动机电磁转矩方向与旋转方向相反,使电动机产生制动效果.

一、能耗制动

1. 能耗制动的原理

直流电动机原先处于电动状态工作(电磁转矩的方向与旋转方向相同),如图 3-4-1(a)所示.

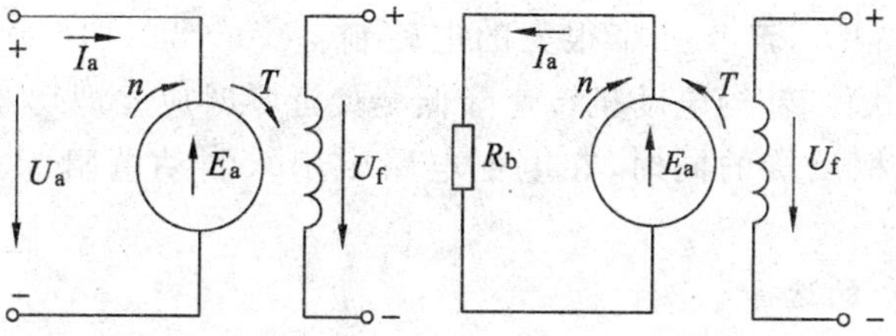

图 3-4-1　电动机运行状态原理图

制动时,保持励磁电流不变,即励磁磁通 Φ 不变,把电枢两端从电源上立即切换到电阻 R_b 上,此电阻称为制动电阻.由于生产机械和电动机的惯性,电动机将继续按原来的方向旋转.由于磁通方向不变,因此产生的感应电动势 E_a 方向也不变.此时电动机变成了发电机运行,电枢电流的方向及其产生的电磁转矩的方向都改变了,使电磁转矩的方向与旋转方向相反,如图 3-4-1(b)所示,成为制动转矩.

能耗制动过程的物理意义:电动机由生产机械和自身的惯性作用拖动发电,把生产机械和电动机储存的动能转换为电能,再消耗在电枢回路的电阻 R_a 和 R_b 上,所以称为能耗制动.

2. 制动电阻大小的选择

能耗制动时,制动电阻越小,制动时的电枢电流越大,产生的制动转矩也越大,制动效果越强烈.为了避免制动转矩和电枢电流过大给传动机构和电动机带来不利影响,通常选择 R_b 使最大制动电流不超过电动机额定电流的 2～2.5 倍,即

$$R_b \geqslant \frac{E_a}{2I_N \sim 2.5I_N} - R_a \approx \frac{U_N}{2I_N \sim 2.5I_N} - R_a \qquad (3\text{-}4\text{-}1)$$

3. 能耗制动的特点

能耗制动的优点是所需设备简单,成本低,制动减速平稳可靠.其缺点是能量无法利用,白白消耗在电阻上发热;能耗制动的另一不足之处是不易对机械迅速制停,因为当电机转速越慢时,则 E_a 越小,I_a 也越小,使制动转矩(电磁转矩)相应减小,制动时间较长.这种制动方法在运输、起重设备上应用较广.

二、反接制动

1. 反接制动的原理

反接制动利用改变加在电枢绕组上的电压方向(使 I_a 反向)或改变励磁电流的方向(使 Φ 反向),从而使电磁转矩 T 反向成为制动转矩.因此反接制动的原理实际上与反转原理是一样的.

电枢反接制动的电路图如图 3-4-2 所示，当电动机工作在电动状态下，以转速 n 稳定运行时，维持励磁电流不变，即磁通 Φ 不变，突然改变外加电枢电压的极性，即电枢电压由正变负，与电枢电动势 E_a 同向，这时作用在电枢电路的电压 $(U+E_a)\approx 2U$，电枢电流增大到 $I_a=\frac{-U_N-E_a}{R_a}=-\frac{U_N+E_a}{R_a}$，与原来方向相反，数值很大，产生一个很大的电磁制动转矩，使电动机很快停转. 当电动机转速降低至接近零时应立即切断电源，否则电动机将反转. 因此必须在电枢反接的同时，在电枢电路中串入制动电阻 R_b，以限制过大的制动电流.

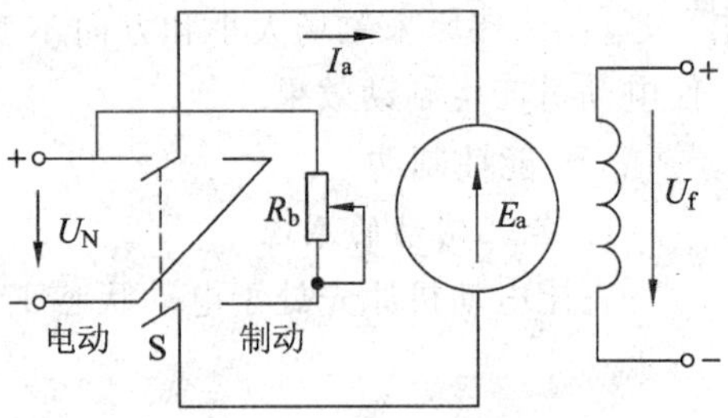

图 3-4-2　反接制动的电路图

2. 制动电阻大小的选择

为了限制电枢制动刚开始时的大电流，在电枢电路中应串入制动电阻 R_b，选择电阻大小时应使反接制动时电枢电流不超过额定电流的 2～2.5 倍，即

$$R_b \geqslant \frac{U_N+E_{aN}}{2I_N \sim 2.5I_N}-R_a \approx \frac{2U_N}{2I_N \sim 2.5I_N}-R_a \qquad (3\text{-}4\text{-}2)$$

电枢反接制动时，电机变为发电机运行，电源供给的电能和拖动系统动能转换的电能全部消耗在电枢回路的电阻 R_a+R_b 上. 因此电枢反接制动时，能量消耗很多.

3. 反接制动的特点

反接制动的优点是制动转矩比较恒定，制动较强烈，操作比较方便. 其缺点是需要从电网吸取大量的电能，而且对机械负载有较强的冲击作用. 它一般应用在快速制动的小功率直流电动机上.

三、再生制动

1. 再生制动的原理

所谓再生制动，是指电机此时处于发电机状态下运行，将发出的电能反送回电网. 再生制动又称回馈制动或发电制动.

如直流电动机所拖动的电车或电力机车，在电车下坡时，由于是位能负载，使电车加速，转速增加. 当转速升高到一定值后，电动机转速 n 高于理想空载转速 n_0，直流电动机处于发电状态，并对电力拖动系统的运动机构起制动作用. 因为 $n>n_0$ 时，电机的感应电动势 $E_a>U_N$，电枢电流 $I_a=\frac{U_N-E_a}{R_a}=-\frac{E_a-U_N}{R_a}$，电流的方向与原来相反，磁场未变，电磁转矩随电枢电流反向而反向，成为制动转矩. 此时电机处于发电状态，把位能转变为电能，并回馈到电网，所以称为再生制动.

再生制动一般不串电阻，因为如果串入电阻 R_b，电机的转速会升得更高. 再生制动的最低转速 $n>n_0$，再升高转速的话，系统的安全、机械强度、换向等方面是不允许的；又因为不串电阻时，没有电阻上的能量损耗，使尽可能多的电能回馈电网，从节能的角度看，再生制动是最经济的.

对于串励直流电动机而言，由于磁通随 I_a 的变化而变化，不能保持不变，因此串励直流电动机若要进行再生制动，必须先将串励直流电动机改为他励，由专门的低压直流电源给励磁绕组供电，以保证磁通有一定的数值（不随 I_a 而变化）.

2. 再生制动的特点

再生制动的优点是产生的电能可以反馈到电网中去，使电能获得利用，简便可靠而且经济. 缺点是再生制动只能发生在 $n>n_0$ 的场合，限制了它的应用范围. 再生制动一般用于电车下坡或起重机快速下放重物的场合中.

任务实施

直流电动机的制动

一、实训目的

- 认识并检测直流电动机及相关实训器材.
- 会绘制直流电动机的工作原理图，并能进行正确接线.
- 学会直流电动机能耗制动、反接制动的接线和操作.

二、实训器材

工具、仪表、材料、设备等见学习准备.

三、实训内容及步骤

（一）主要实训器材的认识

主要实训器材的作用及使用注意事项见表 3-4-1.

表 3-4-1　主要实训器材的作用及使用注意事项

序号	器材名称	图　例	规　格	作　用	备　注
1	他励直流电动机		$P_N=185W$ $U_N=220V, I_N=1.2A$ $U_{fN}=220V$ $I_{fN}<0.16$ $n_N=1600r/min$	实训操作的对象	通电观察启动和制动情况
2	倒顺开关		HY2-15	实现启动和制动的切换	使用前要区分哪边是启动，哪边是制动
3	直流电流表		5A 量程	测量制动电流	本次实训的测量工具，要注意正确选择量程和极性

续表

序号	器材名称	图　例	规　格	作　用	备　注
5	他励直流电动机励磁电源	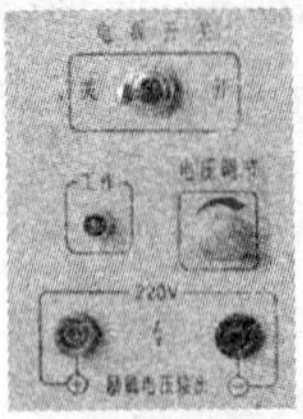	$U=0\sim220\text{V}$	给励磁绕组提供励磁电源	可以利用调节旋钮改变励磁电源输出电压的高低
6	可调电枢电源	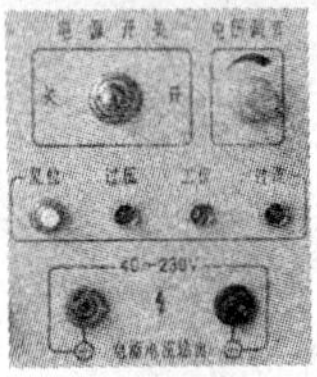	$U=0\sim220\text{V}$	给电枢绕组提供电枢电源	可以利用调节旋钮改变电枢电源输出电压的高低
7	调节电阻		$R_{pf}=1800\Omega$ $R_{pa}=180\Omega$	改变电枢调节电阻的大小，可以调节制动强度	R_{pf}为励磁回路调节电阻；R_{pa}为电枢回路启动电阻和制动电阻

(二) 直流电动机的反接制动

(1) 他励直流电动机反接制动的电路如图 3-4-3 所示. 接好线后，检查联轴器是否连接好.

(2) 把励磁电源的“电压调节”旋钮调到最大，且 R_{pf} 调到最小，正确启动直流电动机后，调节电枢电压至额定值，将电枢串联电阻 R_{pa} 调至最大，断开电枢回路开关 S_2，观察并记下自由停车的时间 t_0，并记录于表 3-4-2 中.

(3) 重新合上开关 S_2 启动直流电动机后，将电枢串联电阻 R_{pa} 调到最大位置，将电枢回路开关 S_2 迅速合向“反接制动”位置，记下此时的制动电流 I_1，仔细观察并记下反接制动到转速为 0 的时间 t_1，记录于表 3-4-2 中，并且马上断开开关 S_2.

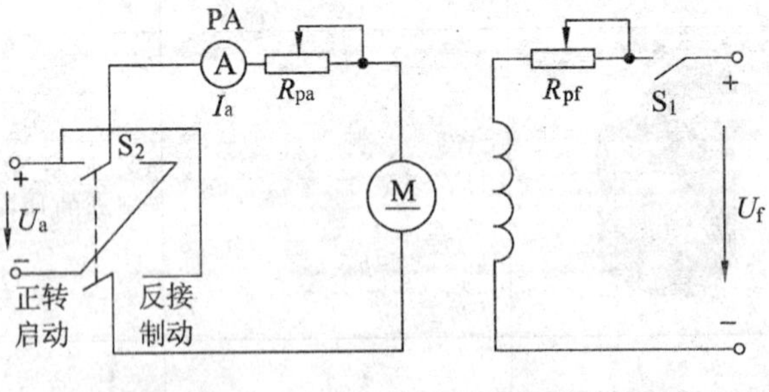

图 3-4-3　他励直流电动机启动和反接制动的工作电路

(4) 将电枢串联电阻 R_{pa} 调至最大位置，直流电动机重新启动后，减小 R_{pa} 的大小，将电枢回路开关 S_2 迅速合向“反接制动”位置，记下此时的制动电流 I_2，仔细观察并记下反接制动到转速为 0 的时间 t_2，马上断开开关 S_2. 重新启动，减小 R_{pa} 的大小，然后 S_2 合向“反接制动”位置. 再测量 3 组数据，记录于表 3-4-2 中.

表 3-4-2 直流电动机的反接制动测量数据

R_{pa}/Ω						
I/A	0					
t/s						
结论：						

（三）直流电动机的能耗制动

（1）改变直流电动机的电路接线，能耗制动的电路如图 3-4-4 所示.

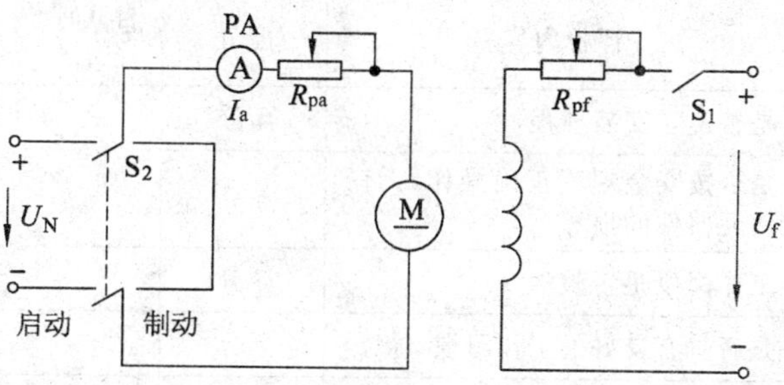

图 3-4-4 直流电动机启动和能耗制动的工作电路

（2）将他励直流电动机 M 的励磁调节电阻 R_{pf} 调至最小值，电枢串联电阻 R_{pa} 调至最大值. 先接通励磁电源开关 S_1，再将倒顺开关 S_2 合向"启动"位置，启动直流电动机.

（3）电动机运转正常后，断开电枢回路开关 S_2，观察并记下自由停车的时间 t_0，并记录于表 3-4-3 中.

（4）重新启动电动机，将电枢串联电阻 R_{pa} 调至最大位置，将电枢回路开关 S_2 迅速合向"制动"位置，记下此时的制动电流 I_1，观察并记下能耗制动到转速为 0 的时间 t_1.

（5）将电枢回路开关 S_2 再次合向"启动"位置，启动直流电动机，减小 R_{pa} 的大小，再次将电枢回路开关 S_2 迅速合向"制动"位置，记下此时的制动电流 I_2，观察并记下能耗制动到转速为 0 的时间 t_2.

（6）再测取 3 组数据，记录于表 3-4-3 中.

表 3-4-3 直流电动机的能耗制动测量数据

R_{pa}/Ω						
I/A	0					
t/s						
结论：						

四、注意事项

◉ 本次技能训练过程中，电动机要多次启动和停止，注意每次启动直流电动机时，因励磁电源的"电压调节"旋钮调至最大，都要将励磁调节电阻 R_{pf} 调至最小，电枢调节电阻 R_{pa} 调至最大；先接通励磁电源开关 S_1，再接通电枢电源开关 S_2.

◉ 直流电动机停机时，必须先切断电枢电源，再断开励磁电源.

◉ 电枢回路所接的倒顺开关 S_2 的位置，要记清哪边是启动，哪边是制动；哪边是正转，哪边是反转.

◉ 制动的时间很短，但是要分清哪一次快，哪一次慢.

任务评价

根据本任务的学习情况，按行为、技能、情感三个指标进行自我评价、小组评价和教师评价.

任务评价表

一级评价指标	二级评价指标	评价内容	配分	自我评价 0.3	小组评价 0.3	教师评价 0.4
行为指标	安全文明生产	是否遵守安装规程	5分			
		是否按安全规程正确操作，无任何元器件的损坏	5分			
		工作岗位是否整洁	5分			
		是否具有良好的工作习惯	5分			
技能指标	工作过程中理论知识的掌握	预习和查阅资料的能力	5分			
		观察和分析问题的能力	5分			
		解决问题的方法和效果	5分			
		直流电动机的制动原理及实现方法的理解程度	5分			
	工作过程中技能的掌握	完成工作的积极性	5分			
		直流电动机及相关实训器材的使用操作是否掌握	10分			
		是否会绘制直流电动机制动的工作原理图并接线	10分			
		直流电动机能耗制动和反接制动方法的操作是否掌握	10分			
		理论与实际相结合的综合分析能力	5分			
		工具、仪器、仪表的使用方法是否正确	5分			
情感指标	综合运用能力	团队协作能力	5分			
		工作效率	5分			
		知识或技能拓展能力	5分			
合计			100分			
综合评价						

任务五　直流电动机的检修

任务描述

直流电动机结构较复杂,由于有换向装置,在运行中出现的故障也较多,因此对直流电动机进行经常性的维护和监视工作,是保证电动机正常运行的重要条件.除经常保持电动机清洁、不积尘土和油垢外,必须注意监视电动机运行中的换向火花、转速、电流、温升等的变化是否正常.因为直流电动机的故障都会反映在换向恶化和运行性能的异常变化上.做好直流电动机的维护及检修工作,对提高生产效率、预防事故的发生具有非常重要的意义.

学习目标

◇ 能说出电枢反应和换向的概念及其产生的影响,知道直流电动机改善换向的方法.

◇ 学会火花等级的鉴定、电刷中性线位置的调整和换向器的检修方法.

◇ 能对直流电动机进行日常维护,学会分析和处理直流电动机的常见故障.

学习地点

电机实训室.

学习准备

工具:常用电工工具一套.

仪表:万用表、直流毫伏表等.

设备:他励直流电动机、励磁电源、可调电枢电源、0～30V 直流电源、36V 交流电源、多媒体设备等.

材料:绝缘材料、0 号砂布、连接导线等.

资料:电工手册、电动机安全操作规程、电动机相关资料.

知识准备

一、直流电动机的电枢反应及换向

(一) 直流电动机的电枢反应

直流电动机运行时除了主磁极产生的主磁场外,若电枢绕组中有电流流过,还将产生电枢磁场.这两个磁场在气隙中相互影响,相互叠加,形成了气隙合成磁场,它直接影响电枢电动势和电磁转矩的大小.

1. 空载时的主磁场

电动机的空载是指电动机不输出机械功率，这时电枢电流很小，电枢磁动势也很小，所以电动机空载时的气隙磁场就可以看作是主磁场. 即当直流电动机的主磁极绕组中通入励磁电流后，在电动机气隙磁场中形成的主磁极磁场.

主磁场的分布如图 3-5-1(a)所示. 在主磁极 N、S 之间并通过电枢轴中心的平分线称为几何中性线，用 nn'表示. 通过电枢轴中心、电枢铁芯圆周上磁通为零的两点连线，称为物理中性线，用 mm'表示.

在电枢电流为零的情况下，主磁场的几何中性线和物理中性线是重合的.

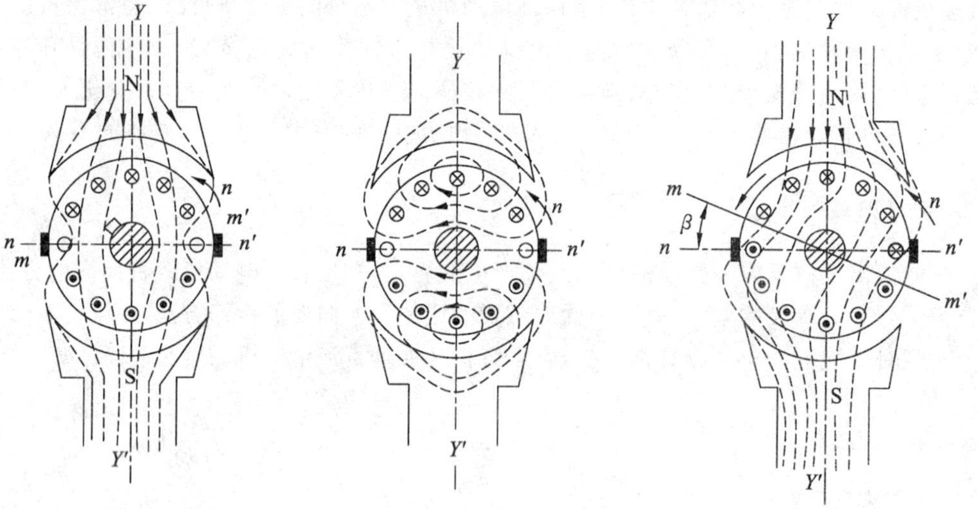

(a) 主磁极磁场分布图　(b) 电枢磁场分布图　(c) 合成磁场分布图

图 3-5-1　直流电动机的电枢反应示意图

2. 负载时的电枢磁场

当电动机在负载下运行时，电枢绕组中有负载电流流过，电枢电流产生的磁场称为电枢磁场. 其分布情况如图 3-5-1 (b)所示，从图中可以看出在磁极轴线处，电枢磁场为零，电枢磁场的轴线和几何中性线 nn'是重合的.

3. 电枢反应

直流电动机在负载情况下运行，主磁场和电枢磁场同时存在，它们之间互相影响，直流电动机中气隙磁场是主磁场和电枢磁场叠加后的磁场. 电枢磁场对主磁场的影响称为电枢反应. 电刷位于相邻两个磁极的分界线(即几何中性线)处时，电枢磁场和主磁极磁场相互垂直，如图 3-5-1(c)所示，此时的电枢反应称为交轴电枢反应. 电枢反应的作用不仅使电动机内气隙磁场发生畸变，而且还存在去磁作用. 电枢反应对直流电动机是不利的，必须采取措施来减少电枢反应的影响.

(二) 直流电动机的换向

1. 换向过程

直流电动机的结构中存在着它特有的部件——电刷和换向器，它们的作用是将外部的直流电变成内部的交流电. 这套装置在工作中有一个换向过程，电枢绕组元件从一条支路经过电刷转入另一条支路，元件中的电流改变方向，称作换向. 如果换向不良，将会在电刷与换向片之间产生有害的火花，直接影响电动机的安全运行. 此外，电刷下的火花也是一个电磁波的来源，对附近无线电通信有干扰.

国家对电机换向时产生的火花等级及相应的允许运行状态有一定的规定. 按照国家标准，直流电动机工作时火花的大小可以分为五个等级：1 级（无火花）、$1\frac{1}{4}$级（少量蓝色火花）、$1\frac{1}{2}$级（大量蓝色火花）、2 级（大量黄色火花）、3 级（换向器整个圆周都是火花即环火）. 直流电动机正常运行时，火花不应超过$1\frac{1}{2}$级.

2. 产生火花的原因

直流电动机的电枢绕组与外电路之间是通过电刷和换向器进行连接的，因此电刷与换向器之间的接触不良也是产生火花的重要原因. 电刷压力过小肯定会造成接触电阻过大产生火花；电刷压力过大除了增加机械阻力外，同样会使得电刷跳动而产生火花. 换向器存在一定的椭圆度、与转轴不同心、表面不光滑等原因都会使电刷的压力时大时小而产生火花. 换向器表面灰尘多也会使电刷接触不良增大火花.

直流电动机在腐蚀性气体的环境中工作时，或者在高海拔地区工作时，换向器表面容易受腐蚀或磨损而变得粗糙，使电刷接触不良，因此电动机要减小容量使用.

3. 改善换向的方法

改善换向、减小火花就是要设法减小换向元件中的附加电动势和附加电流，使其越小越好，常用的方法有以下几种.

（1）安装换向极.

这是目前改善换向最有效的方法. 换向极装设在相邻两个主磁极之间. 现在容量在 1kW 以上的直流电机都装有换向极.

由于换向元件中的电抗电动势和电枢反应电动势均与电枢电流成正比，所以换向极绕组中应通以电枢电流，即换向极绕组与电枢绕组串联. 只要换向极设计和调整得合适，就能保证换向元件中总电动势接近于零，使负载运行时电刷与换向器之间基本上没有火花. 图 3-5-2 表示了一台直流电动机换向极绕组与电枢绕组的连接方法和换向极（S_k、N_k）的极性布置.

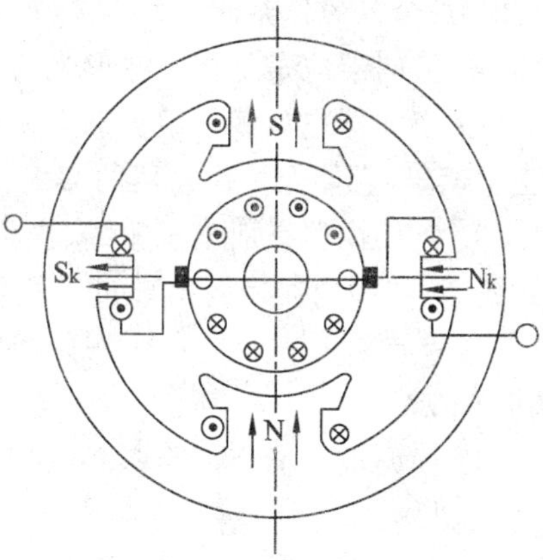

图 3-5-2　直流电动机换向极电路与极性

不论是直流电动机还是直流发电机，换向极的极性都应该与电枢反应的磁通方向相反. 装有换向极的直流电动机，绕组元件对称时，电刷的实际位置一般都应放在换向器表面的主磁极中心线上.

（2）正确移动电刷.

在没有安装换向极的小容量直流电动机中，常用适当移动电刷位置的方法来改善换向. 将电刷从电枢几何中性线移动一个适当角度，用主磁场来代替换向极磁场. 正确移动电刷的方法是:当电机运行于电动机状态时,电刷应逆着电枢旋转方向移动;而运行于发电机状态时,电刷则应顺着电枢旋转方向移动.如电刷移动的方向不正确,不但起不到改善换向的作用,反而会使电机换向更加恶化.

(3) 正确选用电刷.

不同牌号的电刷具有不同的接触电阻,选择合适的电刷能改善换向.例如,小容量直流电机用石墨电刷;在换向问题突出的场合,采用硬质电化石墨电刷.在更换电机的电刷时,应注意选用同一牌号的电刷,以免造成电刷间电流分配不均.

(4) 装设补偿绕组.

直流电动机负载时的电枢反应使主磁极下的气隙磁场发生了畸变,这样就增大了某几个换向片之间的电压,在负载变化剧烈的大型直流电动机中可能出现环火现象.直流电动机若出现环火,可在短时间内损坏电机.

为避免出现环火现象,采用补偿绕组是有效方法之一.补偿绕组嵌置在主磁极表面的槽内,其中流过的是电枢电流,所以补偿绕组应与电枢绕组串联,其电流方向与对应磁极下电枢绕组的电流方向相反,显然它产生的磁动势与电枢反应磁动势方向相反,从而抵消了电枢反应的影响.装设补偿绕组由于大大增加了成本,因此只用于大型直流电动机中.

二、直流电动机的检查和维护

电动机在使用过程中定期进行检查和维护时应特别注意下列事项:

1. 常规清洁工作

电动机周围应保持干燥,其内外部均不应放置其他物件.电动机的清洁工作每月不得少于一次,清洁时应以压缩空气吹净内部的灰尘,特别是换向器、线圈连接线和引线部分.

2. 换向器的保养

(1) 换向器应是呈正圆柱形光洁的表面,不应有机械损伤和烧焦的痕迹.

(2) 换向器在负载下经长期无火花运转后,在表面产生一层褐色有光泽的坚硬薄膜,这是正常现象,它能保护换向器的磨损,这层薄膜必须加以保护,不能用砂布摩擦.

(3) 若换向器表面出现粗糙、烧焦等现象时可用 0 号砂布在旋转着的换向器表面进行细致研磨.若换向器表面出现过于粗糙不平、不圆或有部分凹进现象时应将换向器进行车削,车削速度不大于 1.5m/s ,车削深度及每转进刀量均不大于 0.1mm,车削时换向器不应有轴向位移.

(4) 换向器表面磨损很多时,或经车削后,发现云母片有凸出现象,应以铣刀将云母片铣成 1～1.5mm 的凹槽.

(5) 换向器车削或云母片下刻时,须防止铜屑、灰尘侵入电枢内部,因而要覆盖电枢线圈端部及接头片.加工完毕后用压缩空气做清洁处理.

3. 电刷的使用

(1) 电刷与换向器的工作面应有良好的接触,电刷压力正常.电刷在刷握内应能滑动自如.电刷磨损或损坏时,应以牌号和尺寸与原来相同的电刷更替之,并且用 0 号砂布进行研磨,砂布面向电刷,背面紧贴换向器,研磨时随换向器做来回移动.

(2) 电刷研磨后用压缩空气做清洁处理,再使电动机作空载运转,然后以轻负载(为额定负载的 1/4～1/3)运转 1 小时,使电刷在换向器上得到良好的接触面(每块电刷的接触面积不小于 80%).

4. 轴承的保养

(1) 轴承在运转时温度太高,或发出有害杂音时,说明可能损坏或有外物侵入,应拆下轴承清洗检查,当发现钢珠或滑圈有裂纹损坏或轴承经清洗后使用情况仍未改变时,必须更换新轴承.轴承工作 2000～2500 小时后应更换新的润滑脂,但每年不得少于一次.

(2) 轴承在运转时须防止灰尘及潮气侵入,并严禁对轴承内圈或外圈的任何冲击.

5. 绝缘电阻的检查

(1) 应当经常检查电动机的绝缘电阻,如果绝缘电阻小于 1MΩ 时,应仔细清除绝缘表面的污物和灰尘,并用汽油、甲苯或四氯化碳清除之,待其干燥后再涂绝缘漆.

(2) 必要时可采用热空气干燥法,用通风机将热空气(80℃)送入电动机进行干燥,开始时绝缘电阻降低,然后升高,最后趋于稳定值.

6. 通风系统的检查

应经常检查定子温升,判断通风系统是否正常,风量是否足够,如果温升超过允许值,应立即停车检查通风系统.

三、直流电动机的常见故障及处理

直流电动机的常见故障现象、故障原因及处理方法见表 3-5-1.

表 3-5-1　　直流电动机的常见故障及处理方法

故障现象	可能的原因	处理方法
无法启动	(1) 电源电路不通 (2) 启动时负载过大或传动机构卡死 (3) 励磁回路断路 (4) 启动电流太小	(1) 检查接线端子是否正确,电刷接触是否良好,熔断器是否完好,启动设备是否正常 (2) 减轻负载或消除机械故障 (3) 检查励磁绕组和励磁调节变阻器是否断路 (4) 检查电源电压是否过低,启动电阻是否过大
电动机转速不正常	(1) 并励绕组接线不良或断路 (2) 串励电动机轻载或空载 (3) 电刷位置不正确 (4) 电枢绕组存在匝间短路	(1) 找出故障点予以排除 (2) 增大负载 (3) 调整电刷位置使之位于几何中性线处 (4) 修理或更换电枢绕组
电刷下火花过大	(1) 电刷与换向器接触不良 (2) 电刷磨损过短 (3) 电刷压力不当 (4) 电动机过载 (5) 换向器表面不干净 (6) 换向极绕组接反 (7) 电枢绕组有断路或短路	(1) 研磨电刷与换向器 (2) 更换电刷 (3) 调整弹簧压力 (4) 减轻负载 (5) 清洁换向器 (6) 检查换向极绕组极性后改正接法 (7) 修理电枢绕组
电动机温升过高	(1) 长期过载 (2) 通风不良 (3) 电枢绕组或换向器有短路现象 (4) 定、转子相擦 (5) 电压过低或过高 (6) 并励绕组部分短路	(1) 减轻负载 (2) 检查风扇是否正常,风道是否畅通 (3) 检查电枢绕组是否有短路,观察换向器表面是否存在换向片间的短路现象 (4) 检查定子铁芯是否松动,轴承是否磨损 (5) 恢复电压至额定值 (6) 用电桥检查电阻值低的绕组

续表

故障现象	可能的原因	处理方法
电机振动过大	(1) 电枢不平衡 (2) 风叶不平衡 (3) 转轴变形 (4) 联轴器未校正 (5) 地基不平或地脚螺丝松动	(1) 重新校正平衡 (2) 校正风叶平衡 (3) 修理或更换电枢 (4) 重新校正,使两轴在同一条直线上 (5) 调整紧固螺钉
机壳带电	(1) 电动机受潮 (2) 绝缘老化 (3) 引线碰壳	(1) 烘干或重新浸漆处理 (2) 重新浸漆处理 (3) 用绝缘带包扎处理

任务实施

直流电动机换向器的检修

一、实训目的

- 观察直流电动机运行时的火花,学会火花等级的鉴定.
- 学会电刷中性线位置的调整方法,了解其工艺要求.
- 学会直流电动机换向器的检修方法.

二、实训器材

工具、仪表、材料、设备等见学习准备.

三、实训内容及步骤

(一) 主要实训器材的认识

主要实训器材的作用及使用注意事项见表 3-5-2.

表 3-5-2　　主要实训器材的作用及使用注意事项

序号	器材名称	图　例	规　格	作　用	备　注
1	常用电工工具			用来拆卸元器件或电机上的各部件	按操作规范使用
2	他励直流电动机		$P_N=2kW$ $U_N=220V$ $U_{fN}=220V$	实训操作的对象	通电后观察直流电动机运行时的火花

续表

序号	器材名称	图　例	规　格	作　用	备　注
3	直流电动机励磁电源	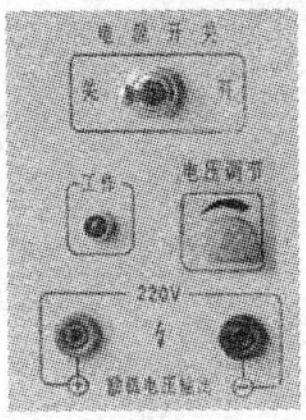	$U=0\sim220$V	给励磁绕组提供励磁电源	—
4	可调电枢电源	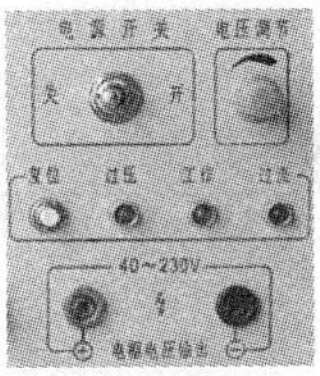	$U=0\sim220$V	给电枢绕组提供电枢电源	可以利用调节旋钮改变电枢电源输出电压的高低
5	直流毫伏表		1000mA	故障检查	接线时注意极性
6	直流电源	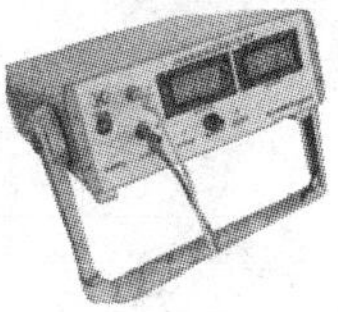	0～30V	感应法测电刷中性线的位置及换向器的检修	可以输出6～12V电压，供换向器检修
7	36V交流电源		BK-50W (220V/36V)	电枢绕组接地检查	逆时针旋转电压调节手柄，使输出电压降低；顺时针旋转，使输出电压升高

(二) 直流电动机换向器火花等级的鉴定

1. 观察电动机火花

按本项目任务一他励直流电动机工作电路图进行接线，然后启动电动机. 观察直流电动机运行时的火花，按火花等级表判定火花等级. 直流电动机换向器的火花等级如表 3-5-3 所示.

表 3-5-3　　直流电动机换向器的火花等级

火花等级	电刷下的火花程度	换向器及电刷的状态
1	无火花	换向器上没有黑痕,电刷上也没有灼痕
$1\frac{1}{4}$	电刷边缘仅小部分有微弱点状蓝色火花,或有非放电性的红色火花	
$1\frac{1}{2}$	电刷边缘大部分或全部有轻微的蓝色火花	换向器上有黑痕出现,但不发展,用汽油擦其表面即可除去,同时在电刷上有轻微灼痕
2	电刷边缘大部分或全部有较强烈的黄色火花	换向器上有黑痕出现,用汽油不能擦除,同时在电刷上有灼痕,但短时运行换向器上无黑痕出现,电刷也不被烧焦或损坏
3	电刷整个边缘有强烈的火花即环火,同时有大火花飞出	换向器上黑痕相当严重,用汽油不能擦除,同时在电刷上有灼痕,短时运行换向器上就有黑痕出现,电刷也被烧焦或损坏

2. 电刷研磨

电刷与换向器表面接触面积的大小将直接影响到电动机火花等级,对新更换的电刷必须进行研磨,以保证其接触面积在80%以上.研磨电刷的接触面一般用0号砂布,砂布的宽度等于换向器的长度,砂布应能将整个换向器周围包住,再用橡皮胶布或胶带将砂布固定在换向器上,如图 3-5-3 所示,将待研磨的电刷放入刷握内,然后按电动机旋转的方向转动电枢,即可进行研磨.

研磨电刷后,再观察并判定火花等级,直到火花等级不大于 $1\frac{1}{2}$级为止.

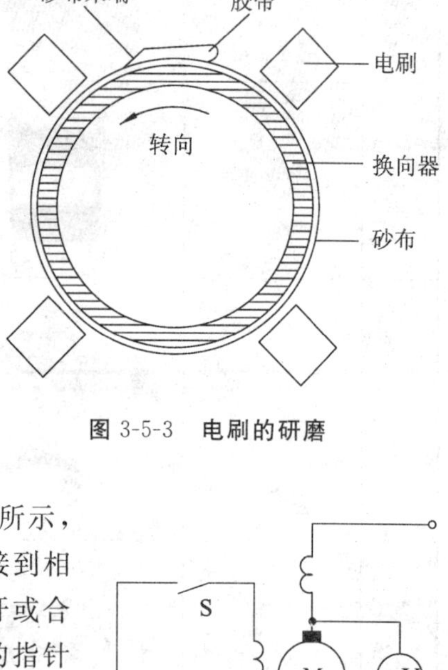

图 3-5-3　电刷的研磨

(三) 电刷中性线位置的调整

确定电刷中性线位置,常用的是感应法,如图 3-5-4 所示,励磁绕组通过开关接到 1.5～3V 的直流电源上,毫伏表接到相邻两组电刷上(电刷与换向器的接触一定要良好).当断开或合上开关时(即交替接通和断开励磁绕组的电流),毫伏表的指针会左右摆动,这时将电刷架顺电动机转向或逆电动机转向缓慢移动,直至直流毫伏表指针几乎不动,刷架位置就是中性线位置.

(1) 按如图 3-5-4 所示接线图接线,直流电源电压为 3V.

(2) 频繁地合上、断开开关,同时将电刷架向左或向右慢慢移动,观察直流毫伏表的摆动情况,直至毫伏表指针不动或摆动很小时,电刷位置就是中性线位置.

(3) 将刷架固紧后再复测一次.

(4) 观察并判定此时的火花等级.

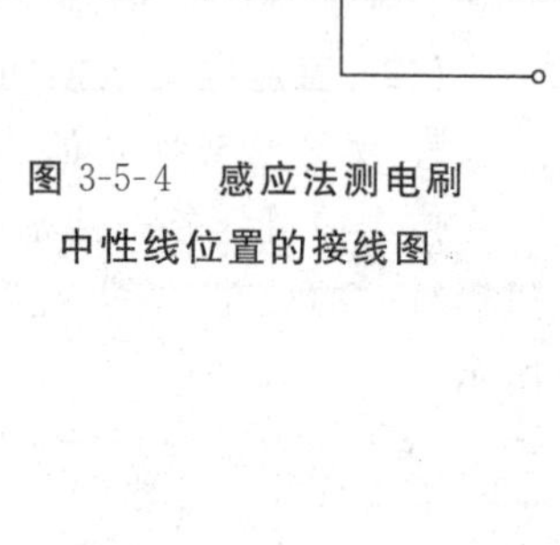

图 3-5-4　感应法测电刷中性线位置的接线图

（四）换向器的检修

1. 换向器片间短路故障检修

按图 3-5-5 所示的方法确定换向器片间是否短路. 如判定为换向器片间短路时，可先仔细观察短路的换向片表面状况，一般均是由电刷碳粉在槽口将换向片短路或是火花烧灼所致，可用拉槽工具刮去造成片间短路的金属屑末及电刷粉末即可. 若用上述方法不能消除片间短路，即可确定短路发生在换向器内部，一般需更换换向器.

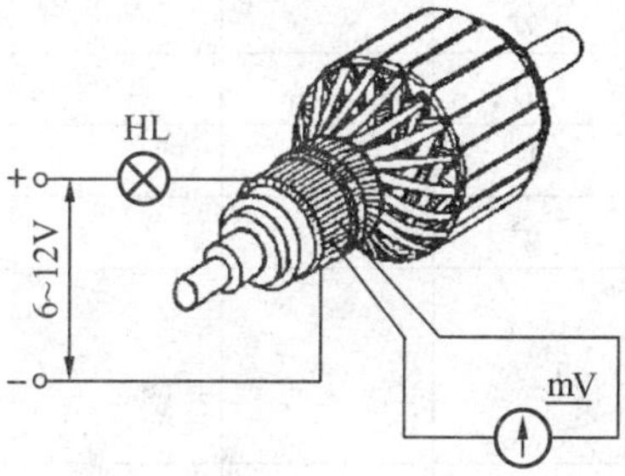

图 3-5-5　换向器片间短路的检查接线图

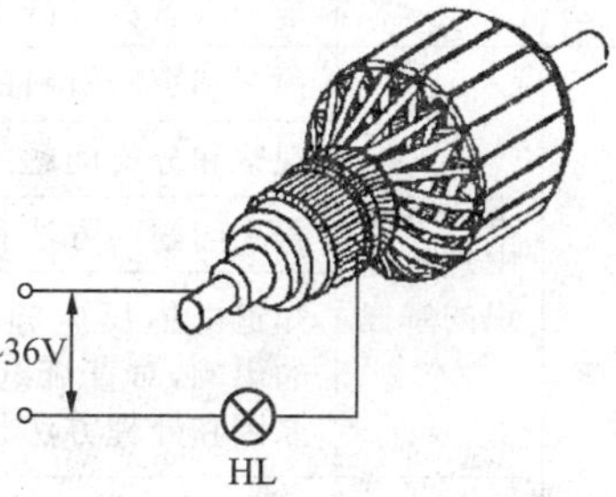

图 3-5-6　换向器接地的检查接线图

2. 换向器接地故障检修

按图 3-5-6 所示的方法检查换向器接地故障点. 接地故障一般发生在前端的白云母环上，该环有一部分露在外面，由于灰尘、油污和其他杂物的堆积，很容易造成接地故障. 发生接地故障时，这部分的云母大都已被烧损，寻找起来比较容易. 修理时，一般只要把击穿烧坏处的污物清除干净，用虫胶漆和云母材料填补烧坏之处，再用可塑云母板覆盖 1～2 层即可.

3. 云母片凸出故障检修

由于换向器上换向片的磨损比云母片要快，因此直流电动机使用较长时间后，有可能出现云母片凸起. 修理时，可用拉槽工具，把凸出的云母片刮削到比换向片约低 1mm 即可.

4. 换向器与电枢绕组间断路故障检修

按图 3-5-7 所示的方法确定是否是换向器与电枢绕组间出现断路点. 电枢绕组断路点若发生在绕组元件与换向片的焊接处，只要重新焊接好，然后再进行绝缘处理即可.

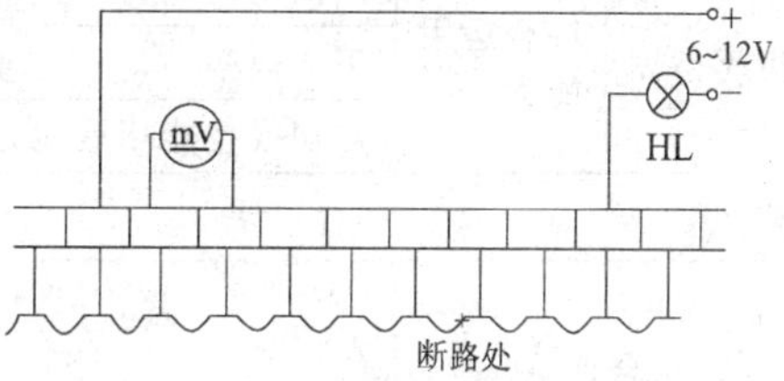

图 3-5-7　换向器与电枢绕组间断路的检查接线图

四、注意事项

- 寻找中性线位置时，若是并励直流电动机，应将励磁绕组与电刷的连接线拆开.
- 寻找中性线位置时，电刷与换位器的接触一定要良好.
- 拨动开关，转动刷架位置，观察直流毫伏表，三者要同时进行.

任务评价

根据本任务的学习情况，按行为、技能、情感三个指标进行自我评价、小组评价和教师评价.

任务评价表

一级评价指标	二级评价指标	评价内容	配分	自我评价 0.3	小组评价 0.3	教师评价 0.4
行为指标	安全文明生产	是否遵守安装规程	5分			
		是否按安全规程正确操作，无任何元器件的损坏	5分			
		工作岗位是否整洁	5分			
		是否具有良好的工作习惯	5分			
技能指标	工作过程中理论知识的掌握	预习和查阅资料的能力	5分			
		观察和分析问题的能力	5分			
		解决问题的方法和效果	5分			
		知道电枢反应和换向及其产生的影响，对直流电机常见故障的原因和处理方法是否掌握	5分			
	工作过程中技能的掌握	完成工作的积极性	5分			
		火花等级的鉴定、电刷中性线位置的调整是否掌握	10分			
		直流电机换向器的检修方法是否掌握	10分			
		理论与实际相结合的综合分析能力	15分			
		工具、仪器、仪表的使用方法是否正确	5分			
情感指标	综合运用能力	团队协作能力	5分			
		工作效率	5分			
		知识或技能拓展能力	5分			
合　计			100分			
综合评价						

知识拓展

直流电动机简介

1. 国产通用直流电动机简介

我国从1953年开始统一设计Z系列中、小型直流电动机，并大批量生产. 1960年起在总结Z系列的基础上，设计了Z2系列直流电动机，由于当时直流电源的获得主要靠直流发电机发出平滑的直流电源，因此Z2系列直流电动机的设计制造也是按在这种电源下工作来进行的，用B级绝缘，额定电压为110V或220V. 从20世纪80年代开始，晶闸管整流的直流电源(简称整流电源)被大量采用，基本上取代了直流发电机. 但由于整流电源中含有较大的交流成分，它将给按平滑直流电源供电设计的直流电动机的工作带来一系列的问题，主要表现在：增加了直流电动机换向的困难，使电动机损耗加大，效率降低，温升增加，噪声加大，振动加剧. 另外，电动机的额定电压也不再为 110V 或 220V，通常是 160～180V(由单相整流电源供电)和 400～440V(由三相整流电源供电).

我国从 20 世纪 80 年代开始设计和生产的 Z4 系列直流电动机即按整流供电设计的. Z4 系列的直流电动机额定电压为 160V、400V 和 440V，分别适用于单相全控桥式整流装置供电和三相全控桥式整流装置供电. 整台电动机的基本冷却方式采用带鼓风机的强迫外通风，由位于电动机上部的骑式鼓风机供风，并附有空气过滤器，其外形如图 3-1-1(b)所示. 为了减少整流电源中交流成分对电动机工作的影响，除了在电动机的磁路结构部分(机座的导磁部分、主磁极铁芯、换向极铁芯等)采取一些特殊措施(用叠片结构)外，在整流电源的输出端往往串接滤波电感(称为平波电抗器)以减小整流电源输出的交流成分的脉动量，从而降低了直流电动机的发热、损耗及振动等，并起到了改善直流电动机换向的作用.

目前在各类设备中使用的主要是 Z2 系列和 Z4 系列直流电动机.

2. 直流电动机的有关应用知识

(1) 并励直流电动机的转速基本上不随电动机拖动的负载变化而变化，这一特性与三相异步直流电动机基本相同. 但并励直流电动机调速比较方便，因此以前被较多地使用在需大范围内调速的生产机械中，如龙门刨床、大型机床和冶金机械等方面，但随着交流电机变频调速技术的飞速发展，并励直流电动机已逐步让位于三相异步电动机，工业化国家的做法是，除非有特殊情况，一般很少使用并励直流电动机.

(2) 串励直流电动机由于其转速与电枢电流大致成反比，当电动机转速低时，产生的转矩很大，因此特别适用于起重设备、城市电车及电传动机车. 但目前也有被变频调速交流电动机取代的趋势.

(3) 永磁电动机由于其磁场由永久磁铁产生，从节约能源的角度看是一种极具发展前途的电机，不仅在直流电动机中采用，在小功率交流发电机中也获得广泛应用. 永磁技术与超导技术、半导体技术及直线电动机一样曾被列入 20 世纪下半叶电工新技术的发展行列.

(4) 串励直流电动机在空载或轻载时转速很高，对电动机本身及操作人员都不安全，因此串励直流电动机绝对不允许空载启动，不允许采用带传动或链传动. 并励直流电动机在运行中如果主磁通 Φ 很小，也很可能造成电动机转速过高而发生意外，因此，并励直流电动机的磁场绕组在运行中绝不允许开路.

3. 微型直流电动机简介

微型直流电动机一般是指输出功率在零点几瓦到几百瓦的直流电动机. 额定电压从几伏到 220V 范围内的小功率直流电动机，可分为微型电磁式直流电动机和微型永磁式直流电动机. 微型电磁式直流电动机按励磁绕组接法的不同又分为串励直流电动机和并励直流电动机两类. 而微型永磁式直流电动机的气隙磁场由安装在机座上的永久磁钢产生. 构成永久磁钢的材料有铁氧体、铝镍钴系或稀土永磁材料. 国产微型电磁式直流电动机有 X 系列并(他)励微型直流电动机和 ZZD2 系列串励微型直流电动机；国产微型永磁式直流电动机主要有 ZY 系列和 M 系列.

项目四 三相异步电动机的认识与使用

项目学习目标

● 能说出三相异步电动机的结构组成、作用、分类及工作原理，能根据铭牌参数进行简单的计算.

● 能使用拆卸工具和设备，按照工艺要求进行三相异步电动机的拆装；能通过电动机的检查试验，会分析和判断三相异步电动机的性能和修理质量.

● 学会三相异步电动机定子绕组首尾端的判别方法，能对电动机按 Y 形或△形进行接线；学会三相异步电动机的启动和改变转向等简单操作.

● 能根据三相异步电动机的机械特性曲线和工作特性曲线，正确分析异步电动机的运行特点.

任务一 三相异步电动机的拆装

任务描述

在当代工农业生产中，电动机作为动力源被广泛地应用在各个领域中，由于现代电网普遍采用三相交流电，而三相异步电动机又比直流电动机有更好的性价比，因此三相电动机比直流电动机使用得更广泛. 三相异步电动机的外形图如图 4-1-1 所示. 在对三相异步电动机进行小修和大修维护保养时，可能需要对电动机进行拆装，如果拆卸方法不正确，有可能损坏电动机的零部件，不仅使维修质量难以得到保证，而且会为今后电动机正常运行留下隐患，因此要正确掌握电动机正确的拆卸和装配技术.

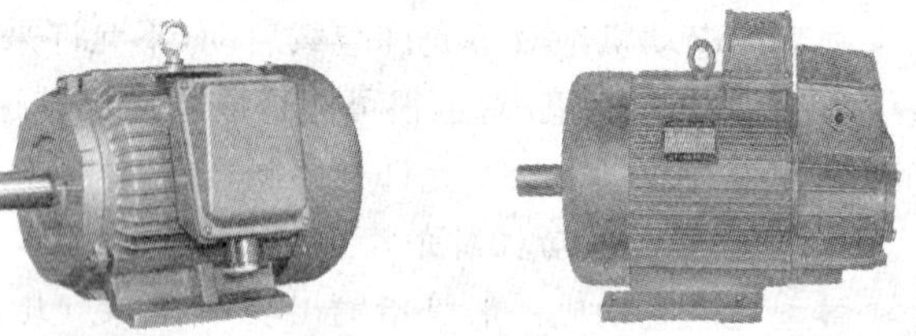

(a) Y系列三相异步电动机　　(b) YZR系列三相异步电动机

图 4-1-1　三相异步电动机的外形图

学习目标

◇ 认识三相交流异步电动机的外形和内部结构，熟悉各部件的作用.

◇ 能说出三相交流异步电动机的特点、用途、分类和铭牌的含义，并能根据铭牌参数进行简单的计算.

◇ 能使用拆卸工具，按照工艺要求进行三相异步电动机的拆装.

学习地点

电机实训室.

学习准备

工具：拉具、活动扳手、钢直尺、呆扳手、紫铜棒、木榔头、刷子、旋具等.

设备：三相异步电动机、多媒体设备等.

材料：小盒(或纸盒)、备用螺丝、劳保用品、电机配件、记号笔等.

资料：《电工安全操作规程》、《电机手册》、《电机产品型号编制方法》等.

知识准备

一、三相异步电动机的特点和用途

三相异步电动机又称为感应电动机，是一种将电能转变为机械能并拖动生产机械工作的动力设备. 它具有结构简单、工作可靠、价格低廉、维护方便、效率较高、体积小、重量轻等一系列优点. 与同容量的直流电动机相比，三相异步电动机的重量和价格约为直流电动机的三分之一.

三相异步电动机的缺点是功率因数较低，启动和调速性能不如直流电动机. 因此，三相异步电动机广泛应用于对调速性能要求不高的场合，在中小企业中应用特别多. 例如，普通机床、起重机、生产线、鼓风机、水泵以及各种农副产品的加工机械等.

二、三相异步电动机的基本结构

三相异步电动机的基本结构是由定子和转子两大部分组成的，在定子和转子之间存在0.25～2mm 的气隙，此外，还有端盖、轴承、接线盒、吊环等其他附件，如图 4-1-2 所示.

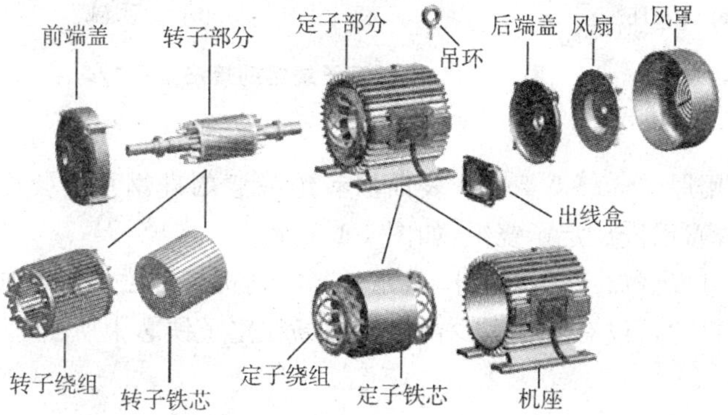

图 4-1-2　鼠笼式三相异步电动机结构分解图

(一) 定子部分

定子是三相异步电动机的静止部分，由定子绕组、定子铁芯和机座三部分组成.

1. 定子绕组

三相定子绕组是三相异步电动机的电路部分，其作用是产生旋转磁场. 由许多线圈按一定规律连接而成的三相定子绕组如图 4-1-3(a)所示. 定子绕组的线圈由高强度漆包铜线或铝线绕制而成，分散嵌入定子铁芯槽中. 为了保证绕组正常工作，绕组对铁芯、绕组与绕组匝间必须可靠绝缘，以免电机在运行时绕组出现击穿或短路故障. 定子绕组在槽内嵌放完毕后，按规律接线形成三相定子绕组，三相定子绕组的六个出线端引到电动机机座的接线盒内，如图 4-1-3(b)所示，图中 U1、V1、W1 是三相定子绕组的首端，U2、V2、W2 是三相定子绕组的尾端. 按需要三相定子绕组可接成 Y 形接法，如图 4-1-4(a)所示；也可接成△形接法，如图 4-1-4(b)所示.

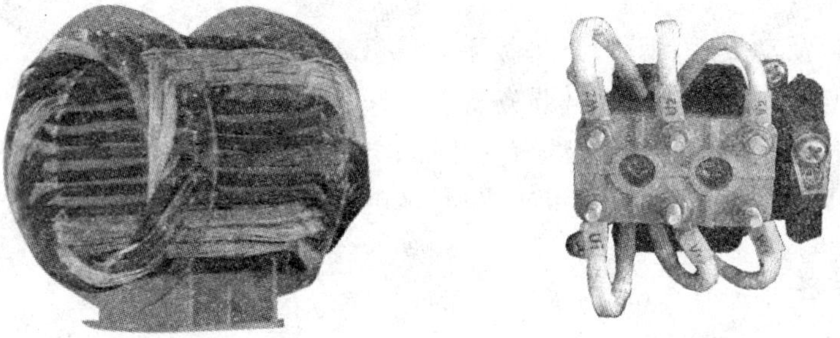

(a) 三相定子绕组模型　　(b)出线端的排列

图 4-1-3　三相定子绕组

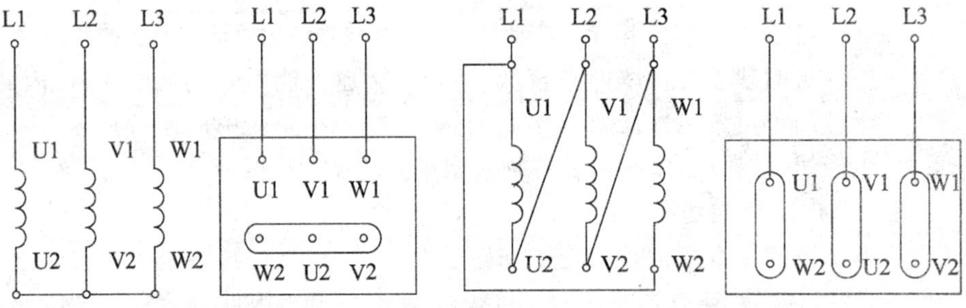

(a) Y形连接　　(b) △形连接

图 4-1-4　三相定子绕组的接法

2. 定子铁芯

定子铁芯一般用厚 0.35～0.5mm、表面涂有绝缘漆的硅钢片叠装而成，在硅钢片的内圆冲有均匀分布的槽，以嵌放定子绕组，如图 4-1-5 所示.

定子铁芯除了可以嵌放定子绕组外，也是异步电动机旋转磁场主磁通磁路的一部分. 表面涂有绝缘漆的硅钢片可以有效地减少由旋转磁场在定子铁芯中所引起的涡流损耗和磁滞损耗.

3. 机座

中、小型电动机机座大多用铸铁制成，小型电动机机座也可用铝铸造. 机座的作用是固定定子铁芯，并由两个端盖支撑转子，同时是磁路的一部分，封闭式电动机的机座外面有散热筋可以增加散热面积，如图 4-1-6 所示.

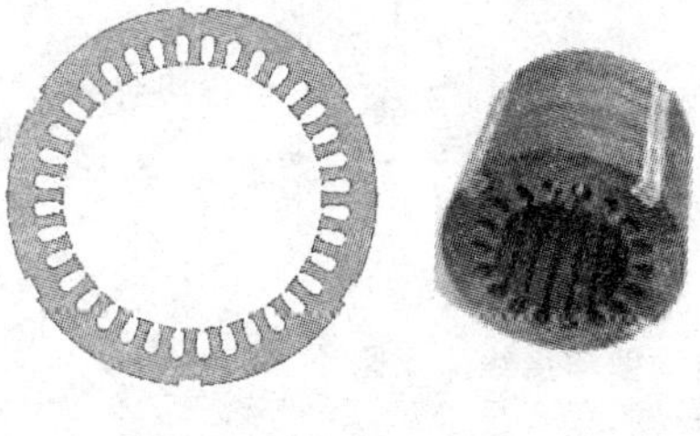
图 4-1-5 定子铁芯

图 4-1-6 机座

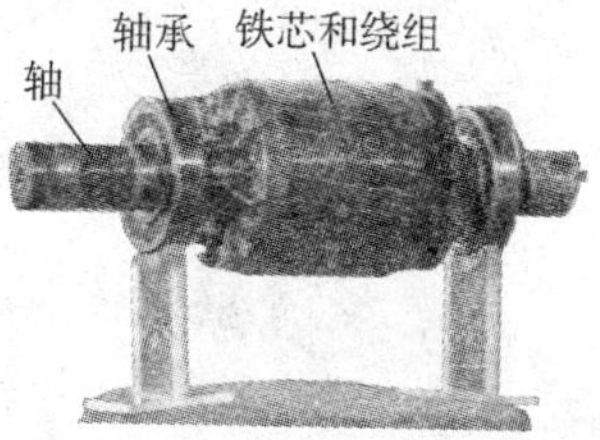

图 4-1-7 转子

(二) 转子部分

转子是三相异步电动机的旋转部分，由转子铁芯、转子绕组和转轴等组成，如图 4-1-7 所示.

1. 转子铁芯

转子铁芯是固定在转轴上，一般用 0. 5mm 厚相互绝缘的硅钢片叠装而成的圆柱体，如图 4-1-8 所示. 转子铁芯的作用是：利用硅钢片外圆冲有均匀分布的槽嵌放转子绕组，同时，转子铁芯也是异步电动机磁路的一部分. 为了改善电动机的启动及运行性能，鼠笼式异步电动机转子铁芯一般采用斜槽结构.

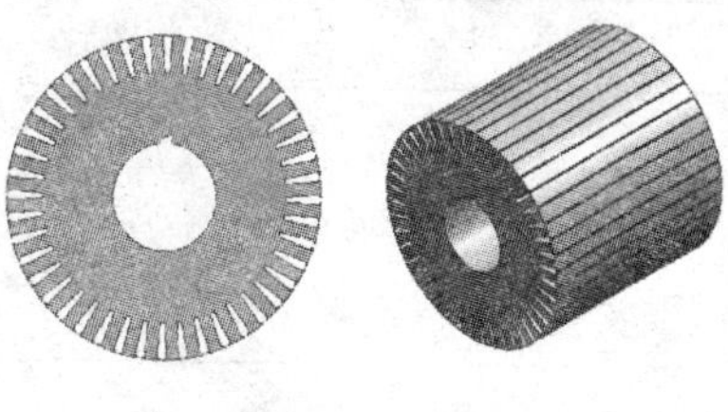
图 4-1-8 转子铁芯

2. 转子绕组

三相异步电动机的转子绕组根据结构不同可分为鼠笼式和绕线式两种. 转子绕组的作用是产生感应电动势和电流，并在旋转磁场的作用下产生电磁转矩而使转子转动.

(1) 鼠笼式转子绕组.

鼠笼式转子绕组有单笼式、双笼式和深槽式结构. 单笼式通常又可分为两种结构形式：一种是把转子的导体、两端的短路环和风叶用铝液一次浇铸而成，如图 4-1-9(a)所示；另一种是在转子铁芯的每一个槽内插入一根铜条，并在铁芯两端各用一个铜环把每根铜条焊接起来，如图 4-1-9(b)所示. 两种都似鼠笼形状. 在容量较大的异步电动机中，鼠笼式转子可采用双鼠笼式(上、下两笼)或深槽式转子，利用交流电的“趋肤效应”以提高电动机的启动转矩.

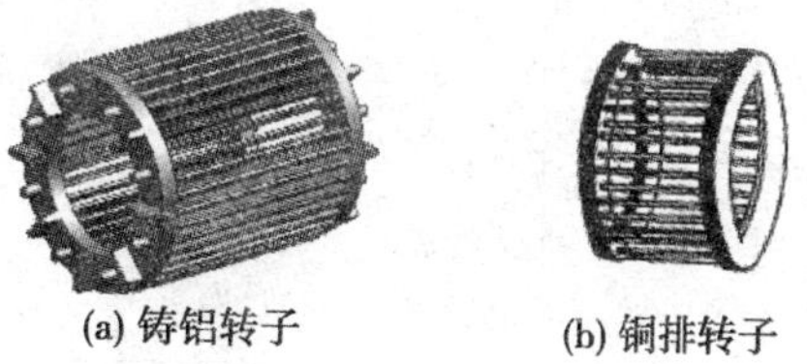
(a) 铸铝转子　(b) 铜排转子

图 4-1-9 鼠笼式转子绕组

(2) 绕线式转子绕组.

绕线式转子绕组与定子绕组相似，在转子铁芯槽内嵌有对称的三相绕组，作星形连接. 三相绕组的三个尾端连接在一起，三个首端分别接到装在转轴上的三个铜制滑环上，通过电刷与外电路的可变电阻器相连接，用于启动或调速，如图 4-1-10 所示.

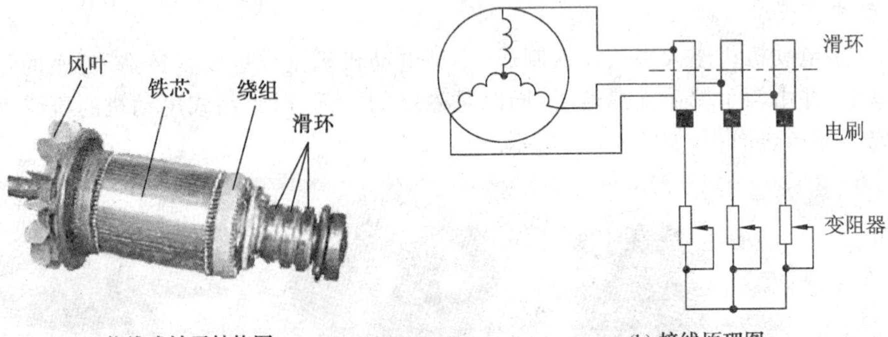

(a) 绕线式转子结构图　　(b) 接线原理图

图 4-1-10　三相异步电动机的绕线式转子结构图和接线原理图

绕线式异步电动机由于其结构复杂，价格较高，一般只用于对启动和调速有较高要求的场合，如立式车床、起重机等.

（三）其他附件

其他附件包括端盖、轴承、轴承盖、接线盒、吊环、风罩和风扇等，如表 4-1-1 所示.

表 4-1-1　　**三相异步电动机的其他附件**

名称	实物图片	说　明
端盖	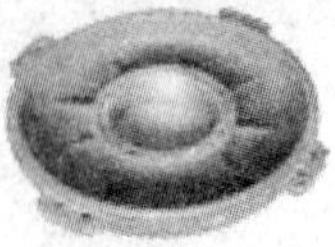	用铸铁或铸钢浇铸成型，端盖装在机座的两侧，起支撑转子的作用，并保持定、转子之间同心度的要求
轴承和轴承盖	 	轴承的作用是支撑转轴转动，一般采用滚动轴承以减少摩擦.轴承内注有润滑油脂，为防润滑油脂溢出，可以加装内、外轴承盖，同时起到固定转子的作用，使转子不能轴向移动
接线盒	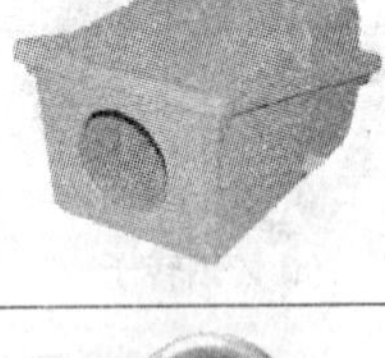	一般用铸铁浇铸，其作用是保护和固定绕组的引出线端子
吊环		一般用铸钢制造，安装在机座的上端用来起吊、搬抬电动机
风罩和风扇	 	转轴带动风叶一起旋转，冷却电动机；风罩保护风叶

三、三相异步电动机的铭牌

三相异步电动机的机座上都有一块铭牌，如图 4-1-11 所示，上面标有电动机的型号、规格和有关技术数据. 要正确使用电动机，就必须看懂铭牌. 现以 Y180M-4型三相异步电动机为例，说明铭牌上各个数据的含义.

三相异步电动机					
型号	Y180M-4	功率	18.5kW	电压	380V
电流	35.9A	频率	50Hz	转速	1470r/min
接法	△	工作方式	连续	外壳防护等级	IP44
产品编号	××××××	重量	180kg	绝缘等级	B 级
××电机厂			××××年××月		

图 4-1-11　三相异步电动机的铭牌

1. 型号

国产异步电动机的型号由汉语拼音字母以及国际通用符号和阿拉伯数字组成. 例如，Y180M-4 的含义是：

Y：一般用途鼠笼式三相异步电动机.

180：机座中心高 180mm.

M：机座长度代号(S—短机座，M—中机座，L—长机座).

4：磁极数(磁极对数 $p=2$).

2. 额定值

三相异步电动机铭牌上标注的主要额定值如表 4-1-2 所示.

表 4-1-2　　三相异步电动机的主要额定值

	额定值	说　明	备　注
	额定效率(η_N)	指在额定工作状况下输出机械功率与输入电功率的比值	—
定子侧	额定电压(U_N)	指在额定负载情况下电动机定子绕组的线电压，单位为 V 或 kV	Y 系列三相异步电动机的额定电压统一为 380V
定子侧	额定电流(I_N)	指电动机在额定工作状态下运行时定子绕组输入的线电流，单位为 A	意在告诉用户和电动机相配的导线粗细
定子侧	额定频率(f_N)	指电动机所使用的交流电源的频率，单位为 Hz	国产三相异步电动机的额定频率为 50Hz
定子侧	额定功率因数($\cos\varphi$)	指电动机从电网所吸收的有功功率与视在功率的比值	三相异步电动机的功率因数较低，在额定条件下运行时约为 0.7～0.9，空载时只有 0.2～0.3，因此，必须正确选择电动机的容量，防止“大马拉小车”，并力求缩短空载运行时间

续表

	额定值	说　明	备　注
转子侧	额定转速(n_N)	指电动机在额定电压、额定频率和额定负载下工作时的转速，单位为 r/min	—
	额定功率(P_N)	指电动机在额定工作状态下运行时转轴上输出的机械功率，单位为 kW	$P_N=\sqrt{3}U_N I_N \cos\varphi_N \eta_N$ $\eta_N=\frac{P_N}{P_1}$

3. **其他**

(1) 工作方式. 异步电动机常用的工作方式有三种，分别是连续工作方式、短时工作方式和断续工作方式，如表 4-1-3 所示.

表 4-1-3　　异步电动机常用的工作方式

工作方式	说　明
连续工作制(S1)	指电动机在额定负载范围内，允许长期连续不停地使用，但不允许多次断续重复使用
短时工作制(S2)	指电动机不能连续不停地使用，只能在规定的负载下作短时间的使用
断续周期工作制(S3)	指电动机在规定的负载下可作多次断续重复使用

(2) 接法. 是指电动机在额定电压下三相定子绕组应采用的连接方法. Y 系列三相异步电动机规定额定功率在 3kW 及以下的为 Y 形连接，4kW 及以上的为△形连接，有的电动机铭牌上标有两种电压值，如 380V/220V，同时应标有 Y/△两种接法.

(3) 绝缘等级. 指电动机定子绕组所用的绝缘材料允许极限温度的等级，有 A、E、B、F、H、C 六级. 例如，Y 系列电动机采用的是 B 级绝缘，它的允许极限温度为 130℃. 发展趋势是 F 级和 H 级绝缘，其目的是可以在一定输出功率下，减轻电动机的重量、缩小电动机的体积.

(4) 外表防护等级. 电动机外壳防护等级的标志，是以字母"IP"和其后面的两位数字表示的. 如 IP44 表示电动机能防护大于 1mm 固体物入内，同时能防止溅水入内.

例 4-1-1　一台三相异步电动机 $P_N=10\text{kW}$，$U_N=380\text{V}$，$n_N=1455\text{r/min}$，$\cos\varphi=0.86$，$\eta_N=0.88$，试计算电动机的额定电流 I_N 和额定转矩 T_N.

解

$$I_N=\frac{P_N}{\sqrt{3}U_N\eta_N\cos\varphi}=\frac{10\times10^3}{\sqrt{3}\times380\times0.86\times0.88}\text{A}\approx20.1\text{A}$$

$$T_N=9.55\frac{P_N}{n_N}=9.55\times\frac{10\times10^3}{1455}\text{N}\cdot\text{m}\approx65.6\text{N}\cdot\text{m}$$

四、三相异步电动机的分类

三相异步电动机的几种主要分类方式如表 4-1-4 所示.

表 4-1-4　　三相异步电动机的主要分类

分类形式	类　别		
转子绕组形式	鼠笼式、绕线式		
形式	小型	中型	大型
中心高/mm	80～355	355～630	>630
定子铁芯外径/mm	120～500	500～990	>990
防护形式	开启式(IP11),防护式(IP22)、(IP23),封闭式(IP44)		
安装结构形式	卧式、立式、带底脚、带凸缘		
绝缘等级	E 级、B 级、F 级、H 级		
冷却方式	自冷式、自扇冷式、他扇冷式、管道通风式		
工作定额	连续、短时、断续		

五、小型三相异步电动机的拆卸与装配

在修理电动机或对电动机进行检查、清洗和保养时,需要把电动机拆开,若拆装方法不当,可能会造成零部件受损,影响电动机的正常使用.

(一) 小型三相异步电动机的拆卸流程

1. 拆卸电动机的皮带轮或联轴器

拆卸皮带轮或联轴器流程如表 4-1-5 所示.

表 4-1-5　　拆卸皮带轮或联轴器流程

序号	步　骤	图　　例	操作说明
1	做标记		在带轮(或联轴器)的轴伸端上做好安装时的复原标记
2	拆带轮		将三爪拉具的丝杆尖端对准电动机轴伸端的中心,挂住带轮(或联轴器),使其受力均匀,把带轮(或联轴器)慢慢拉出
3	拆销子		用合适的工具将固定皮带轮(或联轴器)的销子拆下

如果转轴与皮带轮内孔结合处发生锈蚀现象，皮带轮拉不下来时，可在定位螺孔内注入煤油，等几小时后再试，看能不能拉出．如还有困难，可采用加热的方法，即将拉具装好并扭紧到一定程度，用喷灯快速加热石棉包住的转轴，当温度升高到一定程度时，用力旋转拉具螺杆，可将皮带轮顺利卸下．

2．拆卸电动机的接线盒及风扇

拆卸电动机的接线盒和风扇流程如表 4-1-6 所示．

表 4-1-6　　拆卸电动机的接线盒及风扇流程

序号	步　骤	图　例	操作说明
1	拧下接线盒螺栓		将接线盒四周的 4 颗螺栓拧下
2	取下接线盒外壳		将接线盒外壳连同垫圈一起取下
3	记录绕组连接方式		观察绕组连接方式，安装绕组引线时用
4	拧下风罩螺栓		将风罩四周的 3 颗螺栓拧下
5	取下风罩		用力将风罩往外一拔，风罩便脱离机壳
6	取下风扇 弹簧卡圈		取下转子轴端风扇上的弹簧卡圈

续表

序号	步　骤	图　例	操作说明
7	拆风扇		旋转加力拉出，或加热使塑料风扇膨胀后旋下

小型三相异步电动机的风扇一般可以不用拆下，可随转子一起抽出. 如果后端盖内的轴承需要加油或更换时就必须拆卸.

3. 拆卸电动机的端盖

电动机的端盖有前端盖和后端盖之分，拆卸电动机端盖流程如表 4-1-7 所示.

表 4-1-7　　拆卸电动机端盖流程

序号	步　骤	图　例	操作说明
1	拧下前后端盖螺钉		(1) 分别将螺钉拧松，以免端盖受力不均 (2) 拆卸前、后端盖前，一定要检查端盖与机座的结合部位有没有划上记号
2	卸后端盖		用木榔头敲打轴伸端，使后端盖脱离机座
3	取出转子和后端盖		当后端盖稍与机座脱开，即可把后端盖连同转子一起移出机座，对较重的电动机转子，需两人配合
4	取下后端盖		用木榔头均匀敲打后端盖四周，即可取下

续表

序号	步　骤	图　例	操作说明
5	卸前端盖		用硬杂木条从后端伸入，顶住前端盖的内部敲打，从上下左右四个方向，边移动木条边敲打，在敲打时由另一个人扶住前端盖，防止前端盖脱离机座时落地摔坏
6	记录轴承位置		记录轴承在转轴上的位置，用钢尺测量轴承外端到转轴端头的距离
7	拆前后轴承		选择适当的拉具，使拉具的脚爪紧扣在轴承内圈上，拉具的丝杆顶点对准转子轴的中心，缓慢均匀地扳动丝杆，轴承就会逐渐脱离转轴而卸下来

拿出转子时，应小心缓慢、轻拿轻放，端平转子，为防手滑或用力不均碰伤绕组，应用纸板垫在绕组端部进行.为防止碰伤定子绕组，取出的转子应平稳地放在干净的平台上，以防碰伤转子.

（二）小型三相异步电动机的安装流程

三相异步电动机的组装顺序与拆卸顺序相反.在组装前应清洗电动机内部的灰尘，清洗轴承并加足润滑油，然后按表 4-1-8 所示顺序操作.

表 4-1-8　　　　　　　　　小型三相异步电动机的安装流程

序号	步　骤	图　例	操作说明
1	在转轴上装上轴承		用紫铜棒将轴承压入轴颈，注意要使轴承内圈受力均匀，切勿总是敲击一边，或敲轴承外圈.安装前、后端盖一侧轴承方法相同
2	安装后端盖		用木榔头均匀敲打后端盖四周，即可装上

续表

序号	步　骤	图　例	操作说明
3	安装转子		用手托住转子慢慢移入，以免损伤转子表面
4	敲紧后端盖		用木榔头均匀敲打后端盖四周
5	定位		用木榔头小心敲打后端盖三个耳朵，使螺丝孔对准标记
6	用螺栓固定后端盖		固定螺栓要按对角线一前一后旋紧，不能松紧不一，以免损坏端盖或卡死转子
7	安装前端盖		用木榔头均匀敲打前端盖四周，并调整至对准标记. 调整的方法与安装后端盖的方法相同
8	用螺栓固定前端盖		按对角线将固定螺栓一前一后旋紧，保证松紧一致
9	安装风扇		安装时要观察一下风扇卡口，用手旋转用力推入，最后安装风扇固定销子

续表

序号	步　骤	图　例	操作说明
10	安装风罩		固定风罩
11	安装固定皮带轮（或联轴器）的销子	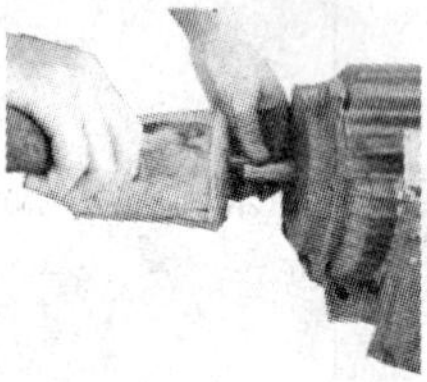	用木榔头将销子敲入键槽
12	安装联轴器或皮带轮		用木榔头敲打，使之装到电动机的轴伸端上，敲打时注意用力方向要与轴承中心相重合，即顺着轴承转动方向敲打其中心位置

安装完毕，要观察转轴是否转动灵活、均匀，无停滞或偏重现象.

任务实施

三相异步电动机的拆装

一、实训目的

- 能正确使用三相异步电动机的常用拆装工具.
- 能正确拆装三相异步电动机，进一步熟悉三相异步电动机的结构组成.

二、实训器材

工具、材料、设备等见学习准备.

三、实训内容及步骤

(一) 主要实训器材的认识

主要实训器材的作用及使用注意事项见表 4-1-9.

表 4-1-9　　主要实训器材的作用及使用注意事项

序号	器材名称	图　例	作　用	备　注
1	三相异步电动机		实训操作对象	Y801-4 型 $P_N = 0.55\text{kW}$

续表

序号	器材名称	图　例	作　　用	备　注
2	拉具		用于拆卸皮带轮和轴承	也称拉轴器
3	活动扳手		用来紧固和起松螺母	也可用套筒扳手代替
4	呆扳手		用来紧固和起松螺母或用于无法使用活扳手的地方	
5	木榔头		用来传递力量可避免直接敲击而造成轴或轴承等金属表面的损伤	—
	紫铜棒			
6	螺丝刀		用来紧固和拆卸螺钉	—
7	刷子		清扫灰尘和油污	—

(二) 小型三相异步电动机的拆卸

1. 拆卸前的准备工作

(1) 选择合适的拆卸地点,并清理现场.

(2) 必须断开电源,拆除电动机与外部电源的连接线,并标好电源线在接线盒的相序标记,以免安装电动机时搞错相序.

(3) 检查拆卸电动机的专用工具是否齐全,并整理好现场环境.

(4) 做好相应的标记和必要的数据记录,以便重新安装时的准确定位.

① 在皮带轮或联轴器的轴伸端做好定位标记,测量并记录联轴器或皮带轮与轴台间的距离为________ mm,如图 4-1-12(a)、(b)所示.

② 在电动机机座与端盖的接缝处做好标记,如图 4-1-12(c)所示.

③ 在电机的出轴方向及引出线在机座上的出口方向做好标记,如图 4-1-12(d)所示.

(a) 测量数据　(b) 皮带轮或轴伸端定位标记　(c) 接缝处定位标记　(d) 电机出轴方向标记

图 4-1-12　拆卸前做标记

2. 三相异步电动机的拆卸

三相异步电动机的拆卸，按照表 4-1-10 的步骤进行.

表 4-1-10　三相异步电动机的拆卸

<table>
<tr><td>步骤 1</td><td>拆卸电动机的皮带轮或联轴器</td></tr>
<tr><td>步骤 2</td><td>拆卸电动机的风扇</td></tr>
<tr><td>步骤 3</td><td>拆卸电动机的端盖</td></tr>
<tr><td>步骤 4</td><td>写一写</td></tr>
<tr><td colspan="2">记录在拆卸过程中遇到的问题以及解决办法：
(1) ____________
(2) ____________
(3) ____________</td></tr>
</table>

(三) 小型三相异步电动机的装配

小型三相异步电动机的安装，按照表 4-1-11 的要求进行.

表 4-1-11　三相异步电动机的安装

<table>
<tr><td>步骤 1</td><td>按与拆卸步骤相反的顺序安装</td></tr>
<tr><td colspan="2">按与拆卸步骤相反的顺序安装，记录正确安装步骤和注意事项：
____
____
____
____
____________</td></tr>
<tr><td>步骤 2</td><td>写一写</td></tr>
<tr><td colspan="2">记录在安装过程中遇到的问题以及解决办法：
(1) ____________
(2) ____________
(3) ____________</td></tr>
</table>

四、注意事项

- 拆卸皮带轮或轴承时,要正确使用拉具.
- 电动机解体前,要做好记号,以便于组装.
- 端盖螺钉的松动与紧固必须按对角线上下左右依次旋动.
- 不能用铁锤直接敲打电动机的任何部位,只能在垫好木块后用紫铜棒敲击或直接用木榔头敲打.
- 抽出转子或安装转子时要小心,一边送一边接,不可擦伤定子绕组.
- 电动机装配后,要检查转子转动是否灵活,有无卡阻现象.

任务评价

根据本任务的学习情况,按行为、技能、情感三个指标进行自我评价、小组评价和教师评价.

任务评价表

一级评价指标	二级评价指标	评价内容	配分	自我评价 0.3	小组评价 0.3	教师评价 0.4
行为指标	安全文明生产	是否遵守安装规程	5分			
		是否按安全规程正确操作,无任何元器件的损坏	5分			
		工作岗位是否整洁	5分			
		是否具有良好的工作习惯	5分			
技能指标	工作过程中理论知识的掌握	预习和查阅资料的能力	5分			
		观察和分析问题的能力	5分			
		解决问题的方法和效果	5分			
		对三相异步电动机的结构、用途、分类和拆装工艺的掌握程度	5分			
	工作过程中技能的掌握	完成工作的积极性	5分			
		三相异步电动机拆卸前的准备工作是否充分	10分			
		三相异步电动机的拆卸方法是否掌握	10分			
		三相异步电动机的安装方法是否掌握	10分			
		理论与实际相结合的综合分析能力	5分			
		工具的正确使用与维护保养	5分			

续表

一级评价指标	二级评价指标	评价内容	配分	自我评价 0.3	小组评价 0.3	教师评价 0.4
情感指标	综合运用能力	团队协作能力	5分			
		工作效率	5分			
		知识或技能拓展能力	5分			
合　计			100分			
综合评价						

任务二 三相异步电动机的简单使用

任务描述

三相异步电动机的三相定子绕组通入对称三相交流电流后，就会转动起来，从而带动机械负载工作.那么异步电动机的转子是怎样旋转起来的？旋转磁场是怎么产生的？三相异步电动机的转速和同步转速有何关系？如何对电动机进行接线？如何改变电动机的转向？什么是转差率？它有什么实际意义？本任务将介绍这些问题.此外还介绍三相异步电动机运行前的检查、定子绕组首尾端的判别方法、电动机进行Y形或△形连接的接线、电动机的启动和改变转向等简单操作.

学习目标

◇ 能叙述三相异步电动机的工作原理，正确理解旋转磁场、转差率等概念.

◇ 学会三相异步电动机定子绕组首尾端的判别方法，能根据铭牌要求对电动机进行Y形或△形连接的接线.

◇ 能独立绘制三相异步电动机的工作电路图，学会三相异步电动机的启动和改变转向等简单操作.

学习地点

电机实训室.

学习准备

工具：常用电工工具一套.

仪表：万用表、钳形电流表等.

设备：三相异步电动机、倒顺开关、220/36V电源变压器、多媒体设备等.

材料：小盒(或纸盒)、备用螺丝、劳保用品、干电池、连接导线、电源线等.

资料：《电工安全操作规程》、《电机手册》及相关参考书等.

知识准备

三相异步电动机的三相定子绕组通入对称三相交流电流后，会产生旋转磁场，旋转磁场与转子绕组相互作用，产生转矩带动机械负载工作.

一、异步电动机的转动原理实验

异步电动机的转子是怎样旋转起来的？为了说明异步电动机的工作原理，我们先看一个简单的实验.

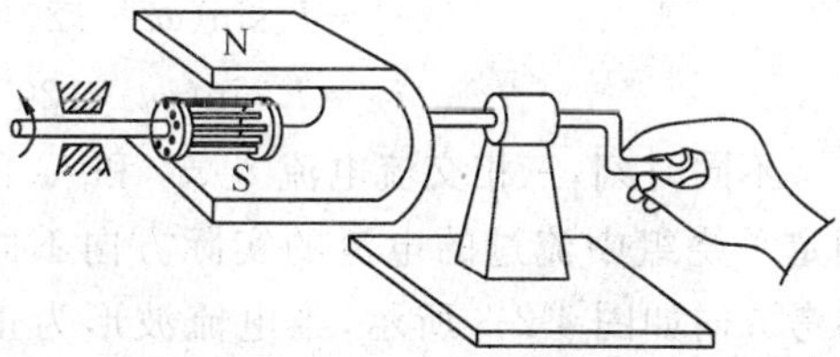

图 4-2-1　异步电动机的转动原理实验

如图 4-2-1 所示，在装有手柄的蹄形磁铁的两极间放置一个闭合导体，当转动手柄带动蹄形磁铁旋转时，将发现导体也跟着旋转；若改变磁铁的转向，则导体的转向也跟着改变. 摇得快，转子转得快；摇得慢，转子转得慢.

由演示实验可知，当磁铁旋转时，磁铁与闭合的导体发生相对运动，鼠笼式导体切割磁感线而在其内部产生感应电动势和感应电流. 感应电流又使导体受到一个磁场力的作用，于是导体就沿磁铁的旋转方向转动起来，这就是异步电动机的基本工作原理.

实际使用的异步电动机其旋转磁场不可能靠永久磁铁来产生，因为电动机的职能是将电能转换成机械能. 下面先分析旋转磁场的产生，再分析三相异步电动机的工作原理.

二、三相异步电动机的旋转磁场

1. *旋转磁场的产生条件*

三相异步电动机中的旋转磁场是三相定子绕组通入对称三相交流电流后产生的. 产生旋转磁场必须具备两个条件：

(1) 三相定子绕组必须对称，即每相定子绕组在定子铁芯空间上互差 120°电角度. 图 4-2-2 所示为三相异步电动机定子绕组在定子铁芯空间上的分布示意图.

(2) 通入三相对称绕组的电流也必须对称，即 i_U、i_V、i_W 三相电流大小和频率相同，相位互差 120°. i_U、i_V、i_W 的电流波形图如图 4-2-3 所示.

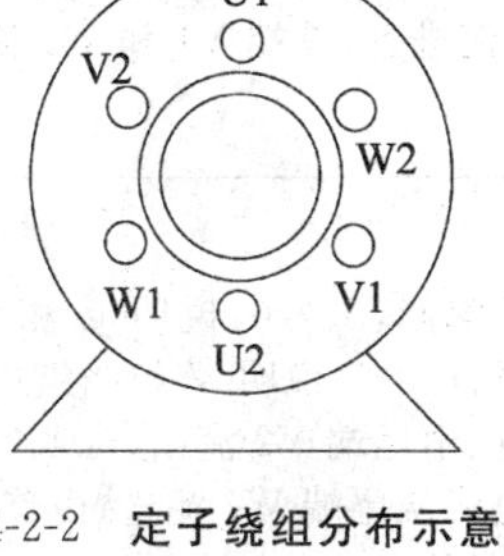

图 4-2-2　定子绕组分布示意图

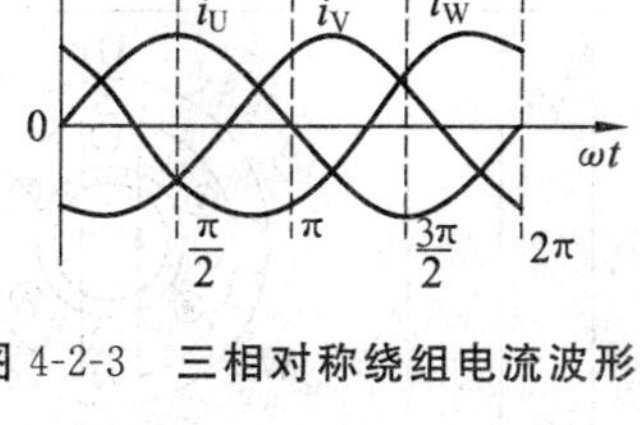

图 4-2-3　三相对称绕组电流波形图

2．旋转磁场的产生

（1）三相定子绕组各相电流及参考方向的规定．

假设三相异步电动机定子绕组接成Y形，定子绕组的首端接三相对称电源，每相定子绕组分别通入三相对称交流电流 i_U、i_V、i_W，其参考方向由首端流到尾端，如图4-2-4所示．设各相电流的表达式为

$$i_U = I_m \sin\omega t$$

$$i_V = I_m \sin(\omega t - 120°)$$

$$i_W = I_m \sin(\omega t + 120°)$$

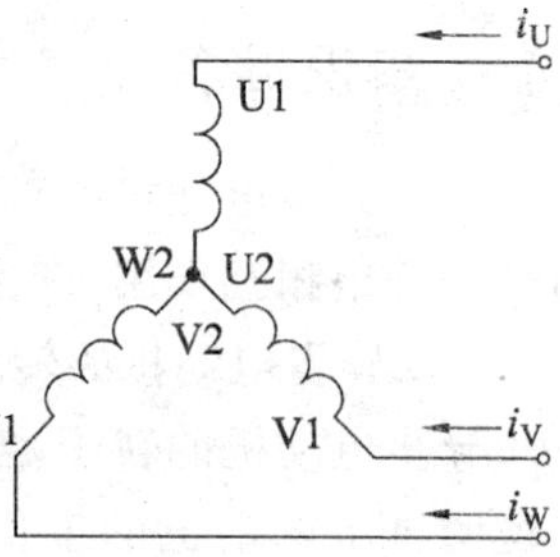

图 4-2-4　Y形连接的定子绕组通入三相对称交流电流

不同时刻，三相交流电流 i_U、i_V 和 i_W 的正负不同，说明每相定子绕组中流过的电流的实际方向不同，三相绕组中电流参考方向如图4-2-3所示，当电流波形为正值时，说明绕组中电流实际方向与参考方向相同，即电流由绕组的首端流进尾端流出；当电流波形为负值时，说明绕组中电流实际方向与参考方向相反，即电流由绕组的尾端流进首端流出；在某一瞬间，将每相电流所产生的磁场相叠加，便可以得到三相交流电流的合成磁场．

（2）三相定子电流的合成磁场分析．

表4-2-1中分析了交流电流在一个周期内五个瞬间所产生的合成磁场的情况．

表 4-2-1　交流电流在一个周期内五个瞬间所产生的合成磁场的情况

电角度	三相电流			合成磁场	说　明
	i_U	i_V	i_W		
$\omega t=0°$	0	−	+	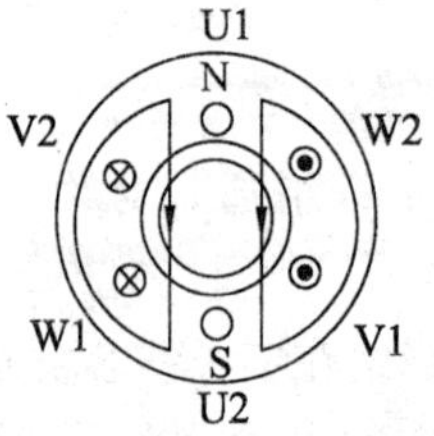	在该瞬间，$i_U=0$，说明U相绕组中没有电流流过；$i_V<0$，说明V相绕组中电流从尾端V2流进、由首端V1流出；$i_W>0$，说明W相绕组中电流从首端W1流进、由尾端W2流出
$\omega t=90°$	+	−	−	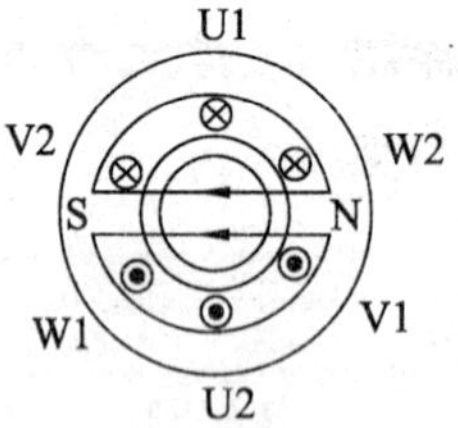	在该瞬间，$i_U>0$，说明U相绕组中电流从首端U1流进、由尾端U2流出；$i_V<0$、$i_W<0$，说明V相与W相绕组中电流都从尾端V2和W2流进、由首端V1和W1流出
$\omega t=180°$	0	+	−	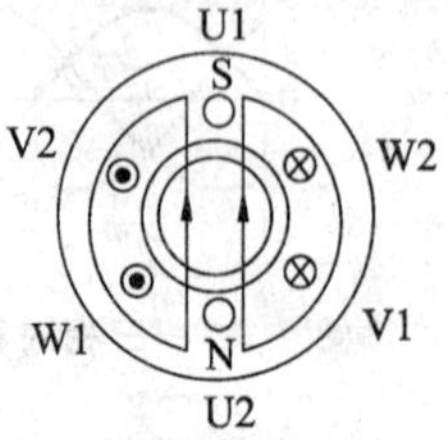	在该瞬间，$i_U=0$，说明U相绕组中没有电流流过；$i_V>0$，说明V相绕组中电流从首端V1流进、由尾端V2流出；$i_W<0$，说明W相绕组中电流从尾端W2流进、由首端W1流出

续表

电角度	三相电流			合成磁场	说　明
	i_U	i_V	i_W		
$\omega t=270°$	−	+	+	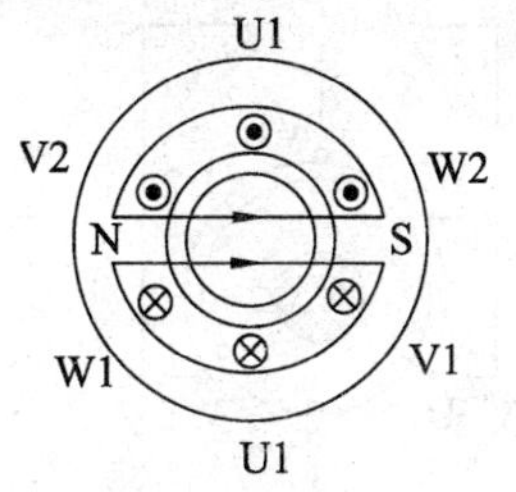	在该瞬间，$i_U<0$，说明 U 相绕组中电流从尾端 U2 流进、由首端 U1 流出；$i_V>0$、$i_W>0$，说明 V 相与 W 相绕组中电流都从首端 V1 和 W1 流进、由尾端 V2 和 W2 流出
$\omega t=360°$	0	−	+	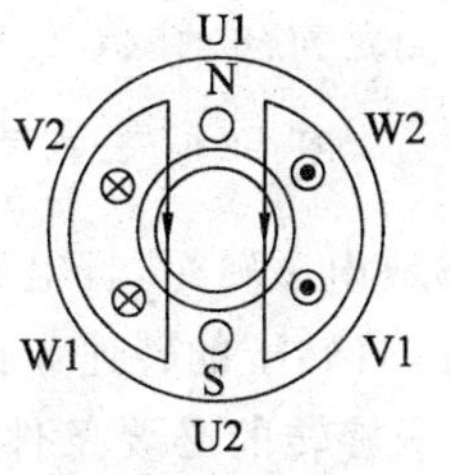	与 $\omega t=0°$时相同，从第二个周期开始，以后依次循环下去，形成了旋转磁场

根据交流电流在一个周期内五个瞬间所产生的合成磁场的情况分析可知，交流电流变化一周，三相合成磁场的磁极在空间顺时针旋转了一周. 当交流电流持续变化时，合成磁场的磁极则会不断连续旋转，就形成旋转磁场.

3. *旋转磁场的转向*

旋转磁场的转动方向由通入三相定子绕组的电流的相序决定，只要调换电动机任意两相电源线，旋转磁场就会改变转动方向.

4. *旋转磁场的转速*

三相异步电动机旋转磁场的转速称为同步转速，同步转速的大小取决于旋转磁场的磁极对数和交流电源的频率. 旋转磁场的磁极对数与定子绕组中线圈的连接规律有关. 不同的连接规律可得到不同磁极对数的旋转磁场. 三相异步电动机同步转速的计算公式如下：

$$n_1=\frac{60f_1}{p} \tag{4-2-1}$$

式中，n_1为同步转速，单位为 r/min；f_1为三相交流电频率，单位为 Hz；p 为磁极对数.

对于某一台三相异步电动机来说，f_1和 p 通常是一定的，所以磁场的转速 n_1是个常数. 对于工频交流电来说，$f_1=50\text{Hz}$，则不同的磁极对数对应有一固定的同步转速，表 4-2-2 给出了几个常见的同步转速.

表 4-2-2　　常见的同步转速

磁极对数 p	1	2	3	4	5	6
同步转速 n_1/(r/min)	3000	1500	1000	750	600	500

三、三相异步电动机的工作原理

三相异步电动机的工作原理是基于定子绕组内三相电流所产生的旋转磁场与转子导体内电流的相互作用.

图 4-2-5(a)所示为三相异步电动机定子绕组的接线示意图,我们设想一对磁极位于定子铁芯内画有阴影线的部分.

由图 4-2-5(b)分析可知,当定子三相对称绕组接到对称三相电源上时,会产生一个旋转磁场,转子绕组的有效边相对切割旋转磁场的磁感线,在转子绕组中产生感应电动势,并形成转子电流,旋转磁场对转子电流作用产生磁场力,从而形成电磁转矩,且电磁转矩的方向与旋转磁场的方向相同,转子便按旋转磁场的方向旋转起来,且转子的转速 n 比旋转磁场的转速 n_1 要小.

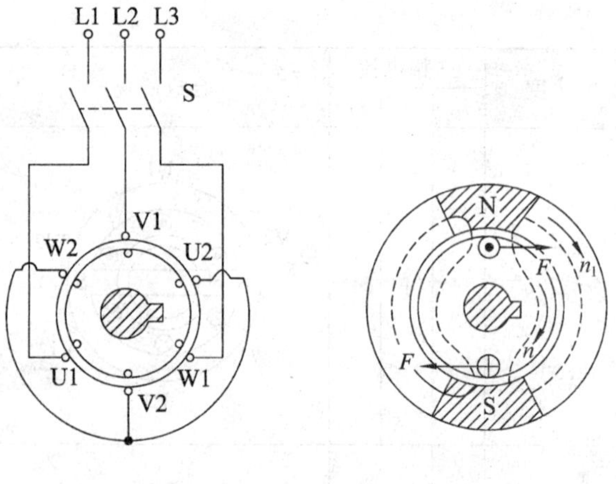

(a) 定子绕组的接线　　(b) 工作原理示意图

图 4-2-5　三相异步电动机的工作原理

转子与旋转磁场之间的转速差是保证转子旋转的必要条件. 由于转子转速不等于同步转速,所以把这种电动机称为异步电动机. 又由于在这种电动机中,转子电流的产生和电能的传递是基于电磁感应定律,所以异步电动机又称为感应电动机.

四、三相异步电动机的转差率

1. 转差率

将同步转速 n_1 与转子转速 n 之差称为三相异步电动机的转速差,转速差与同步转速 n_1 之比称为三相异步电动机的转差率,用 s 表示,即

$$s=\frac{n_1-n}{n_1} \tag{4-2-2}$$

对式(4-2-2)变形,可得到电动机的转速为

$$n=(1-s)n_1 \tag{4-2-3}$$

三相异步电动机在正常运行状态下,转差率 $0<s\leqslant1$. 电动机额定转速对应的转差率为额定转差率. 转差率 s 是三相异步电动机的一个重要参数,它反映了转子导体切割磁感线的速度占旋转磁场转速的比例关系. 转差率越大,转子中的电动势和电流越大,电动机从电源输入的电流和功率也越大.

2. 三相异步电动机各运行状态转差率的特点

(1) 电动机启动瞬间,$n=0$,这时 $s=1$,三相异步电动机的转子绕组切割磁感线的相对速度最大,所以产生的感应电动势和感应电流最大,这样,三相异步电动机的启动电流就很大,一般可达 4～7 倍的额定电流.

(2) 电动机空载运行时,三相异步电动机的转速很高,接近同步转速,即 $n\approx n_1$,所以,$s\approx0$.

(3) 电动机正常运行时,三相异步电动机的转速 $0\leqslant n<n_1$,因此,转差率在 $0<s\leqslant1$ 之间. 国家标准规定,一般的三相异步电动机额定转差率 $s_N=0.02\sim0.06$. 由额定转差率可知,

三相异步电动机的转速与同步转速相差不大，即三相异步电动机的转速接近同步转速.

例 4-2-1　当电源频率为 50Hz 时，三相异步电动机的额定转速为 1450r/min. 求电动机的同步转速、磁极数和额定转差率.

解　(1) 因为电源频率 $f_1=50\text{Hz}$，所以，同步转速只能是 3000r/min、1500r/min 或 1000r/min.

又因电动机的额定转速为 1450r/min，要接近而小于同步转速，因此，同步转速只会是 $n_1=1500\text{r/min}$.

(2) 由公式 $n_1=\dfrac{60f_1}{p}$，得

$$p=\frac{60f_1}{n_1}=\frac{60\times50}{1500}=2$$

即旋转磁场的磁极数等于 4 极.

(3) 额定转差率

$$s_N=\frac{n_1-n}{n_1}=\frac{1500-1450}{1500}\approx0.033$$

五、三相异步电动机的反转

三相异步电动机拖动的生产机械，往往需要改变运动方向，如电梯的上下、刨床的来回运动、起重机的提升和下放重物，都需要电动机能快速地正反转.

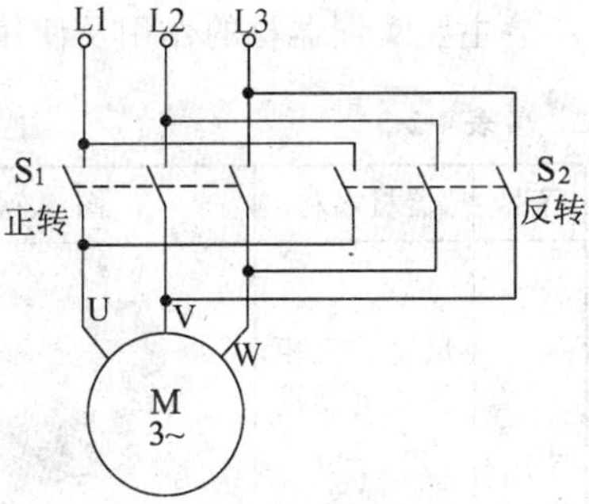

图 4-2-6　三相异步电动机正、反转工作原理线路图

从三相异步电动机的工作原理可知，电动机的旋转方向取决于定子旋转磁场的旋转方向. 因此只要改变旋转磁场的转向，就能使三相异步电动机反转. 图 4-2-6 是利用控制开关来实现电动机正反转的原理线路图. 当正转开关 S_1 闭合、反转开关 S_2 断开时，L1 接 U 相，L2 接 V 相，L3 接 W 相，电动机正转. 当正转开关 S_1 断开、反转开关 S_2 闭合时，L1 接 U 相，L2 接 W 相，L3 接 V 相，将电动机 V 相和 W 相绕组与电源的接线互换，则旋转磁场反向，电动机跟着反转.

因此，要改变电动机的转动方向，只要对换电动机任意两相电源线，旋转磁场就会改变转动方向，电动机也随之反转.

六、三相异步电动机的接线

在安装电动机的工作中，电动机的正确接线是一项非常重要的工作，如果接线不正确，不仅使电动机不能正常运行，严重时还会烧毁电动机的绕组.

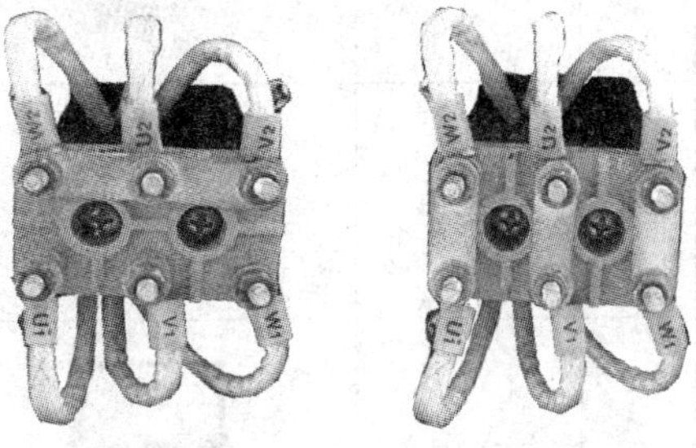
(a) Y形连接　　(b) △形连接

图 4-2-7　三相异步电动机接线示意图

三相异步电动机有两种接线方法，即 Y 形接法和△形接法. 在电网电压的既定条件下，根据电动机铭牌标明的额定电压与接法关系，决定电动机接线盒引出线的连接方法. 如铭牌标出 $U=380\text{V}$，Y 形连接时，通过短路片将电动机绕组的尾端 U2、V2、W2 短接，首端 U1、V1、W1 接三相电源，如图 4-2-7(a)所示. 如铭牌标

出 U=380V,△形连接时,通过短路片将电动机绕组的首端与相应的尾端短接,如图 4-2-7(b)中 U1 与 W2 短接、V1 与 U2 短接、W1 与 V2 短接,首端 U1、V1、W1 接三相电源.

任务实施

三相异步电动机的简单操作

一、实训目的

◉ 学会三相异步电动机定子绕组首尾端的判别方法,能根据铭牌要求对电动机进行 Y 形或△形连接的接线.

◉ 学会三相异步电动机的启动和改变转向等简单操作.

二、实训器材

工具、仪表、材料、设备等见学习准备.

三、实训内容及步骤

(一) 主要实训器材的认识

主要实训器材的作用及使用注意事项见表 4-2-3.

表 4-2-3　　主要实训器材的作用及使用注意事项

序号	器材名称	图例	规格	作用	备注
1	鼠笼式三相异步电动机		Y801-4 型 P_N=0.55kW	实训操作对象	—
2	倒顺开关		HY2-15	改变电动机电源相序,实现三相异步电动机正反转控制	组合开关的一种,也称可逆转换开关
3	电源变压器		BK-50W (220/36V)	36V 交流电源法判别定子绕组首尾端	—
4	干电池		5 号干电池	干电池法判别定子绕组首尾端	—
5	万用表		MF-47 型	可用来测量交、直流电压,直流电流和电阻	注意挡位和量程的切换

(二) 三相异步电动机三相定子绕组首尾端的判别

当三相定子绕组拆装后，定子绕组的六个出线端经常不能分清其首端和尾端. 若绕组首尾端错误，接线后通电试车，可能会因为电流过大造成事故. 正确辨别三相定子绕组的首尾端是一项非常重要的内容. 三相交流异步电动机定子绕组首尾端判别方法有以下三种.

1. 干电池法

利用干电池法判别三相交流异步电动机定子绕组首尾端见表 4-2-4.

表 4-2-4　　利用干电池法判别三相交流异步电动机定子绕组首尾端

序号	步　骤	图　例	操作说明
1	分相		用万用表 $R \times 1$ 挡进行分相，当万用表指针偏转，说明这两个端子是同一相绕组的两个出线端.
2	绕组标记		每相绕组做好记号并理顺三相绕组，每相的标记可由操作者按照自己的操作方法加以标注(打圈、打结等)
3	绕组端子编号		将三相绕组的出线端分别编号为：第一相：11 和 12；第二相：21 和 22；第三相：31 和 32
4	连接电路	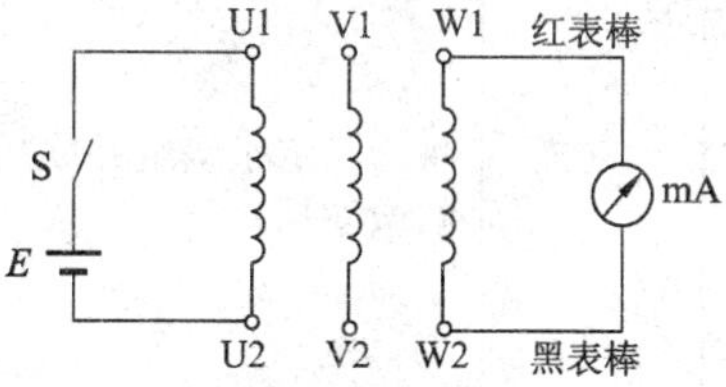	(1) 将万用表打到直流最小毫安挡 (2) 取定子绕组中任意一相绕组的两出线端分别接在万用表的两表笔上. 再取定子绕组中另一相绕组的一根出线端接电池的负极，另一根出线端去碰电池的正极，接通电池
5	判断首尾端	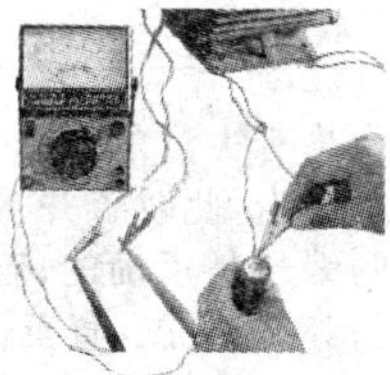	(1) 如果万用表指针正偏，则说明电池正极所接出线端与万用表负极(黑表棒)所接出线端同为首端(或尾端) (2) 如果万用表指针反偏，则说明电池正极所接出线端与万用表正极(红表棒)所接出线端同为首端(或尾端)
判断结论：互为首端的三个端子的编号为＿＿＿＿＿＿＿＿			

2. 36V 交流电源法

利用 36V 交流电源法判别三相交流异步电动机定子绕组首尾端，其中分相、绕组标记、绕组端子编号与干电池法相同,具体判别方法见表 4-2-5.

表 4-2-5　　利用 36V 交流电源法判别三相交流异步电动机定子绕组首尾端

序号	步　骤	图　例	操作说明
1	连接电路	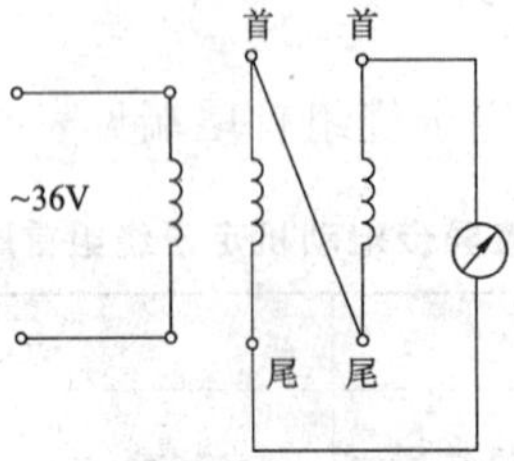	将任意两相绕组串联后接交流电压表(万用表的交流电压挡),另一相绕组接交流 36V 电源
2	判断首尾端	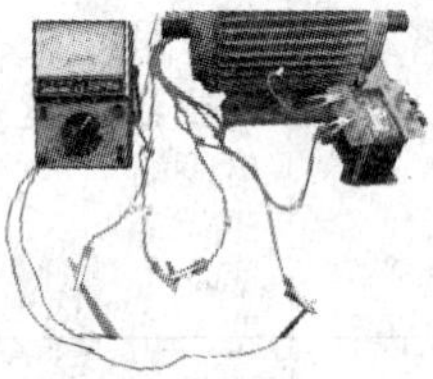	(1) 如果电压表有读数,则连接在一起的两个出线端一个为首端,另一个为尾端(即首尾相连) (2) 如果电压表无读数,则连接在一起的两个出线端都是首端或尾端(即首首相连或尾尾相连)
判断结论:互为首端的三个端子的编号为＿＿＿＿＿＿＿＿			

3. ***剩磁感应法***

利用剩磁感应法判别三相交流异步电动机定子绕组首尾端,其中分相、绕组标记、绕组端子编号与干电池法相同,具体判别方法见表 4-2-6.

表 4-2-6　　利用剩磁感应法判别三相交流异步电动机定子绕组首尾端

序号	步　骤	图　例	操作说明
1	连接电路	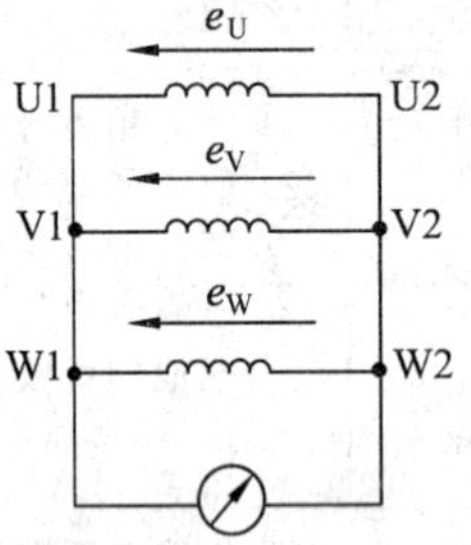	将三相定子绕组并联后接入微安表(或万用表的微安挡)
2	判断首尾端	由于电动机定子及转子铁芯中通常均有少量的剩磁,用手转动电动机转子,在三相定子绕组中将有微弱的感应电动势产生,此时若并接在绕组两端的微安表(或万用表微安挡)指针不动,则说明假设的编号是正确的;若指针有偏转,说明其中有一相绕组的首末端假设编号不对.应逐相对调重测,直至正确为止		
判断结论:互为首端的三个端子的编号为＿＿＿＿＿＿＿＿			

(三) 三相异步电动机的 Y 形或△形接法

按工艺要求进行三相异步电动机的 Y 形或△形连接,其步骤记录于表 4-2-7 中.

表 4-2-7　　　　三相异步电动机的 Y 形、△形连接步骤

步骤 1	确定接线盒内引出线连接方式
步骤 2	引出线的连接
步骤 3	写一写
记录安装接线过程中遇到的问题以及解决办法： (1)______ (2)______ (3)______	

(四) 三相异步电动机的启动和改变转向

1. 绘制并连接用倒顺开关控制的三相异步电动机正反转工作电路

采用倒顺开关改变进入电动机接线盒的电源两相相序来直接控制电动机实现反转，此电路一般只适用于控制额定电流为 10A、功率在 3kW 以下的小容量电动机.

绘制用倒顺开关控制的三相异步电动机正反转工作电路，如图 4-2-8 所示.

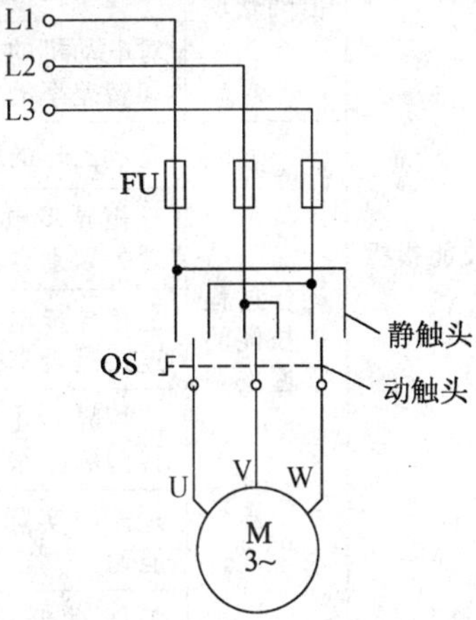

图 4-2-8　倒顺开关控制的三相异步电动机正反转工作电路

2. 操作并观察三相异步电动机转向的改变过程

使用万用表来检查线路，检查与通电试车有关的电气设备是否有不安全的因素存在，要求确保无误后才允许通电调试.

(1) 学生合上电源开关后，用万用表检查熔断器出线端，有电压说明电源接通.

(2) 操作倒顺开关，将手柄置于"停"、"顺"、"倒"位置.

(3) 观察电动机的启动和转向的改变过程.

四、注意事项

◉ 接线时，一定要按照电动机铭牌上规定的接线连接，如果将△形接法的电动机错接成 Y 形，电动机的转矩将大大减少，可能带不动负载.

◉ 电动机启动后，若发现振动、噪声过大，要迅速断电，查明原因.

◉ 当电动机处于正转状态时，要使它反转，应先把手柄扳到"停"的位置，使电动机先停转，然后再将手柄扳到"倒"的位置，使它反转. 若直接由"顺"扳到"倒"的位置，会产生很大的反接电流，易使定子绕组损坏.

任务评价

根据本任务的学习情况，按行为、技能、情感三个指标进行自我评价、小组评价和教师评价.

任务评价表

一级评价指标	二级评价指标	评价内容	配分	自我评价 0.3	小组评价 0.3	教师评价 0.4
行为指标	安全文明生产	是否遵守安装规程	5 分			
		是否按安全规程正确操作，无任何元器件的损坏	5 分			
		工作岗位是否整洁	5 分			
		是否具有良好的工作习惯	5 分			
技能指标	工作过程中理论知识的掌握	预习和查阅资料的能力	5 分			
		观察和分析问题的能力	5 分			
		解决问题的方法和效果	5 分			
		对电动机的工作原理、旋转磁场和转差率的理解程度	5 分			
	工作过程中技能的掌握	完成工作的积极性	5 分			
		三相异步电动机定子绕组首尾端的判别方法是否掌握	10 分			
		三相异步电动机的 Y 形或△形连接是否掌握	10 分			
		三相异步电动机的启动和改变转向的操作是否掌握	10 分			
		理论与实际相结合的综合分析能力	5 分			
		工具、仪器和仪表的使用方法是否正确	5 分			
情感指标	综合运用能力	团队协作能力	5 分			
		工作效率	5 分			
		知识或技能拓展能力	5 分			
合计			100 分			
综合评价						

知识拓展

三相同步电机简介

转子的转速始终与定子旋转磁场的转速相同的交流电机称为同步电机．火力发电厂和水力发电站中的发电机一般都采用三相同步发电机，如图 4-2-9 所示．同步电动机主要用于大容量、恒转速的电力驱动设备中，如图 4-2-10 所示．虽然同步电机在工矿企业中的应用没有三相异步电动机那么广泛，但是作为一名电气技术人员，必须对它的结构特点、性能用途和使用方法有一定的了解.

图 4-2-9　三相同步发电机

图 4-2-10　三相同步电动机

一、同步电机的分类和用途

同步电机按照转子结构不同可分为凸极式和隐极式两大类，如图 4-2-11 所示.

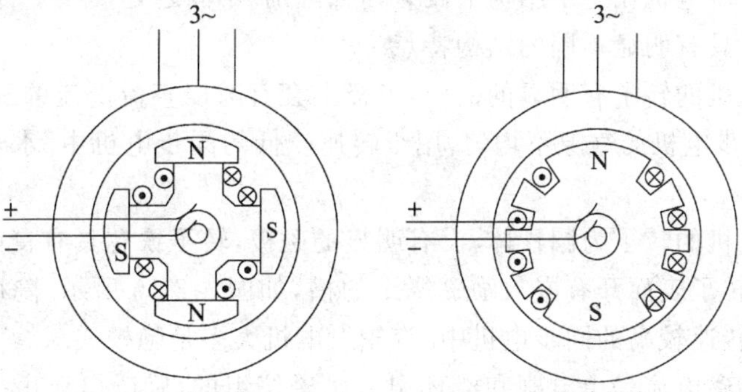

(a) 凸极式　(b) 隐极式

图 4-2-11　同步电机的结构示意图

同步电机按照用途不同可分为发电机、电动机和调相机三大类.

1. 发电机

同步发电机有以下几种.

(1) 汽轮发电机. 以汽轮机或燃气轮机等高速动力机械作为原动机，转速通常为 3000r/min 或 1500r/min，如图 4-2-9 所示.

(2) 水轮发电机. 以水轮机作为原动机，发电机体积较大，转速较低，通常转速为 50～1500 r/min，如图 4-2-12 所示.

图 4-2-12　水轮发电机

图 4-2-13　柴(汽)油发电机

(3) 柴(汽)油发电机. 以柴(汽)油机作为原动机，功率较小，发电成本较高，转速 250～

3000r/min,容量从几千瓦到数千千瓦,如图 4-2-13 所示.

(4) 中频发电机.频率为 100～10000Hz,功率为 2～1000kW.

2. **电动机**

若交流电网的频率恒定,则同步电动机的转速也为恒定值,不受负载变动的影响,其机械特性曲线如图 4-2-14 所示.同步电动机的功率因数可通过改变励磁电流来调节,励磁电流较大时,可以改善电网的功率因数.

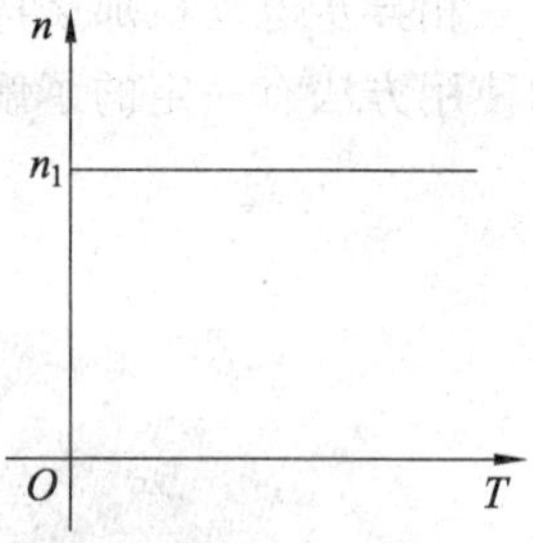

图 4-2-14 同步电动机的机械特性曲线

3. **调相机**

同步电动机不带机械负载,专门用于调节功率因数时称为调相机.

二、同步电机的基本结构

同步电机与异步电机在定子结构上没有什么区别.不同之处仅在于转子,凸极式与隐极式同步电机的转子具有明显不同的结构特点.

凸极式同步电机的转子有明显的磁极,磁极上套有通以直流电流的励磁绕组,如图 4-2-15 所示.凸极式同步电机的气隙不均匀,用于转速较低的同步电机中.水轮发电机和柴油发电机多为凸极式.

隐极式同步电机的转子为圆柱体,没有明显的磁极,转子铁芯具有良好的导磁性能和较高的机械强度,在转子表面开有嵌入励磁绕组的槽,如图 4-2-16 所示.隐极式同步电机的气隙是均匀的,用于转速较高的同步电机中.汽轮发电机大多是隐极式.

同步电机的励磁电流是由电刷和滑环引入励磁绕组的,励磁电流由一台同轴的直流发电机供给,也可由交流电整流后供给.

图 4-2-15 凸极式同步电机的转子

图 4-2-16 隐极式同步电机的转子

三、同步电机的工作原理

同步电机也是一种可逆电机,既可以作为电动机运行,又可以作为发电机运行.

同步电机作为电动机运行时,当定子三相对称绕组通入频率为 f_1 的三相交流电时,将产生旋转磁场,其转速为同步转速,$n_1=\frac{60f_1}{p}$,旋转方向取决于三相电流的相序.转子绕组通入直流励磁电流后,将产生相对于转子静止的恒定磁场.定子与转子具有相同的磁极对数,根据磁极异性相吸原理,定、转子的磁场之间就会产生电磁转矩,使转子跟随旋转磁场一起同步转动.也就是说,转子转动的速度与旋转磁场的速度相同,即 $n=n_1$,所以称为同步电动机.

同步电动机运行中，即使空载时，轴上也存在一定的阻力，因此转子的磁极轴线总要滞后于定子旋转磁场的磁极轴线一个很小的角度 θ，这个角度 θ 称为功率角或功角，如图 4-2-17 所示. 当负载增大时，θ 角也变大，电磁转矩随之增大，电动机仍然保持同步工作状态. 当然，负载若超过异性磁极的最大吸引力，转子就无法正常运转，出现“失步”现象.

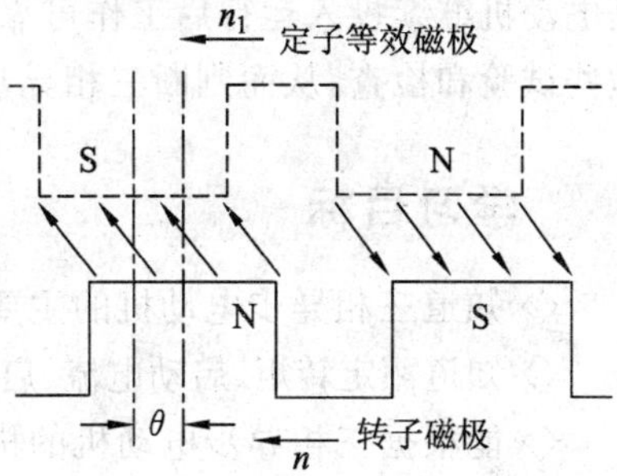

图 4-2-17　功率角 θ 示意图

同步电机作为发电机运行时，当励磁绕组通入直流电后，转子立即建立恒定磁场. 用原动机拖动转子以同步转速 n_1 旋转时，定子三相对称绕组切割转子磁场而产生三相对称交流感应电动势，其频率为 $f_1=\frac{60n_1}{p}$. 将原动机输入的机械能转化为电能，输出到用电器上.

四、同步电动机的启动

同步电动机本身没有启动转矩. 当定子绕组通入三相对称交流电后，立即产生旋转磁场；而转子励磁绕组通入直流电后产生恒定磁场，转子由于惯性不能立即转动；这样，定子中的 N 极一会儿在转子 S 极的前面，一会儿在转子 S 极的后面，在转子中产生一个交变的电磁转矩，平均转矩为零，所以同步电动机不能自行启动.

三相同步电动机的启动方法通常有以下几种：

1. *辅助启动法*

用一台异步电动机或其他动力机械(如柴油机等)，把转子加速至接近同步转速后脱开，再通入定子三相交流电和转子励磁电流，将电动机牵入同步.

2. *异步启动法*

在转子磁极的表面装一套笼式绕组，利用异步电动机的启动原理使电动机加速至接近同步转速，再给转子励磁绕组通入直流电，依靠同步转矩把转子牵入同步. 这种启动方法可以采用降压来减小启动电流，在传统的同步电动机中应用较普遍.

3. *变频启动法*

利用变频器使加在同步电动机定子绕组上的电压和频率从零开始连续增大，这样可以让旋转磁场的转速从零平滑地上升到额定同步转速. 在启动的整个过程中，转子的转速始终与定子旋转磁场的转速同步. 随着电力电子技术的日趋成熟，大功率变频器应用的普及，这种启动方法应用得越来越多.

任务三　三相异步电动机的检查与试验

任务描述

三相异步电动机拆装后的检查和试验是检验电动机大修质量和装配质量的基本依据，

是电动机继续投入运行后工作可靠的保证. 因此,有必要选择性地对大修和拆装后的电动机做些试验和检查,从而判断三相异步电动机的性能和修理质量.

学习目标

◇ 知道三相异步电动机的主要参数及相互关系.

◇ 知道额定转矩、启动电流、启动转矩、最大转矩、输出功率的含义,并能进行简单计算.

◇ 能根据三相异步电动机的机械特性曲线和工作特性曲线,正确分析异步电动机的运行特点.

◇ 通过电动机的检查和试验,会分析和判断三相异步电动机的性能和修理质量.

学习地点

电机实训室.

学习准备

工具:常用电工工具一套.

仪表:直流双臂电桥、兆欧表、交流电压表、钳形电流表、万用表和转速表等.

设备:三相异步电动机、三相调压交流电源、功率表、多媒体设备等.

材料:高压绝缘手套、高压绝缘靴或绝缘鞋、扁铜线或高压线、导线若干等.

资料:《电工安全操作规程》、《电机手册》及相关参考书等.

知识准备

当三相异步电动机的三相定子绕组接到三相对称电源时,电动机转子按旋转磁场的方向转动起来. 下面分析电动机运行时电动势、电流、阻抗、功率因数、转矩、效率等主要参数及相互关系.

一、三相异步电动机的主要参数及相互关系

(一) 定子电路的感应电动势 E_1

异步电动机工作时定子绕组和转子绕组与同一旋转磁通相交链,其工作原理与变压器非常相似. 由于磁通不断地在空间旋转,定子绕组中将产生感应电动势,其大小近似与定子绕组所加电源电压相平衡,即

$$U_1 \approx E_1 = 4.44 K_1 N_1 f_1 \Phi_m \quad (4\text{-}3\text{-}1)$$

式(4-3-1)中,K_1为定子绕组的绕组系数,略小于 1; N_1为定子每相绕组匝数;f_1为定子绕组感应电动势频率,等于电源频率;Φ_m 为旋转磁场的每极磁通量,等于通过每相绕组的磁通的最大值.

由此可见,在三相异步电动机中,若外加电源电压一定时,定子电路的感应电动势基本不变,旋转磁场的每极磁通量也基本不变. 电源电压、频率和线圈匝数变化都会引起主磁通量 Φ_m变化,影响电动机的性能.

(二) 转子电路的主要参数

1. 转子绕组的电动势 E_2 及其频率 f_2

转子绕组被旋转磁场切割，产生感应电动势 E_2. E_2 的大小与磁通密度及旋转磁场切割磁感线的速度有关.

(1) 当转子静止不动时(启动瞬间).

旋转磁场以 n_1 的相对转速切割转子绕组，这时转子绕组中产生最大的感应电动势，感应电动势频率 f_2 等于电源频率 f_1，则

$$E_{20}=4.44K_2N_2f_1\Phi_m \tag{4-3-2}$$

$$f_2=f_1$$

式(4-3-2)中，K_2 为定子绕组的绕组系数，略小于 1；N_2 为转子每相绕组匝数；E_{20} 为转子不转时的感应电动势.

(2) 当转子以转速 n 旋转时，旋转磁场就以 $n_1-n=sn_1$ 的相对转速切割转子绕组，此时

$$E_2=4.44K_2N_2f_2\Phi_m \tag{4-3-3}$$

$$f_2=p\frac{n_1-n}{60}=\frac{n_1-n}{n_1}\cdot\frac{pn_1}{60}=sf_1$$

因此

$$E_2=4.44K_2N_2sf_1\Phi_m=sE_{20} \tag{4-3-4}$$

由此可见，电动机启动时，转子电动势较高，$f_2=f_1=50\text{Hz}$；电动机在额定情况下运行时，由于 $s_N=0.02\sim0.06$，因此转子感应电动势的数值及频率都较低.

2. 转子绕组的阻抗

(1) 漏电抗 X_{s2}.

异步电动机和变压器一样也有漏磁现象. 定子绕组的漏磁通 Φ_{s1} 是指定子电流产生的磁通中极少量的不穿过转子铁芯，不与转子绕组相交链，而沿定子铁芯经空气隙自行闭合的磁通. 定子绕组的漏磁通在定子绕组中引起漏电感 L_{s1}.

同样，在转子绕组的周围也有极少量的磁通不穿过定子铁芯，不与定子绕组相交链，而沿转子铁芯经空气隙自行闭合，这部分磁通称为转子绕组的漏磁通 Φ_{s2}. 漏磁通 Φ_{s2} 在转子绕组中引起漏电感 L_{s2}.

$$X_{s2}=2\pi f_2L_{s2}=2\pi sf_1L_{s2}=sX_{20} \tag{4-3-5}$$

式(4-3-5)中，X_{20} 为每相转子不转时的漏电抗，单位为 Ω；X_{s2} 为每相转子转动时的漏电抗，单位为 Ω.

(2) 转子阻抗 Z_2.

转子绕组既有电阻 R_2，又有漏电抗 X_{20}，因此转子电路的阻抗为

$$Z_2=\sqrt{R_2{}^2+(sX_{20})^2} \tag{4-3-6}$$

3. 转子电路的电流 I_2 和功率因数 $\cos\varphi_2$

(1) 转子电流 I_2.

转子绕组的电阻可认为是不变的，漏电抗随 s 的变化而变化. 转子电路的电流为

$$I_2=\frac{E_2}{Z_2}=\frac{sE_{20}}{\sqrt{R_2{}^2+(sX_{20})^2}} \tag{4-3-7}$$

(2) 转子电路的功率因数为

$$\cos\varphi_2=\frac{R_2}{Z_2}=\frac{R_2}{\sqrt{R_2{}^2+(sX_{20})^2}} \tag{4-3-8}$$

由此可见，转子电路的电流 I_2 随 s 的增大而增大，转子电路的功率因数 $\cos\varphi_2$ 随 s 的增大而减小. 电动机转子静止时，$s=1$，转子电路的电流最大，转子电路的功率因数最低.

转子电路的电流 I_2 和功率因数 $\cos\varphi_2$ 与转差率 s 的关系如图 4-3-1 所示.

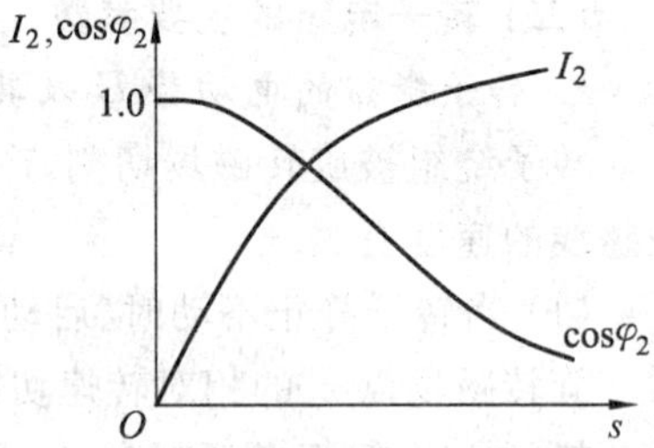

图 4-3-1　I_2 和 $\cos\varphi_2$ 随 s 的变化曲线

异步电动机中定子绕组的电流 I_1 是由转子电流 I_2 来决定的，在异步电动机中，能量以旋转磁通为媒介，由定子电路传递到转子. 转子从旋转磁场中所获得的能量，除很小一部分转换为热损耗外，其余均转换为转子输出的机械能.

二、电磁转矩

1. 电磁转矩的一般表达式

三相异步电动机的电磁转矩 T 是由旋转磁场的每级磁通 Φ 与转子电流 I_2 相互作用而产生的，因此电磁转矩与转子电流的有功分量及定子旋转磁场的每极磁通呈正比，磁场越强，转子电流越大，电磁转矩也越大. 电磁转矩的一般表达式为

$$T=C_T\Phi_m I_2\cos\varphi_2 \tag{4-3-9}$$

式(4-3-9)中，C_T 是电动机转矩常数，与电动机结构有关.

在电源电压保持不变的情况下，旋转磁场的每级磁通保持不变，因此有

$$T\propto I_2\cos\varphi_2 \tag{4-3-10}$$

转子电流 I_2 随 s 的增大而增大，功率因数 $\cos\varphi_2$ 随 s 的增大而减小，而电磁转矩 T 随 s 如何变化，必须看 I_2、$\cos\varphi_2$ 的增减程度如何.

2. 电磁转矩的参数表达式

由式 $U_1\approx E_1=4.44K_1N_1f_1\Phi_m$，得 $\Phi_m\approx\frac{U_1}{4.44K_1N_1f_1}$，将 Φ_m、I_2 和 $\cos\varphi_2$ 一起代入电磁转矩的一般表达式，则可得三相异步电动机的电磁转矩公式的参数表达式为

$$T=C_TU_1{}^2\frac{sR_2}{R_2{}^2+(sX_{20})^2} \tag{4-3-11}$$

由此可见，电磁转矩 T 也与转差率 s 有关，并且与定子每相电压 U_1 的平方成正比，电源电压对转矩影响较大. 同时，电磁转矩 T 还受到转子电阻 R_2 的影响. 绕线式异步电动机是通过改变转子电阻 R_2 从而改变电动机的电磁转矩的.

三、转矩特性曲线

三相异步电动机的转矩特性曲线如图 4-3-2 所示. 由转矩特性曲线可以看出，当 s 较小时，电磁转矩 T 随 s 的增大而增大；当 s 达到一定程度时，电磁转矩 T 随 s 的增大而减小. 中间的转折点对应电磁转矩的最大值 T_m. 最大转矩又称为临界转矩，对应 T_m 的转差率称为临界转差率 s_m.

最大转矩和最大转矩时的转差率 s_m 表达式为

$$s_m = \frac{R_2}{X_{20}} \tag{4-3-12}$$

$$T_m = KU_1{}^2 \frac{1}{2X_{20}} \tag{4-3-13}$$

式中，k 为常数.

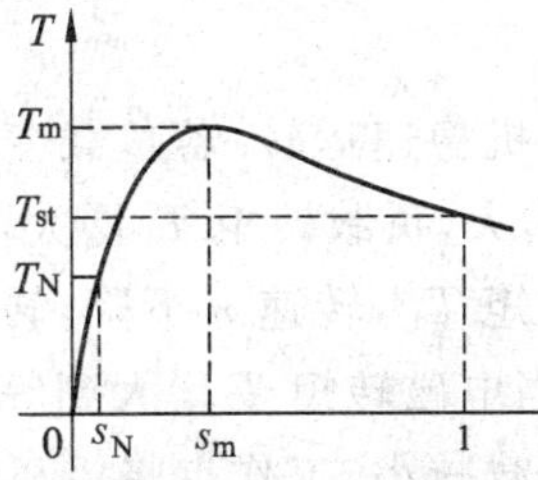

图 4-3-2　三相异步电动机的转矩特性曲线

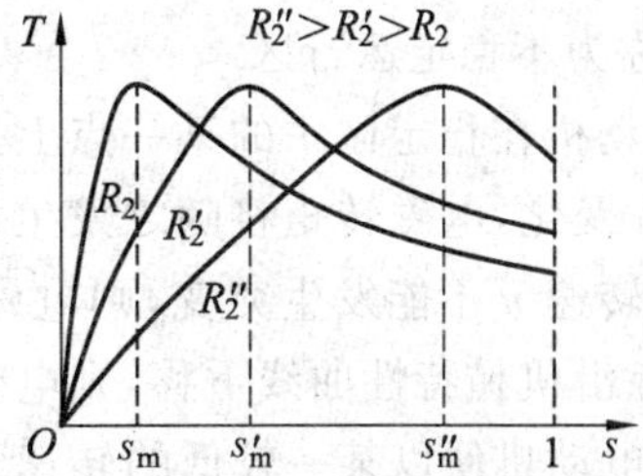

图 4-3-3　转子电阻不同时的转矩特性曲线

由此可知，当转子绕组的漏电抗 sX_{20} 等于转子绕组的电阻 R_2 时，异步电动机产生最大电磁转矩 T_m. 由于不论是鼠笼式还是绕线式异步电动机，它们的转子电阻 R_2 都很小，因此一般异步电动机的 s_m 在 0.04(大型电动机)～0.2(小型电动机)之间. 异步电动机的最大转矩 T_m 和转子电阻 R_2 的大小无关. 但若使 R_2 增大，则 s_m 增大，转矩特性曲线向右偏移；反之，则 s_m 减小，转矩特性曲线向左偏移，如图 4-3-3 所示. 绕线式异步电动机就是利用这一原理改善启动和调试性能的.

$s=1$ 时对应的转矩称为启动转矩 T_{st}. 虽然异步电动机在启动的瞬间，转子和旋转磁场之间立即有最大的相对运动，但启动转矩 T_{st} 并不是最大的. 这是因为由式(4-3-10)可知，启动时 I_2 虽然较大，但 $\cos\varphi_2$ 很小，所以它们的乘积 $I_2\cos\varphi_2$ 并不是最大的，因此启动转矩 T_{st} 不是最大.

四、三相异步电动机的机械特性

电动机的转矩特性曲线 $T=f(s)$ 表示的是电源电压一定时，电磁转矩 T 随转差率 s 的变化而变化的关系. 在电力拖动系统中，为了便于分析，通常需要了解的是电动机的转速 n 与电磁转矩 T 的关系，即电动机的机械特性 $n=f(T)$，如图 4-3-4 所示.

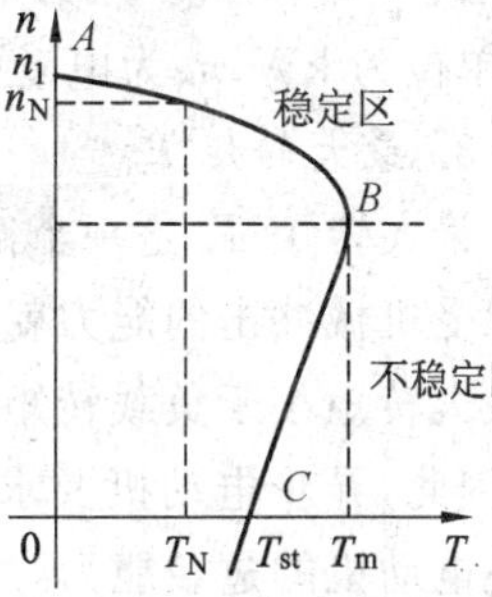

图 4-3-4　三相异步电动机的机械特性曲线

下面介绍机械特性曲线上的三个重要转矩和两个区域.

1. 启动转矩 T_{st}

启动转矩 T_{st} 是衡量电动机启动性能的重要技术指标之一. 启动转矩越大，电动机的加速度越大，启动过程越短，这说明电动机的启动性能越好；反之，若启动转矩小，启动困难，启动时间长，很容易使电动机绕组过热，甚至启动不起来，这说明电动机的启动性能差. 我国规定电动机的启动转矩不能小于一定的范围. 一般异步电动机的启动能力通常用启动转矩与额定转矩的比值来表示，称为启动系数 λ_{st}，即

$$\lambda_{st} = \frac{T_{st}}{T_N} \tag{4-3-14}$$

一般鼠笼式三相异步电动机启动系数为 1.7～2.2；绕线式三相异步电动机由于转子可

以外接启动电阻器,从而可以增大启动转矩,提高启动性能.

只要启动转矩 T_{st}大于负载转矩 T_L,电动机便能启动起来.随着转速 n 的逐渐升高,电磁转矩 T 逐渐增大,很快越过最大转矩 T_m,然后随着转子转速的稳定升高,电磁转矩 T 又逐渐减小,直到电磁转矩 T 等于负载转矩 T_L,电动机便以某一转速稳定运行.由此可见,电动机只要启动起来,就工作在机械特性曲线的 AB 区域.因此 AB 区域称为稳定运行区,而 BC 区域称为不稳定运行区.

当电动机在稳定区中的某一点上工作时,$T=T_L$,电动机稳速运转.若负载变化导致负载转矩 T_L变化,电磁转矩将随之发生相应的变化.若负载增大,负载转矩 T_L增大,由于这一瞬间转子转速 n 不能发生突变,则电磁转矩 T 小于负载转矩 T_L,转速 n 下降,转差率 s 增大,工作点沿机械特性曲线下移,则电磁转矩 T 自动增大,当电磁转矩 T 增大到等于负载转矩 T_L时,电动机便以某一较低的转速稳定运行.同理,若负载减小,工作点将沿机械特性曲线上移,电动机又能以某一较高的转速稳定运行.

由于临界点的转差率 s_m较小,所以异步电动机工作在稳定区域时,转速变化不大,这种特性称为硬特性.这种硬特性适应于金属切削机床等机械的需要.

2. 额定转矩 T_N

额定转矩 T_N指电动机在额定电压、额定负载下电动机轴上输出的电磁转矩.它是电动机轴上输出转矩的最大允许值.由于

$$T_N=9550\frac{P_N}{n_N} \tag{4-3-15}$$

所以额定功率相同的电动机,转速低,转矩就大.又由于转速与磁极对数呈反比,所以极数多,转速就低,转矩也就越大.

式(4-3-15)中,T_N为电动机的额定输出转矩,单位为 N·m;P_N为电动机的额定输出功率,单位为 kW;n_N为电动机的额定转速,单位为 r/min.

3. 最大转矩 T_m

最大转矩 T_m是一个衡量电动机短时过载能力的重要技术指标.最大转矩 T_m越大,电动机承受机械冲击的能力就越大.如果电动机在带负载运行中发生了短时过载现象,当电动机的最大转矩小于负载转矩 T_L时,电动机的转速会急剧下降,直至停转,发生所谓“闷车”现象.因此,异步电动机要求有一定的过载能力.通常用最大转矩 T_m与额定转矩 T_N的比值来描述电动机的过载能力,用过载系数 λ 来表示,即

$$\lambda=\frac{T_m}{T_N} \tag{4-3-16}$$

一般异步电动机的过载系数都在 1.8~2.2 之间.

下面说明降低电源电压 U_1对电动机机械特性的影响.

由电磁转矩公式的参数表示式 $T=C_TU_1{}^2\frac{sR_2}{R_2{}^2+(sX_{20})^2}$可知,在转子电阻 R_2 不变的条件下,当电源电压降低时,电磁转矩 T 与定子每相 U_1的平方呈正比地减小,但临界转差率 s_m、同步转速

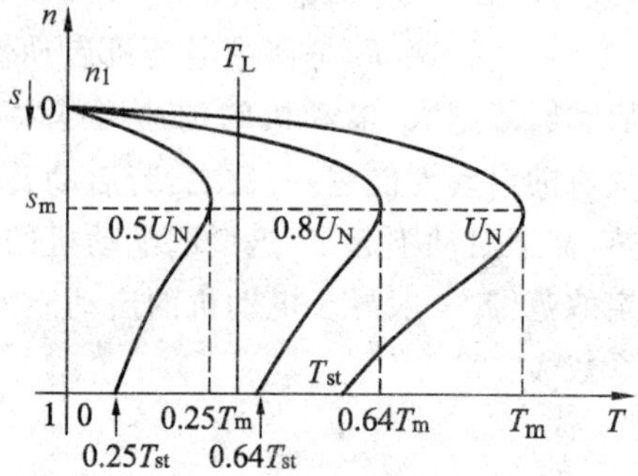

图 4-3-5 外加电压对机械特性的影响

n_1与电源电压U_1无关而保持不变，因此机械特性曲线向左移动，如图 4-3-5 所示.

电源电压对电磁转矩的影响很大. 若电动机在运行时电源电压降低，由于所带负载不变，则其转速将降低，从而导致电流增大，电动机温升过高. 如果电压下降过多，则会出现最大转矩小于负载转矩的现象，并造成电动机堵转.

例 4-3-1 一台 Y280M-4 型电动机的额定功率$P_N=90kW$，额定转速$n_N=1480r/min$，额定电流$I_N=164.3A$，额定效率$\eta_N=93.5\%$，启动电流是额定电流的 7 倍，$\lambda_{st}=1.9$，$\lambda=2.2$. 试求额定转矩、启动电流、启动转矩、最大转矩和输出功率.

解 额定转矩 $T_N=9.55\dfrac{P_N}{n_N}=9.55\times\dfrac{90\times10^3}{1480}N\cdot m\approx580.7N\cdot m$

启动电流 $I_{st}=7I_N=7\times164.3A\approx1150A$

启动转矩 $T_{st}=1.9T_N=1.9\times580.7N\cdot m\approx1103.3N\cdot m$

最大转矩 $T_m=2.2T_N=2.2\times580.7N\cdot m\approx1277.5N\cdot m$

输入功率 $P_1=\dfrac{P_N}{\eta_N}=\dfrac{90}{93.5\%}\approx96.3kW$

五、三相异步电动机的工作特性

为了正确合理地使用电动机，提高运行效率，节约能源，应利用电动机的工作特性了解不同负载情况下电动机的运行情况.

在电源电压U_1和频率f_1为额定值时，电动机的转速n、定子电流I_1、定子功率因数$\cos\varphi_1$、电磁转矩T(近似等于T_2)以及效率η与输出功率P_2之间的关系，称为电动机的工作特性. 上述关系曲线可以通过直接给异步电动机加负载测得. 图 4-3-6 为三相异步电动机的工作特性曲线.

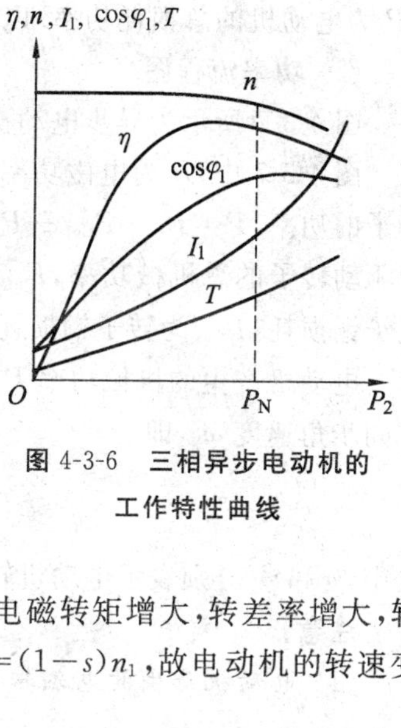

图 4-3-6 三相异步电动机的工作特性曲线

1. 转速特性 $n\approx f(P_2)$

电动机空载时，输出功率$P_2=0$，由于空载转矩很小，电磁转矩T很小，转差率s近似为零，所以空载转速$n_0\approx n_1$.

有载时，随着负载的增大，输出功率增大，负载转矩增大，电磁转矩增大，转差率增大，转速降低. 由于电动机的硬特性，额定运行时，转差率很小，而$n=(1-s)n_1$，故电动机的转速变化不大，其转速特性曲线是一条稍向下倾斜的曲线.

2. 转矩特性 $T_2\approx f(P_2)$

异步电动机的输出转矩为

$$T_2\approx\frac{P_2}{2\pi\frac{n_2}{60}}=9.55\frac{P_2}{n_2}\qquad(4\text{-}3\text{-}17)$$

由于电动机在正常运行时，转速变化不大，所以其转矩特性$T_2\approx f(P_2)$可近似看成一条直线.

3. 定子电流特性 $I_1\approx f(P_2)$

空载时，电动机的定子电流基本上都是励磁电流. 由于电动机的磁路包含气隙，所以建立一定的磁场所需的励磁电流比变压器的励磁电流大得多. 电动机的空载电流为额定电流的 20%～40%.

有载时，随着负载的增大，输出功率增大，定子电流也随之增大.

4. 定子功率因数特性 $\cos\varphi_1 \approx f(P_2)$

由于电动机空载时的定子电流基本上都是励磁电流，所以空载时的功率因数很低，一般仅为 0.2～0.3.

有载时，随着负载的增大，输出功率增大，定子电流增大的基本都是电流的有功分量，因此功率因数逐渐提高，到额定负载时，功率因数一般为 0.7～0.9.

5. 效率特性 $\eta \approx f(P_2)$

(1) 效率.

$$\eta=\frac{P_2}{P_1}=\frac{P_2}{P_2+\Delta P}=\frac{P_2}{P_2+P_{Cu}+P_{Fe}+P_{\Omega}} \quad (4\text{-}3\text{-}18)$$

式(4-3-18)中，P_2 为转轴上输出的机械功率；P_1 为电动机的输入功率，$P_1=\sqrt{3}U_1 I_1 \cos\varphi_1$；$P_{Cu}$ 为定子和转子绕组上的铜损耗，为可变损耗；P_{Fe} 为铁芯中的磁滞和涡流损耗（被统一称为铁损耗），为不变损耗；P_{Ω} 为电动机运行时，还存在通风和摩擦等机械损耗，为不变损耗；ΔP 为电动机的总损耗功率. 以上功率的单位都为 kW.

(2) 功率流程图.

图 4-3-7 所示为异步电动机的功率流程图.

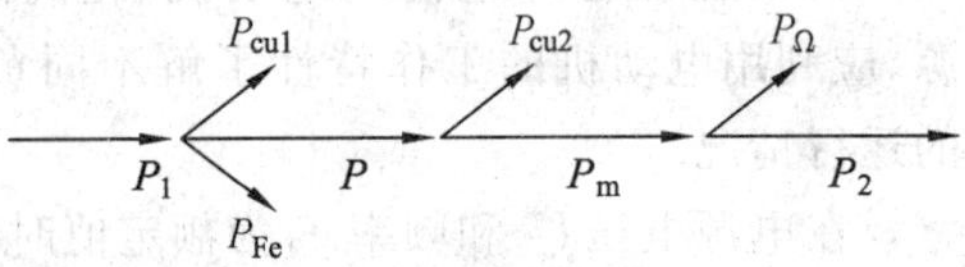

图 4-3-7 异步电动机功率流程图

图 4-3-7 中，P 为电磁功率，是从定子传递到转子的功率，$P=P_1-P_{Cu1}-P_{Fe}=P_{Cu2}+P_m$；$P_m$ 为驱动转子的总机械功率，$P_m=P_2+P_{\Omega}$；P_{Cu1} 为定子铜损耗；P_{Cu2} 为转子铜损耗.

电动机产生的机械功率 P_m 除以轴上的角速度 ω 就是电磁转矩 T，也等于电磁功率 P 除以同步角速度 ω_1，即

$$T=\frac{P_m}{\omega}=\frac{P}{\omega_1} \quad (4\text{-}3\text{-}19)$$

式中，ω 和 ω_1 分别表示电动机转子的角速度和旋转磁场的同步角速度.

注意：

(1) 电动机产生的电磁转矩 T 扣除空载阻力转矩 T_0 后，就是轴上输出的转矩 T_2.

$$T_2=T-T_0$$

(2) 电动机正常运行时，T_0 很小可忽略不计，输出转矩 T_2 与负载转矩 T_L 相平衡，则有

$$T \approx T_2=T_L$$

电动机空载时，$P_2=0$，$\eta=0$. 有载时，随着负载的增大，输出功率增大，效率迅速增加. 在电动机正常运行范围内，因主磁通和转速的变化很小，故铁损耗和机械损耗可以认为基本不变（不变损耗），而铜损耗随负载的增大而增大（可变损耗）. 当可变损耗等于不变损耗时，电动机的效率达到最高. 若负载继续增大则会令效率有所减小. 效率的最大值一般出现在额定负载的 70%～100%范围内，额定效率一般为 75%～95%.

由于额定负载附近的功率因数及效率均较高，所以电动机应运行在额定负载附近，以尽量避免或减少轻载和空载的运行时间.

任务实施

三相异步电动机的检查和试验

一、实训目的

- 学会用双臂电桥正确测量三相异步电动机定子绕组的直流电阻值.
- 学会用兆欧表正确测量三相异步电动机的绝缘电阻值.
- 通过电动机的检查和试验,会分析和判断三相异步电动机的性能和修理质量.

二、实训器材

工具、仪表、材料、设备等见学习准备.

三、实训内容及步骤

(一) 主要实训器材的认识

主要实训器材的作用及使用注意事项见表 4-3-1.

表 4-3-1　　主要实训器材的作用及使用注意事项

序号	器材名称	图　例	规　格	作　用	备　注
1	三相异步电动机		$P_N=100W$, $U_N=220V$, △形接法, $I_N=0.5A$	实训操作对象	—
2	直流双臂电桥	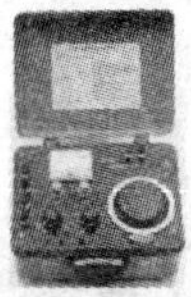	QJ42 型	测量定子绕组的直流电阻	也称凯尔文电桥
3	500V 兆欧表		ZC25B-3 型 (500V)	用来测量三相异步电动机的绝缘电阻	也称摇表
4	三相自耦调压器	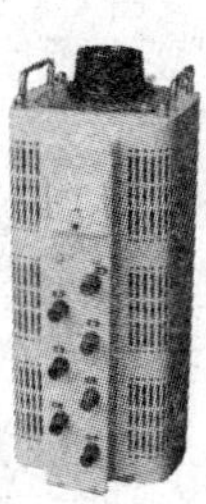	三相 0～430V	空载试验调压用	不准作为安全隔离变压器用,外壳必须接地

续表

序号	器材名称	图　例	规　格	作　用	备　注
5	钳形电流表		MG28 (0～500A)	空载试验用来测量空载电流	使用过程中不能切换挡位
6	低功率因数功率表		cosφ=0.2，0.5级	空载试验用来测量空载损耗功率	功率表有两只，注意正确接线

(二) 三相定子绕组直流电阻的测量

定子绕组经过绝缘处理和装配等工序，可能会发生机械损伤造成线头断裂、松动和导线绝缘层损坏，因此要进行三相定子绕组直流电阻的测量，看其偏差是否在允许范围内(一般各相绕组的直流电阻与三相电阻平均值之间不超过平均值的±5%).

1. 测量接线

先拆掉三相交流异步电动机接线盒中连线. 由于定子绕组电阻较小，常采用直流双臂电桥测量. 由于采用直流双臂电桥内部电源，将拨钮开关合到“内”这一挡进行测量，接线时注意电位端钮的引线P1、P2须在内侧，电流端钮的引线C1、C2须在外侧，电流端钮和电位端钮的连接线不能互相绞在一起，如图4-3-8所示.

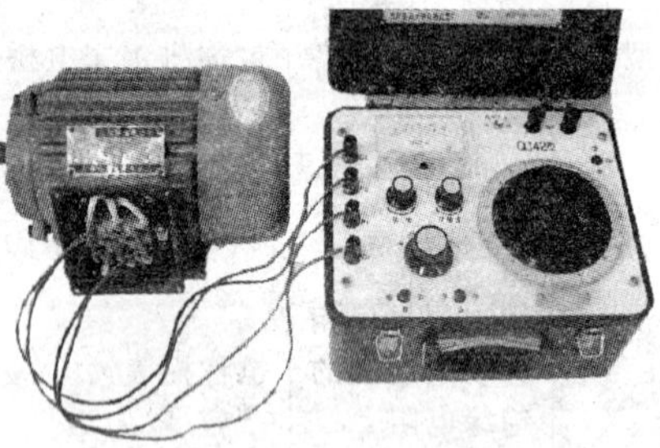

图4-3-8　直流双臂电桥接线

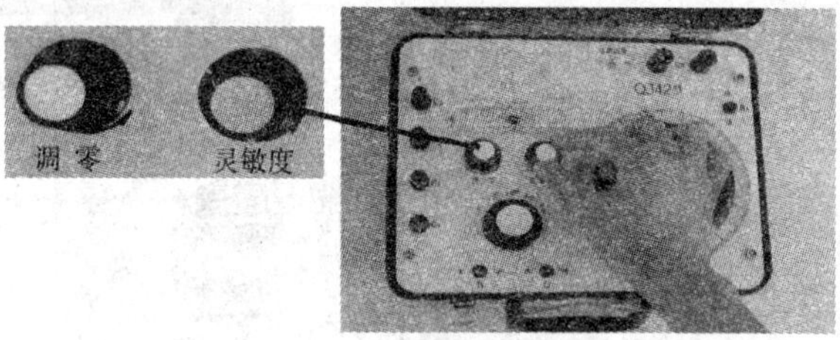

图4-3-9　调节“灵敏度”旋钮

2. 测量定子绕组的直流电阻

(1) 首先调零. 按下“B”按钮，调节“调零”旋钮，使检流计指针指在零位，调节“灵敏度”旋钮，使灵敏度适中，如图4-3-9所示.

(2) 选择合适的倍率. 为了减小测量误差，要选择合适的倍率. 用万用表估测被测电阻值，如图4-3-10所示，将倍率旋钮旋至相应的位置，一般被测电阻为几欧姆时，倍率选×1挡；被测电阻为零点几欧姆时，倍率选$\times 10^{-1}$挡.

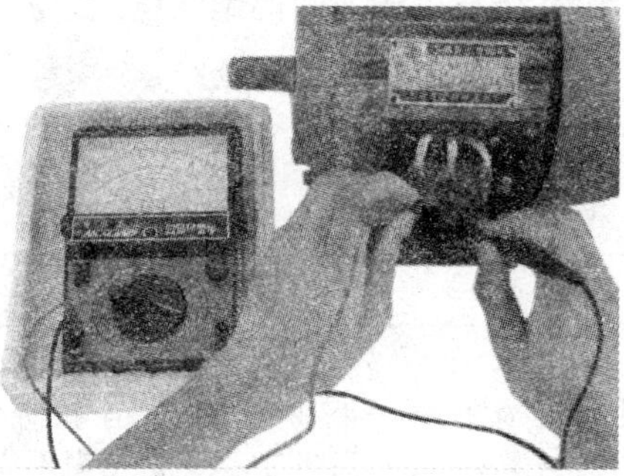

图 4-3-10　用万用表估测被测电阻值

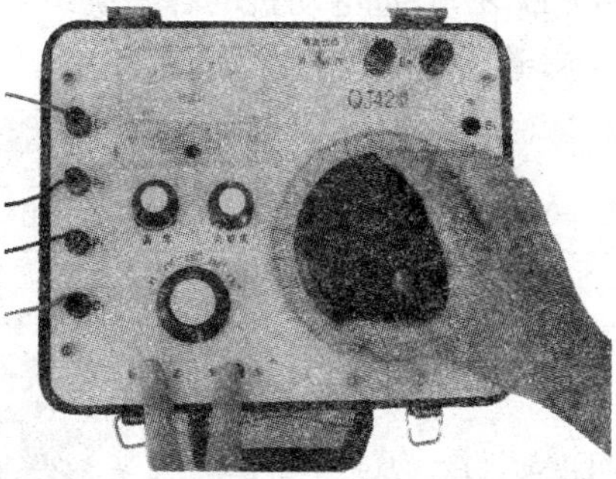

图 4-3-11　调节电流平衡

(3) 测量 U 相定子绕组的电阻值. 用左手的食指按下按钮“B”，接通电源，再用中指按下按钮“G”，接通检流计，如果检流计的指针指向“－”的方向，应旋动读数盘，减少数字，若读数盘已在最小数字上，无法减少时，应重新选择倍率；如果检流计指向“＋”的方向，这时将读数盘向增加方向旋动. 当检流计指针指在零位时，说明电桥平衡，先松开按钮“G”，再松开按钮“B”，如图 4-3-11 所示. 特别要注意的是，测量动作应迅速，尽量缩短测量时间. 此时 U 相定子绕组电阻值为：被测电阻值＝倍率数×读数盘读数.

(4) 测量其他两相定子绕组电阻. 按测量 U 相定子绕组电阻值的步骤，测量出 V 相和 W 相绕组的电阻值.

3. 计算三相绕组电阻的平均值

三相绕组电阻的平均值为

$$R_{av}=\frac{R_U+R_V+R_W}{3} \tag{4-3-20}$$

三相绕组电阻的平均值 R_{av} 与各相电阻值 R_P 的差别应不大于 5%，即

$$\frac{R_{av}-R_P}{R_{av}}\times 100\%\leqslant \pm 5\% \tag{4-3-21}$$

如电阻值相差过大，则表明绕组中有短路、断路、绕组匝数有误或接触不良等故障.

4. 记录测量数据

按工艺要求进行三相异步电动机定子绕组直流电阻的测量，测量结果记录于表 4-3-2 中.

表 4-3-2　　三相异步电动机定子绕组直流电阻的测量

序号	测量内容	测量值/Ω	计算 R_{av} 与 R_P 的误差值/%	计算三相绕组平均电阻值 R_{av}
1	U 相直流电阻			
2	V 相直流电阻			
3	W 相直流电阻			
测量结论：三相绕组直流电阻值____________				

(三) 三相异步电动机绝缘电阻的测量

定子绕组经过绝缘处理和装配等工序，可能使绕组的对地绝缘和相间绝缘受损，因此必

须使用兆欧表，测量电动机的各相绕组之间以及各相绕组与机壳之间的绝缘电阻.

1. **测量绝缘电阻的步骤**

测量绝缘电阻的步骤如表 4-3-3 所示.

表 4-3-3　　三相异步电动机绝缘电阻的测量步骤

步骤		图例	操作说明
打开电动机接线盒，拆开连接片			对于额定电压是 380V 的电动机，用 500V 兆欧表测量，其绝缘电阻不得低于 0.5MΩ. 新绕制电动机的绝缘电阻通常都在 5MΩ 以上
兆欧表性能校验	短路试验	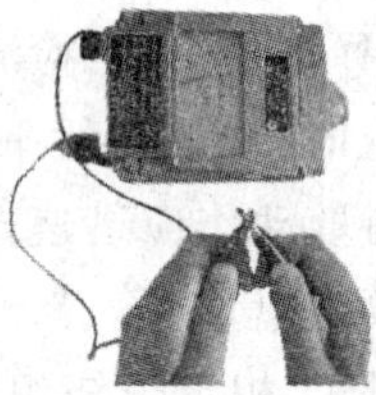	把两表笔接触，手柄摇几转，表针应该指到“0”位
	开路试验	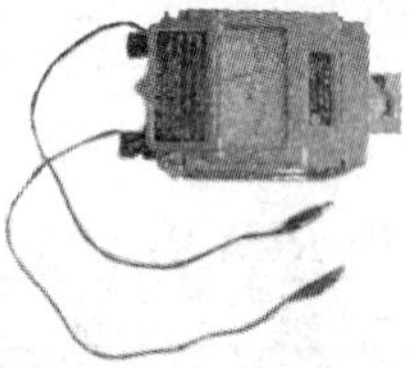	分开两根表棒，再摇几转，指针应指到“∞”位
测试相对地绝缘电阻		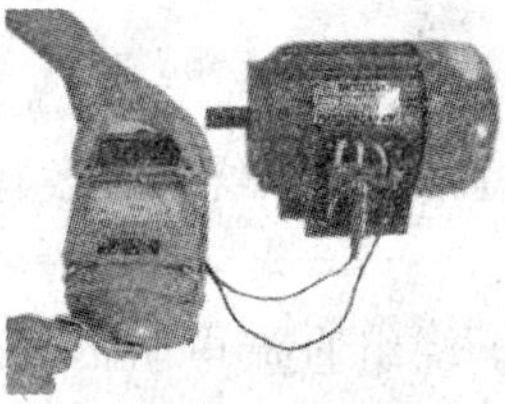	(1) 将“L”接到电机某相绕组端子的引线上，“E”接到电机外壳上 (2) 放平兆欧表，摇动手柄，逐渐增加速度至 120r/min 时，待指针稳定后识读绝缘电阻值
测试相间绝缘电阻		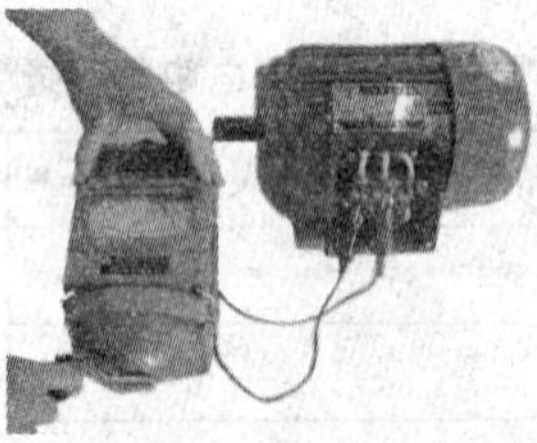	(1) 将“L”接到电机某相绕组端子的引线上，“E”接到另一相电机绕组端子的引线上 (2) 放平兆欧表，摇动手柄，逐渐增加速度至 120r/min 时，待指针稳定后识读绝缘电阻值

2. **记录测量数据**

按工艺要求进行三相异步电动机绝缘电阻的测量，测量结果记录于表 4-3-4 中.

表 4-3-4　　三相异步电动机绝缘电阻的测量

序　号	测量内容	测量值/MΩ	是否合格
1	U 相对地绝缘电阻		
2	V 相对地绝缘电阻		
3	W 相对地绝缘电阻		
4	U 相与 V 相间绝缘电阻		
5	U 相与 W 相间绝缘电阻		
6	V 相与 W 相间绝缘电阻		

(四) 三相异步电动机的空载试验

空载试验是对电动机检查和试验的重要内容之一，通过电动机空载试验，可以检查电动机启动性能、空载电流、电动机的振动和噪声情况、轴承运转情况、电动机的装配质量等.

三相异步电动机的空载试验是在三相定子绕组上加额定电压，让电动机在空载状态下运行. 空载试验的目的是为了确定空载电流和空载损耗，从而求出铁损耗和机械损耗.

1. 绘制并连接三相异步电动机的空载测试电路

绘制并连接三相异步电动机的空载测试电路，如图 4-3-12 所示.

2. 空载试验步骤

空载试验就是用调压器逐渐升高电压，使电动机启动旋转，直至电压为额定电压为止.

(1) 按图 4-3-12 接线. 异步电动机绕组为△形接法($U_N=220V$).

(2) 把交流调压器调至电压最小位置，接通电源开关 S，逐渐升高电压，使电动机启动旋转，观察电动机旋转方向. 如转向不符合要求，则切断电源，调整相序，使电动机旋转方向符合要求.

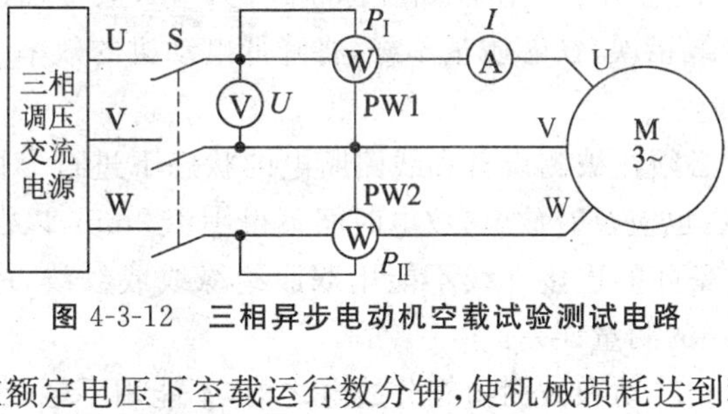

图 4-3-12　三相异步电动机空载试验测试电路

(3) 保持电动机在额定电压下空载运行数分钟，使机械损耗达到稳定后再进行试验.

(4) 由 1.2 倍额定电压开始逐渐降低电压，直至电流显著增大为止. 在这范围内读取空载电压 U_0、空载电流 I_0 和空载功率 P_0. 共取 5～6 组数据并记录于表 4-3-5 中.

表 4-3-5　　三相异步电动机空载试验

序　号	1	2	3	4	5	6
U_0/V						
I_0/A						

续表

序　号	1	2	3	4	5	6
P_{I}/W						
P_{II}/W						
P_0/W						

3. 测量结果分析

(1) 由于三相电源和三相绕组不能完全对称,所以三相空载电流不会绝对平衡,但任何一相电流与平均值的偏差不得大于10%,如超过则可能是由于三相绕组不对称、气隙的不均匀程度较严重、磁路不对称等造成的.

(2) 表4-3-6列出了一般常用的小型三相异步电动机空载电流占额定电流的百分比.试验结果中如电动机的空载电流超出范围较多,则表示定、转子之间间隙太大,或定子匝数太少;若空载电流过小,则表示电动机定子绕组匝数太多,或将△形连接误接成Y形连接.

表4-3-6　　常用的小型三相异步电动机空载电流占额定电流的百分比

功率/kW 极数	<0.125	0.125～0.55	0.55～2.2	2.2～10	10～55	55～125
2极	70～95	50～70	40～55	30～45	23～35	18～30
4极	80～96	65～85	45～60	35～55	25～40	20～30
6极	85～97	70～90	50～65	35～65	30～45	22～33
8极	90～98	75～90	50～70	37～70	35～50	25～35

(3) 空载损耗P_0与额定功率P_N的比值,通常在3%～10%左右.如果空载损耗大,则说明定子绕组的匝数及接线错误、铁芯质量不好,将降低电动机的效率.

四、注意事项

- 测量绝缘电阻时必须在被测设备和线路断电的状态下进行.对含有大电容的设备,测量前应进行放电,测量后也应及时放电,放电时间不得小于2min,以保证人身安全.
- 兆欧表与被测设备间的连接导线不能用双股绝缘线或绞线,应用单股线分开单独连接,以避免线间电阻引起的测量误差.
- 在兆欧表手柄停止转动和被测物充分放电之前,不能用手触及被测设备的导电部分.
- 由于空载运行时电动机功率因数较低,应采用低功率因数功率表测量.

任务评价

根据本任务的学习情况,按行为、技能、情感三个指标进行自我评价、小组评价和教师评价.

任务评价表

一级评价指标	二级评价指标	评价内容	配分	自我评价 0.3	小组评价 0.3	教师评价 0.4
行为指标	安全文明生产	是否遵守安装规程	5分			
		是否按安全规程正确操作，无任何元器件的损坏	5分			
		工作岗位是否整洁	5分			
		是否具有良好的工作习惯	5分			
技能指标	工作过程中理论知识的掌握	预习和查阅资料的能力	5分			
		观察和分析问题的能力	5分			
		解决问题的方法和效果	5分			
		对三相异步电动机工作特性的理解程度	5分			
	工作过程中技能的掌握	完成工作的积极性	5分			
		三相异步电动机检查试验的方法是否掌握	10分			
		三相异步电动机直流电阻的测量是否掌握	10分			
		三相异步电动机绝缘电阻的测量是否掌握	10分			
		三相异步电动机空载试验参数测定的方法是否掌握	5分			
		工具、仪器和仪表的使用方法是否正确	5分			
情感指标	综合运用能力	团队协作能力	5分			
		工作效率	5分			
		知识或技能拓展能力	5分			
合　计			100分			
综合评价						

项目五　三相异步电动机的运行与维修

项目学习目标

● 能说出三相异步电动机启动、调速和制动原理及实现的方法，知道三相异步电动机启动的特点，了解电动机启动性能指标.

● 能说出三相异步电动机启动、调速和制动的特点及应用场合，并学会接线和操作使用.

● 知道三相定子绕组的结构形式和在铁芯中的分布及连接情况，会画三相单层定子绕组展开图.

● 知道三相定子绕组嵌线过程，学会三相定子绕组的端部接线.

● 知道三相异步电动机的保养内容、常见故障现象和检修方法，并能进行故障检修.

任务一　三相异步电动机的启动

任务描述

三相异步电动机启动时与直流电动机一样，启动电流大，对电源有较大的冲击，可能影响电网的供电质量，使电网电压降低而影响其他电器的正常运行，因此容量较大的电动机不允许直接启动. 为了保证车间设备的正常运行，对于较大容量的电动机必须采用降压启动，需要在三相异步电动机的各种降压启动方法中选择一种对电源、对负载最合适的方法.

学习目标

◇ 知道三相异步电动机启动的特点，了解电动机启动性能指标.

◇ 能说出鼠笼式和绕线式三相异步电动机各种启动方法的特点及应用场合.

◇ 学会鼠笼式三相异步电动机启动的接线和操作.

学习地点

电机实训室.

学习准备

工具：电工常用工具一套.

仪表：万用表、钳形电流表等.

设备：鼠笼式三相异步电动机、低压断路器、手动 Y—△降压启动器、多媒体设备等.

材料：接线排、连接导线、电源线等.

资料：《电工安全操作规程》、《通用用电设备配电设计规范》及相关参考书等.

知识准备

电动机的启动过程是指异步电动机接入电源电压时，转子的转速由零开始上升到稳定转速的过程. 在生产过程中电动机要经常启动与停车.

一、电动机的启动性能指标

- 电动机应有足够大的启动转矩，使启动时间尽量短.
- 在保证足够的启动转矩的前提下，启动电流尽可能小.
- 转速尽可能平滑上升，以减少对电动机及负载的冲击.
- 启动设备尽量简单、经济、可靠、维护方便.

二、三相异步电动机启动的特点

1. 启动电流大

三相异步电动机在启动瞬间，其转速 $n=0$，转差率 $s=1$，转子电流达到最大值，这时定子电流也达到最大值，约为额定电流的 4～7 倍.

2. 启动转矩不大

由电磁转矩公式 $T=C_T\Phi_m I_2\cos\varphi_2$ 可知，虽然异步电动机的启动电流很大，但是启动时转子电路的功率因数很低，故启动转矩并不大，一般鼠笼式异步电动机的启动系数 λ_{st} 只有 1.3～2.2.

电动机启动电流大将带来两种不良影响：

(1) 大启动电流在线路上产生很大的电压降，影响同一线路上其他负载的正常工作，如日光灯熄灭、电磁铁自动释放等，使其他电动机的转矩减小，转速降低，甚至造成堵转，严重时还可能使本电动机的启动转矩太小，启动时间较长，或不能在满载情况下启动.

(2) 经常需要启动的电动机，容易造成绕组发热、绝缘老化，从而缩短电动机的使用寿命.

综上所述，电动机在启动时应尽可能减小启动电流，以减小对电网的冲击；启动转矩应足够大，以便缩短启动时间，提高生产效率.

下面分别研究鼠笼式和绕线式三相异步电动机的启动方法.

三、鼠笼式三相异步电动机的启动方法

(一) 鼠笼式三相异步电动机的直接启动

电动机直接启动又称为全压启动，启动时加在电动机定子绕组上的电压为额定电压. 图 5-1-1 所示是用电源开关 QS 直接启动的电路.

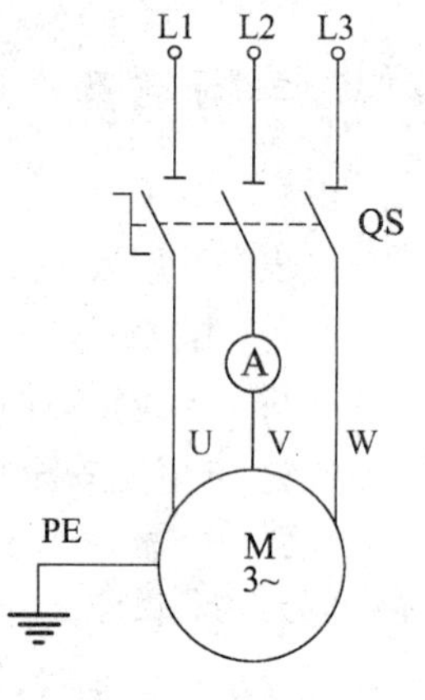

图 5-1-1　三相异步电动机直接启动

1. **电动机直接启动的条件**

电动机的功率较小或满足下述两个条件中的一个，就能直接启动：

（1）电动机在启动瞬间造成电网电压波动小于10%，不经常启动的电动机可放宽到15%. 如有专用变压器，则变压器额定容量不小于电动机额定功率的5倍，电动机才允许直接频繁启动.

（2）满足下列经验公式

$$\frac{I_{st}}{I_N} \leqslant \frac{3}{4} + \frac{S_T}{4P_N} \qquad (5\text{-}1\text{-}1)$$

式中，S_T为公用变压器的容量，单位为 kV·A；P_N为电动机的额定功率，单位为 kW；I_{st}为启动电流.

2. **电动机直接启动的优缺点**

电动机直接启动，设备简单可靠，方便经济，启动时间短. 但由于直接启动时的启动电流较大，因而只有在电源容量允许的条件下才可以采用.

（二）鼠笼式三相异步电动机的降压启动

当电动机容量较大而供电变压器与电网容量较小时，一般都采用降压启动，以减小启动电流及其对电网造成的不利影响. 所谓降压启动，就是使电动机定子绕组在低于其额定电压下启动，当电动机转速上升到一定值后，再接入额定电压，使电动机达到额定转速和输出额定功率（一般使降低电压后的启动电流为电动机额定电流的2～3倍）. 降压启动能减少电动机的启动电流，但电动机的转矩与电压的平方成正比，所以也大大减少了电动机的启动转矩，故降压启动只适用于空载或轻载启动.

常用的降压启动方法有Y—△降压启动、自耦变压器降压启动和定子绕组串电阻降压启动.

1. **Y—△降压启动**

（1）Y—△降压启动的方法.

在启动时，将定子绕组连成Y形，待电动机转速接近额定值时再换成△形进入正常运行状态. Y—△降压启动电路如图5-1-2所示.

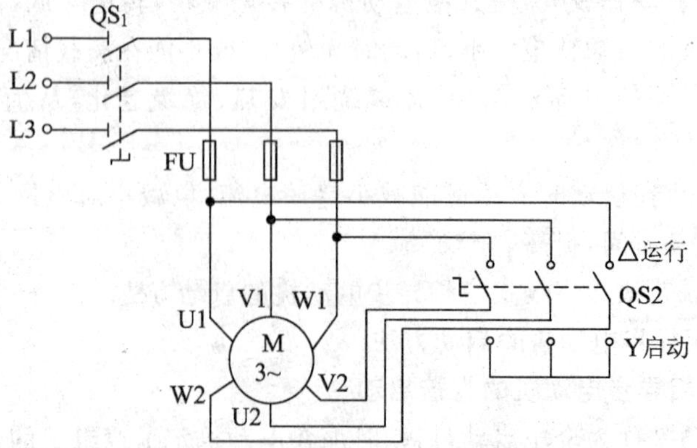

图 5-1-2　三相异步电动机 Y—△降压启动电路

（2）Y—△降压启动的原理.

启动时先合上电源开关 QS_1，同时将开关 QS_2 扳到“启动”位置（Y），此时定子绕组接成Y形，定子各相绕组承受的电压为额定电压的 $1/\sqrt{3}$，从而实现了降压启动. 待电动机转速升高至接近稳定时，再把开关 QS_2 迅速扳到“运行”位置（△），使定子绕组恢复为△形，于是每相绕组加上额定电压，电动机进入全压运行.

可见 Y—△启动时的启动电流是△形接法时直接启动电流的 $\frac{1}{3}$. 由于电磁转矩与定子绕组相电压的平方成正比，所以 Y—△启动时的启动转矩也减小为直接启动时的 $\frac{1}{3}$.

（3）Y—△降压启动的适用范围.

Y—△降压启动只适用于正常运行时定子绕组接成△形的鼠笼式三相异步电动机. 采用 Y—△降压启动，不需专用降压设备，投资少，线路简单. 因此，Y 系列鼠笼式三相异步电动机额定功率在 4kW 及以上的定子绕组均设计成△形.

2. 定子绕组串电阻降压启动

（1）定子绕组串电阻降压启动方法.

启动时在定子绕组回路中串入启动电阻进行分压，使定子绕组电压降低以达到限制启动电流的目的，启动完毕时将电阻短接，电动机全压运行.

（2）定子绕组串电阻降压启动的原理.

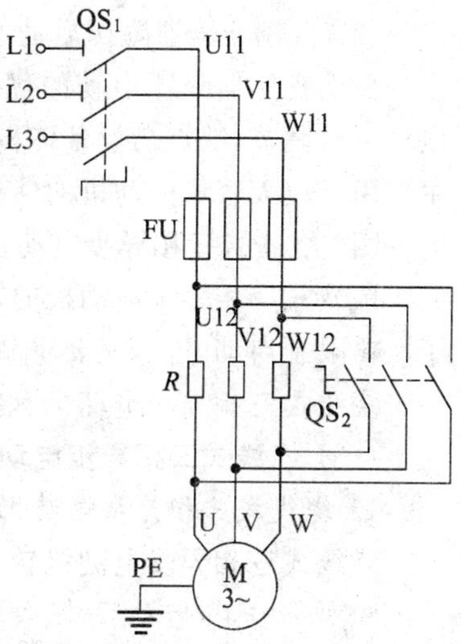

图 5-1-3　定子绕组串电阻降压启动原理图

图 5-1-3 所示电路为手动串电阻降压启动控制线路，用开关 QS_1 来使电动机与电源接通，开关 QS_2 用于短接降压电阻 R. 启动时 QS_2 处于断开位置，合上 QS_1 后电动机即在定子绕组回路中串电阻降压启动，待转速升高时，把 QS_2 合上，启动电阻被短接切除，电动机在全压下继续加速到稳定转速，进入正常运行状态.

（3）定子绕组串电阻降压启动的优缺点.

电动机定子绕组串电阻降压启动所需降压设备简单，成本较低，但启动电阻使控制设备体积增大，启动时电阻上要消耗大量的电能，且启动转矩较低，所以目前这种方法在生产现场中的应用已越来越少.

3. 自耦变压器降压启动

（1）自耦变压器降压启动的方法.

自耦变压器降压启动是在电动机启动时，利用自耦变压器来降低加在电动机定子绕组上的电压，以达到限制启动电流的目的，待电动机转速上升到接近额定转速时，再使电动机与自耦变压器脱离，电动机在全压下加速到稳定运行的控制方式. 由于自耦变压器变比可以改变，电动机的启动电压可以调节，自耦变压器降压启动通常用于既不允许大电流冲击又要求启动转矩较大的情况下.

（2）自耦变压器降压启动的原理.

图 5-1-4 所示为自耦变压器降压启动的原理图. 启动时，先将电源开关 QS_1 合上，再将控制开

关 QS_2 扳向"启动"位置，此时电动机定子绕组得到的电压是自耦变压器二次侧的电压，电动机降压启动. 待电动机转速上升到一定值时，迅速将开关 QS_2 从"启动"位置扳到"运行"位置，自耦变压器被切除，电源电压直接加于定子绕组，电动机进入全压运行工作状态.

自耦变压器二次侧绕组一般有 40%、65%（或 60%）、80%额定电压三组抽头，在使用中可根据实际需要选用不同的启动电压，以调节启动电流并获得不同的启动转矩.

（3）自耦变压器降压启动的优缺点.

自耦变压器降压启动的优点是启动转矩和启动电流可以调节，缺点是设备体积大、价格较贵，因此它主要用于较大容量电动机的启动.

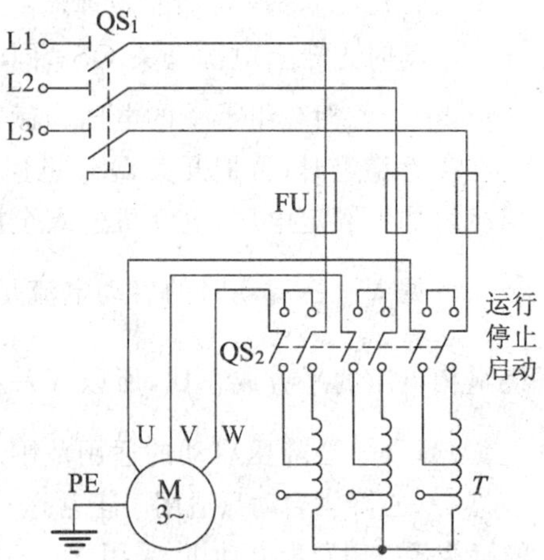

图 5-1-4　自耦变压器降压启动原理图

四、绕线式三相异步电动机的启动方法

鼠笼式三相异步电动机的转子绕组是短接的，因此无法改变其参数来改善启动性能. 对于既要限制启动电流，又要重载启动的场合，不得不采用绕线式三相异步电动机.

绕线式三相异步电动机有转子串电阻及转子串频敏变阻器两种启动方法.

（一）绕线式三相异步电动机转子串电阻启动

1. 绕线式三相异步电动机转子串电阻启动的方法

绕线式三相异步电动机转子串电阻启动的电路如图 5-1-5 所示. 启动时在转子电路中串入三相对称电阻，启动后，随着转速的上升，逐渐切除启动电阻，直到转子绕组短接.

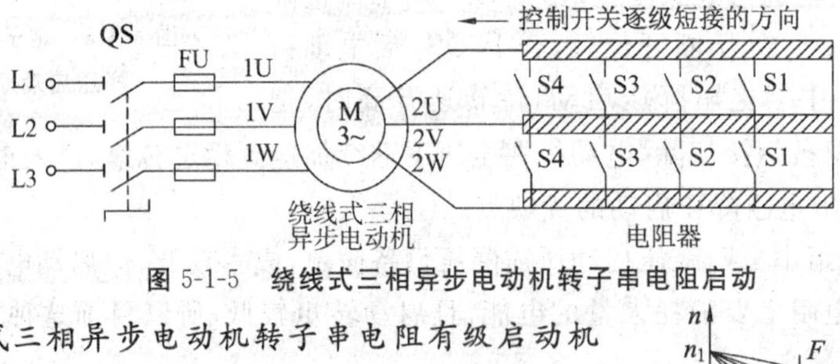

图 5-1-5　绕线式三相异步电动机转子串电阻启动

2. 绕线式三相异步电动机转子串电阻有级启动机械特性曲线

绕线式三相异步电动机转子串电阻有级启动机械特性曲线如图 5-1-6 所示，启动时全部电阻都串入转子电路中时，转子回路的总电阻等于转子回路的总阻抗，启动过程中逐级切除启动电阻，电动机沿曲线 A、b、B、c、C、d、D、e、E 运行，最后工作在 F 点上.

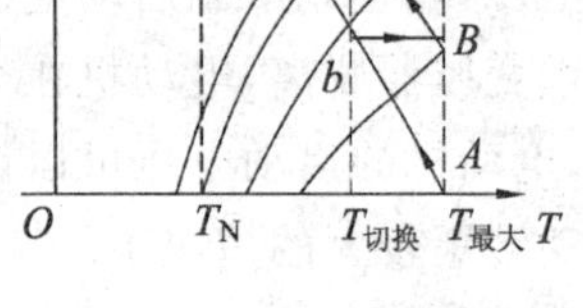

图 5-1-6　绕线式三相异步电动机转子串电阻有级启动机械特性曲线

3. 绕线式三相异步电动机转子串电阻启动的优缺点

采用这种方法启动时，转子电路电阻增加，转子电流 I_2 虽然减小，但是 $\cos\varphi_2$ 提高，启动转矩反而会增大. 这是一种比较理想的启动方法，既能减小启动电流，又能增大

启动转矩，因此适合于重载启动的场合．例如，起重机械、卷扬机、龙门吊等．其缺点是绕线式三相异步电动机价格昂贵，启动设备笨重，启动过程电能浪费多；电阻段数较少时，启动过程转矩波动大，而电阻段数较多时，控制线路复杂，所以一般只设计为 2～4 段．

(二) 绕线式三相异步电动机转子串频敏变阻器启动

1．绕线式三相异步电动机转子串频敏变阻器启动的方法

为了改进转子串电阻启动过程中，电阻级数有限，电流和转矩波动大的缺点，可以改用转子串频敏变阻器启动．频敏变阻器的结构是一个三相铁芯线圈，其铁芯不用硅钢片叠成，而是用 30～50mm 厚的钢板叠成，铁损耗很大．铁芯中的涡流损耗和磁滞损耗都随频率的变化而变化，其等效电阻和线圈的电抗都与频率有关，因此称为频敏变阻器．启动过程中铁损耗和等效电阻不断减小，相当于逐渐切除转子电路串入的电阻．频敏变阻器与绕线式三相异步电动机的转子绕组连接如图 5-1-7 所示．

2．绕线式三相异步电动机转子串频敏变阻器的启动原理

启动时，$s=1$，$f_2=f_1=50\text{Hz}$，此时频敏变阻器的铁芯损耗大，等效电阻也大，既限制了启动电流，提高了功率因数，又增大了启动转矩．随着转速 n 的上升，转差率 s 下降，转子频率 f_2 减小，铁损耗和等效电阻也随之减小，相当于逐渐切除转子电路串入的电阻．启动结束时，$n=n_N$，$f_2=s_N$，$f_1=1\sim3\ \text{Hz}$，此时频敏变阻器基本上不起作用，可以用开关短接转子绕组，切除频敏变阻器．

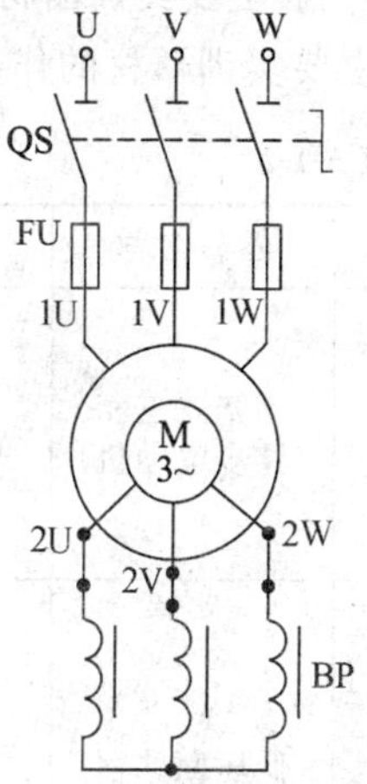

图 5-1-7　绕线式三相异步电动机转子串频敏变阻器启动

3．绕线式三相异步电动机转子串频敏变阻器启动的优缺点

转子串频敏变阻器启动的优点是结构简单，使用方便，寿命长，运行可靠，启动过程自动完成，能平滑、恒转矩启动．但与转子串电阻启动相比，由于频敏变阻器中电抗的影响，在同样的启动电流下，启动转矩略小，常应用于启动转矩要求不高的场合．

对于上面所介绍的三相异步电动机的各种启动方法，可根据电动机容量的大小和负载的轻重大致分为四种情况，来分别选用不同的启动方法，见表 5-1-1．大容量电动机主要考虑的是减小启动电流，重载时主要考虑的是增大启动转矩．

表 5-1-1　三相异步电动机的各种启动方法

电动机容量 / 负载大小	小容量	大容量
轻　载	直接启动	降压启动
重　载	特殊的鼠笼式三相异步电动机启动	转子串电阻或频敏变阻器启动

任务实施

三相异步电动机的启动

一、实训目的

- 学会鼠笼式三相异步电动机直接启动的方法.
- 学会鼠笼式三相异步电动机 Y—△降压启动的方法.

二、实训器材

工具、仪表、材料、设备等见学习准备.

三、实训内容及步骤

(一) 主要实训器材的认识

主要实训器材的作用及使用注意事项见表 5-1-2.

表 5-1-2　　主要实训器材的作用及使用注意事项

序号	器材名称	图　例	规　格	作　用	备　注
1	鼠笼式三相异步电动机		Y801-4 型 $P_N=0.55$kW	实训操作对象	—
2	低压断路器		DZ47-60 型	在线路工作正常时，作为电源开关接通和分断电路，当电路中发生短路、过载和失压等故障时，它能自动跳闸切断故障电路，从而保护线路和电气设备	用于电动机的短路和过载保护
3	手动 Y—△降压启动器		QX1 型手动 Y—△启动器	实现三相异步电动机的降压启动	适用于△形运行 380V 鼠笼式三相异步电动机作空载或轻载启动
4	接线排		JH9 型	导线的连接，电信号的传递	根据导线载流面积的大小选择不同型号
5	钳形电流表		MG28 型 (0～500A)	测量三相异步电动机的启动电流	注意选择量程，测量启动瞬间的电流时读数要快

(二) 鼠笼式三相异步电动机的直接启动

1. 绘制鼠笼式三相异步电动机直接启动电路图

查看三相异步电动机的铭牌数据,明确电动机的额定电压、接线方法及使用条件.绘制鼠笼式三相异步电动机直接启动电路图,如图 5-1-8(a)所示.

2. 连接鼠笼式三相异步电动机直接启动的工作电路

经指导教师认可后,按照所绘制的直接启动电路图正确接线,如图 5-1-4(b)所示.

3. 操作并观察鼠笼式三相异步电动机直接启动的过程

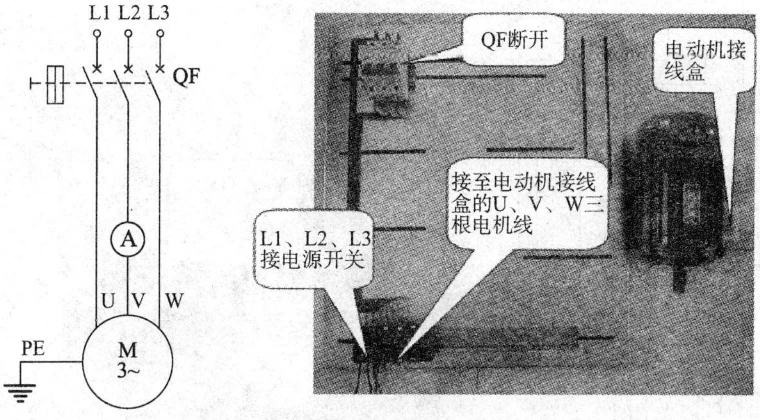

(a) 原理图　　(b) 安装接线图

图 5-1-8　三相异步电动机的直接启动

合上电源开关 QF,电动机通电直接启动,用钳形电流表测量直接启动时瞬间启动电流的大小,再重复测量启动电流两次,并记录于表 5-1-3 中.

表 5-1-3　三相异步电动机直接启动的启动电流测量

序号	测量内容	测量值/A	计算三次直接启动电流的平均值 I_{stav}/A
1	I_{st1}		
2	I_{st2}		
3	I_{st3}		
结论:电动机直接启动的启动电流和额定电流之间的关系:$I_{st}=$______________ I_N			

(三) 鼠笼式三相异步电动机的 Y—△降压启动

1. 绘制鼠笼式三相异步电动机 Y—△降压启动电路图

绘制鼠笼式三相异步电动机 Y—△降压启动电路图.手动 Y—△启动器启动的电路如图 5-1-9(a)所示.

2. 连接鼠笼式三相异步电动机 Y—△降压启动的工作电路

经指导教师认可后,按照所绘制的 Y—△降压启动电路图正确接线,如图 5-1-9(b)所示.

3. 操作并观察鼠笼式三相异步电动机 Y—△降压启动的过程

(1) 检查 Y—△启动器 QF 在“停止”位置，如图 5-1-9(b)所示.

(2) 先合上开关 QF，再将 Y—△启动器打至位置“Y”，则电动机接成“Y”形启动，如图 5-1-10 所示. 观察并记录启动瞬间启动电流的大小，待电动机转速上升接近额定值时，将 Y—△启动器迅速由“Y”位置合向“△”位置，使电动机正常运行.

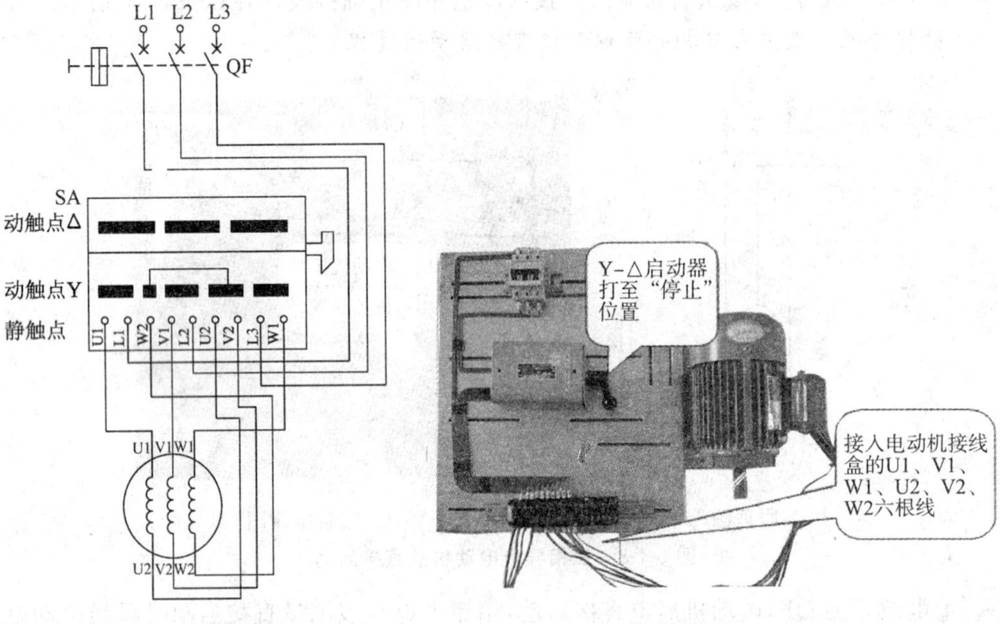

(a) 手动Y-Δ启动器降压启动原理图

(b) 安装接线图

图 5-1-9 三相异步电动机 Y—△降压启动

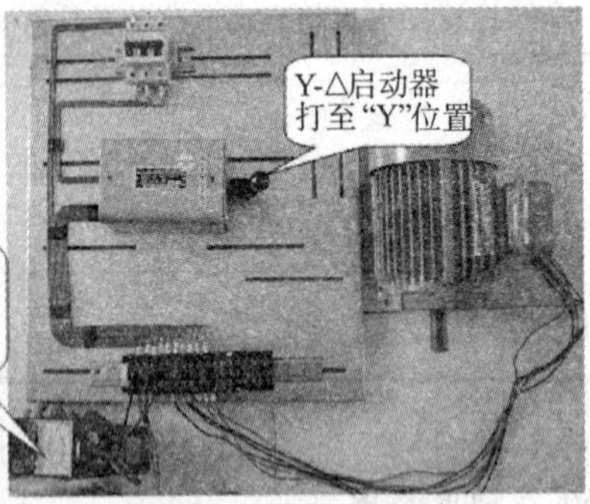

图 5-1-10 三相异步电动机的 Y 形启动

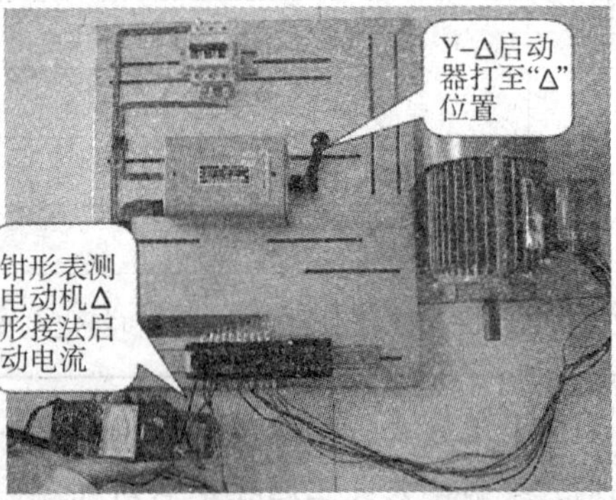

图 5-1-11 三相异步电动机的△形运行

(3) 断开 Y—△启动器，再重复启动两次，分别观察并记录启动电流的大小. 取三次启动电流的平均值作为 Y—△降压启动时的启动电流，并把测量的数据记录于表 5-1-4 中.

(4) 先将 Y—△启动器合至“△”位置，再合上开关 QF，则电动机在△形接法下直接启动. 观察并记录启动瞬间电流的大小，如图 5-1-11 所示. 取三次△形接法直接启动的启动电流，计算电流平均值，并把测量的数据记录于表 5-1-4 中.

表 5-1-4　　三相异步电动机 Y 形和△形启动时启动电流的测量

三相异步电动机接法	测量内容	测量值/A	计算三次启动电流的平均值 I_{stav}/A
Y 形	I_{st1}		
	I_{st2}		
	I_{st3}		
△形	I_{st1}		
	I_{st2}		
	I_{st3}		
结论：电动机接成 Y 形启动和接成△形启动时启动电流之间的关系：$I_{Yst}=$______ $I_{\triangle st}$			

四、注意事项

- 再次启动前必须让电动机完全停止转动，否则测量值会偏小.
- 启动电流的测量时间很短，读数时应迅速准确.
- 实验时启动次数不宜过多.
- 遇异常情况时，迅速断开电源开关，处理故障后再继续实验.

任务评价

根据本任务的学习情况，按行为、技能、情感三个指标进行自我评价、小组评价和教师评价.

任务评价表

一级评价指标	二级评价指标	评价内容	配分	自我评价 0.3	小组评价 0.3	教师评价 0.4
行为指标	安全文明生产	是否遵守安装规程	5 分			
		是否按安全规程正确操作，无任何元器件的损坏	5 分			
		工作岗位是否整洁	5 分			
		是否具有良好的工作习惯	5 分			
技能指标	工作过程中理论知识的掌握	预习和查阅资料的能力	5 分			
		观察和分析问题的能力	5 分			
		解决问题的方法和效果	5 分			
		对三相异步电动机启动方法和工作原理的理解程度	5 分			
	工作过程中技能的掌握	完成工作的积极性	5 分			
		对手动 Y—△降压启动器的使用方法是否掌握	10 分			

续表

一级 评价指标	二级 评价指标	评价内容	配分	自我评价 0.3	小组评价 0.3	教师评价 0.4
技能指标	工作过程中技能的掌握	三相异步电动机的直接启动方法是否掌握	10分			
		三相异步电动机的Y—△降压启动方法是否掌握	10分			
		理论与实际相结合的综合分析能力	5分			
		工具、仪器和仪表的使用方法是否正确	5分			
情感指标	综合运用能力	团队协作能力	5分			
		工作效率	5分			
		知识或技能拓展能力	5分			
合　计			100分			
综合评价						

知识拓展

鼠笼式三相异步电动机几种常见的高性能启动方法介绍

1. 鼠笼式三相异步电动机晶闸管降压软启动

鼠笼式三相异步电动机的Y—△降压启动、自耦变压器降压启动和定子绕组串电阻降压启动这三种启动方法，在启动过程中，加在电动机定子绕组上的电压都是有级跳跃变化的. 如果利用晶闸管控制交流电每个周期导通时间的长短，使交流电压从零开始慢慢升高，将整个启动过程中的电流自动控制在一个合适的数值，如两倍的额定电流，这种启动方法对电源、电动机和负载几乎没有冲击，因此称为软启动. 现在国内已经有专业生产软启动器的厂家，与传统的降压启动方法相比有较高的性价比. 图5-1-12是鼠笼式三相异步电动机双向晶闸管降压软启动的电路原理图.

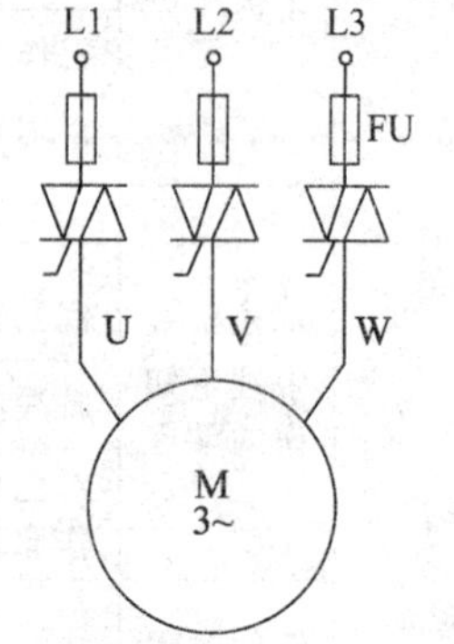

图5-1-12　三相异步电动机晶闸管降压软启动的电路

2. 鼠笼式三相异步电动机变频启动

具有变频调速装置的鼠笼式三相异步电动机，肯定采用降压变频启动方法. 启动时，给三相异步电动机定子绕组加低压低频的交流电，随着转速的上升，逐渐提高电源的电压和频率，直到额定电压和频率. 整个启动过程可自动控制在最佳的运行状态，电动机可以按照设定的启动电流、启动转矩、启动时间以及启动加速度自动运行，是三相异步电动机最理想的启动方法，适合于各种场合. 但前提条件是必须有一个专门配套的变频电源.随着电力电子技术的发展,这种启动方法会用得越来越多.

3. *深槽式和双鼠笼式三相异步电动机启动*

将转子串频敏变阻器启动的原理应用于鼠笼式三相异步电动机,就形成了启动性能较好的深槽式和双鼠笼式三相异步电动机.这两种特殊的鼠笼式三相异步电动机,利用交流电流的集肤效应,使电动机刚开始启动时,由于转子频率 f_2 较高,转子电流集中在导体表面,等效转子电阻大,启动电流小,启动转矩大.而正常工作时,转子频率 f_2 较低,性能与普通鼠笼式三相异步电动机差不多.具体的结构和参数可以参阅电机学的相关书籍.

任务二　三相异步电动机的调速

任务描述

三相异步电动机的调速在实际应用中非常广泛,如在高层建筑的地下室安装的具有防火排烟功能的双速风机,在一般情况下,风机低速运行可通风换气,当发生火灾时,风机立刻高速运行,作为消防排烟风机使用.虽然三相异步电动机的调速性能不如直流电动机,但是它的调速方法还是很多的,而且各有千秋,分别适合于某些特定的场合.随着变频调速技术的发展,异步电动机的调速性能得到了极大的改善.熟悉三相异步电动机的调速方法,对电气技术人员在实际工作中具有非常重要的意义.

学习目标

◇ 能说出三相异步电动机各种调速方法的特点及应用场合.

◇ 学会绕线式三相异步电动机转子串电阻和降低电源电压调速的方法和操作.

学习地点

电机实训室.

学习准备

工具:电工常用工具等.

仪表:万用表、转速表、交流电压表等.

设备:绕线式三相异步电动机、三相调压交流电源、三相可变电阻器、多媒体设备等.

材料:备用螺丝、劳保用品、连接导线、电源线等.

资料:《电工安全操作规程》、《低压电器基本标准》及相关参考书等.

知识准备

调速是指在电动机负载不变的情况下,人为地改变电动机的转速.

异步电动机的转速公式为

$$n=\frac{60f_1}{p}(1-s) \tag{5-2-1}$$

从上式可以看出,异步电动机的调速方法可以分为以下三大类:

① 改变定子绕组的磁极对数 p——变极调速.

② 改变供电电源的频率 f_1——变频调速.

③ 改变电动机的转差率 s——变转差率调速.其方法有降低定子绕组电压调速、转子串电阻调速.

一、变极调速

在电源频率不变的条件下,改变异步电动机定子绕组的接线,可以改变磁极对数,从而得到不同的转速.由于磁极对数 p 只能成倍地变化,所以这种调速方法不能实现无级调速.

1. 变极调速的原理

三相异步电动机定子绕组改变磁极对数的原理图如图 5-2-1 所示.以单绕组双速电机为例,对变极调速的原理进行分析.为简便起见,图中将一个线圈组集中起来用一个线圈代表.单绕组双速电动机的定子每相绕组由两个相等圈数的"半绕组"组成.图 5-2-1(a)中两个"半绕组"串联,其电流方向相同;图 5-2-1(b)中两个"半绕组"并联,其电流方向相反.它们分别代表两种磁极对数,即 $2p=4$ 与 $2p=2$.由此可见,改变磁极对数的关键在于使定子每相绕组中一半绕组内的电流改变方向.即改变半相绕组的电流方向,使磁极对数减少一半,从而使转速上升一倍,这就是变极调速的原理.

2. 多速电动机的变极调速

若在定子上装两套独立绕组,各自具有所需的磁极对数,两套独立绕组中每套又可以有不同的连接,这样就可以分别得到双速、三速或四速等电动机,统称为多速电动机.

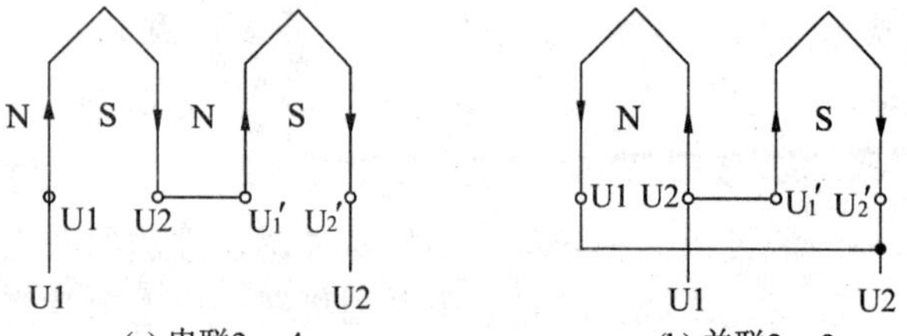

(a) 串联2p=4　(b) 并联2p=2

图 5-2-1　变极调速的原理

多速电动机中典型的变极方法有两种:一种是 Y/YY,如图 5-2-2(a)所示,即每相绕组由串联改成并联,则磁极对数减少了一半,故 $n_{YY}=2n_Y$;另一种是△/YY,如图 5-2-2(b)所示,将定子绕组由△改接成 YY 时,磁极对数也减少了一半,即 $n_{YY}=2n_{\triangle}$.

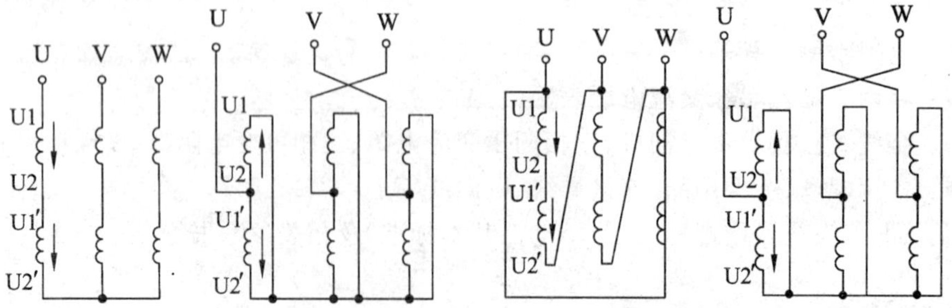

(a) Y/YY　(b) △/YY

图 5-2-2　单绕组双速电动机的极对数变换原理图

国产 YD 系列双速电机所采用的变极方法是△/YY 接法，允许输出的功率近似不变，属恒功率调速方式.

（1）双速电动机定子绕组的接线如图 5-2-3 所示.

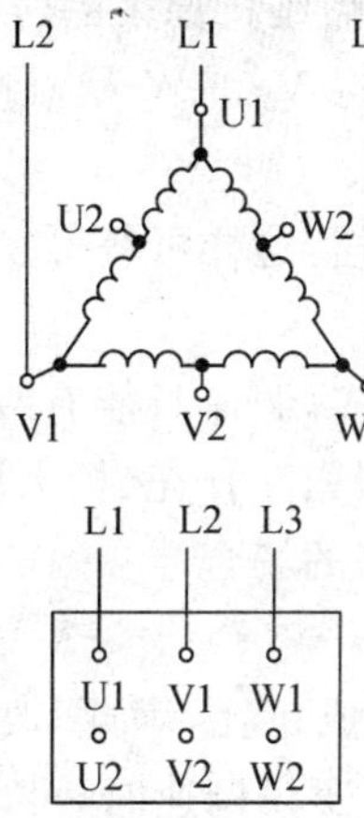

(a) 低速-Δ接法（4极）

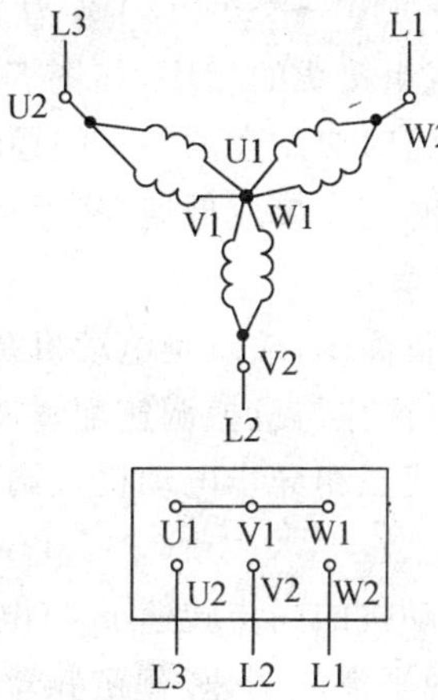

(b) 高速- YY接法（2极）

图 5-2-3　双速电动机定子绕组的接线

（2）三速电动机定子绕组的接线如图 5-2-4 所示.

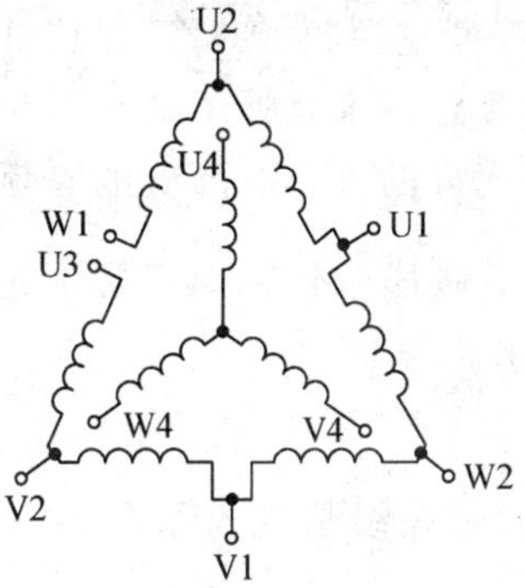

(a) 三速电动机的两套绕组

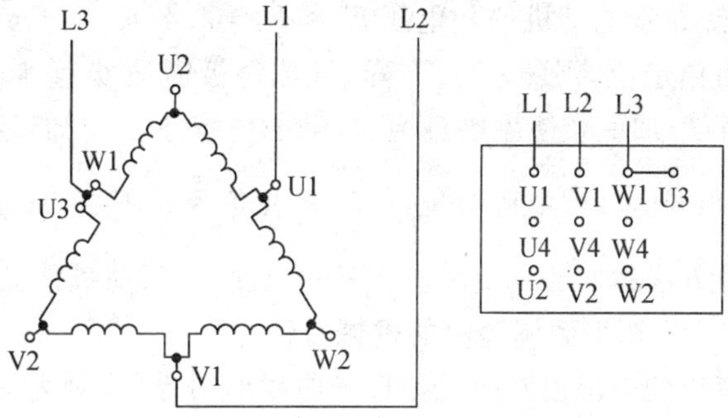

(b) 低速- Δ 接法

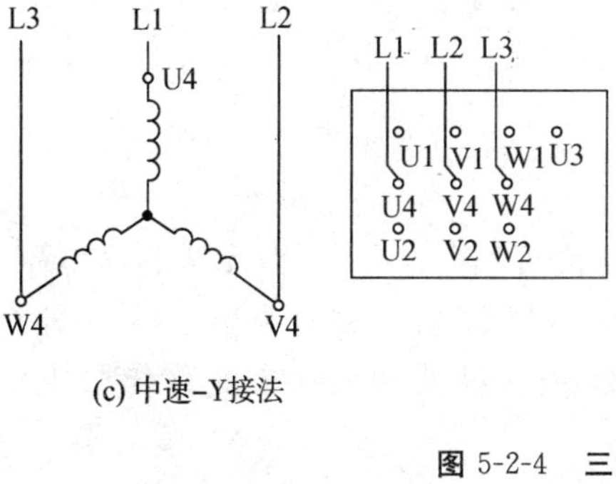

(c) 中速-Y接法

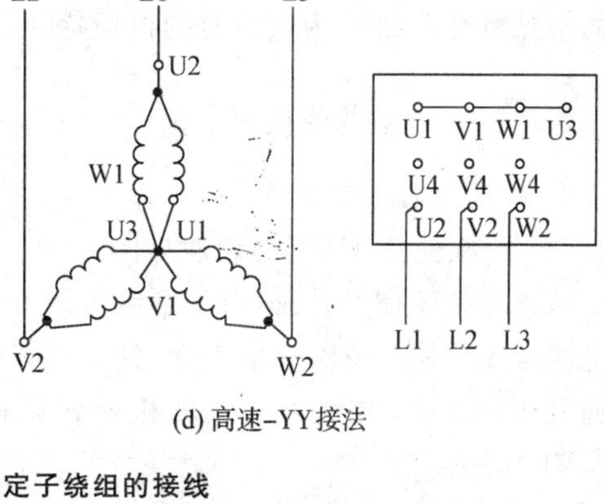

(d) 高速-YY接法

图 5-2-4　三速电动机定子绕组的接线

3. 变极调速的转向改变

由于磁极对数的改变，不仅使转速发生了改变，而且三相定子绕组排列的相序也改变了. 假设高速时三相绕组空间位置为 0→120°→240°，那么低速时磁极对数增加一倍，三相绕组空间位置变成了 0→240°→480°(120°). 为了使变极前后维持原来的转向不变，就必须在变极的同时，改变三相绕组接线的相序，如图 5-2-2 所示，将 V 和 W 相对换一下，这是设计变极调速电动机控制线路时应注意的一个问题.

多速电动机启动时宜先接成低速，然后再换接为高速，这样可获得较大的启动转矩.

4. 变极调速的优缺点

其优点是所需设备简单；缺点是电动机绕组引出头多，调速只能有级调节，级数少. 变极调速通常不单独使用，往往与机械调速配套使用，以达到相互补充、扩大调速范围的目的. 变极调速只适用于鼠笼式三相异步电动机且调速要求不高的场合.

二、变频调速

由于三相异步电动机的同步转速 n_1 与电源频率 f_1 成正比，因此，改变三相异步电动机的电源频率，可以实现平滑的调速. 额定频率称为基频，变频调速时，可以从基频向上调，也可以从基频向下调.

1. 从基频向下变频调速

(1) 变压变频(VVVF)调速方法.

在进行变频调速时，为了保证电动机的电磁转矩不变，就要保证电动机内旋转磁场的磁通不变. 异步电动机的相电压 $U_1 \approx E_1 = 4.44K_1N_1f_1\Phi_m$，如果降低电源频率时，还保持电源电压为额定值，则随着 f_1 下降，气隙每极磁通 Φ 增加. 电动机磁路本来就处于临界饱和状态，Φ 再增加就会使磁路过饱和，励磁电流急剧增加，这是不被允许的. 因此，降低电源频率时，必须同时降低电源电压，使$\frac{U_1}{f_1}$的比值保持不变，从而使气隙磁通基本不变. 通常把上述变频调速方法称作变压变频(VVVF)调速，是目前最常见的变频方法.

(2) 变压变频调速时的机械特性.

变压变频调速时的机械特性曲线如图 5-2-5 所示，其运行段是一组基本平行的曲线. 其中虚线部分是保持$\frac{E_1}{f_1}$为常数，恒磁通调速时，T_m 为常数的机械特性曲线. 显然 VVVF 调速时的机械特性不如$\frac{E_1}{f_1}$为常数时的机械特性，特别是低频低速时的机械特性变差了.

保持$\frac{U_1}{f_1}$为常数的降低频率调速近似为恒转矩调速方式.

2. 从基频向上变频调速

(1) 恒压变频(CVVF)调速方法.

从额定频率往上升时，由于绝缘等级和目前变频技术上存在的问题，无法升高电压. 因此电源电压只能保持额定值不变. 升高频率向上调速时，频率越高，磁通 Φ 越小，是一种降低磁通升速的方法，类似直流电动机弱磁调速的情况. 把这种变频调速方法称作恒压变频(CVVF)调速.

(2) 恒压变频调速时的机械特性.

恒压变频调速时的机械特性曲线如图 5-2-6 所示，其运行段也是一组基本平行的曲线.

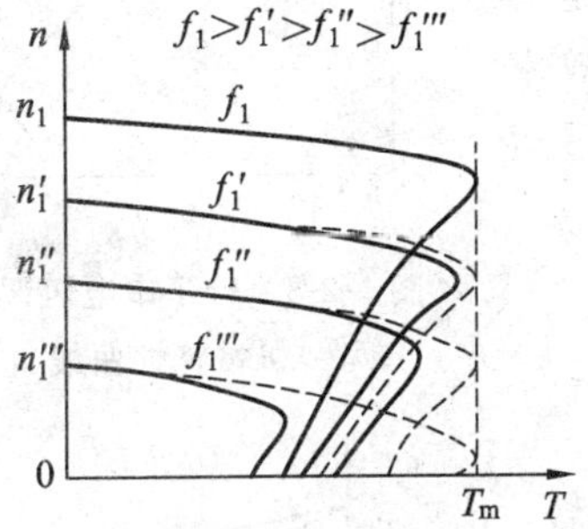

图 5-2-5　变压变频调速的机械特性曲线

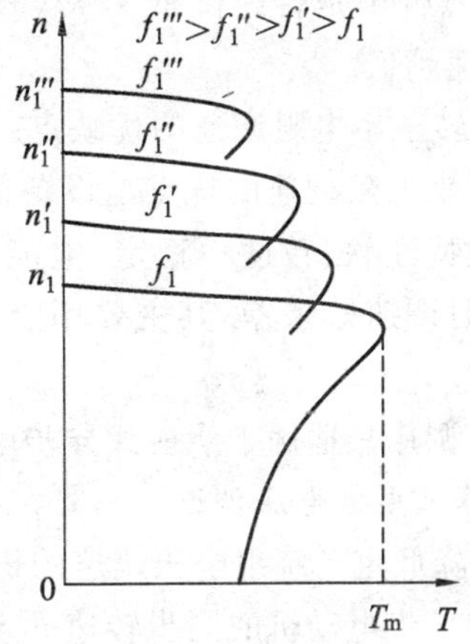

图 5-2-6　恒压变频调速的机械特性曲线

保持 U_1 为常数的恒压升频调速近似为恒功率调速方式.

综上所述，三相异步电动机变频调速有以下特点：在额定频率以下，电压与频率成正比地减小，Φ 基本不变，属恒转矩调速方式；在额定频率以上，频率升高电压不变，Φ 减小，属恒功率调速方式；调速范围大，平滑性好，机械特性硬，效率高，可以实现无级调速.

三相异步电动机进行变频调速时，需要一套专用的变频设备，如采用图 5-2-7 所示的变频装置，它由整流器和逆变器组成. 整流器先将 50Hz 的交流电变换为直流电，再由逆变器变换为频率可调且$\frac{U_1}{f_1}$比值保持不变的三相交流电，供给鼠笼式三相异步电动机，连续改变电源频率可以实现大范围的无级调速，而且电动机机械特性的硬度基本不变，这是一种比较理想的调速方法，近年来发展很快，已经在很多领域内获得广泛的应用，如轧钢机、纺织机、球磨机、鼓风机、水泵、电梯、自动化生产线等设备.

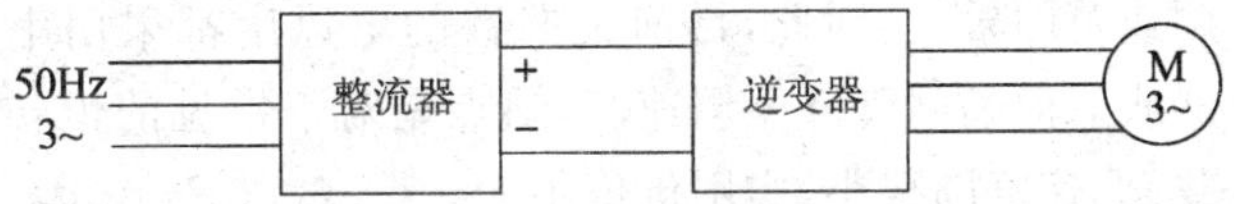

图 5-2-7　变频调速装置

3. 变频调速的优缺点

变频调速的优点是质量轻、体积小、惯性小、效率高等，价格也在逐步下降. 采用矢量控制技术，机械特性曲线可以做得像直流电动机调速一样硬，是目前交流调速的发展方向.

三、变转差率调速

变转差率调速是在不改变同步转速 n_1 的条件下进行调速.

1. 绕线式三相异步电动机转子串电阻调速

绕线式三相异步电动机工作时，如果在转子回路中串入电阻，改变电阻的大小，即可调速.

(1) 转子串电阻调速的机械特性

转子串电阻调速的机械特性曲线如图 5-2-8 所示. 设负载转矩为 T_L，当转子电路的电阻

为 R_a 时，电动机稳定运行在 a 点，转速为 n_a；若 T_L 不变，转子电路电阻增大为 R_b，则电动机机械特性变软，工作点由 a 点移至 b 点，于是转速降低为 n_b，转子电路串接的电阻越大，则转速越低.

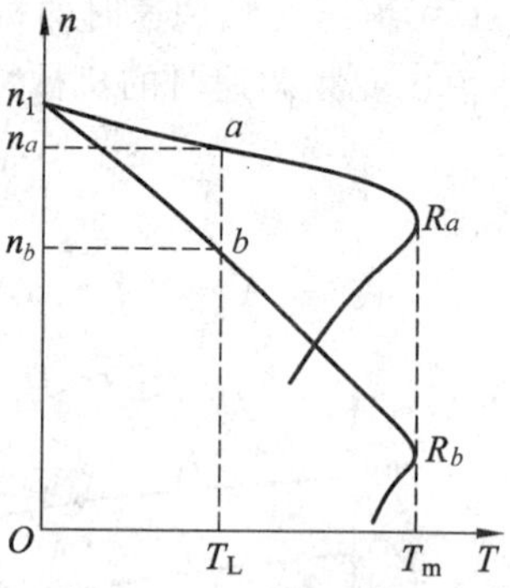

图 5-2-8　转子串电阻调速的机械特性曲线

(2) 转子串电阻调速的优缺点.

转子串电阻调速的优点是设备简单、成本低，缺点是低速时机械特性软、转速不稳定、电能浪费多、电动机的效率低、轻载时调速效果差. 其主要用于恒转矩负载，如起重运输设备中.

变阻调速只适用于绕线式异步电动机的调速.

2. 降低电源电压调速

(1) 降低定子绕组电压调速的机械特性.

三相异步电动机的同步转速 n_1 与电压无关，而最大转矩与电源电压的平方成正比，因此，降低电源电压时的人为机械特性曲线如图 5-2-9 所示.

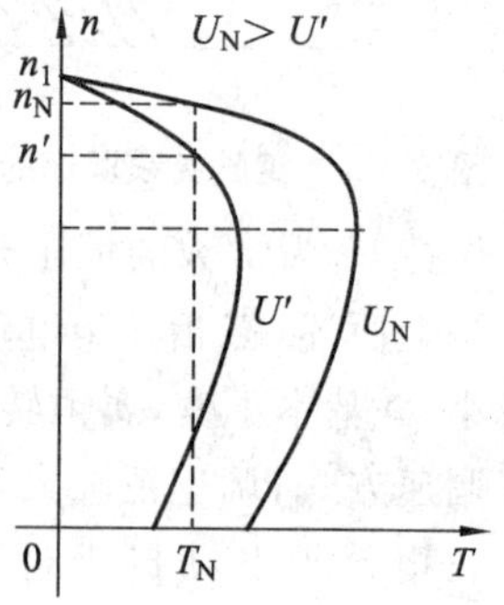

图 5-2-9　降低电源电压的机械特性曲线

从机械特性曲线可以看出，当负载转矩一定时，电压越低，转速也越低，所以降低电压也能调节转速.

(2) 降低定子绕组电压调速的优缺点.

降压调速的优点是电压调节方便，对于风机型负载，调速范围较大. 因此，目前大多数的电风扇都采用串电抗器或双向晶闸管降压调速. 其缺点是对于常见的恒转矩负载，调速范围很小，实用价值不大.

任务实施

绕线式三相异步电动机的调速

一、实训目的

- 学会绕线式三相异步电动机转子串电阻调速的方法和操作.
- 学会绕线式三相异步电动机降低电源电压调速的方法和操作.

二、实训器材

工具、仪表、材料、设备等见学习准备.

三、实训内容及步骤

(一) 主要实训器材的认识

主要实训器材的作用及使用注意事项见表 5-2-1.

表 5-2-1　　　　主要实训器材的作用及使用注意事项

序号	器材名称	图例	规格	作用	备注
1	绕线式三相异步电动机		YR355M1-4 型（额定电压为380V，定子△接法，转子Y接法）	实训操作对象，主要用于调速操作	—
2	三相调压交流电源	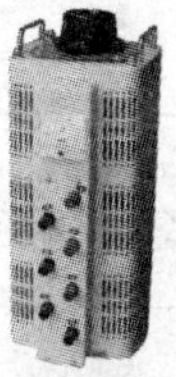	三相 0～430V	三相异步电动机降低电源电压调速用	使用前将电源电压调至最小
3	三相启动调速变阻器		BT2 型 相电流为 10A， 相电阻为 15Ω	绕线式三相异步电动机转子串电阻调速用	使用前将转子串入的电阻值调至最大
4	转速表		DM6235P (n_N=1800r/min)	测量三相异步电动机的转速	根据测速范围选择不同型号

（二）绕线式三相异步电动机的调速

1. 绘制绕线式三相异步电动机的调速电路图

查看三相异步电动机的铭牌数据，明确电动机的额定电压、接线方法及使用条件. 绕线式三相异步电动机的调速电路如图 5-2-10 所示.

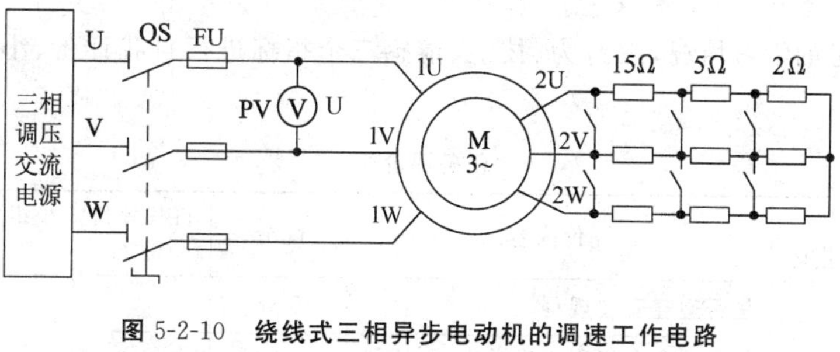

图 5-2-10　绕线式三相异步电动机的调速工作电路

2. 连接绕线式三相异步电动机的调速工作电路

经指导教师认可后，按照所绘制的调速电路图正确接线. 将三相交流电源调节手柄逆时针方向调至最小位置，三相启动调速变阻器调至阻值最大位置.

3. 通电启动三相异步电动机

经指导教师认可后,启动电源总开关.闭合电动机的电源开关 QS,顺时针方向旋转电压调节手柄,启动电动机.如果转向不对,则断电后改变相序再启动,慢慢升高电动机的电压,直至 380V 额定值.

4. 转子串电阻调速

在保持额定电压 220V 不变的条件下,分段减小转子串入的电阻值(每相电阻分别为 0Ω、2Ω、5Ω、15Ω),测出相应的转速,并记录于表 5-2-2 中.

表 5-2-2　　转子串电阻调速测量数据　　$U=220\text{V}$

R/Ω	15	5	2	0
$n/(\text{r/min})$				
结论:________				

5. 降低电源电压调速

在转子绕组短接的条件下,从额定电压 380V 开始,慢慢降低电压,直至电动机停转,测出相应的转速,共取 6~7 组数据,记录于表 5-2-3 中.

表 5-2-3　　降低电源电压调速测量数据

U/V							
$n/(\text{r/min})$							
结论:________							

四、注意事项

- 启动三相异步电动机前,必须将电源电压调至最小,转子串入的电阻值最大.
- 启动三相异步电动机时,要观察电机的转向是否符合要求.
- 每相转子绕组都必须串入相应的电阻.

任务评价

根据本任务的学习情况,按行为、技能、情感三个指标进行自我评价、小组评价和教师评价.

任务评价表

一级评价指标	二级评价指标	评价内容	配分	自我评价 0.3	小组评价 0.3	教师评价 0.4
行为指标	安全文明生产	是否遵守安装规程	5 分			
		是否按安全规程正确操作,无任何元器件的损坏	5 分			
		工作岗位是否整洁	5 分			
		是否具有良好的工作习惯	5 分			

续表

<table>
<tr><th>一级
评价指标</th><th>二级
评价指标</th><th>评价内容</th><th>配分</th><th>自我评价
0.3</th><th>小组评价
0.3</th><th>教师评价
0.4</th></tr>
<tr><td rowspan="10">技能指标</td><td rowspan="4">工作过程中理论知识的掌握</td><td>预习和查阅资料的能力</td><td>5 分</td><td></td><td></td><td></td></tr>
<tr><td>观察和分析问题的能力</td><td>5 分</td><td></td><td></td><td></td></tr>
<tr><td>解决问题的方法和效果</td><td>5 分</td><td></td><td></td><td></td></tr>
<tr><td>对三相异步电动机启动方法和工作原理的理解程度</td><td>5 分</td><td></td><td></td><td></td></tr>
<tr><td rowspan="6">工作过程中技能的掌握</td><td>完成工作的积极性</td><td>5 分</td><td></td><td></td><td></td></tr>
<tr><td>三相启动调速变阻器的使用方法是否掌握</td><td>10 分</td><td></td><td></td><td></td></tr>
<tr><td>绕线式三相异步电动机的转子串电阻调速方法是否掌握</td><td>10 分</td><td></td><td></td><td></td></tr>
<tr><td>三相异步电动机的降压调速方法是否掌握</td><td>10 分</td><td></td><td></td><td></td></tr>
<tr><td>理论与实际相结合的综合分析能力</td><td>5 分</td><td></td><td></td><td></td></tr>
<tr><td>工具、仪器和仪表的使用方法是否正确</td><td>5 分</td><td></td><td></td><td></td></tr>
<tr><td rowspan="3">情感指标</td><td rowspan="3">综合运用能力</td><td>团队协作能力</td><td>5 分</td><td></td><td></td><td></td></tr>
<tr><td>工作效率</td><td>5 分</td><td></td><td></td><td></td></tr>
<tr><td>知识或技能拓展能力</td><td>5 分</td><td></td><td></td><td></td></tr>
<tr><td colspan="3">合　计</td><td>100 分</td><td></td><td></td><td></td></tr>
<tr><td colspan="2">综合评价</td><td colspan="5"></td></tr>
</table>

任务三　三相异步电动机的制动

任务描述

电动机断开电源后，由于电动机本身及带动的生产机械转动部分的惯性，还会继续旋转一定时间后才完全停下来，但许多设备如吊车、机床工作台等都要求准确定位和迅速停车，这就要求当电动机脱离电源后，迫使其立即停车，这个过程称为制动控制. 因此掌握三相异步电动机制动的知识及技能，对电气技术人员是很重要的.

学习目标

◇ 能说出三相异步电动机的制动原理及实现的方法.

◇ 能说出三相异步电动机各种制动方法的特点及应用场合.

◇ 学会三相异步电动机反接制动和能耗制动的接线和操作.

学习地点

电机实训室.

学习准备

工具：电工常用工具一套.

仪表：万用表、直流电流表、交流电压表等.

设备：鼠笼式三相异步电动机、三相调压交流电源、直流励磁电源、三相倒顺开关、滑动变阻器、多媒体设备等.

材料：备用螺丝、劳保用品、连接导线、电源线等.

资料：《电工安全操作规程》、《通用用电设备配电设计规范》及相关参考书等.

知识准备

三相异步电动机与电源断开之后，由于转子有惯性，要经过一段时间后才停车. 为了使电动机能迅速准确地停转，必须对电动机实行制动，通常采用的制动方法有机械制动和电气制动，电气制动又分反接制动、能耗制动和再生制动.

一、三相异步电动机的机械制动

机械制动是利用机械装置使电动机在电源切断以后迅速停转. 常用的机械制动有电磁离合器和电磁抱闸，这里详细介绍电磁抱闸装置.

1. 电磁抱闸结构

电磁抱闸分通电型电磁抱闸与断电型电磁抱闸两种. 图 5-3-1 所示是断电型电磁抱闸的结构示意图，它主要由两大部分构成：电磁铁和闸瓦制动器. 电磁铁又有单相电磁铁和三相电磁铁之分，它主要由电磁线圈和铁芯组成. 闸瓦制动器包括弹簧、闸轮、杠杆、闸瓦和轴等，闸轮与电动机转轴是刚性固定式连接.

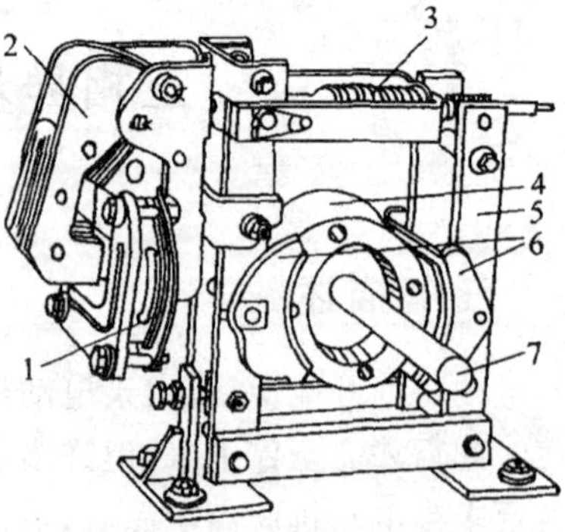

1—电磁线圈　2—铁芯　3—弹簧
4—闸轮　5—杠杆　6—闸瓦　7—轴

图 5-3-1　断电型电磁抱闸的结构示意图

2. 断电型电磁抱闸的工作原理

电动机通电启动时，同时给电磁抱闸的电磁铁线圈通电，电磁铁的动铁芯被吸引与静铁芯合拢，同时克服弹簧拉力，迫使杠杆向外张开，闸瓦与闸轮松开，闸轮可自由转动，电动机就正常运转. 当切断电动机电源时，电磁铁的线圈电源也同时被切断，动铁芯与静铁芯无吸引力，在弹簧的作用下，闸瓦把闸轮紧紧抱住，电动机迅速停止转动. 由于电动机和电磁铁共用一个电源和控制线路，同时通、断电，因此只要电动机不通电，闸瓦总是把闸轮紧紧抱住，电动机总是被制动. 为此，电磁线圈连接必须可靠，不能再装接熔断器.

3. 机械制动的特点及适用范围

电磁抱闸制动装置广泛应用于起重机械上. 上吊重物时，电动机和电磁铁同时通电，闸瓦松开，电动机能正常运转；停车或停电时，闸瓦立即把闸轮抱住，电动机迅速制动，重物不仅不会因断电而下落，而且能准确地停留在某一位置上，杜绝了因突然停电而发生的事故. 对具有位能性质的负载，它是必不可少的安全装置.

机械制动虽然可靠，但容易磨损，应定期检查.

二、三相异步电动机的电气制动

电气制动就是在电动机转子中产生一个与转动方向相反的电磁转矩，使电动机迅速停止转动. 常用的电气制动方法有以下三种：

(一) 三相异步电动机的反接制动

1. 反接制动的方法

反接制动是指运行过程中的电动机脱离电源后，立即将三相电源中的任意两相对调，此时旋转磁场反转，而转子由于惯性仍沿原方向转动，因而产生的电磁转矩方向与电动机转动方向相反，电动机因制动转矩的作用而迅速停转，如图 5-3-2 所示.

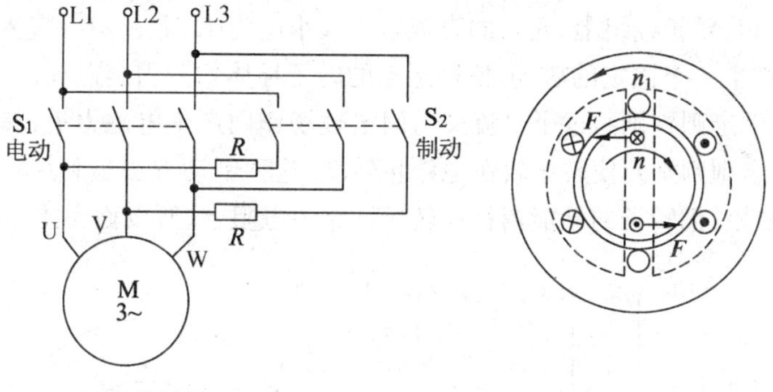

(a) 接线图　　(b) 原理图

图 5-3-2　三相异步电动机的反接制动

反接制动时，$n_1<0$，$n>0$，相应的转差率 $s>1$，且电磁转矩 $T<0$，当转速接近于零时，要利用控制电器将三相电源及时切断，并用抱闸刹车，否则电动机将反转. 反接制动刚开始时的电流比直接启动的电流还要大得多，为了减小制动电流，常在三相定子回路中串入电阻或电抗器.

2. 反接制动的优缺点

反接制动的优点是制动电路比较简单，设备简易，制动转矩较大，停机迅速；缺点是制动瞬间电流较大，电能消耗也较大，机械冲击强烈，易损坏传动部件. 反接制动一般只用于小型电动机，且要求迅速反转或不经常停车制动的场合.

提示

反接制动的制动电阻大小的计算

为防止绕组过热和减小制动的冲击作用，通常在反接制动时，三相电路每相应串入电阻 R 以限制反接制动电流. 如果电源电压为 380V，反接制动电阻值按下面的经验公式计算：

$$R=K\frac{220}{I_{st}} \qquad (5\text{-}3\text{-}1)$$

式中，R 为反接制动时定子绕组串接的电阻，单位为 Ω；当要求反接制动电流 $I<I_{st}$ 时，K 取 0.13，当要求反接制动电流 $I=I_{st}$ 时，K 取 1.5；I_{st} 为电动机全电压启动时的启动电流，单位为 A.

若在反接制动时，只在两相定子绕组中串入制动电阻，则制动电阻按上述计算值的 1.5 倍选取. 如果电动机的容量较小，也可以不接入制动电阻.

（二）三相异步电动机的能耗制动

1. 能耗制动的方法

能耗制动的方法是将运行着的异步电动机的定子绕组从三相交流电源上断开，立即接到直流电源上.

2. 能耗制动的原理

能耗制动的原理如图 5-3-3 所示，假定电动机按顺时针旋转，断开开关 S_1，电动机脱离三相电源，但由于惯性的作用，转子仍沿着顺时针方向继续转动. 立即合上开关 S_2，直流电源通过电阻 R 加在定子 W 相、V 相绕组上，通入的直流电流大小应为 $1.5I_N \sim 2I_N$，直流电流在定子绕组 W 相、V 相流过，产生一个固定的磁场，惯性运动的转子导体切割固定磁场的磁通，产生感应电动势及电流（用右手定则判别），这个电流又与固定磁场作用产生电磁力矩，其方向与转子转动方向相反（用左手定则判别），使转子较快地停止转动. 这种制动方法是利用转子惯性转动切割磁通而产生制动转矩，把转子的动能消耗在转子回路的电阻上，所以称为能耗制动.

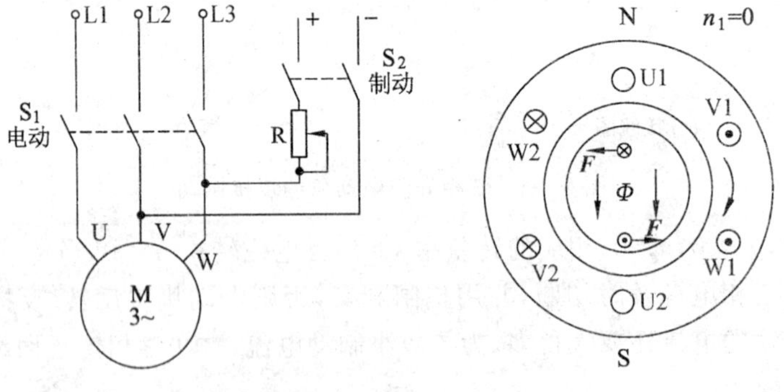

图 5-3-3　三相异步电动机能耗制动的原理

3. 能耗制动的优缺点

能耗制动的优点是制动力较强，能耗少，制动较平稳，对电网及机械设备冲击小；缺点是需要直流电源，低速时制动力矩小. 能耗制动常用于机床设备中.

提示

能耗制动的制动电阻大小的计算

能耗制动时制动转矩的大小与通入定子绕组的直流电流大小有关. 通入的直流电流越大, 静止磁场越强, 产生的制动转矩就越大. 采用能耗制动时, 既要考虑到有较大的制动电阻, 又不要使定、转子回路电流过大而使绕组过热. 根据不同的电动机, 能耗制动的电流按下面的经验公式计算, 然后根据欧姆定律计算制动电阻值.

(1) 鼠笼式异步电动机:

$$I_{DC}=4I_0\sim5I_0 \tag{5-3-2}$$

(2) 绕线式异步电动机:

$$I_{DC}=2I_0\sim3I_0$$

$$R=0.2\frac{E_{2N}}{\sqrt{3}I_{2N}}\sim0.4\frac{E_{2N}}{\sqrt{3}I_{2N}} \tag{5-3-3}$$

式中, I_{DC} 为能耗制动时所需的直流电流, 单位为 A; I_0 为电动机空载电流, 单位为 A; R 为转子回路所串电阻, 单位为 Ω.

(三) 三相异步电动机的再生制动(回馈制动)

1. 再生制动的原理

再生制动又称回馈制动或发电制动, 主要用于起重设备中. 例如, 当起重机下放重物时, 因重力的作用, 电动机的转速 n 超过旋转磁场的转速 n_1, 电动机处于发电状态, 定子电流方向反了, 电动机转子导体的受力方向也反了, 驱动力矩变为制动力矩, 即电动机将机械能转化为电能, 向电网反送电, 这种制动方法称为再生发电制动.

2. 再生制动的应用

要使电动机的转子转速超过同步转速, 转子必须受到外力的作用, 在生产实践中, 三相异步电动机的再生发电制动会出现在位能性负载下放重物时、电动机变极调速或变频调速的过程中. 再生发电制动经济性较好, 因此常用于起重机、电力机车和多速电动机中.

任务实施

三相异步电动机的制动

一、实训目的

- 学会鼠笼式三相异步电动机反接制动的接线和操作使用.
- 学会鼠笼式三相异步电动机能耗制动的接线和操作使用.

二、实训器材

工具、仪表、材料、设备等见学习准备.

三、实训内容及步骤

(一) 主要实训器材的认识

主要实训器材的作用及使用注意事项见表 5-3-1.

表 5-3-1　　　　主要实训器材的作用及使用注意事项

序号	器材名称	图　例	规　格	作　用	备　注
1	鼠笼式三相异步电动机		Y801-4 型 $P_N=0.55$kW	实训操作对象	通电观察启动和制动情况
2	倒顺开关		HY2-15	实现启动和制动的切换	使用前要区分哪边是启动，哪边是制动
3	直流电流表		量程选用 5A	测量能耗制动瞬间电流	要正确选择量程和极性
4	励磁电源	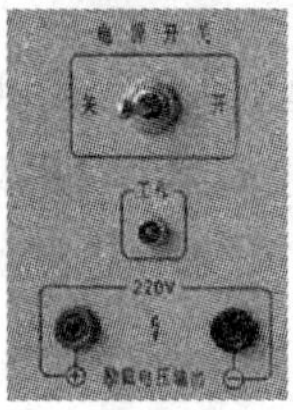	$U=0\sim220$V	给能耗制动提供励磁电源	通过开关控制电路的通断
5	滑动变阻器		$I_N=0.5$A $R=0\sim1$kΩ	通过调节励磁电阻阻值，改变励磁电流，从而改变制动时间	可根据能耗制动、反接制动实验要求选用不同的阻值

（二）鼠笼式三相异步电动机的反接制动

1．绘制并连接鼠笼式三相异步电动机反接制动电路图

查看三相异步电动机的铭牌数据，明确电动机的额定电压、接线方法及使用条件，绘制鼠笼式三相异步电动机电源反接制动电路图，如图 5-3-4 所示．按照所绘制的电路图连接三相交流电源、异步电动机、三相倒顺开关、交流电压表、限流电阻等．

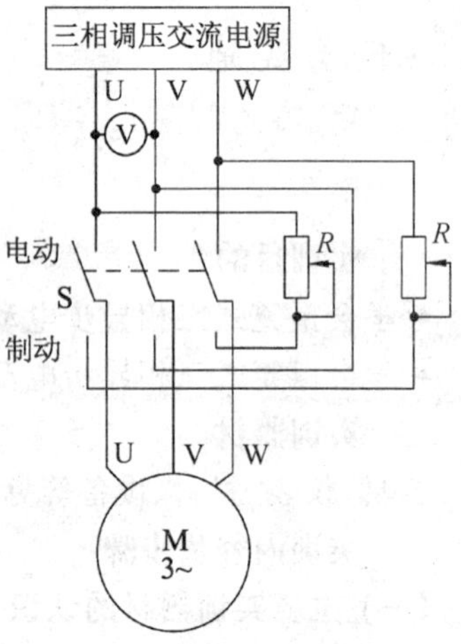

图 5-3-4　鼠笼式三相异步电动机反接制动的工作电路

2．操作并观察鼠笼式三相异步电动机反接制动的过程

接线电路经指导教师认可后，将交流电源输出调至零位，限流电阻 R 调至最大．启动电源总开关，三相倒顺开关合向“电动”位置，升高三相交流电压至额定值，启动异步电动机，待其转速稳定后，将三相倒顺开关 S 迅速合向“制动”位置，观察并记录电动机从制动到停车瞬间的时间，记入表 5-3-2 中. 记录时注意电动机会反向启动. 将限流电阻 R 调至不同位置，重新测几次数据.

表 5-3-2　　鼠笼式三相异步电动机反接制动的测量数据

R/Ω	100%	50%	20%
t/s			
结论：________			

（三）鼠笼式三相异步电动机的能耗制动

1. 绘制鼠笼式三相异步电动机能耗制动电路图

绘制鼠笼式三相异步电动机能耗制动电路，如图 5-3-5 所示.

2. 连接鼠笼式三相异步电动机能耗制动的工作电路

经指导教师认可后，按照所绘制的能耗制动电路图正确接线. 连接三相交流电源、直流励磁电源、异步电动机、三相倒顺开关、交流电压表、直流电流表、励磁调节电阻等. 检查异步电动机与测速发电机的联轴器是否连接可靠.

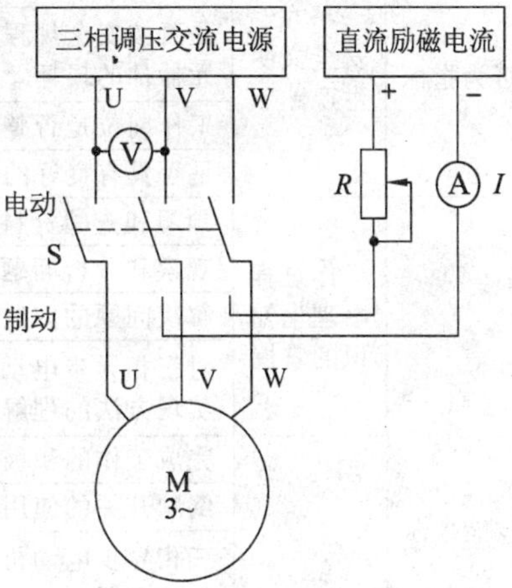

图 5-3-5　鼠笼式三相异步电动机能耗制动的工作电路

3. 操作并观察鼠笼式三相异步电动机能耗制动的过程

经指导教师认可后，将交流电源输出调至零位，励磁调节电阻 R 调至最大. 启动电源总开关，三相倒顺开关合向“电动”位置，升高三相交流电压至额定值，启动异步电动机，待转速稳定后，断开三相倒顺开关 S，观察并记录电动机自由停车的时间，记入表 5-3-3 中.

将三相倒顺开关 S 合向“制动”位置，调节励磁电阻 R 使励磁电流等于电动机额定电流 $I=0.2I_N$. 重新将三相倒顺开关 S 合向“电动”位置，启动异步电动机，待转速稳定后，迅速将三相倒顺开关 S 合向“制动”位置，观察并记录电动机停车的时间. 使励磁电流为 $0.5I_N$ 和 I_N，重复测试并记录电动机停车的时间，记入表 5-3-3 中.

表 5-3-3　　鼠笼式三相异步电动机能耗制动的测量数据

I/A	0	$0.2I_N$	$0.5I_N$	I_N
t/s				
结论：________				

比较电动机自由停车、能耗制动、反接制动时间的长短.

四、注意事项

- 反接制动速度较快，电动机会反转，观察要仔细.

◉ 制动直流电流不能太大,可通过调节制动电阻 R 来实现.

任务评价

根据本任务的学习情况,按行为、技能、情感三个指标进行自我评价、小组评价和教师评价.

任务评价表

一级评价指标	二级评价指标	评价内容	配分	自我评价 0.3	小组评价 0.3	教师评价 0.4
行为指标	安全文明生产	是否遵守安装规程	5分			
		是否按安全规程正确操作,无任何元器件的损坏	5分			
		工作岗位是否整洁	5分			
		是否具有良好的工作习惯	5分			
技能指标	工作过程中理论知识的掌握	预习和查阅资料的能力	5分			
		观察和分析问题的能力	5分			
		解决问题的方法和效果	5分			
		对三相异步电动机的制动原理及实现方法的理解程度	5分			
	工作过程中技能的掌握	完成工作的积极性	5分			
		倒顺开关的使用方法是否正确	10分			
		三相异步电动机反接制动的方法是否掌握	10分			
		三相异步电动机的能耗制动方法是否掌握	10分			
		理论与实际相结合的综合分析能力	5分			
		工具、仪器和仪表的使用方法是否正确	5分			
情感指标	综合运用能力	团队协作能力	5分			
		工作效率	5分			
		知识或技能拓展能力	5分			
合　计			100分			
综合评价						

知识拓展

电动机的选择

电动机的电流种类、结构形式、容量大小、转速快慢、性能特点等方面各不相同.在电力拖动系统中,为了使电动机能够安全可靠、经济合理地运行,必须选用适合于生产机械的电动机.选好用好每一台电动机,是电气技术人员的基本义务和责任,因此必须掌握正确选用电动机的知识和技能.

1. **选择电动机的种类**

不同种类的电动机具有不同的特点和用途，在选择电动机的种类时，可参考表 5-3-4 中各类电动机的主要性能特点，从以下几个方面考虑.

表 5-3-4　　各类电动机的特点

<table>
<tr><th colspan="5">分　类</th><th>主要性能特点</th></tr>
<tr><td rowspan="5">直流电动机</td><td colspan="4">永磁式直流电动机</td><td>具有良好的运行特性</td></tr>
<tr><td colspan="2" rowspan="4">电磁式直流电动机</td><td colspan="2">他励直流电动机</td><td rowspan="2">机械特性硬，启动转矩大，调速性能好</td></tr>
<tr><td colspan="2">并励直流电动机</td></tr>
<tr><td colspan="2">串励直流电动机</td><td>机械特性软，启动转矩大，调速方便</td></tr>
<tr><td colspan="2">复励直流电动机</td><td>机械特性适中，启动转矩大，调速方便</td></tr>
<tr><td rowspan="11">交流电动机</td><td rowspan="10">异步电动机</td><td rowspan="5">三相异步电动机</td><td rowspan="4">鼠笼式</td><td>普通</td><td>机械特性硬，启动转矩不太大，可调速</td></tr>
<tr><td>深鼠笼式</td><td rowspan="2">启动转矩大</td></tr>
<tr><td>双鼠笼式</td></tr>
<tr><td>多速</td><td>可有 2～4 种速度</td></tr>
<tr><td colspan="2">绕线式</td><td>机械特性硬，启动转矩大，调速方法多</td></tr>
<tr><td rowspan="5">单相异步电动机</td><td colspan="2">电阻启动电动机</td><td rowspan="5">功率小，机械特性硬</td></tr>
<tr><td colspan="2">电容启动电动机</td></tr>
<tr><td colspan="2">电容运行电动机</td></tr>
<tr><td colspan="2">电容启动运行电动机</td></tr>
<tr><td colspan="2">罩极式电动机</td></tr>
<tr><td colspan="2">同步电动机</td><td colspan="2">隐极式</td><td>转速不随负载变化，功率因数可调</td></tr>
</table>

2. **根据电源情况选择电动机**

选择电动机时，电动机的额定电压应与工厂配电电压一致. 我国规定的低电压标准为 220V/380V，高压配电电压大多数为 10kV. 一般中小容量的三相异步电动机大都是低压的，其额定电压分别为 220V/380V(△/Y 接法)和 380V/660V(△/Y 接法)两种. 当三相异步电动机容量超过约 200kW 时，可以选择 3kV、6kV 或 10kV 的高压电机. 直流电动机的直流电源一般为 110V、220V 和 440V.

3. **根据机械负载的类型和特性选择电动机**

生产机械具有不同的转矩转速关系，要求电动机的机械特性与之相适应. 例如，负载变化时要求转速恒定不变的，就应选择同步电动机；要求启动转矩大及特性软的，如电车、电气机车等，就应选用串励或复励直流电动机.

4. **根据负载对调速性能要求选择电动机**

电动机的调速性能包括调速范围、调速的平滑性、调速系统的经济性(设备成本、运行效率等）诸方面，都应该满足生产机械的要求. 例如，调速性能要求不高的各种机床、水泵、通风机多选用普通鼠笼式三相异步电动机；功率不大、有级调速的电梯及某些机床可选用多速电动机；而调速范围较大和调速要求平滑的龙门刨床、高精度车床、可逆轧钢机等多选用他励直流电动机和绕线式异步电动机.

5. 根据负载对启动性能要求选择电动机

(1) 在启动转矩要求不高的情况下，可选用普通鼠笼式三相异步电动机，因为它具有简单、耐用、经济、可靠和维护方便等优点，但是它也有调速性能差、功率因数低、启动电流较大但启动转矩较小等缺点. 因此其主要用于作为机械特性较硬而无特殊调速要求的一般生产机械和拖动，如一般的机床和功率小于 100kW 的水泵或通风机等生产机械.

(2) 如果负载启动和制动频繁，并且对启动和制动转矩要求比较大的生产机械就可选用绕线式三相异步电动机. 绕线式三相异步电动机的价格较鼠笼式三相异步电动机高，但是它可通过调节转子外加电阻的办法，改变电动机的机械特性，因而能在限制启动电流的同时又提高启动转矩，故它可适用于电源容量较小、电动机功率较大或有调速要求的场合. 例如，矿井提升机、起重机、压缩机、锻压机及重型机床的横梁移动等.

6. 根据机械负载的需要选择电动机

(1) 电动机功率的选择.

为生产机械选配电动机，通常根据生产机械负载的需要来选择电动机的功率，功率选用时不能太大，也不能太小. 电动机功率选小了，保证不了电动机和生产机械的正常工作；电动机功率选大了，虽然能保证正常运行，但是不经济，电动机容量不能被充分利用，而且电动机经常不能满载运行，使得效率和功率因数不高.

(2) 电动机工作制的选择.

为生产机械选配电动机，还要考虑负载的工作制问题，也就是所选的电动机应适应机械负载的连续、短时或间断周期工作性质.

7. 选择电动机要考虑经济性

在满足了生产机械对于电动机启动、调速、各种运行状态运行性能等方面要求的前提下，优先选用结构简单、价格便宜、运行可靠，维护方便的电动机. 一般来说，在这方面，交流电动机优于直流电动机，鼠笼式异步电动机优于绕线式异步电动机. 此外，还要考虑电动机的结构、防护、冷却和安装形式，应适应使用环境条件的要求，并且要力求电动机安装、调试、检修方便，以保证电动机能安全可靠地运行.

任务四　三相异步电动机的检修

任务描述

三相异步电动机是被广泛使用的动力装置之一，在使用过程中，相应的运行故障也较多，概括起来可分为电气故障和机械故障两类. 机械故障主要发生在轴承部分，电气故障主要发生在绕组部分.为了保证各种生产生活设备长期、安全、经济和可靠地工作,对异步电动机的维护及检修显得非常必要,对提高生产效率以及预防事故的发生都有非常重要的意义.

学习目标

◇ 知道三相定子绕组的结构形式和在铁芯中的分布及连接情况,会画三相单层定子绕组展开图.

◇ 知道三相异步电动机的保养内容和注意事项,能说出三相异步电动机常见故障现象和检修方法.

◇ 通过对定子绕组断路故障检修,学会故障的检查和修复方法.

◇ 知道三相定子绕组嵌线过程,学会三相定子绕组的端部接线.

学习地点

电机实训室.

学习准备

工具:常用电工工具和电动机嵌线工具各一套、电烙铁等.

仪表:万用表、转速表、双臂电桥、兆欧表等.

设备:三相异步电动机(待修)、烘箱、多媒体设备等.

材料:劳保用品、黄蜡管、绝缘纸、绝缘套管、青壳纸、绝缘漆、漆包线等.

资料:《电工安全操作规程》、《电机手册》及相关参考书等.

知识准备

三相绕组一般采用分布绕组的形式,即一个线圈组均匀分布在一个相带里.根据绕组结构上的区别可分为单层、双层或单双层混合绕组;按每极、每相所占槽数分,可分为整数槽绕组和分数槽绕组;按绕组的连接来分,单相绕组又可分为链式绕组、同心式绕组、交叉式绕组,双层绕组又可分为叠绕组和波绕组.

一、三相异步电动机绕组

(一) 三相异步电动机绕组概述

1. 绕组展开图

修理三相异步电动机时,主要的技术工作在于绕组端部的连接.绕组展开图最能反映某种绕组的连接规律,所以对于交流电动机的绕组展开图要有一个清晰的认识,能够读懂和绘制绕组展开图.

2. 三相对称绕组的特点

三相绕组在空间位置上分别相差120°电角度;每相绕组的线圈数、支路数相等,导线规格一样;每相绕组在空间的分布规律一样.根据三相对称绕组的特点,只要了解其中的一相即可.

3. 电角度与机械角度

由于导体经过一对磁极,电动势变化一个周期,所以将一对磁极所占的空间位置定义为

360°电角度；而一个圆周对应的机械角度为360°，这是不变的.因此，电角度等于机械角度与磁极对数的乘积：

$$电角度 = p \times 机械角度$$

4. **极距 τ 与节距 y**

定子铁芯表面每个磁极所占的范围称为极距 τ，一般用槽数表示.若定子槽数用 Z_1 表示，磁极对数用 p 表示，则

$$\tau = \frac{Z_1}{2p} \tag{5-4-1}$$

一个线圈两个有效边在定子铁芯表面跨过的槽数称为节距 y.为了使一个线圈产生的电动势和电磁转矩最大，应使节距 y 等于或接近于极距 τ.为了节省材料，一般采用 $y<\tau$ 的短距绕组.实践证明，当 $y \approx 0.8\tau$ 左右时，电动机的性能最佳.

5. **槽距角 α**

相邻两槽之间的电角度称为槽距角 α，它表示相邻两槽导体中电动势的相位差.

$$\alpha = \frac{p \times 360^\circ}{Z_1} \tag{5-4-2}$$

6. **每极每相槽数 q**

若用 m_1 表示定子的相数，则每相绕组在每个磁极下所占有的槽数为

$$q = \frac{Z_1}{2pm_1} \tag{5-4-3}$$

7. **相带**

每一个磁极下每相绕组所占的范围称为相带，用电角度表示.一般三相异步电动机都采用60°相带.

（二）三相单层绕组

单层绕组的线圈数只有槽数的一半，制造方便，故常用于10kW以下的小型异步电动机中.单层绕组可分为同心式、链式和交叉式三种.

1. **同心式绕组**

以3相2极24槽异步电动机为例，说明同心式绕组的排列规律.

槽距角 $$\alpha = \frac{p \times 360^\circ}{Z_1} = \frac{1 \times 360^\circ}{24} = 15^\circ$$

每极每相槽数 $$q = \frac{Z_1}{2pm_1} = \frac{24}{2 \times 3} = 4$$

将定子24个槽编号，按照三相对称的原则划分为6个相带，见表5-4-1.

表5-4-1　同心式绕组各相带所属的槽号表

相带	U1	W2	V1	U2	W1	V2
槽号	1 2 3 4	5 6 7 8	9 10 11 12	13 14 15 16	17 18 19 20	21 22 23 24

根据线圈端部连线较短、嵌线方便的原则，将3和14槽中的导体组成一个大线圈，将4和13中的导体组成一个小线圈，然后将这两个线圈依电动势方向串联成一个线圈组.再按照上述方法，将1～16和2～15串联成另一个线圈组.最后将这两个线圈组串联起来构成U

相绕组，如图 5-4-1 所示. V 相和 W 相的绕组结构与 U 相一样，位置分别右移 4 槽和 8 槽即可.

由于这种绕组大小线圈的中心线重合，因此称为同心式绕组. 其优点是线圈端部不重叠，嵌线方便；缺点是线圈大小不等，绕线加工不便. 同心式绕组一般用于 $q=4$ 的小型 2 极异步电动机中.

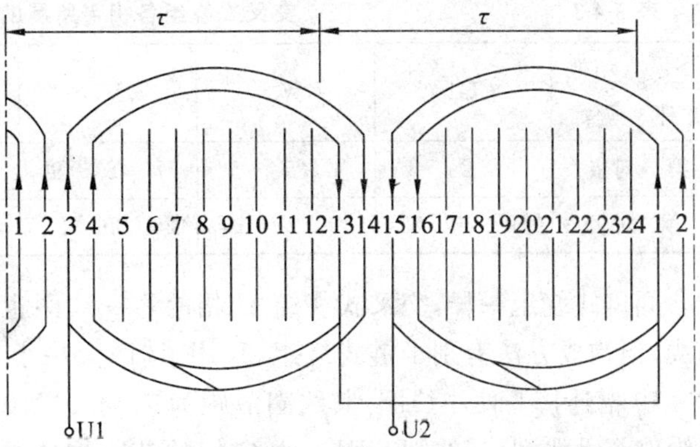

图 5-4-1　三相单层同心式绕组 U 相展开图

2. 链式绕组

以 3 相 4 极 24 槽异步电动机为例，说明链式绕组的排列规律. 槽距角 $\alpha=30°$，每极每相槽数 $q=2$. 将定子 24 个槽按照三相对称的原则划分为 12 个相带，见表 5-4-2.

表 5-4-2　链式绕组各相带所属的槽号表

相带 / 极对	U1	W2	V1	U2	W1	V2
第一对极	1　2	3　4	5　6	7　8	9　10	11　12
第二对极	13　14	15　16	17　18	19　20	21　22	23　24

根据线圈端部连线较短的原则，将 1～20 槽、2～7 槽、8～13 槽、14～19 槽导体分别连接成线圈，然后将这些线圈按"首首相连，尾尾相接"的方法串联成 U 相绕组，如图 5-4-2 所示. 同理，可确定 V 相和 W 相绕组的结构和位置.

链式绕组的特点是线圈具有相同的节距，制造加工方便，端部连线短，从整个三相绕组的展开图看，一环套一环，形如长链，所以称为链式绕组. 链式绕组一般用于 $q=2$ 的小型异步电动机中.

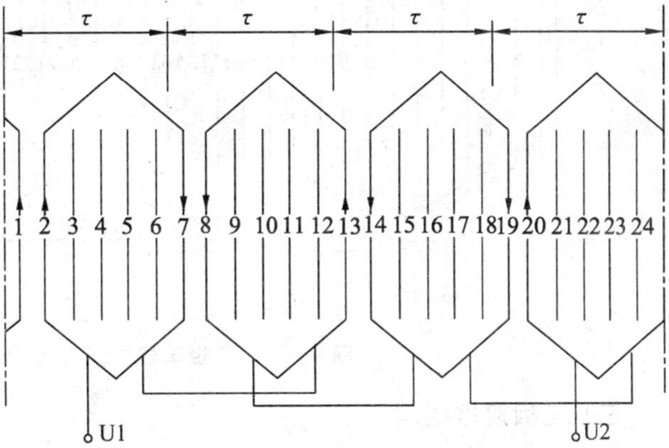

图 5-4-2　三相单层链式绕组 U 相展开图

3. 交叉式绕组

容量略大的异步电动机，定子铁芯可以开 36 个槽. 以 3 相 4 极 36 槽异步电动机为例，说明交叉式绕组的排列规律. 槽距角 $\alpha=20°$，每极每相槽数 $q=3$. 将定子 36 个槽，按照三相对称的原则划分为 12 个相带，见表 5-4-3.

表 5-4-3　　交叉式绕组各相带所属的槽号表

极对＼相带	U1			W2			V1			U2			W1			V2		
第一对极	1	2	3	4	5	6	7	8	9	10	11	12	13	14	15	16	17	18
第二对极	19	20	21	22	23	24	25	26	27	28	29	30	31	32	33	34	35	36

同链式绕组一样，交叉式绕组 U 相的每一线圈也应从 U1 和 U2 相带各选一根导体来构成，但构成方法有别于链式绕组，采用了“两大一小、两大一小”的交叉布置. 即 1—30 槽、12—19 槽连接为两小线圈，其线圈节距为 7. 将 2—10 槽、3—11 槽、20—28 槽、21—29 槽连接为四个大线圈，其线圈节距为 8，它们的节距均比极距($\tau=9$)短，因此可以节约端部用铜量. 其 U 相绕组展开图如图 5-4-3 所示.

交叉式绕组的特点是线圈节距不等，优点是线圈端部较短，缺点是制造加工稍烦. 一般用于 $q=3$ 的小型异步电动机中.

单层绕组的优点是线圈数少、嵌线方便、不需层间绝缘、槽利用率高，故小型异步电动机的定子绕组多采用这种绕组形式. 其缺点是磁场和电动势波形中高次谐波影响大，电动机性能较差. 因此大、中型异步电动机的定子绕组多采用双层绕组.

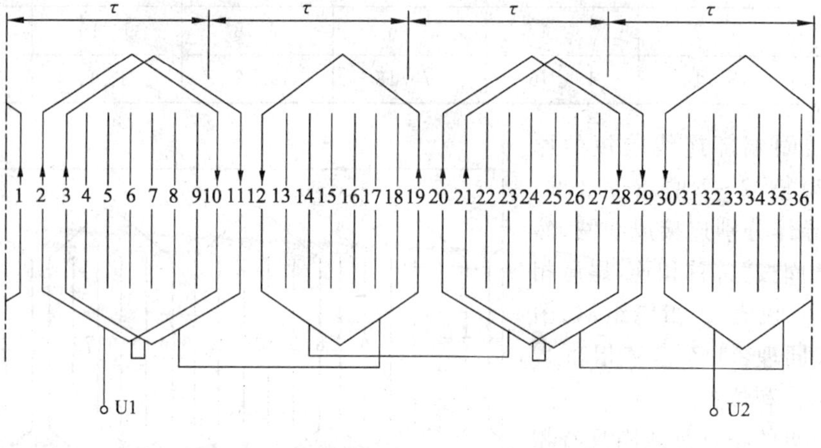

图 5-4-3　三相单层交叉式绕组 U 相展开图

(三) 三相双层绕组

双层绕组可分为叠绕组和波绕组两大类. 一般 10kW 以上异步电动机的定子绕组采用双层叠绕组，绕线式异步电动机的转子绕组采用波绕组. 双层绕组优点是：线圈节距、形状相同，便于制造；可以灵活地选择短距线圈来改善电动势和磁动势波形，节约端部用铜量，电动机性能好；可以根据需要组成较多的并联支路数. 其缺点是线圈多，需层间绝缘，嵌线较困难，线圈组间连线较多，耗铜量较大.

以 3 相 4 极 24 槽异步电动机为例，说明双层绕组的展开图. 槽距角 $\alpha=30°$，每相每极槽数 $q=2$，$\tau=6$. 将定子 24 个槽按照三相对称的原则划分为 12 个相带，见表 5-4-2.

为了改善电动势和磁动势波形及节省端部接线材料，一般线圈节距为 0.8τ 左右，可以选取节距 $y=5$. 图 5-4-4 所示是 3 相 4 极 24 槽双层绕组的 U 相展开图，每相绕组的并联支

路数 $a=2$.

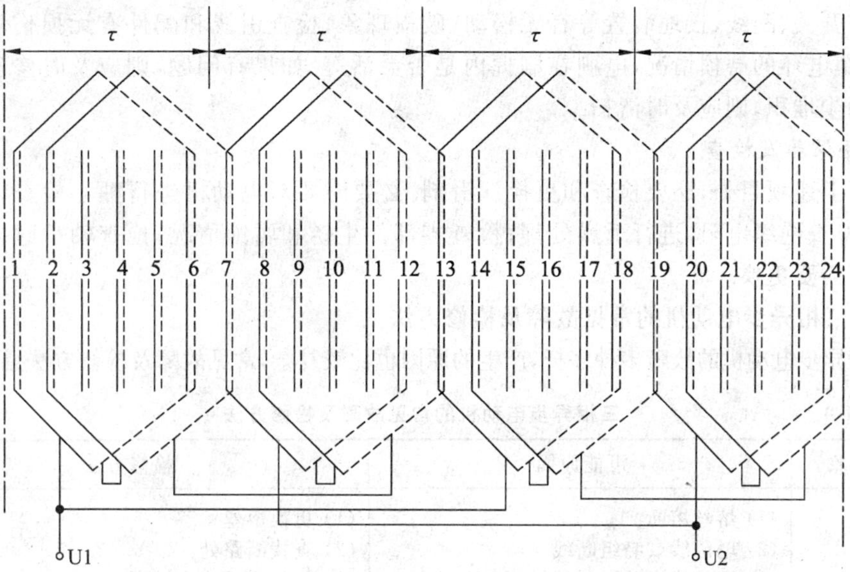

图 5-4-4　3 相 4 极 24 槽双层绕组 U 相展开图

二、三相异步电动机的保养

(一) 三相异步电动机的保养及日常检查

◉ 保持电动机的清洁,不允许水滴、污垢及杂物落到电动机上,更不能使其进入电动机内部. 要防止灰尘、污垢、潮湿空气及其他有害气体进入电动机,以免破坏绕组绝缘. 要定期将电动机拆开,彻底清扫检修.

◉ 注意电动机转动是否正常,有无异常的声响和振动;启动时间、电流是否正常.

◉ 监视电动机绕组、铁芯、轴承、集电环或换向器等部分的温度,检查电动机的通风情况,保持散热通风,风扇罩通风孔不堵塞,进出风口通畅.

◉ 检查电动机的三相电压、电流是否正常;监视电动机负载情况,使负载在额定的允许范围内.

◉ 注意电动机的配合状态,如轴颈、轴承等的磨损情况,传送带张力是否合适.

◉ 定期检查电动机的绝缘情况. 对于低压电动机,如果测得的绝缘电阻小于 0.5MΩ,应及时进行干燥处理.

◉ 定期检查电动机的保护接地线是否完好、无松动.

◉ 定期检查电动机的保护电路,如热继电器、电流继电器、低压短路器等,检查保护动作设定值是否正确,保护动作是否准确可靠.

◉ 对于绕线式三相异步电动机,要经常检查电刷的磨损情况,电刷与集电环处的火花是否过大,如果火花过大,应及时做进一步检查,进行清洁或维修.

(二) 电动机的保修周期及内容

1. 日常保养

主要检查电动机的润滑系统、外观、温度、噪声、振动等是否有异常情况,检查通风冷却系统、滑动摩擦状况和紧固情况,并认真做好记录.

2. 月保养及定期巡回检查

检查开关、配线、接地装置等有无松动、破损现象；检查引线和配件有无损伤和老化；检查电刷、集电环的磨损情况，电刷在刷握内是否灵活等. 如果有问题，则应及时修理或更换. 如果有粉尘堆积，则应及时清扫.

3. 年保养及检查

除了上述项目外，还要检查和更换润滑剂. 必要时要对电动机进行抽心检查，清扫或清洗污垢；检查绝缘电阻，进行干燥处理；检查零部件生锈和腐蚀情况；检查轴承磨损情况，判断其是否需要更换.

三、三相异步电动机的常见故障及检修方法

三相异步电动机的故障多种多样，产生的原因也比较复杂，常见故障及检修方法见表 5-4-4.

表 5-4-4　三相异步电动机的常见故障及检修方法

故障现象	可能原因	检修方法
接通电源后，电动机不能启动或有异常的声音	(1) 熔丝熔断 (2) 电源线或绕组断线 (3) 开关或启动设备接触不良 (4) 定子和转子相擦 (5) 轴承损坏或有其他异物卡住 (6) 定子铁芯或其他零件松动 (7) 负载过重或负载机械卡死 (8) 电源电压过低 (9) 机壳破裂 (10) 绕组连线错误 (11) 定子绕组断路或短路	(1) 更换熔丝 (2) 查找断路处 (3) 修复开关或启动设备 (4) 找出相擦的原因，校正转轴 (5) 清洗、检查或更换轴承 (6) 将定子铁芯或其他零件复位，重新焊牢或紧固 (7) 减轻拖动负载，检查负载机械和传动装置 (8) 调整电源电压 (9) 修补机壳或更换电动机 (10) 检查绕组首尾，正确连线 (11) 检查绕组断路和接地处，重新接好
电动机的转速低，转矩小	(1) 将△形错接为 Y 形 (2) 鼠笼式的转子端环、笼条断裂或脱焊 (3) 定子绕组局部短路或断路	(1) 重新接线 (2) 焊、补、修、接断处或重新更换绕组 (3) 找出短路和断路处
电动机过热或冒烟	(1) 电源电压过低或三相电压相差过大 (2) 负载过重 (3) 电动机断相运行 (4) 定子铁芯硅钢片间绝缘损坏，使定子涡流增加 (5) 转子和定子发生摩擦 (6) 绕组受潮 (7) 绕组短路或接地	(1) 查出电源电压不稳定的原因 (2) 减轻负载或更换功率较大的电动机 (3) 检查线路或绕组中断路或接触不良处，重新接好 (4) 对铁芯进行绝缘处理或适当增加每槽的匝数 (5) 校正转子铁芯或轴，或更换轴承 (6) 将绕组烘干 (7) 修理或更换有故障的绕组
电动机轴承过热	(1) 装配不当使轴承受外力 (2) 轴承内有异物或缺油 (3) 轴承弯曲，使轴承受外应力或轴承损坏 (4) 转动带过紧或联轴器装配不良 (5) 轴承标准不合格	(1) 重新装配 (2) 清洗轴承并注入新的润滑油 (3) 矫正轴承或更换轴承 (4) 适当放松传动带，修理联轴器或更换轴承 (5) 选配标准合适的新轴承

四、三相异步电动机修理后的试验

1. 一般检查

主要检查电动机的装配质量.外观是否完好,各紧固件是否紧密可靠.出线端的标记和连接是否正确,转子转动是否灵活.轴转动时若有径向偏摆,是否在允许范围内.如果是绕线式转子电动机,还应检查电刷、刷架及集电环的装配质量,电刷与集电环接触是否良好等.

2. 绝缘电阻的测定

主要测定各绕组间、各绕组与地间冷态绝缘电阻.对于500V以下的电动机,绝缘电阻值不应低于1MΩ.

3. 直流电阻的测定

直流电阻的测定一般在常温下进行.绕组电阻可采用单臂电桥测量.所测各相电阻值偏差与其平均值之比不得超过5%.

4. 耐压试验

电动机定子绕组相与相之间及每相与机壳之间经过绝缘处理后,可承受一定的电压而不被击穿,称为耐压.对绕线式电动机而言,还包含转子绕组相与相之间及相与地之间的耐压.耐压试验的目的是考核各相之间及各相绕组对机壳之间的绝缘性能的好坏,以确保电动机的安全运行及操作人员的人身安全.

试验中常见的击穿原因有:长期停用的电动机受潮;电动机线圈组间接线时接错;长期过载运行或过压运行;未经过烘干处理;绝缘老化损坏.

5. 空载试验

经上述检查合格的电动机,方可进行空载试验,空载运行时间为30min,主要用于确定空载电流和空载损耗.还应测量三相电流是否平衡,其偏差不应超过10%.若空载电流过大,则可能是定转子之间的气隙超过允许值,或是装配质量差所致;若空载电流过小,则可能是绕组匝数过多,绕组连接有误等.空载试验时,应仔细观察电动机的运行情况,监听有无异常声音,电动机是否过热,轴承的运转是否正常等.对绕线式转子电动机,还应检查电刷有无火花及过热现象.

任务实施

三相异步电动机故障检修和端部接线

一、实训目的

- 通过故障检修实训,学会各种维修工具和测量仪表的使用方法.
- 通过对定子绕组的断路故障检修,学会故障的检查和修复方法.
- 知道三相定子绕组嵌线过程,学会三相定子绕组的端部接线.

二、实训器材

工具、仪表、材料、设备等见学习准备.

三、实训内容及步骤

(一) 主要实训器材的认识

主要实训器材的作用及使用注意事项见表 5-4-5.

表 5-4-5　　主要实训器材的作用及使用注意事项

序号	器材名称	图　例	规　格	作　用
1	三相异步电动机		Y801-4 型. $P_N=0.55$kW	故障电动机,实训操作对象
2	直流双臂电桥	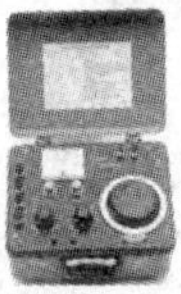	QJ42 型,也称开尔文电桥	用于测量定子绕组的直流电阻
3	500V 兆欧表		ZC25B-3 型(500V)	用来测量三相异步电动机的绝缘电阻
4	木榔头		—	端部整形
5	画线板		—	将画线板划进铁芯槽,将已嵌进铁芯槽的导线划直理顺
6	电工弯剪刀	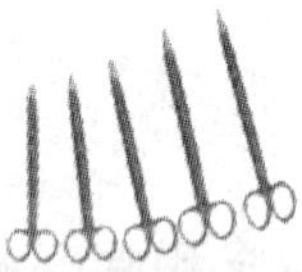	—	剪除(槽口)绝缘纸
7	绝缘漆		—	故障处刷涂或浇注绝缘漆并烘干,修复故障

(二) 三相异步电动机外围设备的检修

(1) 用万用表检查电源电压是否过低并调节电压至额定值.

(2) 检查接线,纠正错误;对照铭牌,确定连接方法.

(3) 检查开关、熔断器、启动装置等接触是否良好，使外电路保持通路.

(4) 检查传动机构和负载大小，防止转子被卡住和过载.

(三) 定子绕组的故障检修

常见的定子绕组故障有：绕组接地、绕组绝缘电阻很低、绕组断路、绕组短路、绕组接错等. 这里主要介绍绕组断路故障的检修.

电动机定子绕组内部连接线、引出线等断开或接头处松脱所造成的故障称为绕组断路故障. 这类故障多发生在绕组端部的槽口处，检查时可先检查各绕组的连接线处和引出头处有无烧损、焊点松脱和熔化现象.

1. 定子绕组断路故障的检查

(1) 拆下短接片.

打开电动机接线盒，拆下电动机接线盒的短接片，如图 5-4-5 所示.

图 5-4-5　拆下电动机接线盒的短接片

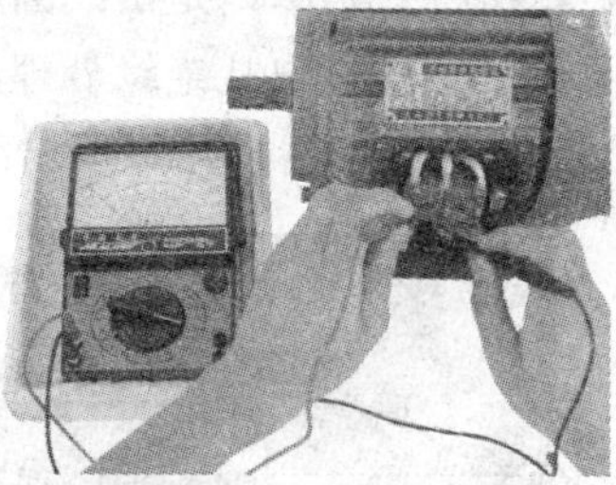

图 5-4-6　断路相检查

(2) 判别绕组通断情况.

在明确各相绕组首尾端的前提下，可以用万用表电阻挡判别各相绕组通断情况. 测量时，如果仪表指针不偏转，说明该相可能出现断路故障，正常情况下，每相绕组电阻值应该很小，如图 5-4-6 所示.

(3) 拆开有断路点故障的定子绕组.

确定某一相绕组发生了断路故障后，还需进一步确定断路点位置. 断路故障发生在线圈之间的连接线处或铁芯槽口处可能性较大，烘烤加热发生断路故障的线圈，待端部软化后，把该相电动机极相组接线拆开，如图 5-4-7 所示.

(a) 剪开包扎带

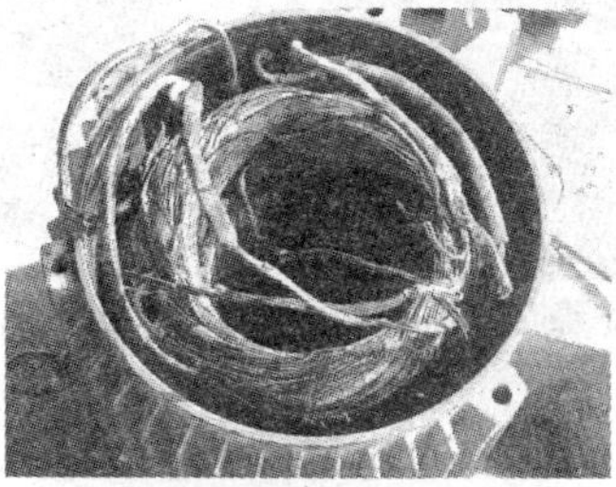

(b) 已拆开的电动机极相组

图 5-4-7　拆开电动机极相组接线

(4) 进一步缩小断路故障范围.

将有断路点的绕组极相组之间连接点处绝缘剖开，再进行分段测试，逐步缩小故障范围，最后找出故障点，如图 5-4-8 所示.

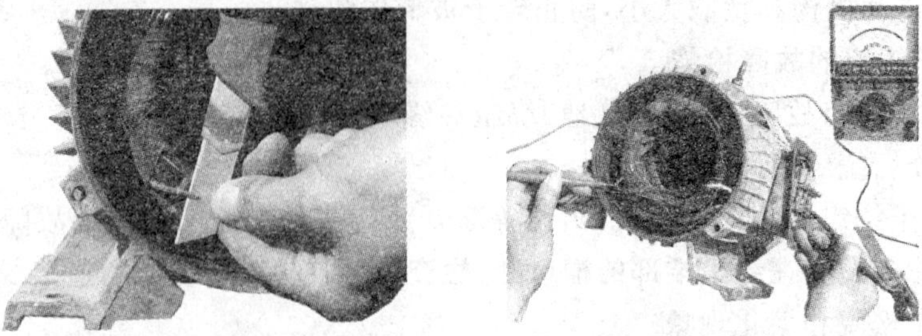

(a) 剖开绝缘　　(b) 分段测试

图 5-4-8　确定故障点

2. 定子绕组断路故障的修复

若断路点在铁芯槽外，则是由线圈引出线之间接头没有焊牢或扭断而引起的，找到断路点后重新焊接好，并经过包扎绝缘处理即可. 具体操作步骤如下：

(1) 找出故障点后，清理掉原引出线之间导线接头处绝缘套管，如图 5-4-9 所示.

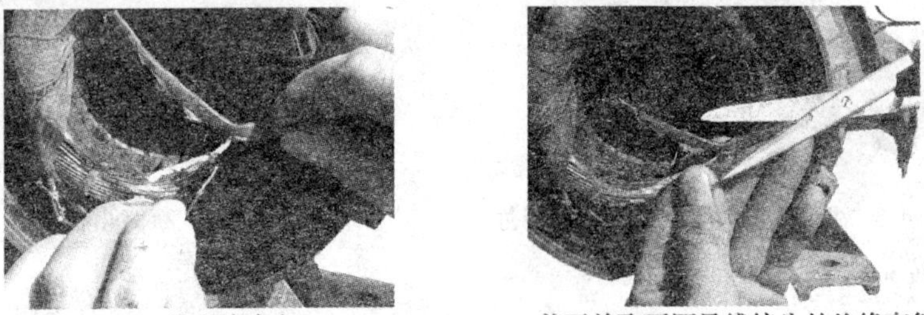

(a) 找出故障点　　(b) 剪开并取下原导线接头处绝缘套管

图 5-4-9　清理原导线接头处绝缘套管

(2) 将剪断点导线绝缘层清除后，穿入一根新绝缘套管，再将两根导线相互焊紧，然后将绝缘套管移至焊接处，如图 5-4-10 所示.

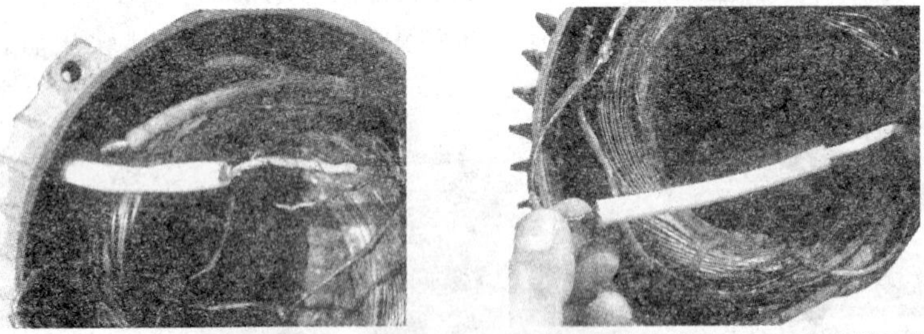

(a) 穿入绝缘套管　　(b) 清除导线绝缘层后相互连接并锡焊

图 5-4-10　导线接头处绝缘套管恢复

图 5-4-11　绑扎端部、整形

(3) 绑扎端部、整形后涂绝缘漆烘干，如图 5-4-11 所示.

3. 实训记录的填写

将三相异步电动机定子绕组故障的局部检修的实训记录填入表 5-4-6 中.

表 5-4-6　　三相异步电动机定子绕组故障的局部检修实训记录

内　容	检修要点	检修质量
绕组端部断路故障的检修	(1) 电阻法检查：$R_{UV}=$______Ω，$R_{VW}=$______Ω， $R_{WU}=$______Ω，断路点在______相 (2) 检修工艺要点： ______________________	

(四) 三相定子绕组的端部接线

三相异步电动机的定子绕组发生断路、短路、接地或绝缘破损时，如果程度严重或整个绕组被烧毁而无法局部修复，就要把原绕组全部拆去，重新嵌放新绕组. 这里主要介绍三相定子绕组端部接线方法.

按三相对称绕组的接线规则把单个线圈连接成极相组，再连成相绕组，最后把 6 个端头(或 3 个端头)引至接线盒接牢.

现以 $Z_1=24$、$2p=4$、$q=2$、$y=5$、$a=l$ 的定子绕组为例来说明其嵌线过程及端部接线，其绕组展开图如图 5-4-12 所示.

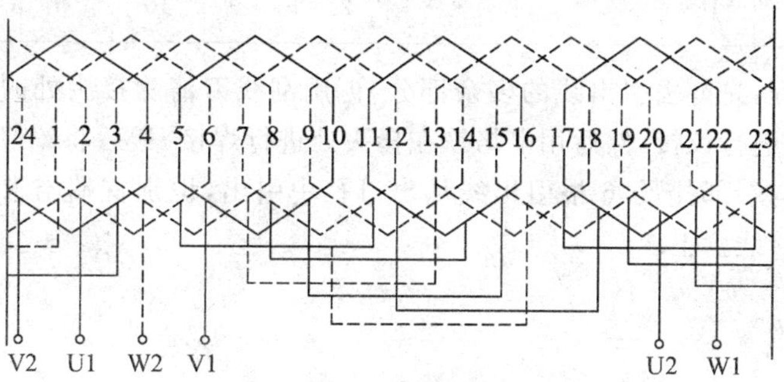

图 5-4-12　单层链式绕组展开图

嵌线次序如下：

(1) 将第一相的第一只线圈的一边嵌入 1 号槽内(此边称为外挡)，另一边(称为里挡)先暂不嵌入 6 号槽内，这种线圈称为起把线圈.

(2) 向后空 24 号槽，再将第二相的第一只线圈的一边嵌入 23 号槽；另一边暂不嵌入 4 号槽内.

(3) 再向后空 22 号槽，将第三相第一只线圈的一边嵌入 21 号槽，另一边按节距 $y=5$ 嵌入 2 号槽内.

(4) 再向后空 20 号槽，把第一相的第二个线圈外挡嵌入 19 号槽，里挡嵌在 24 号槽，以后第二、三相仍按空一槽、嵌一槽的规律，轮流将三相线圈全部嵌完，最后将第一相和第二相的第一个线圈的里挡分别嵌入 6 号槽和 4 号槽. 嵌完后，进行连线，同相线圈的连

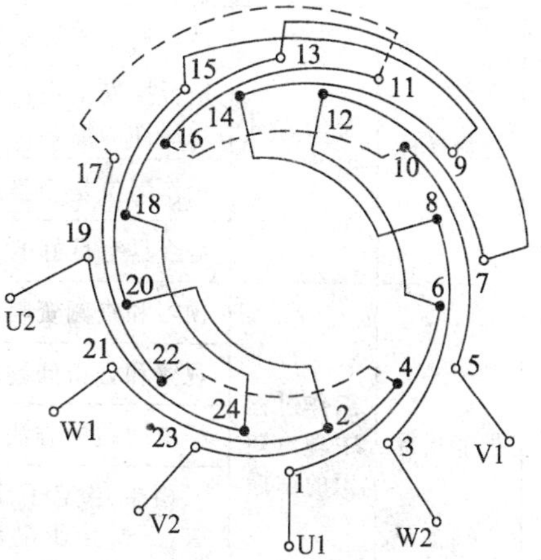

图 5-4-13　单层链式绕组端部及连接图

线规律为里挡接里挡，外挡接外挡，中间相隔两个线头. 最后形成的绕组端部及线圈之间的连线图如图 5-4-13 所示，上述嵌线次序如表 5-4-6 所示.

可见单层链式绕组的嵌线工艺特点如下：

(1) 起把线圈数为 q.

(2) 嵌线顺序为嵌完一槽，向后退空一槽，再嵌一槽.

(3) 同相线圈的连接规律为里挡接里挡，外挡接外挡.

表 5-4-7　　**24 槽 4 极单层链式绕组嵌线次序表**

次序		1	2	3	4	5	6	7	8	9	10	11	12
槽号	外挡	1	23	21		19		17		15		13	
	里挡				2		24		22		20		18
次序		13	14	15	16	17	18	19	20	21	22	23	24
槽号	外挡	11		9		7		5		3			
	里挡		16		14		12		10		8	6	4

接线工艺过程：先剪去引出线的多余部分，再用刮线刀清除接头处的表面绝缘漆，套上绝缘套管，将两线进行铰接，然后用电烙铁在接头处进行焊接，最后将绝缘套管套在接头处，并用扎线将接线与端部扎紧. 6 根引出线从出口孔中引出，识别首端与末端，根据工艺要求将其接在机座的接线盒上.

任务评价

任务评价表

一级评价指标	二级评价指标	评价内容	配分	自我评价 0.3	小组评价 0.3	教师评价 0.4
行为指标	安全文明生产	是否遵守安装规程	5 分			
		是否按安全规程正确操作，无任何元器件的损坏	5 分			
		工作岗位是否整洁	5 分			
		是否具有良好的工作习惯	5 分			
技能指标	工作过程中理论知识的掌握	预习和查阅资料的能力	5 分			
		观察和分析问题的能力	5 分			
		解决问题的方法和效果	5 分			
		三相单层定子绕组展开图的画法、三相异步电动机常见故障现象和检修方法是否掌握	5 分			

续表

一级评价指标	二级评价指标	评价内容	配分	自我评价 0.3	小组评价 0.3	教师评价 0.4
技能指标	工作过程中技能的掌握	完成工作的积极性	5分			
		三相异步电动机定子绕组断路故障的检修方法是否掌握	10分			
		三相定子绕组的嵌线过程是否掌握	10分			
		三相定子绕组的端部接线是否正确	10分			
		理论与实际相结合的综合分析能力	5分			
		工具、仪器和仪表的使用方法是否正确	5分			
情感指标	综合运用能力	团队协作能力	5分			
		工作效率	5分			
		知识或技能拓展能力	5分			
合计			100分			
综合评价						

项目六 单相异步电动机的使用与维修

项目学习目标

- 能说出单相交流异步电动机的结构特点、工作原理、用途、分类和铭牌的含义.
- 学会单相异步电动机启动、调速及反转的实现方法,能按照工艺要求对家用吊扇和台扇进行拆装和接线.
- 能说出单相异步电动机常见故障现象和检修方法,会分析和处理单相异步电动机通电后不转等故障.

任务一 单相异步电动机的认识

任务描述

单相异步电动机是利用单相电源供电的一种小容量交流电动机.它具有结构简单、运行可靠、维修方便等优点,特别是可以直接用220V交流电源供电,因此广泛用于工业、农业、医疗和家用电器等方面.但单相异步电动机与同容量的三相异步电动机相比较,体积较大,运行性能较差,效率较低.因此一般只制成小型和微型系列,容量一般在一千瓦之内,最常见于电风扇、洗衣机、电冰箱、空调等家用电器中.

学习目标

◇ 认识单相交流异步电动机的外形和内部结构,熟悉各组成部件的作用.
◇ 能说出单相交流异步电动机的结构特点、用途、分类和铭牌的含义.
◇ 能口述单相交流异步电动机的基本工作原理.
◇ 能使用拆卸工具,按照工艺要求对家用吊扇和台扇进行拆装.

学习地点

电机实训室.

学习准备

工具：常用电工工具一套、拉具、活动扳手、呆扳手、紫铜棒、木榔头、刷子等.
设备：家用吊扇、家用台扇、多媒体设备等.
材料：小盒、备用螺丝、劳保用品、电机配件、记号笔等.
资料：《电工安全操作规程》、《电机手册》、单相异步电动机相关资料等.

知识准备

一、单相交流异步电动机的基本结构

单相交流异步电动机的结构特点与三相交流异步电动机相似，一般来讲，也由定子和转子两大部分组成.定子由定子铁芯、定子绕组、机座、端盖等部分组成，其主要作用是通入交流电，产生旋转磁场.定子铁芯是磁通的路径.定子绕组一般都采用两相绕组的形式，即工作绕组和启动绕组.工作绕组和启动绕组的轴线在空间上相差 90°电角度.转子由转子铁芯、转子绕组、转轴等组成，其作用是导体切割旋转磁场，产生电磁转矩，拖动机械负载工作.

普通单相交流异步电动机的外形如图 6-1-1 所示.按转子内外形式可分为内转子结构形式和外转子结构形式两种.

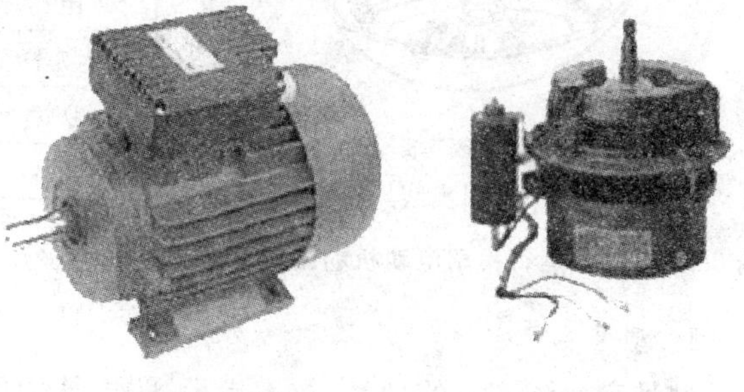

(a) 水泵电动机　　(b) 洗衣机电动机

图 6-1-1　单相异步电动机的外形

1. 内转子结构形式

这种结构形式的单相异步电动机与三相异步电动机的结构相似，即转子部分位于电动机内部，定子部分位于电动机外部，主要由定子铁芯和定子绕组、机座、前后端盖（有的电动机前后端盖可代替机座功能）和轴承等组成，如图 6-1-2 所示.

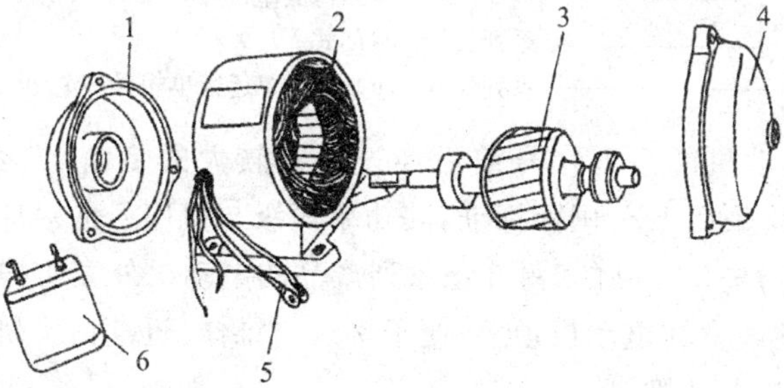

1—前端盖　2—定子　3—转子　4—后端盖　5—引出线　6—电容器

图 6-1-2　单相异步电动机的结构示意图

2. 外转子结构形式

这种结构形式的单相异步电动机其定子和转子的布置位置与内转子结构形式正好相反. 即这种定子铁芯及定子绕组置于电动机内部,转子铁芯、转子绕组装在下端盖内. 上、下端盖用螺钉连接,并借助滚动轴承与定子铁芯及定子绕组一起组合成一台完整的电动机. 电动机工作时,上、下端盖及转子铁芯与转子绕组一起转动. 电容运行吊扇电动机即为此种结构形式,如图 6-1-3 所示.

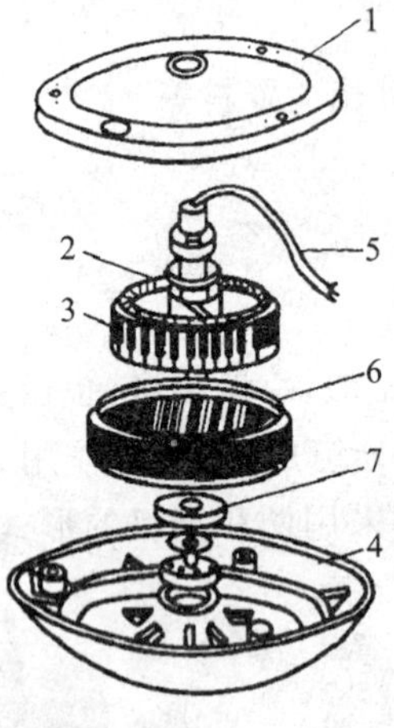

1—上端盖　2、7—挡油罩　3—定子
4—下端盖　5—引出线　6—外转子

图 6-1-3　电容运行吊扇电动机的结构示意图

二、单相异步电动机的铭牌

在单相异步电动机机座上均装有铭牌,供正确使用电动机时参考,如图 6-1-4 所示.

电容运行单相异步电动机			
型号	DO2-6314	电流	0.94A
电压	220V	转速	1400r/min
频率	50Hz	工作方式	连续
功率	90W	标准号	
编号、出厂日期×××			×××电动机厂

图 6-1-4　单相异步电动机的铭牌

1. 型号

型号表示该产品的种类、技术指示、防护结构形式及使用环境等.

型号的具体含义如下:

D O 2-63 1 4

- 4: 规格代号:4极
- 1: 规格代号:1号铁芯长
- 63: 机座代号:轴中心高度63mm
- 2: 设计代号:第二次改型设计
- O: 系列代号:封闭式
- D: 系列代号:小功率电容运行单相异步电动机

我国单相异步电动机的系列代号前后经过三次较大的更新,见表 6-1-1. 目前生产的 BO2、CO2、DO2 系列均采用 IEC 国际标准,其功率等级与机座号的对应关系与我国通用,这有利于产品的出口及与进口产品的替代. 该系列产品的电动机外壳防护形式均为 IP44(封闭式),采用 E 级绝缘,接线盒在电动机顶部,便于接线与维修. 近期内又研制生产了新型的 YC 系列电容启动单相异步电动机.

表 6-1-1　　小功率单相异步电动机产品系列代号

基本系列产品名称	20 世纪 50～60 年代	20 世纪 70 年代	20 世纪 80～90 年代
电阻启动单相异步电动机	JZ	BO	BO2
电容启动单相异步电动机	JY	CO	CO2

续表

基本系列产品名称	20世纪50～60年代	20世纪70年代	20世纪80～90年代
电容运行单相异步电动机	JX	DO	DO2
双值电容单相异步电动机	—	—	E
罩极式单相电动机	—	—	F

2. 功率

功率是指单相异步电动机轴上输出的机械功率，单位为W. 铭牌上标出的功率是指电动机在额定电压、额定频率和额定转速下运行时输出的功率，即额定功率.

我国常用单相异步电动机的标准额定功率为：6W、10W、16W、25W、40W、60W、90W、120W、180W、250W、370W、550W及750W.

3. 电压

电压是指电动机在额定状态下运行时加在定子绕组上的电压，单位为V. 国家标准规定电源电压在5%范围内变动时，电动机应能正常工作. 电动机使用的电压一般均为标准电压. 我国单相异步电动机的标准电压有12V、24V、36V、42V、和220V.

4. 电流

在额定电压、额定功率和额定转速下运行的电动机，流过定子绕组的电流值，称为额定电流，单位为A. 电动机长期运行时不允许超过该电流值.

5. 转速

转速指电动机在额定状态下运行时的转速，单位为r/min. 每台电动机在额定状态下运行时的实际转速与铭牌规定的额定转速有一定的偏差.

6. 工作方式

工作方式是指电动机的工作是连续式还是间断式. 连续运行式的电动机可以间断工作，但间断运行式的电动机不能连续工作，否则会烧损电动机.

三、单相异步电动机的工作原理

1. 单相绕组的脉动磁场

当单相正弦交流电通入定子单相绕组时，就会在绕组轴线方向上产生一个大小和方向交变的磁场，如图6-1-5所示. 这种磁场的空间位置不变，其幅值在时间上随交变电流按正弦规律变化，具有脉动特性，因此称为脉动磁场，如图6-1-6所示. 可见，单相异步电动机中的磁

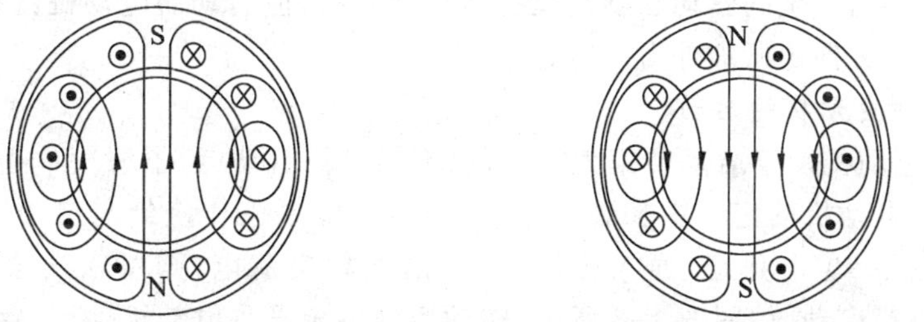

(a) 电流正半周期产生的磁场　(b) 电流负半周期产生的磁场

图6-1-5　单相脉动磁场

场是一个脉动磁场，不同于三相异步电动机中的旋转磁场.

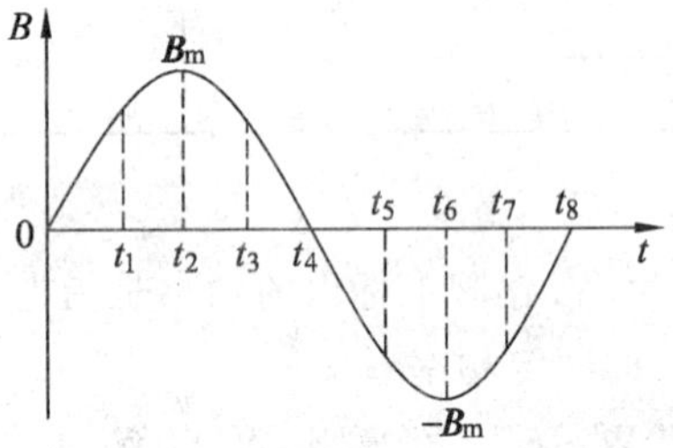

(a) 交变脉动磁场

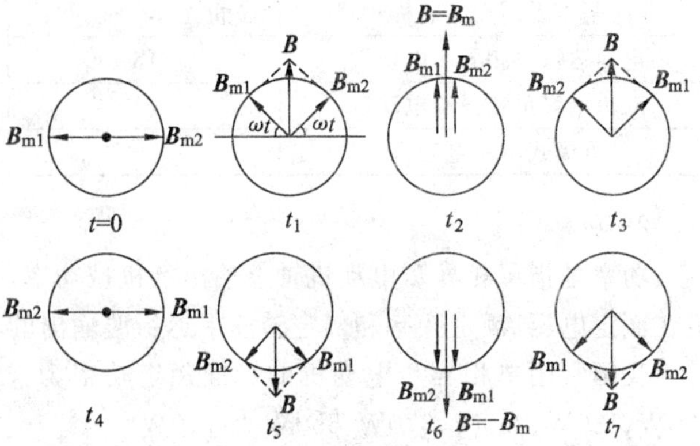

(b) 脉动磁场的分解

图 6-1-6 脉动磁场分解成两个方向相反的旋转磁场

为了便于分析，这个脉动磁场可以分解为大小相等、方向相反的两个旋转磁场，如图 6-1-6 所示. 它们分别在转子中感应出大小相等、方向相反的电动势和电流.

两个旋转磁场作用于鼠笼式转子的导体中将产生两个方向相反的电磁转矩 T^{+} 和 T^{-}，合成后得到单相异步电动机的机械特性曲线，如图 6-1-7 所示. 图中，T^{+} 为正向转矩，由旋转磁场 B_{m1} 产生；T^{-} 为反向转矩，由反向旋转磁场 B_{m2} 产生；而 T 为单相异步电动机的合成转矩. 从图 6-1-7 可知，单相异步电动机一相绕组通电的机械特性有如下特点：

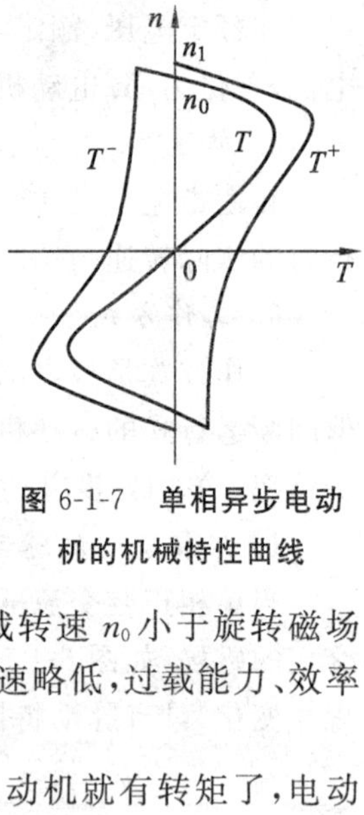

图 6-1-7 单相异步电动机的机械特性曲线

(1) 当 $n=0$ 时，$T^{+}=T^{-}$，合成转矩 $T=0$，即单相异步电动机的启动转矩为零，不能自行启动.

(2) 当 $n>0$ 时，$T>0$；$n<0$ 时，$T<0$，即转向取决于初速度的方向. 当外力给转子一个正向的初速度后，电动机就会继续正向旋转；而外力给转子一个反向的初速度时，电动机就会反转.

(3) 由于转子中存在着方向相反的两个电磁转矩，因此理想空载转速 n_0 小于旋转磁场的转速 n_1；与同容量的三相异步电动机相比，单相异步电动机额定转速略低，过载能力、效率和功率因数也较低.

因此，单相绕组产生的脉动磁场是没有启动转矩的，但启动后电动机就有转矩了，电动机正反向都可转，方向由所加外力方向决定.

2. 单相异步电动机的启动

单相异步电动机由于启动转矩为零，所以不能自行启动. 为了解决单相异步电动机的启动问题，可在电动机的定子中加装一个启动绕组. 如果工作绕组与启动绕组对称，即匝数相等，空间互差 90°电角度，通入相位差 90°的两相交流电，则可在气隙中产生旋转磁场，转子就能自行启动，如图 6-1-8 所示. 转动后的单相异步电动机，断开启动绕组后仍可继续工作. 上述启动方法称为单相异步电动机的分相启动，即把单相交流电裂变为两相交流电，从而在单相异步电动机内部建立一个旋转磁场. 分相启动的方法有电容分相、电阻分相和罩极式三种方式.

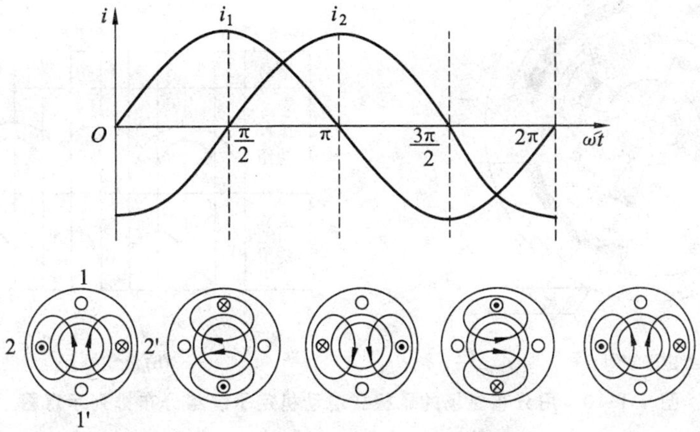

图 6-1-8　两相绕组产生的旋转磁场

四、单相异步电动机的分类及应用

根据获得启动转矩的方法不同，主要分罩极式电动机和分相式电动机两大类，这两类电动机的结构也存在较大差异.

(一) 罩极式单相异步电动机

罩极式电动机又称蔽极电动机，是小型单相感应电动机中最简单的一种，也是日常生活中常见的一种电动机. 按磁极形式的不同，可分为凸极式和隐极式两种，其中凸极式结构较为常见.

罩极式电动机是鼠笼转子，较小容量的定子为凸极，每个极的磁场绕组(工作绕组)就集中绕在凸极周围，在磁极面 1/3～1/2 处开一小槽，用一只闭合的短路环把部分磁极罩住，如图 6-1-9所示.

(a) 实物图

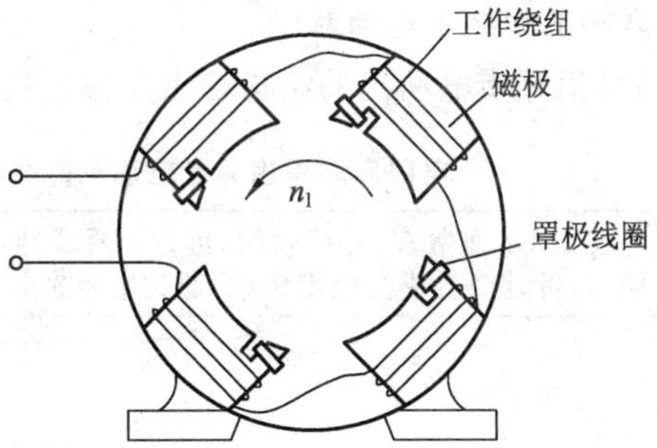

(b) 结构示意图

图 6-1-9　用凸极集中磁场的罩极式电动机实物图与定子结构示意图

罩极式电动机功率较大的定子多采用分布磁场，其结构与一般电动机相似，工作主绕组也分布于各槽中；罩极式电动机不用短路环，而用较粗的绝缘导线嵌于槽中作启动绕组(也称副绕组)，并串联成交替的极性，将头、尾短接自成闭路. 各启动绕组的极性与工作绕组的极性相同，如图 6-1-10(a)所示. 一般启动绕组只有一匝到几匝，它的分布如图6-1-10(b)所示.

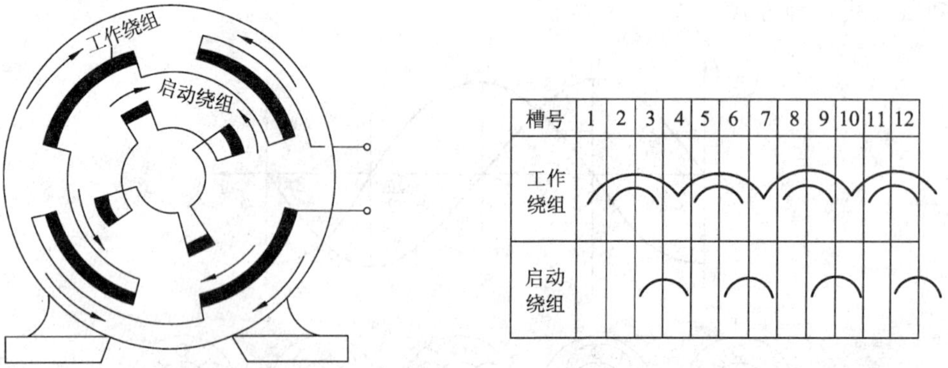

(a) 定子绕组　　(b) 绕组排列

图 6-1-10　用分布磁场的罩极式电动机定子绕组分布排列示意图

罩极式单相异步电动机的主要优点是结构简单、制造方便、成本低、运行噪声小、维护方便.其缺点是启动性能及运行性能较差,启动转矩、效率和功率都较低,主要用于小功率空载启动的场合,在台扇、各种仪表风扇、换气扇、录音机、电动工具及计算机后面的散热风扇等办公自动化设备上采用.

(二) 分相式单相异步电动机

分相式电动机常在定子上安装两套绕组,一套是工作绕组(或称主绕组),长期接通电源工作;另一套是启动绕组(或称为副绕组),以产生启动转矩和固定电动机转向,两套绕组的空间位置相差 90°电角度.

分相式单相异步电动机根据启动方式的不同,可分为电阻分相和电容分相.电容分相单相异步电动机可根据启动绕组是否参与正常运行而分成三类,即电容运行单相异步电动机、电容启动单相异步电动机和双值电容单相异步电动机.

1. 电阻启动单相异步电动机

电阻启动单相异步电动机的结构特点及应用范围如表 6-1-2 所示.

表 6-1-2　电阻启动单相异步电动机的结构特点及应用范围

结构特点	工作绕组 LZ 匝数多、导线较粗,可近似看成纯电感负载;启动绕组 LF 导线较细,又串有启动电阻 R,可近似看成纯电阻负载,通过电阻来分开两个支路电流的相位
电路图	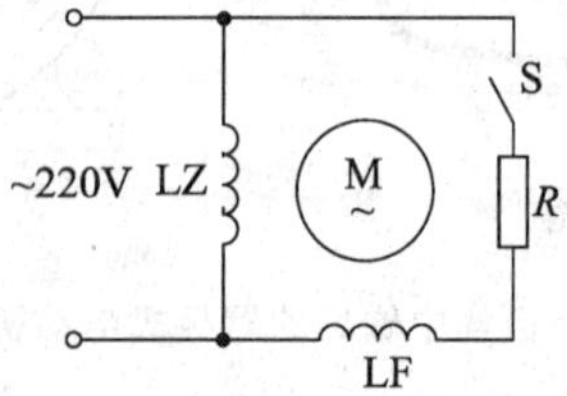
启动特点	节约了启动电容,启动时工作绕组、启动绕组同时工作,当转速达到 80%左右的额定值时,启动开关断开,启动绕组从电源上切除.实际上许多电动机的启动绕组没有串联电阻 R,而是设法增加导线电阻,从而使启动绕组本身就有较大的电阻
优缺点	价格较低,启动电流较大,但启动转矩不大
应用范围	小型鼓风机、研磨机、搅拌机、小型钻床、医疗器械、电冰箱等

2. 电容运行单相异步电动机

电容运行单相异步电动机的结构特点及应用范围如表 6-1-3 所示.

表 6-1-3　　电容运行单相异步电动机的结构特点及应用范围

结构特点	定子铁芯上嵌放两套绕组,绕组的结构基本相同,空间位置上互差 90°电角度.工作绕组 LZ 接近纯电感负载,其电流 I_{LZ} 相位落后电压接近 90°;启动绕组 LF 上串接电容器,合理选择电容值,使串联支路电流 I_{LF} 超前 I_{LZ} 约为 90°
电路图	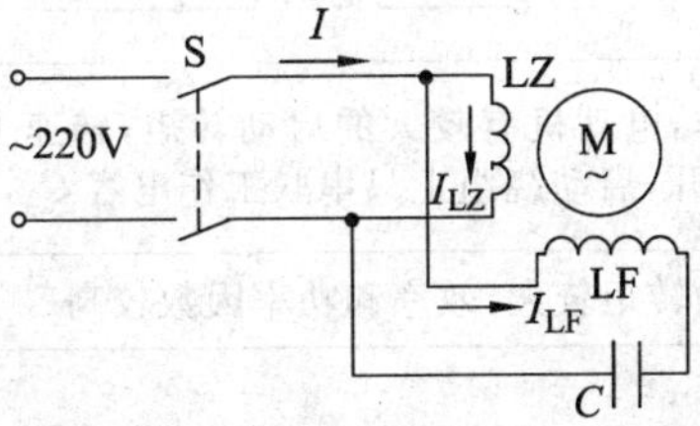 
启动特点	空间上有两个相差 90°电角度的绕组;通入两绕组的电流在相位上相差 90°,两绕组产生的磁动势相等,启动绕组参与运行
优缺点	无启动装置,结构简单,价格较低,使用维护方便,堵转电流小,有较高的效率和功率因数,但启动转矩较小
应用范围	电扇、排气扇、电冰箱、洗衣机、空调器、复印机、吸尘器等

3. 电容启动单相异步电动机

电容启动单相异步电动机的结构特点及应用范围如表 6-1-4 所示.

表 6-1-4　　电容启动单相异步电动机的结构特点及应用范围

结构特点	电容启动单相异步电动机的结构与电容运行单相异步电动机相类似,但电容启动单相异步电动机的启动绕组中又串联一个启动开关 S
电路图	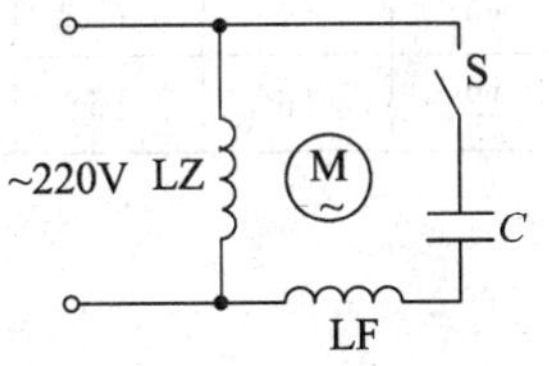
启动特点	当电动机转子静止或转速较低时,启动开关 S 处于接通位置,启动绕组和工作绕组一起接在单相电源上,获得启动转矩.当电动机转速达到 80%左右的额定转速时,启动开关 S 断开,启动绕组从电源上切除,此时单靠工作绕组已有较大转矩,拖动负载运行
优缺点	价格稍贵,启动电流及启动转矩均较大
应用范围	适用于重载启动的机械,如小型水泵、冷冻机、小型空压机、空调压缩机、电冰箱、洗衣机等

4. 双值电容单相异步电动机

双值电容单相异步电动机又被称为电容启动、电容运行单相异步电动机.它的结构特点及应用范围如表 6-1-5 所示.

表 6-1-5　　**双值电容单相异步电动机的结构特点及应用范围**

结构特点	C_1 为启动电容，容量较大；C_2 为工作电容，容量较小，两只电容并联后与启动绕组串联
电路图	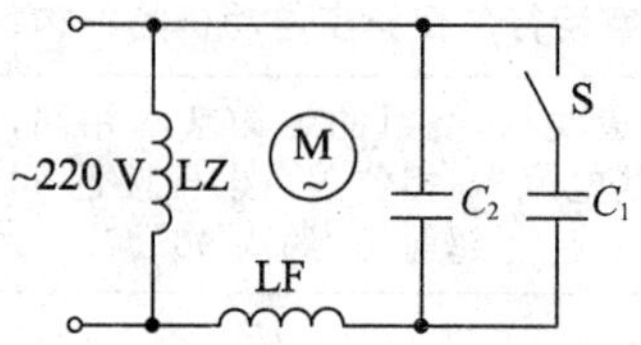
启动特点	启动时两只电容器都工作，电动机有较大的启动转矩，转速上升到 80%左右额定转速后，启动开关将启动电容 C_1 断开，启动绕组上只串联工作电容 C_2，电容量减少
优缺点	价格较贵，启动电流、启动转矩较大，效率和功率因数较高
应用范围	电冰箱、水泵、小型机床等

提示

常见单相异步电动机的电容选配

电容器在单相异步电动机中比较常用，一般选用金属箔电容、金属化薄膜电容，交流耐压为 250～630V. 表 6-1-6 列出了常见单相电动机的电容选配表.

表 6-1-6　　**常见单相异步电动机的电容选配**

电容启动	电机/W	120	180	250	370	550	750	1100	1500
	电容/μF	75	75	100	100	150	200	300	400
电容运行	电机/W	16	25	40	60	90	120	180	250
	电容/μF	2	2	2	4	4	4	6	8
双值电容	电机/W	250	375	550	750	1100	1500	2200	
	启动电容/μF	75	75	75	75	100	200	300	
	运行电容/μF	12	16	16	20	30	35	40	

任务实施

单相异步电动机的拆装

一、实训目的

- 能使用拆卸工具，按照工艺要求对家用吊扇和台扇进行拆装.
- 通过对家用吊扇和台扇的拆装，进一步熟悉单相异步电动机的结构组成.

二、实训器材

工具、材料、设备等见学习准备.

三、实训内容及步骤

(一) 主要实训器材的认识

主要实训器材的作用及使用注意事项见表 6-1-7.

表 6-1-7　　主要实训器材的作用及使用注意事项

序号	器材名称	图　例	作　用	备　注
1	家用吊扇电动机	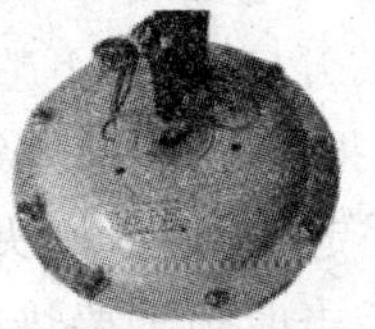	实训操作对象	FC-12 型(65W，750r/min)
2	家用台扇电动机		实训操作对象	WS-YTS 型(18W,1350 r/min)
3	拉具		用于拆卸轴承	也称拉轴器
4	活动扳手	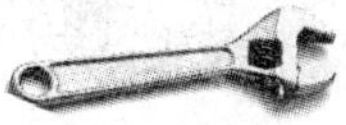	用来紧固和起松螺母	也可用套筒扳手代替
5	呆扳手		用来紧固和起松螺母或无法使用活动扳手的地方	—
6	木榔头		用来传递力量，可避免直接敲击而造成轴或轴承等金属表面的损伤	—
7	螺丝刀		用来紧固和拆卸螺钉	—
8	钢丝钳	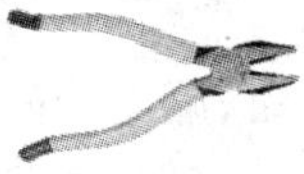	拔出电动机轴与吊扇吊杆轴间的开口销	—
9	尖嘴钳		主要用来剪切导线，剥塑料绝缘层等	钳柄上套有额定电压为 500V 的绝缘套管
10	刷子		清扫灰尘和油污	—

（二）家用吊扇电动机的拆装

1. 吊扇扇头的拆卸

吊扇扇头的拆卸方法如下：

(1) 先切断电源.

(2) 旋松固定扇叶的螺钉，拆下三片扇叶.

(3) 旋松固定上护罩的螺钉，拆除上、下护罩，拆开电源线.

(4) 用手托住扇头，拔出电动机轴与吊杆轴间的开口销，拆下整个扇头.

(5) 旋松固定扇头上、下端盖的三根紧固螺钉. 把吊杆旋出一段，再把扇头倒回，吊杆朝地，连敲几下，可将上、下端盖分开. 也可以把扇头吊起来，用木榔头或硬木块沿四周轻轻敲打，如图 6-1-11 所示，下端盖便会慢慢下落. 注意，敲击时地上要垫以棉花或泡沫塑料，以免下端盖落下时表面的漆被碰伤.

(6) 接着可拆开吊杆、上端盖、外转子、定子和下端盖.

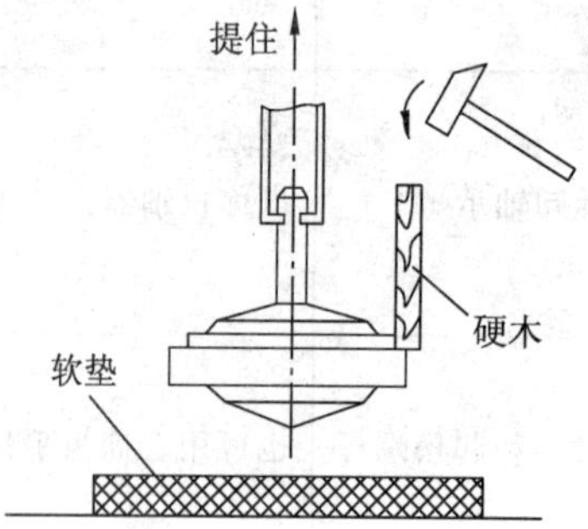

图 6-1-11　吊扇下端盖的拆除方法

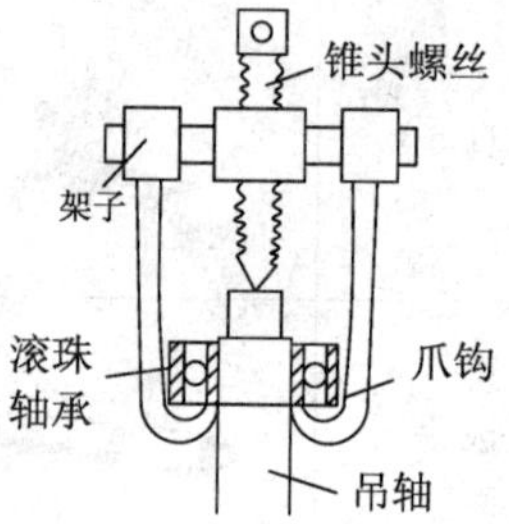

图 6-1-12　滚珠轴承的拆卸

2. 轴承的拆卸

吊扇长期使用，轴承会被磨损，有时甚至会破裂. 损坏的轴承应及时更换.

拆卸轴承时要使用专用工具——拉具.

在拆卸轴承之前，先在轴承内圈与吊轴之间滴上几滴汽油. 十几分钟后，用爪钩扣住轴承的内圈，旋转顶住吊轴中心的锥头螺丝. 这时候，爪钩对轴承内圈产生一个很大的拉力，可把轴承从吊轴上拉下来，如图 6-1-12 所示.

3. 扇头的安装

扇头应按下列步骤安装：

(1) 安装前，首先要检查定子绕组是否有短路、断路、漏电等故障.

(2) 检查轴承内的润滑脂. 如果未变质，添加些优质润滑脂就可以了；如果润滑脂已变黑，就要用汽油把原来的润滑脂洗掉，再加入优质润滑脂.

(3) 清除定子、转子以及上、下端盖里面的杂质.

(4) 装配转子. 把下端盖止口朝上平放，底部衬以泡沫塑料或软布，以保护下端盖表面不被碰伤. 把转子放在下端盖内圆上，上面垫一块木板，用铁锤均匀敲打木板四周，如图 6-1-13 所示，使转子慢慢地落入下端盖内，直到底为止. 敲打时应防止转子倾斜，以免装不进去或装斜.

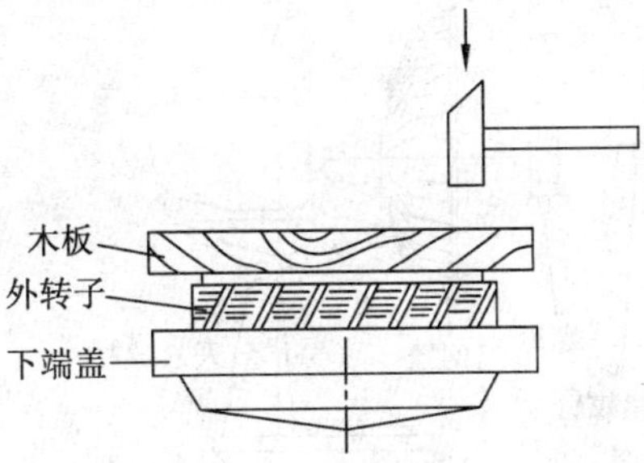

图 6-1-13　装配转子

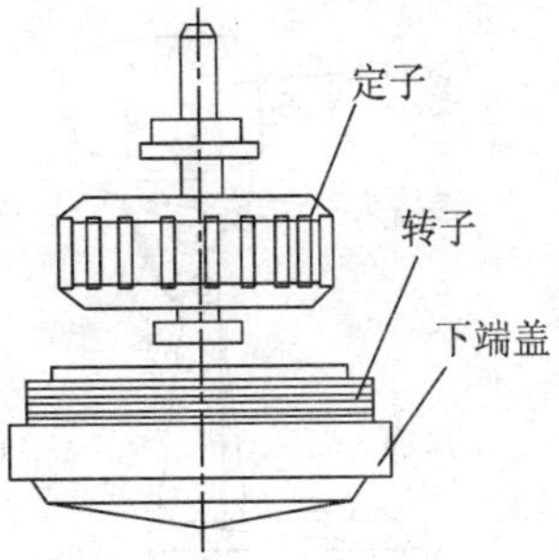

图 6-1-14　装入定子

(5) 装配定子．先在定子轴的上、下端装好滚珠轴承，用手握住吊轴，提起定子，对准下端盖的中心孔，小心地把定子垂直地插入下端盖，使下滚珠轴承嵌入下端的轴承座里，如图 6-1-14 所示．轻轻旋转定子，定子应能灵活转动．

(6) 安装上端盖．将上端盖止口朝下，中心对准定子轴轴承，垂直套下去，并用木槌轻轻敲击上端盖，使上滚珠轴承嵌入上端盖的轴承座里，注意上端盖的螺钉孔对准下端盖的螺钉孔．把螺钉从上端盖螺孔中穿入，拧进下端盖的螺孔中，如图 6-1-15 所示．轻轻旋转定子，定子应能灵活转动．

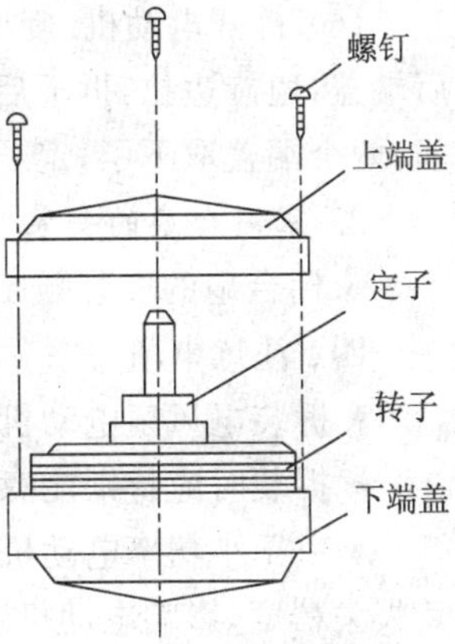

图 6-1-15　装上端盖

(7) 安装吊杆．根据电动机轴与吊杆的连接方式安装好吊杆．当电动机与吊杆之间为螺纹连接时，电动机轴上有两个孔，吊杆上则有两个螺钉，安装吊杆时一定要把这两个螺钉拧进电动机轴上的孔里，并安装好开口销，以防螺钉在使用时松脱．

(8) 安装扇叶．安装时，为了保证角度的均匀分布，在拧螺钉的同时，把叶片推向同一方向，使三个叶片向一个方向偏移．

(三) 家用台扇的拆装

1. 家用台扇的拆卸

如图 6-1-16 所示，家用台扇的拆卸步骤如下：

(1) 拆前网罩．拆开活动扣脚，拆下前网罩．

(2) 拆下扇叶．旋开固定扇叶的螺母（这个螺母跟正常螺母的旋向相反，即顺时针方向旋转则松开，反时针方向旋转则紧固），取下扇叶．

(3) 拆下后网罩．旋下固定后网罩的固定圈，就能取下后网罩．

(4) 拆下电机上的塑料外壳．

(5) 拆下摇头机构．

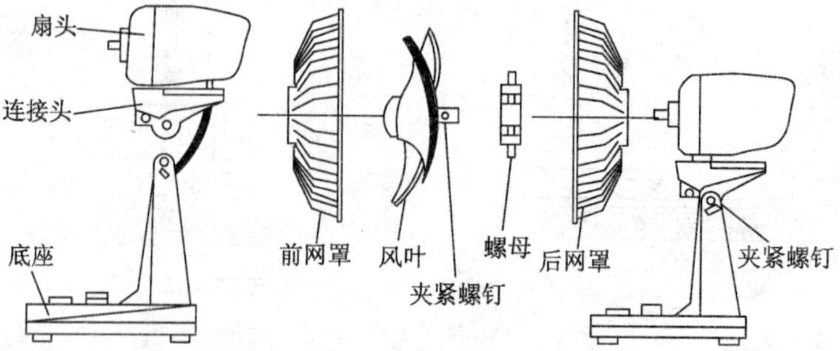

图 6-1-16　家用台扇的拆卸顺序

(6) 拆开电动机. 旋出固定前、后端盖的 4 个长紧固螺丝，一手护住前端盖，另一手握住后端盖，边旋边拉，拆下后端盖，取出转子. 注意转子两端有垫圈，不可失落. 定子在两端盖之间，两个端盖取下了，定子自然也就取下了.

2. 家用台扇的安装

家用台扇的安装顺序正好与拆卸顺序相反，这里就不再赘述.

四、注意事项

- 拆装电风扇电动机前，一定要切断电源.
- 拆装时应特别注意，严禁用铁锤猛烈敲击，只许使用木榔头和尼龙锤.
- 由于小功率电动机零部件小，结构刚性低，易变形，因此在装配操作受力不当时会使其失去精度，影响电动机装配质量，所以在装配时要合理使用工具，用力适当.
- 在装配过程中尽量少用修理工具修理，如刮、砂、锉等. 因为这些工具会将屑末带入电动机内部，影响电动机零部件的精度.
- 拆除电源线及电容器时，必须记录接线方法，以免出错.

任务评价

根据本任务的学习情况，按行为、技能、情感三个指标进行自我评价、小组评价和教师评价.

任务评价表

一级评价指标	二级评价指标	评价内容	配分	自我评价 0.3	小组评价 0.3	教师评价 0.4
行为指标	安全文明生产	是否遵守安装规程	5 分			
		是否按安全规程正确操作，无任何元器件的损坏	5 分			
		工作岗位是否整洁	5 分			
		是否具有良好的工作习惯	5 分			

续表

一级评价指标	二级评价指标	评价内容	配分	自我评价 0.3	小组评价 0.3	教师评价 0.4
技能指标	工作过程中理论知识的掌握	预习和查阅资料的能力	5分			
		观察和分析问题的能力	5分			
		解决问题的方法和效果	5分			
		对单相异步电动机的用途、分类和基本工作原理的理解程度	5分			
	工作过程中技能的掌握	完成工作的积极性	5分			
		吊扇的拆卸步骤、方法是否正确	10分			
		吊扇的安装步骤、方法是否正确	10分			
		台扇的拆装步骤、方法是否正确	10分			
		理论与实际相结合的综合分析能力	5分			
		拆装工具的使用方法是否正确	5分			
情感指标	综合运用能力	团队协作能力	5分			
		工作效率	5分			
		知识或技能拓展能力	5分			
合　计			100分			
综合评价						

任务二　单相异步电动机的运行

任务描述

人们在使用单相异步电动机时，往往需要不同的转速（如电风扇等）和反复改变转向（如洗衣机等）.单相异步电动机的调速与三相异步电动机一样，有改变电源频率（变频调速）、电源电压（调压调速）及绕组磁极对数（变极调速）等多种，但其中目前使用普遍的是改变电源电压调速.那么常用的调压调速方法有哪几种？一般通过什么方法来改变单相异步电动机的转向呢？

学习目标

1. 能说出单相异步电动机的常用调速方法和改变转向的方法.
2. 学会用万用表来区分单相异步电动机的工作绕组和启动绕组.

3. 通过对吊扇及台扇接线训练，学会对单相异步电动机的正确接线.

学习地点

电机实训室.

学习准备

工具：常用电工工具一套.

仪表：万用表等.

设备：家用台扇、家用吊扇、油浸电容器、吊扇调速电抗器、台扇调速开关、多媒体设备等.

材料：备用螺丝、劳保用品、连接导线等.

资料：电工手册、单相异步电动机安全操作规程、单相异步电动机相关资料.

知识准备

一、单相异步电动机的调速

单相异步电动机与三相异步电动机一样，转速的调节也比较困难. 如果采用变频调速则设备复杂，成本高. 因此，一般只采用简单的调压调速. 调压调速有两个特点：一是电源电压只能从额定电压往下调，因此电动机的转速也只能从额定转速往低调；二是因为异步电动机的电磁转矩与电源电压的平方成正比，因此电压降低时，电动机的转矩和转速都下降，所以这种调速方法只用于转矩随转速下降而下降的负载（称为风机型负载），如风扇、鼓风机等.

常用的调压调速有自耦变压器调速、串电抗器调速、定子绕组抽头调速、串电容器调速、双向晶闸管调速等多种.

1. 自耦变压器调速

单相异步电动机电压的调节可以通过自耦变压器来实现，如图 6-2-1 所示. 图 6-2-1(a)所示电路调速时使整台电动机降压运行，因此低速挡启动性能较差. 图 6-2-1 (b)所示电路调速时仅使工作绕组降压运行，所以它的低速挡启动性能较好，但接线较复杂.

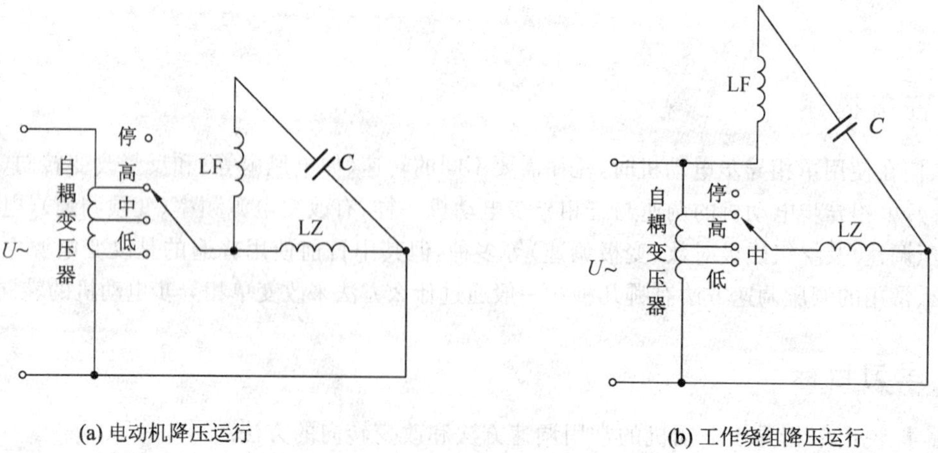

图 6-2-1　自耦变压器的调速电路

2. 串电抗器调速

将电抗器与电动机定子绕组串联，利用电流在电抗器上产生的压降，使加到电动机定子绕组上的电压低于电源电压，从而达到降低电动机转速的目的. 因此用串电抗器调速时电动机的转速只能由额定转速往低调. 图 6-2-2 为吊扇串电抗器调速的电路图. 改变电抗器的抽头连接可得到高低不同的转速.

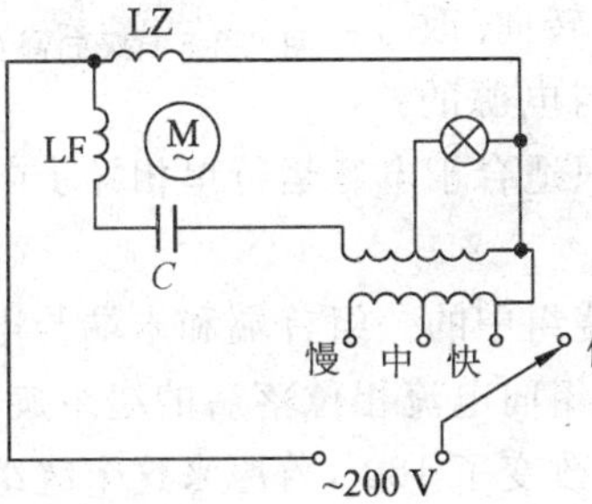

图 6-2-2　串电抗器调速电路

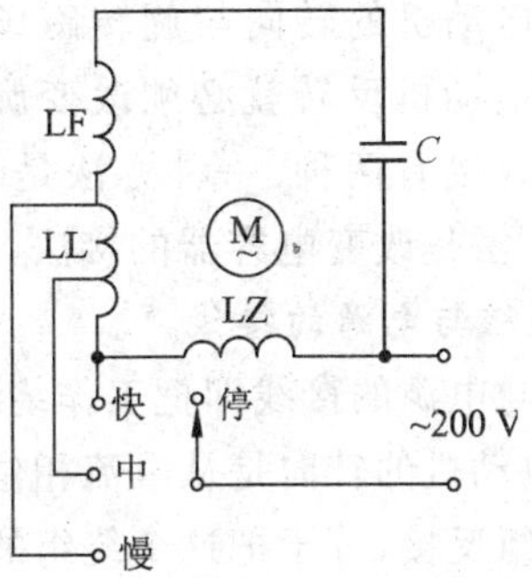

图 6-2-3　定子绕组抽头调速电路

3. 定子绕组抽头调速

为了节约材料、降低成本，可把调速电抗器与定子绕组做成一体. 由电容运行单相异步电动机组成的台扇和落地扇，普遍采用定子绕组抽头调速的方法. 这种电动机的定子铁芯槽中嵌放有工作绕组 1、启动绕组 2 和调速绕组 3，通过调速开关改变调速绕组与启动绕组及工作绕组的接线方法，从而达到改变电动机内部旋转磁场的强弱，实现调速的目的. 图 6-2-3 是台扇抽头调速的原理图.

这种调速方法的优点是不需要电抗器、节省材料、耗电少. 缺点是绕组嵌线和接线比较复杂，电动机与调速开关之间的连线较多，所以不适用于吊扇.

4. 串电容器调速

将不同容量的电容器串入单相异步电动机电路也可调节电动机的转速. 由于电容器的容抗与电容量成反比，故电容量越大，容抗就越小，相应的电压降也越小，电动机转速就越高；反之，电容量越小，容抗就越大，电动机转速就越低. 图 6-2-4 所示为具有三挡速度的串电容器调速风扇电路，图中电阻 R_1 及 R_2 为泄放电阻，在断电时将电容器中的电能泄放掉.

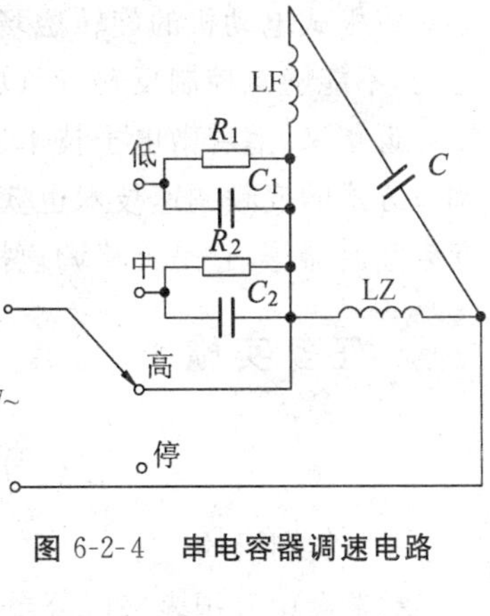

图 6-2-4　串电容器调速电路

由于电容器具有两端电压不能突变这一特点，因此在电动机启动瞬间，调速电容器两端电压为零，即电动机上的电压为电源电压，因此电动机的启动性能好. 正常运行时电容器上无功率损耗，故效率较高.

5. 双向晶闸管调速

前面介绍的各种调压调速电路都是有级调速，单相异步电动机还可采用双向晶闸管实现无级调速. 调速时，旋转控制线路中的带开关电位器，就能改变双向晶闸管的控制角，使电动机得到不同的电压，从而达到调速的目的，如图 6-2-5 所示. 这种调速方法的优点是可以实现无级调速，控制简单，效率较高. 缺点是电压波形差，存在电磁干扰. 目前这种调速方法常用于吊扇上.

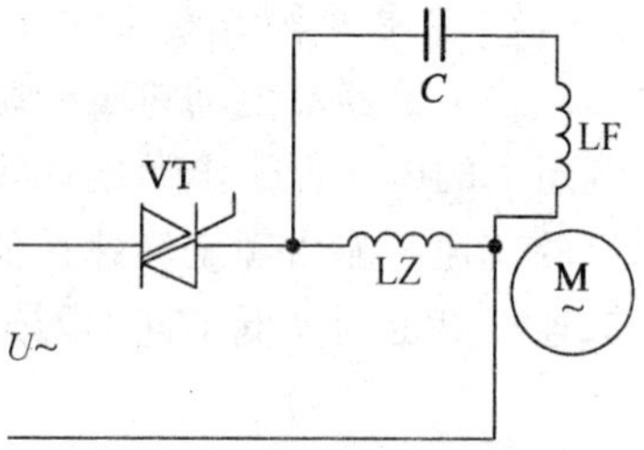

图 6-2-5 双向晶闸管调速电路

二、单相异步电动机的反转

单相异步电动机的转向与旋转磁场的转向相同，因此要使单相异步电动机反转就必须改变旋转磁场的转向. 改变旋转磁场的方法有两种：一种方法是改变绕组与电源的接线；另一种方法是改变电容器的接法，这种方法只适合于电容运行单相异步电动机.

1. 改变绕组与电源的接线

改变绕组与电源的接线即把工作绕组或启动绕组中的一组首端和末端与电源的接线对调. 因为异步电动机的转向是从电流相位超前的绕组向电流相位落后的绕组旋转的，如果把其中的一个绕组反接，等于把这个绕组的电流相位改变了 180°，若原来这个绕组是超前 90°，则改接后就变成了滞后 90°，结果旋转磁场的方向随之改变，电动机反转.

2. 改变电容器的接法

电容运行单相异步电动机是通过改变电容器的接法来改变电动机转向的，即把电容器从一组绕组中改接串到另一组绕组中. 如洗衣机需经常正、反转，如图 6-2-6 所示. 当定时器开关处于图中所示位置时，电容器串联在 LZ 绕组上，电流 I_{LZ}超前于 I_{LF}相位约 90°；经过一定时间后，定时器开关将电容从 LZ 绕组切断，串联到 LF 绕组，则电流 I_{LF}超前于 I_{LZ}相位约 90°，从而实现了电动机的反转. 这种单相异步电动机的工作绕组与启动绕组可以互换，所以工作绕组、启动绕组的线圈匝数、粗细、占槽数都应相同.

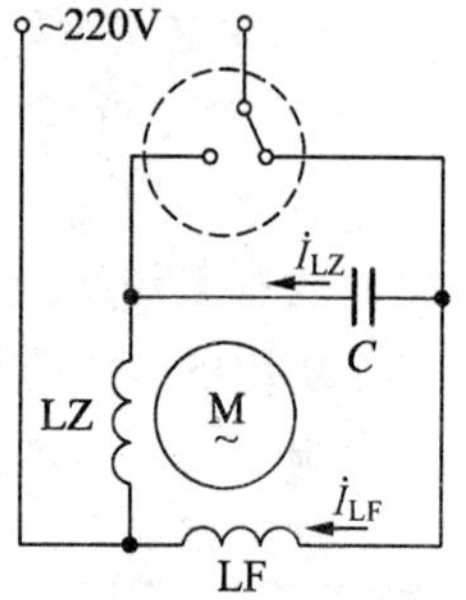

图 6-2-6 洗衣机电动机的正、反转控制

罩极式电动机的旋转磁场是根据主磁极和罩极的相对位置来决定的，不能随意控制反转，所以它一般用于不需改变转向的场合.

近年来，随着微电子技术及绝缘栅双极晶体管(IGBT)的迅速发展，作为交流电机主要调速方式的变频调速技术也获得了前所未有的发展. 单相变频调速已在家用电器上应用，如变频空调器等，它是交流调速控制的发展方向.

任务实施

单相异步电动机的反转和调速

一、实训目的

- 学会用万用表来区分单相异步电动机的工作绕组和启动绕组.
- 通过对吊扇及台扇接线训练，学会对单相异步电动机的正确接线.

二、实训器材

工具、仪表、材料、设备等见学习准备.

三、实训内容及步骤

（一）主要实训器材的认识

主要实训器材的作用及使用注意事项见表 6-2-1.

表 6-2-1 主要实训器材的作用及使用注意事项

序号	器材名称	图 例	规 格	作 用
1	家用吊扇电动机		FC-12 型 (65W，750r/min)	实训操作对象，训练接线、调速和正反转
2	家用台扇电动机	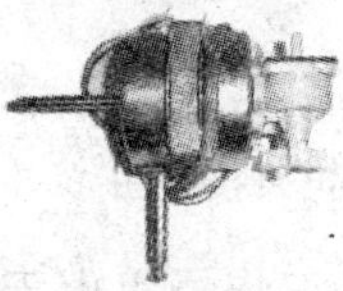	WS-YTS 型 (18W，1350 r/min)	实训操作对象，训练接线、调速
3	吊扇用调速开关	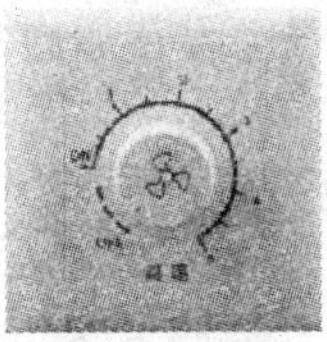	C1-5/TS 型	吊扇调速
4	台扇调速开关		ZX138 型	台扇调速
5	万用表		MF-V47 型	用于区分工作绕组和启动绕组以及测量电压
6	测电笔		—	用于判断零线和火线

（二）家用吊扇的接线

1. 家用吊扇的接线

如果吊扇是新购买的，则只要严格按照使用说明书上的接线图接线即可. 如图 6-2-7 所示，各引出线的颜色为红、绿、黑，从图中可以看出红色引出线接的是工作绕组，绿色引出线接的是启动绕组（因为电容器是串在启动绕组上的），黑色引出线接的是公共端. 但不同品牌的吊扇，引出线的颜色可能不同.

如果说明书遗失或不能从引出线的颜色来判断各端的功能时，则要先对工作绕组和启动绕组进行区分，然后才能接线.

(1) 工作绕组和启动绕组的区分.

① 先测公共端. 用万用表电阻挡轮流测量三根线头之间的电阻，如图 6-2-7 所示，当测

得电阻值最大时(不同电扇电动机绕组的电阻值有所不同),则它就是电动机的工作绕组和启动绕组串联后的总电阻值.剩下的一根线头就是公共端.

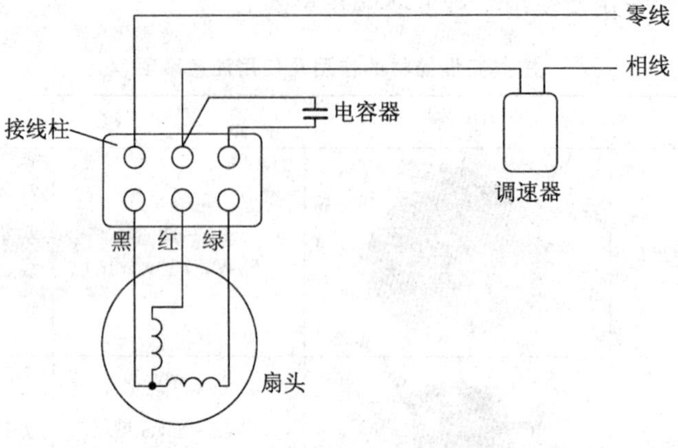

图 6-2-7 吊扇电路接线图

② 再判断工作绕组和启动绕组.吊扇电动机工作绕组由于绕在外圈,故电阻较大;而启动绕组绕在内圈,导线比工作绕组短,故电阻较小,这跟普通台扇电动机正好相反.将万用表的一根表笔搭在公共端上,用另一根表笔分别接触另外两端,分别测出两个绕组的电阻值.其中,电阻值较大的是工作绕组,电阻值较小的是启动绕组.

③ 记录数据.将有关数据记录于表 6-2-2 中.

表 6-2-2 家用吊扇工作绕组和启动绕组的区分

阻值大小	任意两引线间的阻值	两根引线的颜色
最大阻值		
较大的阻值		
最小的阻值		
结论	工作绕组引出线的颜色是:________	
	启动绕组引出线的颜色是:________	
	公共端引出线的颜色是:________	

(2) 按图对家用吊扇接线.

按照图 6-2-7 所示,公共端接零线,启动绕组引出线接电容器再接到调速器上,工作绕组直接接到调速器上,调速器的另一端接到电源火线上.

图 6-2-8 台扇电动机外形图

2. 家用台扇的接线

有一个台扇电动机烧坏了,要更换一台新的电动机,如图 6-2-8 所示,新电动机上有接线方法说明:红色接高挡,白色接中挡,蓝色接低挡,黄色接电容,黑色和电容器引出线一起接电源零线.

有时不同品牌的电动机引出线的颜色不一定相同，而且没有说明书，这时就要通过万用表来判别各引出线的功能了.

(1) 台扇工作绕组和启动绕组的区分.

一般台扇电动机抽头调速原理图如图 6-2-9 所示. 因为工作绕组电阻小，启动绕组电阻大，由此可以用万用表电阻挡判别出五根引出线的功能.

(2) 按图 6-2-10 对家用台扇接线.

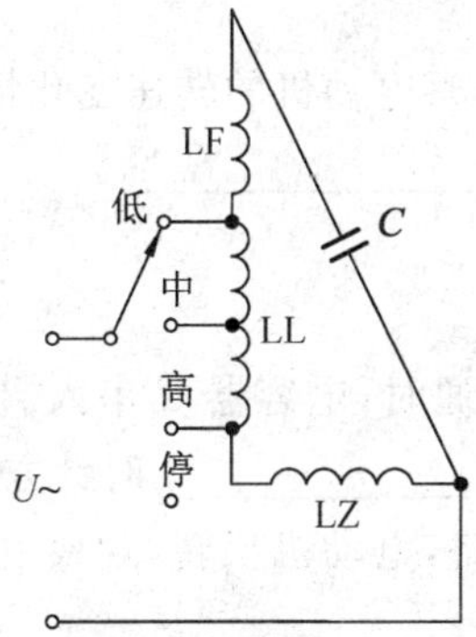

图 6-2-9　台扇抽头调速原理图

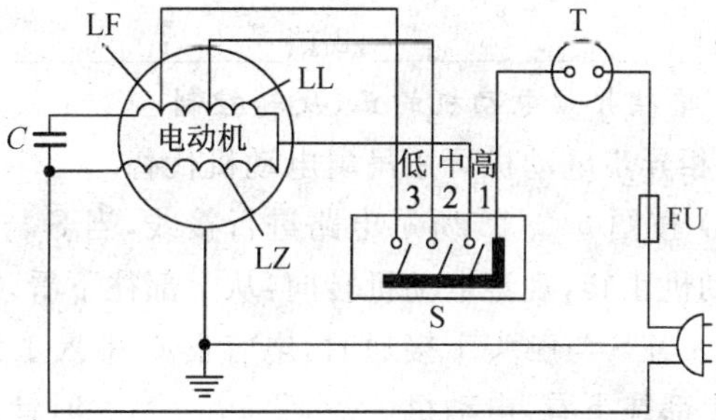

图 6-2-10　台扇接线图

(3) 记录数据. 将有关数据记录于表 6-2-3 中.

表 6-2-3　家用台扇五根引线的功能的区分

序　号	名　称	接线关系
1	工作绕组的引出线	
2	启动绕组的引出线	
3	高挡引出线	
4	中挡引出线	
5	低挡引出线	

(三) 单相异步电动机的调速及反转

1. 吊扇串电抗器调速

(1) 按图 6-2-11 所示电路进行接线，先将调速开关 S_1 置于 5 挡，合上开关 S_2，然后合上电源开关 QS 启动电动机，串入电抗器以后电动机的启动情况是____________，电动机转向(从电扇上部往下观察)为____________.

(2) 将调速开关 S_1 由 5 挡拨向 4 挡，再拨向 3、2、1 挡，电动机进入稳态运行后(切除电抗器后)，电动机转速变化情况是____________，转向变化情况是____________.

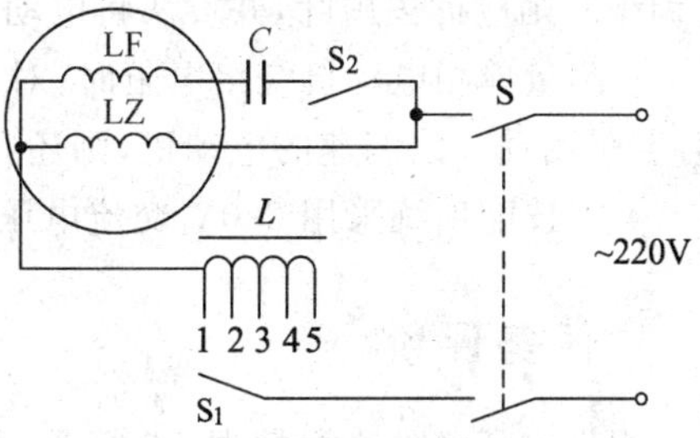

图 6-2-11　吊扇串电抗器调速电路

(3) 电动机启动后，断开 S_2，切除电容器和启动绕组，模拟电容启动电动机的运行情况，观察电动机的转向和转速：转速有无变化__________，转向有无改变__________.

(4) 先断开 QS 切断电源，将工作绕组(或启动绕组)的首、末端换接，再合上 S_2 和 QS 重新启动电动机，将 S_1 置于 5 挡，观察其转向和转速：电动机转速__________，转向__________.

(5) 调节开关 S_1 至各挡位，观察电动机的转速变化情况.

2. 台扇抽头调速

(1) 按图 6-2-12 所示电路进行接线.

(2) 合上电源开关 QS，将调速开关 S 分别置于各挡，观察电动机的转速变化情况：

1 挡__________，2 挡__________，3 挡__________.

3. 单相异步电动机的正、反转控制

单相异步电动机可用吊扇电动机代替.

(1) 按图 6-2-13 所示电路进行接线，当 S 与触头 2 接通时，电容器 C 串入启动绕组支路，电动机正转，观察电动机转向：从上部往下看，电动机__________时针方向转动.

(2) 当 S 与触头 1 接通时，电容器 C 串入工作绕组支路，电动机反转，观察电动机的转向：从上部往下看，电动机__________时针方向转动.

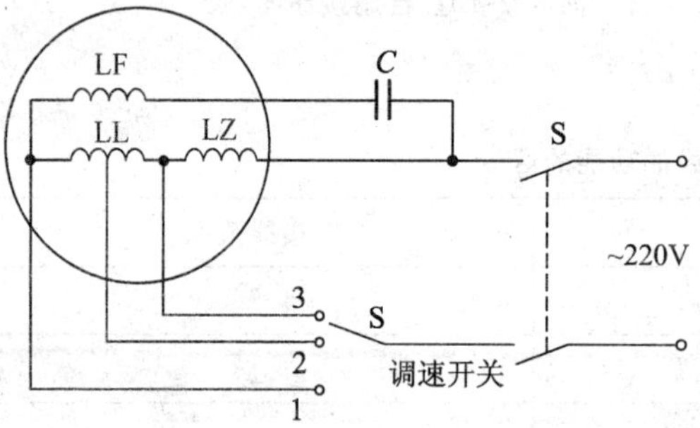

图 6-2-12 台扇抽头调速电路

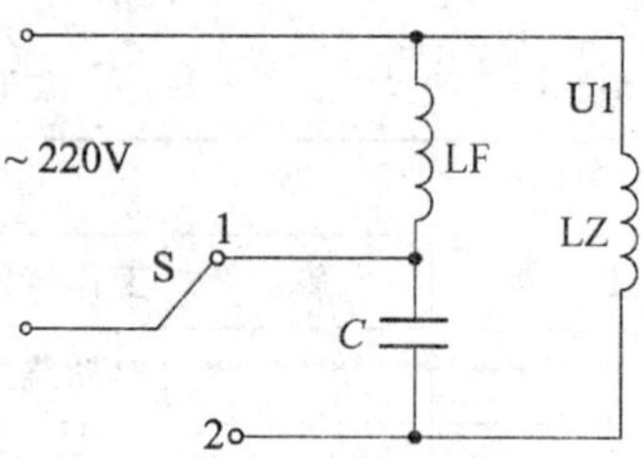

图 6-2-13 单相异步电动机的正、反转电路

四、注意事项

- 使用万用表测量绕组电阻时，要选择适当挡位，而且要注意调零.
- 接线时，注意区分火线和零线.
- 做台扇电动机训练时可使用台扇，或将电源开关和调速开关外接装在实现板上；做吊扇训练时则应拆去扇叶，并设法将电动机固定好.
- 测量单相电动机绕组电阻时，对于串电抗器调速的电动机测工作绕组、启动绕组电阻值. 若采用抽头法调速的电动机，则还要测量调速绕组的电阻值.
- 本技能训练采用 220V 交流电压，因此应注意操作安全.

任务评价

根据本任务的学习情况，按行为、技能、情感三个指标进行自我评价、小组评价和教师评价.

任务评价表

一级评价指标	二级评价指标	评价内容	配分	自我评价 0.3	小组评价 0.3	教师评价 0.4
行为指标	安全文明生产	是否遵守安装规程	5分			
		是否按安全规程正确操作,无任何元器件的损坏	5分			
		工作岗位是否整洁	5分			
		是否具有良好的工作习惯	5分			
技能指标	工作过程中理论知识的掌握	预习和查阅资料的能力	5分			
		观察和分析问题的能力	5分			
		解决问题的方法和效果	5分			
		单相异步电动机调速方法的掌握程度	5分			
技能指标	工作过程中技能的掌握	完成工作的积极性	5分			
		台扇电动机引出线的功能判别是否掌握	10分			
		吊扇电动机引出线的功能判别是否掌握	10分			
		单相异步电动机启动、调速及反转的实现方法及接线是否正确	10分			
		理论与实际相结合的综合分析能力	5分			
		工具、仪器和仪表的使用方法是否正确	5分			
情感指标	综合运用能力	团队协作能力	5分			
		工作效率	5分			
		知识或技能拓展能力	5分			
合计			100分			
综合评价						

知识拓展

单相异步电动机的典型应用

单相异步电动机是用单相电源供电的一类驱动用微型电动机.它具有结构简单、成本低廉、运行可靠、维修方便等一系列优点.特别是它可以直接使用普通民用电源,因此它广泛应用于小型电动工具、日用电器、仪器仪表、商业服务、办公用具和文教卫生设备中.

1. 家用电风扇中的单相异步电动机

电风扇的种类很多,规格各异,其功能随使用场合的不同而不同.但是电风扇的主要功能就是送风,因此尽管型号很多,但它们的原理与结构基本相同,其中电动机就是电风扇的心脏部分,其性能指标基本上就可以决定电风扇质量的高低.

电风扇用的电动机可分为交流和直流电动机两种.一般使用的有电容运行单相异步电动机、罩极式电动机、交直流电动机和直流电动机等,其中电容运行单相异步电动机使用最多.

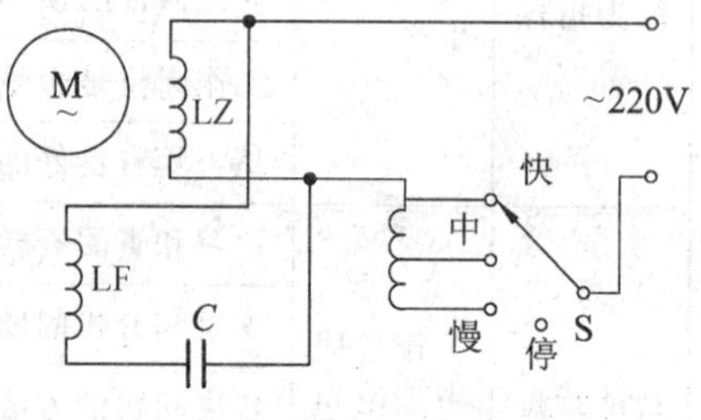

图 6-2-14 电风扇的调速电路

如图 6-2-14 所示为电风扇的调速电路,它采用电容分相异步电动机拖动,利用电抗器降压进行调速,即调速电路中串入具有抽头的电抗器,当转速开关 S 处于不同位置时,电抗器的电压降不同,使电动机端电压改变而实现有级调速.

2. 电冰箱中的单相异步电动机

电冰箱要求电动机具有启动转矩大、功率因数高、效率高等性能.如图 6-2-15所示为电冰箱电路控制系统图,它采用了电阻分相单相异步电动机.

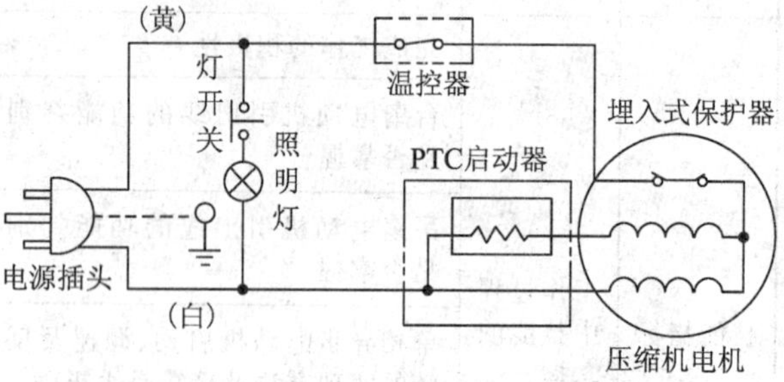

图 6-2-15 电冰箱电路控制系统图

3. 洗衣机中的单相异步电动机

洗衣机以电动机为动力,驱动波轮或滚筒等搅拌类的轮盘,形成特殊的水流以除去衣物的污垢.洗衣机的类型很多,按照水流情况分类可分为波轮式、滚筒式和搅拌式.人们大多采用波轮式洗衣机.

波轮式洗衣机的洗涤用电动机和脱水用电动机均属于电容运行单相异步电动机,其额定电压均为 220V,额定转速为 1360～1400r/min,输出功率为 90～370W,效率为 49%～62%.洗衣机电动机的两相绕组一般都是完全对称的.洗涤时,电动机需要自动正、反转工作.如图 6-2-16 所示为单波轮洗衣机中电容运行单相异步电动机的正、反转控制线路.该电路靠洗涤定时器来满足正、反转和定时洗涤的要求.定时器内装有控制时间的接点 K_1 和电动机正、反转的接点 K_2 和 K_3.

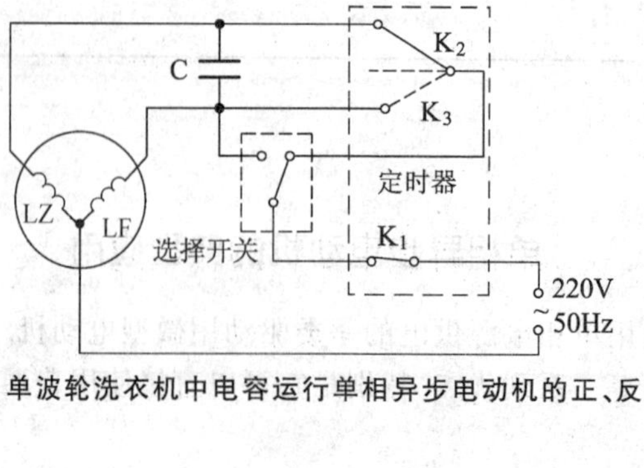

图 6-2-16 单波轮洗衣机中电容运行单相异步电动机的正、反转控制线路

4. 电动机在电动工具中的应用

分相式电动机的启动电流倍数为6～7，启动转矩倍数为1.2～2，功率因数为0.4～0.75，它的主要优点是价格低，应用广泛；缺点是启动电流大，启动转矩较小. 它在工厂中通常用于启动转矩较小的动力设备上，如钻床、研磨机、搅拌机等.

双值电容单相异步电动机的电流倍数为4～5，启动转矩倍数为1.5～3.5，功率因数为0.4～0.75，它的主要优点是启动转矩较大；缺点是造价稍高，启动电流较大. 主要用于启动转矩要求大的场合，如井泵、冷动机、压缩机等.

任务三　单相异步电动机的检修

任务描述

单相异步电动机在家用电器中的应用特别广泛，与人们的生活密切相关. 因此学会对单相异步电动机的使用维护和检修显得非常重要. 单相异步电动机的检修与三相异步电动机相类似，可通过听、看、闻、摸等手段随时检查电动机的运行状态，要经常注意电动机转速是否正常，启动是否正常，温升是否过高，声音是否正常，振动是否过大，有无焦味等. 根据故障现象推断故障可能部位，并通过一定的检查方法，找出损坏的地方，进行故障排除. 本任务以应用最广泛的电容分相单相异步电动机为例介绍单相异步电动机的检修方法. 电阻分相及罩极式电动机的故障分析与处理也大致相同.

学习目标

◇ 能说出单相异步电动机常见故障现象和检修方法.

◇ 通过对单相异步电动机的故障检修实训，学会各种维修工具和测量仪表的使用方法.

◇ 会分析和处理单相异步电动机通电后不转的故障.

学习地点

电机实训室.

学习准备

工具：常用电工工具、电烙铁等.

仪表：万用表、单臂电桥、兆欧表等.

设备：家用吊扇(待修)、多媒体设备等.

材料：电容器、劳保用品、黄蜡管、绝缘纸、绝缘套管、青壳纸、绝缘漆、漆包线等.

资料：《电工安全操作规程》、《电机手册》、单相异步电动机相关资料等.

知识准备

一、单相异步电动机的使用和维护方法

单相异步电动机的使用和维护与三相异步电动机相同，但要注意以下几点：

(1) 单相异步电动机接线时，需正确区分工作绕组与启动绕组，并注意它们的首、尾端，如果出现标识脱落，则电阻大的为启动绕组.

(2) 更换电容器时，电容器的容量与工作电压必须与原规格相同，启动用的电容器应选用专用的电解电容器，其通电时间一般不得超过 3s.

(3) 单相启动式电动机，只有在电动机静止或转速降低到使离心开关闭合时，才能改变其接线方法.

(4) 额定频率为 60Hz 的电动机，不得使用 50Hz 电源，否则将引起电流增加，造成电动机过热甚至烧毁.

二、单相异步电动机的故障分析

单相异步电动机按其启动方法不同可分为多种，但在实际应用中最广泛的是电容分相单相异步电动机. 电容分相单相异步电动机的常见故障主要有：

(一) 电源正常，但通电后电动机不转动

出现这类故障可以从两方面找原因：一是电动机电气方面的故障；二是电动机机械方面的故障.

1. 电气故障

(1) 启动绕组本身断路.

对此可用万用表欧姆挡测量启动绕组的直流电阻，一般均应小于几十欧姆或上百欧姆. 如电阻值太大，说明启动绕组本身断路. 如断路点在槽外较明显处，则可用焊接法予以恢复，否则需拆除部分或全部予以更换.

(2) 离心开关常见故障.

离心开关的常见故障主要有离心开关不闭合(指形铜触片无法压在半圆形铜环上)和离心开关打不开(指形铜触片无法与半圆形铜环脱离).

离心开关不闭合可能是有杂物进入，使指形铜触片卡死而无法动作，也可能是拉力弹簧拉力太松或损坏，不能使指形铜触片与圆环相接触.

离心开关打不开可能是指形铜触片的转轴不灵活或被卡死，使铜触片无法动作，也可能是弹簧拉力过大所致.

(3) 启动或运行电容器的故障.

启动或运行电容器的常见故障一般是电路中出现开路或短路，电容器开路或短路都不能形成旋转磁场，所以通电后不能启动.

① 电容器的类别.

电容分相单相异步电动机中的电容器可分为启动电容器及运行电容器. 启动电容器的电容一般较大，约几十到几百微法，通常采用价格较便宜的电解电容器. 运行电容器容量较小，一般为油浸金属箔型或金属化薄膜型电容器. 需要更换电容器时，必须特别注意尽量保持原规格.

② 电容器的检查方法.

电容器好坏的检查通常采用万用表法，这是最常用的一种方法，将万用表的转换开关置于欧姆挡×10kΩ 或×1kΩ，把黑表笔接电容器的正极性端，红表笔接电容器的另一端（无极性电容器可任意接），观察指针摆动情况，即可大体上判定电容器的好坏：

a. 指针先很快摆向 0Ω 处，以后再慢慢返回到数百千欧位置后停止不动，则说明该电容器完好.

b. 指针不动，则说明该电容器损坏（开路）.

c. 指针摆到 0Ω 处后不返回，则说明该电容器损坏（短路）.

d. 指针先摆向 0Ω 处，以后慢慢返回到一个较小的电阻值后即停止不动，则说明该电容器的泄漏电流较大，可视具体情况决定是否更换电容器.

（4）转子绕组断路.

这种故障一般少见，若出现转子绕组断路时，此时用手拨动转轴，电动机往往也不旋转.

2. 机械故障

（1）轴承被卡.

其原因可能是轴承损坏或轴承内的润滑油已干涸或轴承内进入杂物导致轴承无法转动，对刚修复好或装配好的电动机出现这种故障也可能是轴承安装不好或轴承盖安装不好所致.

（2）定子与转子相碰.

可能是轴承磨损、转轴弯曲、定子铁芯松动、端盖装配不好等原因所致.

（二）电动机启动或运转不正常

这类故障主要表现为电动机启动转矩小，空载时或在外力帮助下能启动，但启动迟缓，电动机在稳定运行的转速低于正常转速等，其原因如下：

1. 电路方面的故障

电源电压太低；电动机启动绕组断路；离心开关在启动时触点未闭合；启动电容器损坏或电容量变小；转子绕组电阻过大或局部断路；定子绕组中有个别线圈接线错误等.

2. 机械方面的故障

如轴承润滑脂干涸或有灰尘等进入；轴承磨损或转轴变形或铁芯松动造成定子与转子之间有轻度相擦；电动机所拖动的负载过大或负载不平衡等.

（三）电动机接通电源后熔丝很快熔断

电气方面的原因有定子绕组内部接线错误；启动绕组与工作绕组之间的绝缘损坏，或本身有匝间短路、对地短路等故障. 另外，如电源电压过高或过低，熔丝太细也可能导致上述故障出现. 机械方面的原因则可能是有卡死现象或电动机拖动的负载过大造成电动机不转或启动电流过大.

（四）电动机在运行中温度过高或冒烟

电动机定子绕组出现温度过高或冒烟的原因是电流长期超过额定电流所致. 其主要原因为：定子绕组中有局部的匝间短路或对地短路；电容启动单相异步电动机在启动完毕后离心开关没有断开，使启动绕组参与运行；启动绕组与工作绕组接错，即电容器串在工作绕组内，使启动绕组长期运行；电源电压过高或过低；电动机正、反转过于频繁等. 也可能是由于电动机拖动的负载较重或轴承不良，定子、转子轻度相擦等原因造成的.

（五）电动机在运行时噪声大或振动较大

这主要是机械方面的原因所致：电动机装配不良或转子轴的变形造成定子与转子偏心，

使定子、转子之间的空气隙不均匀甚至有轻度的相擦；轴承安装不好或轴承磨损；不小心在电动机内部遗留有杂物等.也可能是电动机与所拖动的负载之间连接不好，负载阻力太大或负载本身不平衡（如风扇中的变形）.

（六）电动机绝缘不良造成绝缘电阻太低或外壳带电

主要从电气方面去找原因.例如，定子绕组与铁芯槽之间的绝缘损坏；定子绕组与端盖相碰；电动机接线或引出线绝缘不良；电动机过热后造成定子绕组绝缘老化；电动机受潮或内部灰尘、异物太多等.

三、单相异步电动机常见故障分析及处理方法

单相异步电动机的常见故障及处理方法见表 6-3-1.

表 6-3-1　　单相异步电动机常见故障及处理方法

故障现象	产生原因	处理方法
电源电压正常，但通电后电动机不转	(1) 定子绕组或转子绕组开路 (2) 离心开关触点未闭合 (3) 电容器开路或短路 (4) 轴承卡住 (5) 定子与转子相碰	(1) 定子绕组开路可以用万用表查找，转子绕组开路用短路测试器查找 (2) 检查离心开关触点、弹簧等，加以调整或修理 (3) 更换电容器 (4) 清洗或更换轴承 (5) 找出原因，对症处理
电动机接通电源后熔丝熔断	(1) 定子绕组内部接线错误 (2) 定子绕组有匝间短路或对地短路 (3) 电源电压不正常 (4) 熔丝选择不当	(1) 用万用表检查绕组接线 (2) 用短路测试器检查绕组是否有匝间短路，用兆欧表测量绕组对地绝缘电阻 (3) 用万用表测量电源电压 (4) 更换合适的熔丝
电动机温度过高	(1) 定子绕组有匝间短路或对地短路 (2) 离心开关触点不断开 (3) 启动绕组与工作绕组接错 (4) 电源电压不正常 (5) 电容器变质或损坏 (6) 定子与转子相碰 (7) 轴承不良	(1) 用短路测试器检查绕组是否有匝间短路，用兆欧表测量绕组对地绝缘电阻 (2) 检查离心开关触点、弹簧等，加以调整或修理 (3) 测量两组绕组的直流电阻，一般来说电阻大者为启动绕组，但吊扇正好相反 (4) 用万用表测量电源电压 (5) 更换电容器 (6) 找出原因，对症处理 (7) 清洗或更换轴承
电动机运行时噪声大或振动过大	(1) 定子与转子轻度相碰 (2) 转轴变形或转子不平衡 (3) 轴承故障 (4) 电动机内部有杂物 (5) 电动机装配不良	(1) 找出原因，对症处理 (2) 如无法调整，则需更换转子 (3) 清洗或更换轴承 (4) 拆开电动机，清除杂物 (5) 重新装配
电动机外壳带电	(1) 定子绕组在槽口处绝缘损坏 (2) 定子绕组端部与端盖相碰 (3) 引出线或接线处绝缘损坏与外壳相碰 (4) 定子绕组槽内绝缘损坏	(1)、(2)、(3) 寻找绝缘损坏处，再用绝缘材料与绝缘漆加强绝缘 (4) 一般需重新嵌线
电动机绝缘电阻过低	(1) 电动机受潮或灰尘较多 (2) 电动机过热后绝缘老化	(1) 拆开后清扫并进行烘干处理 (2) 重新浸漆处理

任务实施

单相异步电动机通电后不转的故障检修

一、实训目的

- 会分析和处理单相异步电动机通电后不转的故障.
- 知道单相异步电动机故障检修流程和工艺要求.

二、实训器材

工具、仪表、材料、设备等见学习准备.

三、实训内容及步骤

(一) 主要实训器材的认识

主要实训器材的作用及使用注意事项见表 6-3-2.

表 6-3-2　　主要实训器材的作用及使用注意事项

序号	器材名称	图　例	规　格	作　用	备　注
1	吊扇电动机		FC-12 型 (65W，750r/min)	实训操作对象	故障电动机等待维修
2	直流单臂电桥		QJ23a 型	测量定子绕组的直流电阻	—
3	500V 兆欧表		ZC25B-3 型(500V)	测量电动机的绝缘电阻	也称摇表
4	万用表		MF-47 型	测量电压，判断电容器的好坏	注意选择挡位

(二) 电动机通电后不转，发出“嗡嗡”声，用外力推动后可正常旋转的故障检修

(1) 用万用表检查启动绕组是否断开. 如在槽口处断开，则只需用一根相同规格的绝缘线把断开处焊接好，加以绝缘处理；如内部断线，则要更换绕组.

(2) 对电容分相单相异步电动机，检查电容器是否损坏. 如损坏，更换同规格的电容器.

将万用表的转换开关置于欧姆挡 $\times 10\text{k}\Omega$ 或 $\times 1\text{k}\Omega$，判断电容器是否有击穿、接地、开路、容量变小或严重泄漏等故障.

(3) 对电阻分相单相异步电动机,用万用表检查电阻元件是否损坏. 如损坏,更换同规格的电阻.

(4) 对电容启动单相异步电动机,要检查离心开关(或继电器). 如触点闭合不上,可能有杂物进入,使铜触片卡住而无法动作,也可能是弹簧拉力太松或损坏. 处理方法为清除杂物或更换离心开关(或继电器).

(5) 对罩极式异步电动机,检查短路环是否断开或脱焊. 处理方法为焊接或更换短路环.

(三) 电动机通电后不转,发出"嗡嗡"声,外力推动也不能使之旋转的故障检修

(1) 检查电动机是否过载,若过载即减载.

(2) 检查轴承是否损坏或卡住,若有损坏,可修理或更换轴承.

(3) 检查定子、转子铁芯是否相檫,若是由轴承松动造成的,应更换轴承,否则应锉去相檫部位,校正转子轴线.

(4) 检查工作绕组和启动绕组接线,若接线错误,则重新接线.

(四) 电动机通电后不转,没有"嗡嗡"声,外力也不能使之旋转的故障处理方法

(1) 检查电源是否断线,若断线,恢复供电.

(2) 检查进线线头是否松动,若松动,重新接线.

(3) 检查工作绕组是否有断路、短路、接地和接错等故障(与三相异步电动机定子绕组的检查方法相同),找出故障点,修复或更换故障绕组.

四、注意事项

- 用万用表检查电容器时,要先将电容器短接,将所存电荷释放掉,选择适当的电阻挡.
- 用万用表测电动机输入电压时,一定要选择交流电压挡,量程一定要大于被测电压.
- 在使用摇表(兆欧表)过程中,不能用手接触摇表的两根测量端.
- 检查和排除故障时,不能损坏绕组绝缘.
- 故障排除后,要通电检查,看是否符合要求.

任务评价

根据本任务的学习情况,按行为、技能、情感三个指标进行自我评价、小组评价和教师评价.

任务评价表

一级评价指标	二级评价指标	评价内容	配分	自我评价 0.3	小组评价 0.3	教师评价 0.4
行为指标	安全文明生产	是否遵守安装规程	5分			
		是否按安全规程正确操作,无任何元器件的损坏	5分			
		工作岗位是否整洁	5分			
		是否具有良好的工作习惯	5分			

续表

一级评价指标	二级评价指标	评价内容	配分	自我评价 0.3	小组评价 0.3	教师评价 0.4
技能指标	工作过程中理论知识的掌握	预习和查阅资料的能力	5分			
		观察和分析问题的能力	5分			
		解决问题的方法和效果	5分			
		对单相异步电动机常见故障现象和检修方法的掌握程度	5分			
技能指标	工作过程中技能的掌握	完成工作的积极性	5分			
		对通电后电动机不转的故障检修步骤是否掌握	10分			
		对单相异步电动机故障检修流程和工艺要求是否掌握	10分			
		对电动机拆装的熟练程度	10分			
		理论与实际相结合的综合分析能力	5分			
		工具、仪器和仪表的使用方法是否正确	5分			
情感指标	综合运用能力	团队协作能力	5分			
		工作效率	5分			
		知识或技能拓展能力	5分			
合　计			100分			
综合评价						

项目七 特种电机的认识与使用

项目学习目标

- 能说出交直流伺服电动机和测速发电机的结构组成、作用、分类及工作原理.
- 通过做实验,会测出交直流伺服电动机的机械特性和测速发电机的输出特性.
- 能说出步进电动机的结构和工作原理,会使用步进电机驱动器及控制器.
- 能说出直线电动机的基本工作原理和常用的几种直线电动机的用途.

任务一 伺服电动机的认识与使用

任务描述

我们平常看到的普通的电动机,无论是直流电动机还是交流异步电动机,在切断电源后,它都会在自身的惯性作用下继续转动,然后才能停止,这对于要求精确控制行程的机械,必将产生误差,如数控加工时走刀架的控制,如果断电后控制电机不能立刻停止,刀架将在电机惯性的作用下再产生一定的位移,将严重影响加工的精度,导致产品报废. 对于需要精确控制转速、角度、行程的场合,为了克服普通电动机的缺点,往往使用伺服电动机驱动,它能在启动和停止之间快速转换,反应迅速.

伺服电动机的应用领域广泛,如需要有动力源驱动,而且对精度要求较高的场合,一般都可使用伺服电动机,如数控机床、印刷机械、激光加工设备、机器人、自动化生产线等设备.

学习目标

◇ 能说出交流伺服电动机和直流伺服电动机的结构特点和工作原理.

◇ 认识伺服电动机的外形和内部结构,熟悉各部件的作用.

◇ 通过做实验,学会直流、交流伺服电动机的接线方法,能测出交流伺服电动机和直流伺服电动机的机械特性和调节特性.

学习地点

特种电机实训室.

学习准备

工具：常用电工工具.

仪表：万用表、转速表、直流电压表、交流电压表、直流电流表.

设备：交直流伺服电动机、励磁电源、可调电枢电源、磁粉制动器、单相变压器、多媒体设备等.

资料：伺服电动机说明书、磁粉制动器说明书、电工手册.

知识准备

一、伺服电动机的概述

伺服电动机又叫执行电动机，在自动控制系统中作为执行元件，其作用是将接收到的电压信号转变为轴上的角位移或角速度，它的输出量，如转速、位移、转矩，是受输入的控制电压的控制.这种电机有信号时就运行，没有信号时就停止，可以在正转和反转间快速切换.按结构和工作原理的不同，伺服电动机可分为直流伺服电动机和交流伺服电动机以及永磁无刷电动机等，随着伺服技术的不断发展，各生产厂家研制出很多新的结构和类型，如低惯量的空心杯绕组电枢型、印制绕组电枢型、无槽电枢型等.伺服电动机的分类如图 7-1-1 所示.

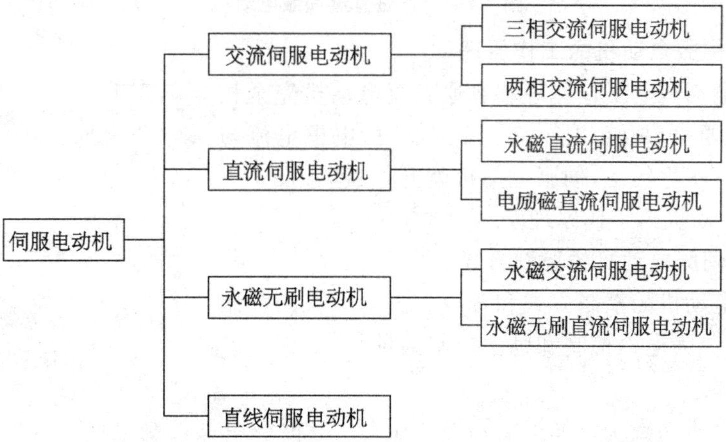

图 7-1-1　伺服电动机的分类

伺服电动机的工作状态与一般电动机有很大的区别，它工作于启动、制动和反转十分频繁的场合，经常工作在低速度或零速度和低速状态的过渡过程中，因此对伺服电动机的性能有如下要求：

(1) 无“自转”现象，即当信号电压为零时，电动机应当停转.

(2) 在控制电压改变时，电动机能在较宽的转速范围内稳定运行.

(3) 具有线性的机械特性和调节特性.

(4) 具有尽量小的转动惯量，使系统的响应速度更快.

二、直流伺服电动机

(一) 直流伺服电动机的结构和分类

直流伺服电动机的结构与普通小型直流电动机基本相似，主要由主磁极、电枢、换向器、电刷装置以及机壳等构成，根据励磁方式不同，分为电励磁直流伺服电动机和永磁直流伺服电动机两类，目前永磁直流伺服电动机应用较多. 根据直流伺服电动机电枢结构形式不同，又可分为普通电枢型和低惯量电枢型直流伺服电动机，低惯量直流伺服电动机的电枢有印制绕组盘式电枢、线绕盘式电枢、空心杯绕组电枢和无槽电枢几种. 根据有无换向器和电刷装置，又分为有刷和无刷直流伺服电动机. 图 7-1-2(a)为永磁直流伺服电动机的结构图，图 7-1-2(b)为永磁直流伺服电动机的实物图片.

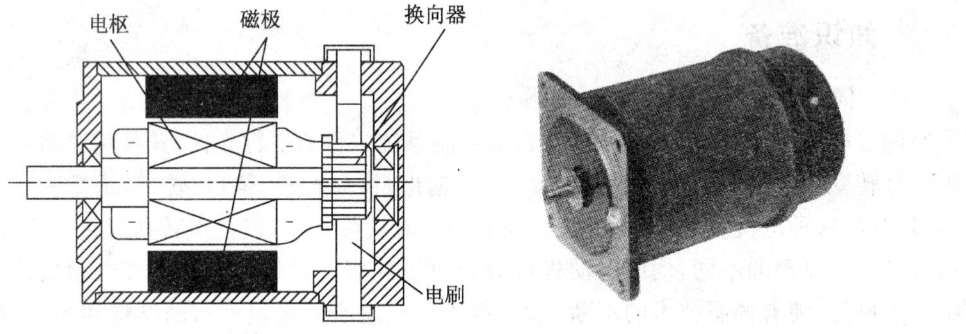

(a) 永磁直流伺服电动机的结构示意图　　(b) 永磁直流伺服电动机的实物图

图 7-1-2　永磁直流伺服电动机

(二) 直流伺服电动机的工作原理

直流伺服电动机的工作原理和普通直流电动机完全相同，当磁极有磁通，电枢绕组中有电流流过时，电枢电流与磁通相互作用而产生转矩，伺服电动机就开始旋转. 图 7-1-3 为直流伺服电动机的工作原理图.

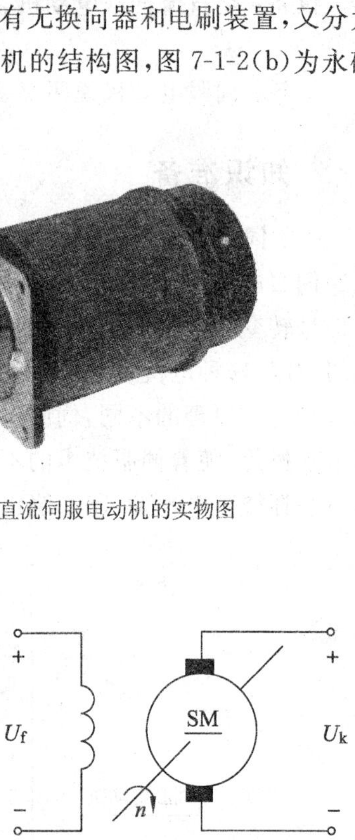

图 7-1-3　直流伺服电动机的工作原理图

(三) 直流伺服电动机的控制方式

直流伺服电动机的控制方式和普通直流电动机的控制方式相似，可以分为电枢控制和励磁控制两种.

1. 电枢控制

电枢控制是指励磁绕组加恒定励磁电压 U_f，电枢绕组加控制电压 U_k，当负载转矩恒定时，电枢上的控制电压增加，电动机的转速升高；减小电枢控制电压，电动机的转速降低；改变电枢绕组电压的极性，就可以改变电动机的转向.

因控制时加在电枢上的控制电压不能大于电动机的电枢额定电压，故电动机的输出只能在低于额定转速下运行. 由于电枢控制的直流伺服电动机具有机械特性线性度好、精度高、响应速度快等优点，所以在工程上多采用电枢控制方式.

2. 励磁控制

励磁控制是指电枢绕组加恒定电压，通过改变励磁电压的方法来改变转速的控制方法，改变励磁电压的大小和方向，就能改变电动机的转速与转向.

励磁控制时，因受到励磁磁路饱和的限制，一般只能采用减小励磁电压的方法. 当励磁电压减小时，电机的转速将上升，因受到电动机机械强度的限制，电机的转速上升将会导致电机运行不稳，所以采用励磁控制时，电机速度的控制范围很小. 永磁直流伺服电动机不能进行磁场控制.

（四）直流伺服电动机的控制特性

1. 机械特性

机械特性是指励磁电压 U_f 恒定，电枢绕组上的控制电压 U_k 为恒定值时，电动机的转速 n 和电磁转矩 T 之间的关系，即 $n=f(T)$，如图 7-1-4(a)所示，图中 $U_{k1}>U_{k2}>U_{k3}$，从图中可以看出直流伺服电动机的机械特性曲线为平行直线.

机械特性曲线图中曲线与 n 轴的交点为电磁转矩为零时电动机的空载转速 n_0，但实际应用的电动机，当不带负载时，其自身也会有一定的空载损耗，电磁转矩并不为零，电动机并不是真正的空载，因此，转速 n_0 是指在理想空载时的电动机转速，故称理想空载转速. 机械特性曲线图中曲线与 T 轴的交点为电动机转速为零时的转矩，即电动机的堵转转矩，又叫启动转矩. 从图中可看出，随着控制电压 U_k 的增大，电动机的机械特性曲线平行地向转速和转矩增加的方向移动，但斜率保持不变. 当励磁电压 U_f 和控制电压 U_k 一定时，负载增加，转速下降.

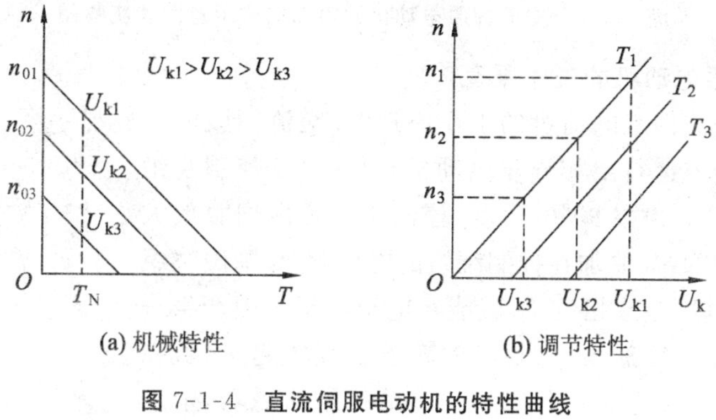

图 7-1-4　直流伺服电动机的特性曲线

2. 调节特性

调节特性是指电动机的转矩恒定时，电机的转速随控制电压的变化而变化的关系，即 $n=f(U_k)$，如图 7-1-4(b)所示，直流伺服电动机的调节特性也是线性的.

调节特性曲线图中曲线与 U_k 轴的交点，表示在某一电磁转矩时电动机的启动电压，在转矩恒定时，电动机的控制电压大于相应的启动电压，电动机便能启动；反之，控制电压小于相应的启动电压，则这时电动机不能启动. 所以，在调节特性曲线上原点到启动电压点的范围，称为伺服电动机的失灵区，启动转矩越大，则要求的启动电压越高.

直流伺服电动机的优点是具有线性的机械特性，启动转矩大，调速范围大；缺点是电刷与换向器之间的火花会产生电磁干扰，需要定期更换电刷，维护换向器.

三、交流伺服电动机

（一）交流伺服电动机的结构

长期以来，在要求调速性能较高的场合，一直占据主导地位的是直流调速系统. 但直流电动机存在一些固有的缺点，如电刷和换向器易磨损，换向器换向时会产生火花，结构复杂，制造成本高等. 而交流电动机，特别是鼠笼式异步电动机则没有上述缺点. 交流伺服电动机，实质上是一种微型交流异步电动机，通常是两相结构，又称二相鼠笼式感应电动机. 在定子槽内嵌有两组在空间上相差 90°电角度的定子绕组，其中一组是励磁绕组，另一组是控制绕组. 交流伺服电动机按照转子的不同，又分成两种基本结构形式：一种是笼形转子，与三相异步电动机笼形转子相似，外形细长，目的是为了减小转子的转动惯性；另一种为空心杯形转子，它有一个外定子和一个内定子，通常外定子为永久磁钢，内定子是软磁材料. 图 7-1-5(a)为交流伺服电动机的内部结构，图 7-1-5(b)为交流伺服电动机的实物图.

(a) 交流伺服电动机的内部结构示意图　　(b) 交流伺服电动机的实物图

图 7-1-5　交流伺服电动机的内部结构示意图和实物图

(二) 交流伺服电动机的工作原理

图 7-1-6 为交流伺服电动机的工作原理图. 交流伺服电动机的工作原理与电容运行单相异步电动机相似. 由于控制绕组和励磁绕组在空间上相差 90°电角度，控制绕组是由伺服放大器供电而进行控制的. 只要加在控制绕组的电压 $\dot{U}_k$ 与励磁绕组上的电压 $\dot{U}_f$ 存在电压差或相位差，就能在电动机定子中产生一个圆形(或椭圆形)旋转磁场，电动机的转子就旋转起来. 若控制绕组中没有电压，电动机中产生的就是单相脉动磁场，电动机将保持静止状态，通过改变控制电压的大小或相位，就可以改变它的输出转矩.

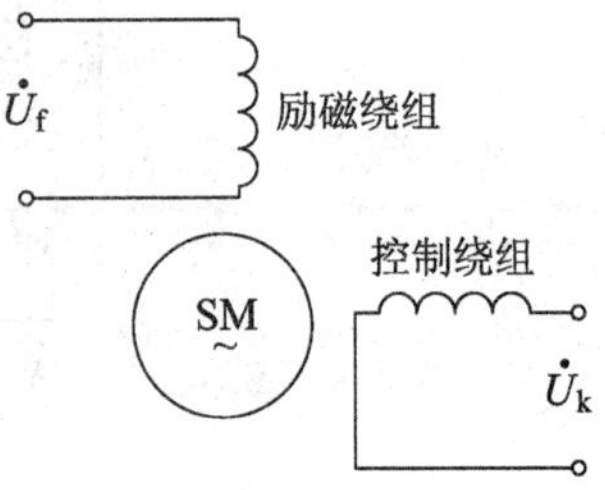

图 7-1-6　交流伺服电动机的工作原理图

(三) 交流伺服电动机的控制方式

对于两相伺服电动机，若在两相对称绕阻中施加两相对称电压，便可得到圆形旋转磁场. 若两相电压的幅值不同，或者相位差不足 90°电角度，所得到的便是椭圆形旋转磁场. 两相伺服电动机运行时，控制绕组所加的控制电压 $\dot{U}_k$ 是变化的，所以得到的是椭圆形的旋转磁场，并由此产生电磁转矩而使电动机旋转. 当负载转矩一定时，通过改变控制电压的大小或两相绕组中电压的相位差就能达到改变电动机转速的目的. 交流伺服电动机的控制方式有以下三种：

1. 幅值控制方式

其接线原理图如图 7-1-7 所示. 这种控制方式是通过改变控制电压的大小来改变电动机的转速的. 采用此方法时，将励磁电压 $\dot{U}_f$ 和控制电压 $\dot{U}_k$ 之间的相位差始终保持 90°电角度.当控制电压 $\dot{U}_k=0$ 时,电动机停转,即$n=0$;当 $\dot{U}_k$电压增加时,电动机的转速上升.

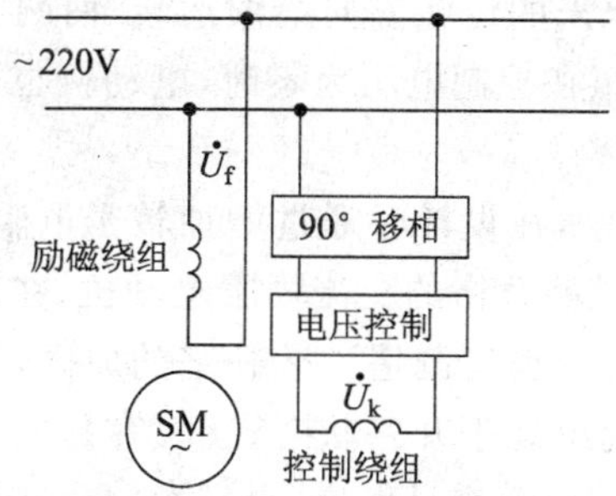

图 7-1-7　幅值控制接线图

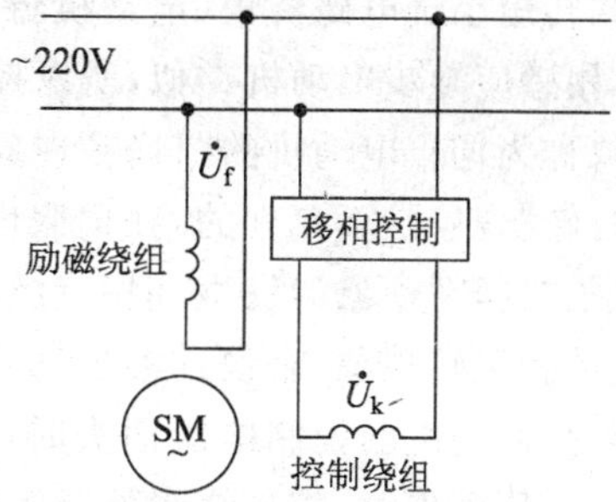

图 7-1-8　相位控制接线图

2. 相位控制方式

其接线原理图如图 7-1-8 所示.这种控制方式是保持控制电压的幅值不变,通过调节控制绕组的电压 $\dot{U}_k$与励磁绕组的电压 $\dot{U}_f$的相位来改变电动机的转速,当相位差等于0°时,电动机停转,即 $n=0$;当相位差为 90°时电动机以最高速运行.由于改变相位差比较困难,所以这种控制方式一般很少采用.

3. 幅值-相位控制方式

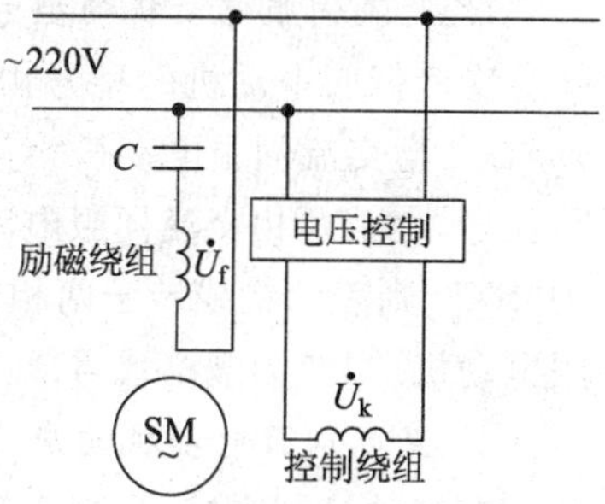

图 7-1-9　幅值-相位控制接线图

其接线原理图如图 7-1-9 所示.将励磁绕组串联电容 C 后,接到交流电源上.当改变控制电压 $\dot{U}_k$的幅值时,由于转子绕组的耦合作用,励磁绕组的电流也发生变化,从而使得励磁绕组的电压 $\dot{U}_k$发生变化,即电压 $\dot{U}_k$和 $\dot{U}_f$的大小及它们之间的相位角都随 $\dot{U}_k$的变化改变.所以这是一种幅值和相位的复合控制方式.当控制电压 $\dot{U}_k$为零时,电机转速为零,$\dot{U}_k$电压升高,转速上升,这种控制方式实质是利用串联电容器来改变相位的,它不需要复杂的移相装置,设备简单,成为最常用的一种控制方式.

无论哪种控制方式,只要将控制信号电压的相位改变 180°电角度(反相),即可改变交流伺服电动机的转向.

(四) 交流伺服电动机的机械特性和调节特性

交流伺服电动机的机械特性,是指在控制电压为常数时,电动机的转速随电磁转矩的变化而变化的特性.调节特性是指在电磁转矩不变的情况下,电动机的转速随控制电压大小的变化而变化的特性.但在幅值控制方式、相位控制方式、幅值-相位控制方式三种不同的控制方式下,交流伺服电动机的调节特性都不是线性的,只有在低转速区域才近似为线性关系,在三种控制方式中,相位控制方式的线性度好于其他两种控制方式.

机械特性和调节特性的非线性都将直接影响系统的动态精度,特性的非线性度越大,系统的动态精度越低.由于交流伺服电动机的机械特性和调节特性描述困难,所以本教材中只是通过实验的方式,测出某特定伺服电动机的调节特性,通过实验结果作定性了解.

(五) 交流伺服电动机的"自转"现象

当电动机在正常运转过程中,如果使控制电压为零,电动机应该立刻停止运转,但是根据单相感应异步电动机的工作原理可以知道，单相异步电动机在运行过程中，启动绕组断开后，只要负载转矩小于电磁转矩，电动机将保持原来的运转方向继续运转. 而两相伺服电动机结构和单相感应异步电动机类似，所以控制绕组在控制电压为零时，电动机也应该会继续转动，此现象称为伺服电动机的“自转”现象.

显然“自转”现象是不允许的. 在伺服电动机中，在设计时通过增加转子电阻的方法，从原理上解决了“自转”现象的发生. 但一台经出厂试验合格的交流伺服电动机，在使用中还有可能会发生单相运转现象，有设计参数选择的原因，也有制造工艺缺陷的原因，还有使用方面的原因. 若控制绕组在控制电压消失时，控制绕组处于开路状态，就较容易发生“自转”现象；若当控制电压消失时，控制绕组处于短接状态，最不容易发生“自转”现象. 直流伺服电动机无“自转”现象.

(六) 交流伺服电动机的型号和应用

1. 交流伺服电动机的型号

交流伺服电动机的型号由机壳外径、产品代号、频率种类、性能参数四部分组成. 现以45SL42 型交流伺服电动机为例来说明：“45”为机壳代号，表示机壳外径为 45mm. “SL”为产品代号，表示两相交流伺服电动机；若为“SK”，则表示空心杯转子两相交流伺服电动机；若为“SX”，则表示绕线转子两相交流伺服电动机；若为“SD”，则表示带齿轮减速机构的交流伺服电动机. “42”为规格代号.

2. 交流伺服电动机的应用

在自动控制系统中，根据被控对象不同，有速度控制和位置控制两种类型. 尤其是位置控制系统可以实现远距离角度传递，它的工作原理是将主令轴的转角传递到远距离的执行轴，使之再现主令轴的转角位置. 例如，工业上发电厂锅炉闸门的开启，轧钢机中轧辊间隙的自动控制，军事上火炮和雷达的自动定位等.

交流伺服电动机在检测装置中的应用也很多，如电子自动定位差计、电子自动平衡电桥等.

另外，交流伺服电动机还可以和其他控制元件一起组合成各种计算装置，进行加、减、乘、除、乘方、开方、正弦函数、微积分等运算.

3. 交流伺服系统实例介绍

松下 MINAS 系列全数字化交流伺服系统是 20 世纪 90 年代初期投入批量化生产的全新数字化交流伺服系统. 该系统响应快、精度高，是目前体积最小、重量最轻的交流伺服系统产品之一. 该产品已经广泛应用于数控机床、机器人、轻工机械、纺织机械、医疗器械、自动化生产线、半导体生产线等各种需要精确调速、定位及运动轨迹控制的场合. 图 7-1-10 是 MINAS 交流伺服系统的示意图.

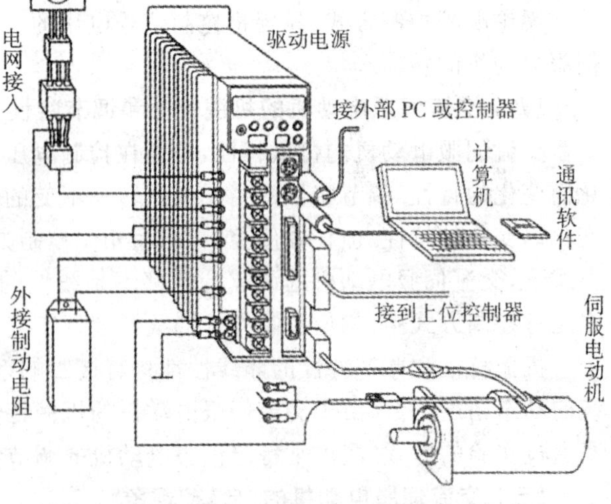

图 7-1-10 MINAS 交流伺服系统

MINAS交流伺服系统的额定功率为0.03～5kW，最大转矩为0.28～47.6N·m，最高转速为2000～5000r/min. 传感器采用2500p/r（每转脉冲数）的光电增量码盘或17位型（2^{17}）绝对值码盘. 系统控制模式有：位置控制、速度控制、转矩控制、位置/速度控制、位置/转矩控制、速度/转矩控制、全闭环七种，位置和速度精度高. 系统可以直接受个人计算机的控制，并通过输出电缆驱动交流伺服电动机，电动机的转动情况通过同轴电缆反馈到控制系统，使设备系统的整体控制十分方便.

任务实施

直流、交流伺服电动机机械特性和调节特性的测定

一、实训目的

- 学会直流、交流伺服电动机的接线方法.
- 学会直流、交流伺服电动机测试机组的安装.
- 学会直流伺服电动机机械特性的测定和机械特性曲线的绘制.
- 学会直流、交流伺服电动机调节特性的测定.

二、实训器材

工具、仪表、材料、设备等见学习准备.

三、实训内容及步骤

（一）主要实训器材的认识

主要实训器材的作用及使用注意事项见表7-1-1.

表7-1-1　　主要实训器材的作用及使用注意事项

序号	器材名称	图　例	规　格	作　用
1	直流伺服电动机	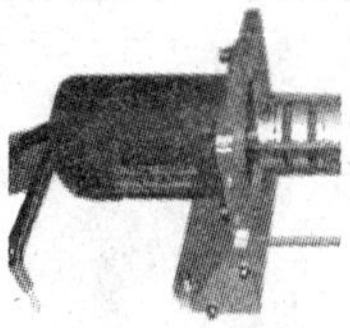	型号为90sZ02，电压为DC220V，电枢电流为0.33A，励磁电流为0.11A，转矩为323.4mN·m，转速为1500r/min	测试对象
2	交流伺服电动机		型号为72SL1，电压为AC220V 50Hz，转矩为357.7mN·m，转速为1460r/min	测试对象
3	磁粉制动器		供电电压为DC24V，电流为0.4A，最大转矩为2.5N·m，电流与转矩有线性关系	为测试电路提供一个恒定的转矩，是电动机的负载

续表

序号	器材名称	图 例	规 格	作 用
4	直流伺服电动机励磁电源	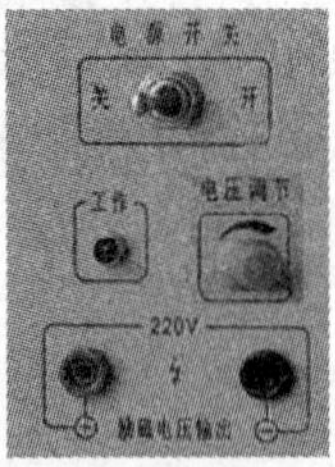	电枢电压 DC 0～220V 可调	为直流伺服电动机提供励磁电压
5	可调电枢电源	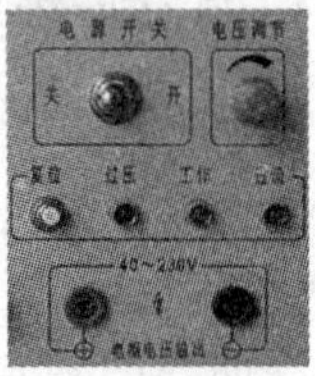	励磁电压 DC 220V	为直流伺服电动机提供电枢电压
6	单相自耦调压器	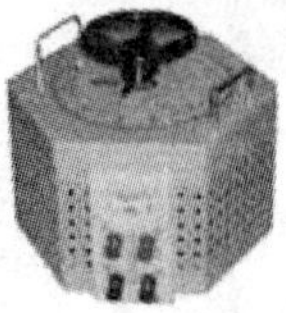	0～250V 输出	可调节单相交流电源电压的大小
7	单相变压器		380V/220V	给交流伺服电动机提供励磁电压
8	直流电压表		量程为 DC 250V、AC 250V 各一只	测量电路中的电压
9	直流电流表		量程为 1A 的直流电流表 3 只	测量电路中的电流
10	转速表		型号为 DM6235P,使用时与电动机转轴的定心孔紧密接触,不可有滑动现象	测量电动机的转速

(二) 直流伺服电动机机械特性和调节特性的测定

1. 直流伺服电动机机械特性的测定

(1) 安装直流伺服电动机测试机组.

按图 7-1-11 所示,安装直流伺服电动机,直流伺服电动机和磁粉制动器安装在同一底板上,中间通过弹性联轴器相连,机组中的全部紧固件要按照要求安装到位.

(2) 绘制直流伺服电动机机械特性测试电路.

直流伺服电动机机械特性测试电路如图 7-1-12 所示. RP1 用来调整励磁电流的大小,在实训中,先放在最小位置. 图中的电流表全部是直流电流表,使用中请注意量程与极性.

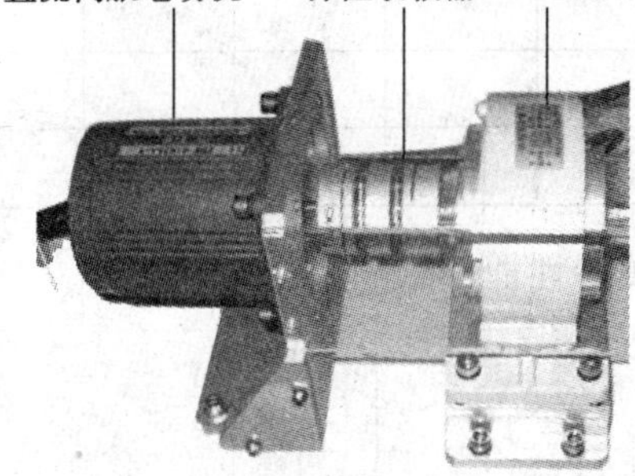

图 7-1-11　直流伺服电动机实验安装图

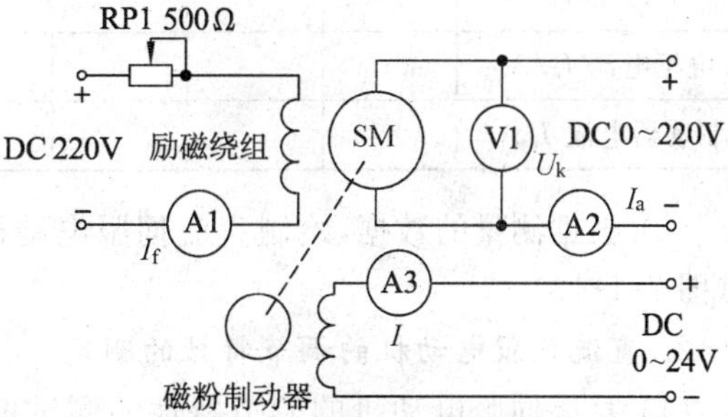

图 7-1-12　测量直流伺服电动机机械特性和调节特性的工作电路

(3) 测量直流伺服电动机的机械特性实训步骤.

① 连接测量直流伺服电动机的机械特性的工作电路. 按图 7-1-12 接线,将磁粉制动器励磁电压调整到 0V,接通直流伺服电动机励磁电源,调整 RP1 使励磁电流为 0.11A;再接通电枢电压并缓慢增加控制电压,同时缓慢增加磁粉制动器励磁电压,使 A2 显示值为 0.33A,V1 显示值为 220V,记录此时的转速 n 和磁粉制动器励磁电流 I,并将数据记录于表 7-1-2 中.

② 保持电机额定励磁电流和控制电压不变,逐渐减小磁粉制动器励磁电流 I(以 I 电流的 1/10 递减),记录磁粉制动器的电流 I 和电动机转速 n 及电枢电流 I_a 的值,并将数据记录于表 7-1-2 中.

注意: 因磁粉制动器励磁电流与转矩有较好的线性关系,电流的大小间接体现了力矩的大小.

表 7-1-2　$U_k=U_N=200V$ 时的直流伺服电动机机械特性实验数据　$I_f=I_{fN}=0.11A$

n/(r/min)									
电枢电流 I_a/A									
制动器电流 I/A									

③ 调节控制电压 $U_k=160V$,保持电动机励磁电流的额定电流 $I_f=I_{fN}$,重做以上实验,并将数据记录于表 7-1-3 中.

表 7-1-3　　$U_k=160V$ 时的直流伺服电动机机械特性实验数据　　$I_f=I_{fN}=0.11A$

n/(r/min)									
电枢电流 I_a/A									
制动器电流 I/A									

④ 调节控制电压 $U_k=110V$，保持电动机励磁电流的额定电流 $I_f=I_{fN}$，重做以上实验，并将数据记录于表 7-1-4 中.

表 7-1-4　　$U_k=110V$ 时的直流伺服电动机机械特性实验数据　　$I_f=I_{fN}=0.11A$

n/(r/min)									
电枢电流 I_a/A									
制动器电流 I/A									

(4) 根据测量的数据，绘制直流伺服电动机的机械特性曲线(图 7-1-13).

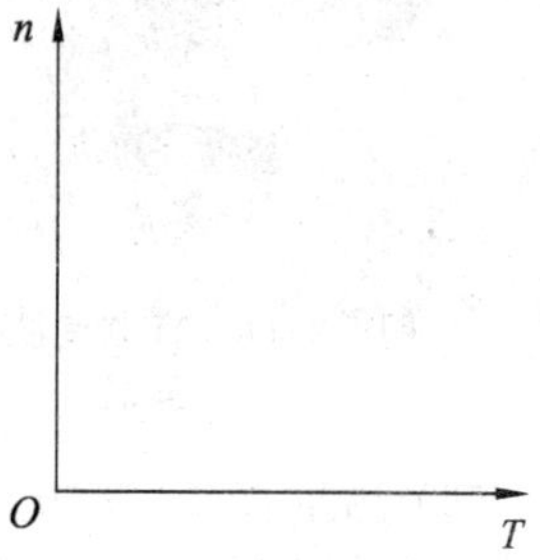

图 7-1-13　绘制直流伺服电动机的机械特性曲线

2. 直流伺服电动机的调节特性的测定

(1) 直流伺服电动机的调节特性的测试电路按图 7-1-12 接线，保持直流伺服电动机励磁电流 $I_f=I_{fN}$不变. 调节磁粉制动器励磁电流 I 和直流伺服电动机控制电压 U_k，使控制电压 U_k为 220V，电枢电流 I_a为 0.33A.

(2) 保持直流伺服电动机励磁电流 $I_f=I_{fN}$和磁粉制动器电流 I 不变，调整直流伺服电动机控制电压，将控制电压和转速记录到表 7-1-5.

表 7-1-5　　$I_a=0.33A$ 时的直流伺服电动机机械特性实验数据　　$I_f=I_{fN}=0.11A$

U_k/V							
n/(r/min)							

(3) 使磁粉制动器电流 I 为 0，即电动机处于空载状态，从小至大调节直流伺服电动机电枢电压，直到转速为额定转速，将数据记录于表 7-1-6 中.

表 7-1-6　　$I=0$(直流伺服电动机空载)时的直流伺服电动机调节特性实验数据　　$I_f=I_{fN}=0.11A$

U_k/V							
n/(r/min)							

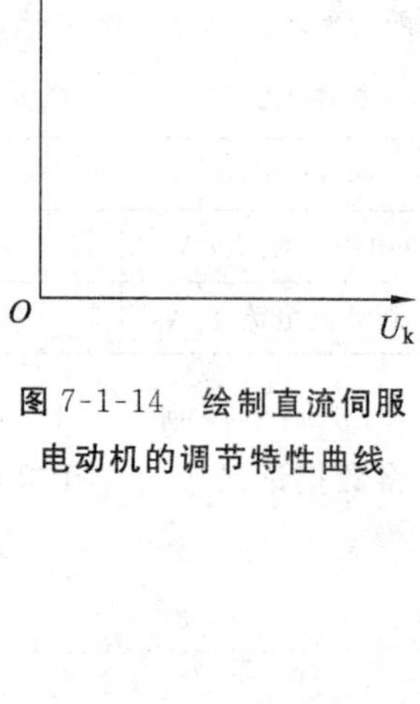

图 7-1-14　绘制直流伺服电动机的调节特性曲线

(4) 绘制直流伺服电动机的调节特性曲线(图 7-1-14).

（三）交流伺服电动机调节特性的测定

1. 连接测量交流伺服电动机调节特性的工作电路

其原理图如图 7-1-15 所示. 伺服电动机的励磁绕组通过变压器 T1 接到 U 相和 V 相，控制绕组通过自耦变压器接到 W 相与零线 N 之间，此时控制电压 $\dot{U}_k$ 和 $\dot{U}_f$ 的相位差为 90°.

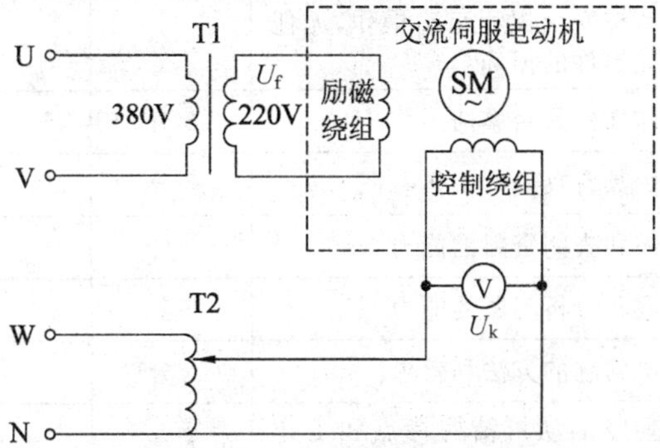

图 7-1-15　测量交流伺服电动机的调节特性的工作电路

2. 测量交流伺服电动机调节特性的实训步骤

将 T2 电压调整到最小，接通电源. 逐次调节单相调压器 T2，使控制电压从 0 逐渐增加到 220V. 将每次所测的控制电压 U_k 与电动机转速 n 记录于表 7-1-7 中.

表 7-1-7　交流伺服电动机的调节特性实验数据（U_f=220V，交流伺服电动机空载）

U_k/V	0	40	80	120	160	200	220
n/(r/min)							

3. 绘制交流伺服电动机的调节特性曲线

绘制交流伺服电动机的调节特性曲线（图 7-1-16）.

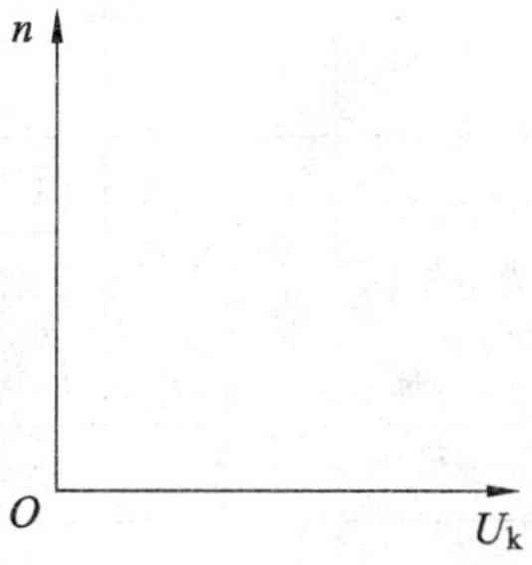

图 7-1-16　绘制交流伺服电动机的调节特性曲线

四、注意事项

- 在实验中注意安全用电，以防触电事故的发生.
- 直流伺服电动机在实训中要先接通励磁电源，再接通电枢绕组上的控制电压.
- 要合理选择各测量仪表的量程，要注意直流仪表的极性.
- 在实训中接线要规范、可靠，注意导线的线径要能足够通过实验中的电流.

任务评价

根据本任务的学习情况，按行为、技能、情感三个指标进行自我评价、小组评价和教师评价.

任务评价表

一级评价指标	二级评价指标	评价内容	配分	自我评价 0.3	小组评价 0.3	教师评价 0.4
行为指标	安全文明生产	是否遵守安装规程	5分			
		是否按安全规程正确操作，无任何元器件的损坏	5分			
		工作岗位是否整洁	5分			
		是否具有良好的工作习惯	5分			
技能指标	工作过程中理论知识的掌握	预习和查阅资料的能力	5分			
		观察和分析问题的能力	5分			
		解决问题的方法和效果	5分			
		对伺服电动机结构特点和工作原理的理解程度	5分			
	工作过程中技能的掌握	完成工作的积极性	5分			
		交直流伺服电动机工作电路接线的掌握程度	10分			
		交流伺服电动机的机械特性的实验是否掌握	10分			
		直线伺服电动机的机械特性的实验是否掌握	10分			
		理论与实际相结合的综合分析能力	5分			
		工具、仪器和仪表的使用方法是否正确	5分			
情感指标	综合运用能力	团队协作能力	5分			
		工作效率	5分			
		知识或技能拓展能力	5分			
合计			100分			
综合评价						

任务二 测速发电机的认识与使用

任务描述

测速发电机是一种将旋转机械的旋转速度转变成电压信号的设备，通常要求测速发电机的输出电压与机械的转速成正比关系，它广泛用于自动控制系统中作为转速反馈元件. 本任务通过实验掌握直流测速发电机和交流空心杯测速发电机的输出特性，学会测速发电机的简单应用.

学习目标

◇ 能讲述直流和交流测速发电机的用途、工作原理、结构和分类.

◇ 学会测速发电机和旋转机械的安装方法.

◇ 通过实验学会直流和交流测速发电机的接线方法和输出特性的测定.

学习地点

特种电机实训室.

学习准备

仪表：交流电压表、直流电压表、交流电流表、万用表、示波器、转速表.

设备：永磁式直流测速发电机、空心杯交流测速发电机、直流电动机、电阻、多媒体设备等.

材料：连接导线等.

资料：电工手册、产品使用说明书.

知识准备

一、测速发电机的概述

测速发电机的转轴和被测机械的转轴连接在一起，将它们自身运动部分的转速转换成电信号（电压的幅值或者频率）输出. 在自动控制系统中常作为速度敏感元件，从它的输出电信号的变化来反映系统速度的变化，从而达到检测或自动调节电动机转速的目的.

(a) 直流测速发电机

(b) 交流测速发电机

图 7-2-1　测速发电机的外形

图 7-2-1 是测速发电机的实物图，测速发电机可分为直流测速发电机和交流测速发电机两大类：直流测速发电机由于需要换向的原因，结构相对复杂，价格比交流测速发电机高；交流测速发电机结构简单、特性对称、一致性强、转动惯量小、精度高.

对于测速发电机一般有以下基本要求：

(1) 转动惯量小，动作迅速，对被测量机械的影响小.

(2) 测速发电机的灵敏度要高，电压随速度的变化要明显.

(3) 输出电压在较大的范围内，与转速保持良好的线性关系.

(4) 输出电压误差小，受温度变化影响小.

我国研制的 CYD 系列高灵敏度测速发电机，其输出灵敏度比普通的测速发电机高

1000 倍，特别适用于低速伺服系统中作为速度检测元件.

二、直流测速发电机

1. 直流测速发电机的基本结构

直流测速发电机的结构与普通直流发电机相同，同样由铁芯、绕组、换向器组成，一般为两极. 直流测速发电机根据励磁方式不同可分为两种结构：一种是永磁式直流测速发电机，即磁极为永久磁铁的微型直流发电机，它使用时不需要另加励磁电源，因此应用较为广泛，对应国产型号为 CY 系列；另一种是电磁式直流测速发电机，它是微型他励直流发电机，对应国产型号为 CD 系列. 图 7-2-2 是永磁式直流测速发电机符号.

图 7-2-2　永磁式直流测速发电机符号

2. 直流测速发电机的工作原理

直流测速发电机的工作原理与一般直流发电机没有区别，其原理如图 7-2-3 所示，在恒定磁场中，主磁极产生的磁通 Φ 基本不变，电枢以转速 n 旋转时，电枢上的导体切割磁通 Φ，于是就在电刷间产生感应电动势 E，其大小与转速成正比.

$$E=C_e\Phi n=C_1 n$$

当测速发电机接上负载 R_L 时输出电压为

$$U=E-I_aR_a=E-\frac{U}{R_L}R_a$$

$$U=\frac{R_L}{R_a+R_L}E=\frac{R_LC_1}{R_a+R_L}n=C_2 n \tag{7-2-1}$$

由上式可知：直流测速发电机的输出电压与转速成正比，转向改变将引起输出电压极性改变.

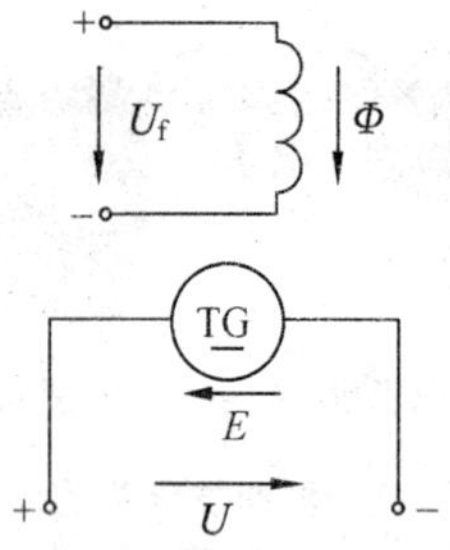

图 7-2-3　直流测速发电机的工作原理

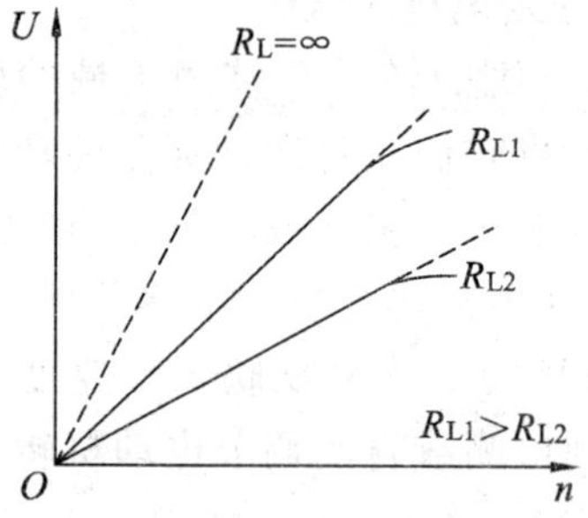

图 7-2-4　直流测速发电机的输出特性曲线

3. 直流测速发电机的输出特性

空载时，$R_L\to\infty$，$U=E$，输出特性 $U=f(n)$ 的关系为一条直线. 带上负载后，R_L 越小，输出特性的斜率越小. 在 R_L 较小或转速过高时，I_a 较大，电枢电流的去磁作用，使输出电压下降，从而破坏了输出特性 $U=f(n)$ 的线性关系，如图 7-2-4 所示. 在测速发电机的技术数据中，提供了最小负载电阻和最高转速的限制，使用时必须加以注意.

直流测速发电机由于存在电刷和换向器，难免会出现火花，所以有电磁干扰现象. 电刷容易磨损，需定期更换，维护工作量大，工作可靠性差. 这些缺点使得直流测速发电机的应用和发展受到限制. 近年来无刷直流测速发电机的发展，改善了它的性能，提高了可靠性，使直流测速发电机又获得了广泛的应用.

三、交流测速发电机

1. 交流测速发电机的结构和分类

交流测速发电机可分为异步交流测速发电机和同步交流测速发电机两类：同步交流测速发电机包括永磁式(代号 CY)、感应子式(代号 CG)和脉冲式(代号 CM)；异步交流测速发电机有笼型转子式(代号 CL)、空心杯转子式(代号 CK)，应用较为广泛的是异步交流测速发电机.

在自动控制系统中，目前应用的异步交流测速发电机主要是空心杯转子式异步交流测速发电机，其典型结构如图 7-2-5 所示，这种测速发电机具有两个定子铁芯，即外定子和内定子，内、外定子之间气隙内的转子是一种薄壁型的空心杯结构. 它由非磁性金属材料(铝合金、青铜合金等)制成. 测速发电机的励磁绕组一般布置在外定子上，输出绕组是用来输出电压的，它布置在内定子上，该两绕组的轴线在空间是正交的(即两绕组轴线在空间上呈 90°电角度).

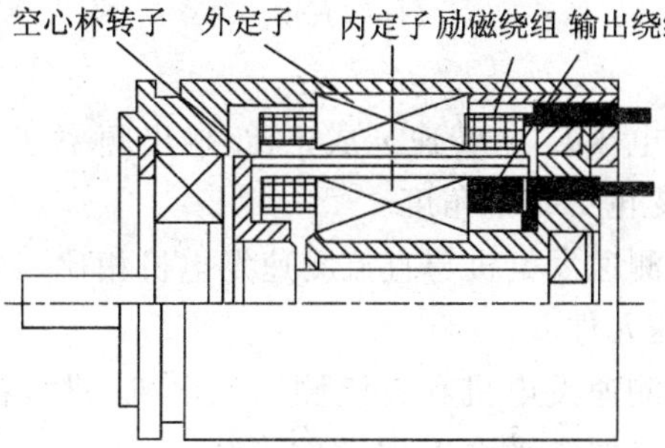

图 7-2-5 空心杯转子式异步交流测速发电机的结构示意图

2. 空心杯转子式异步交流测速发动机的工作原理

空心杯转子式异步交流测速发电机的定子上放置两个在空间相互垂直的单相绕组，其中一个作为励磁绕组，外加稳频稳压的交流电源 U_f；另一个作为输出绕组，其工作原理如图 7-2-6 所示.

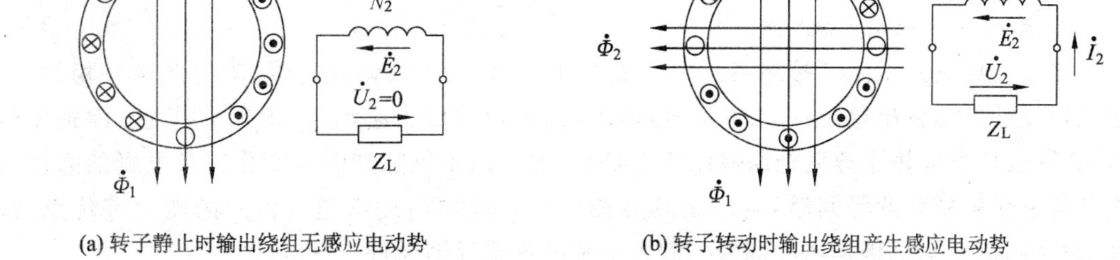

图 7-2-6 空心杯异步测速发电机工作原理

空心杯转子式异步交流测速发电机的转子可以看作是一个导条数目很多的鼠笼转子,当励磁绕组通入正弦电流时,在绕组的轴线方向上产生了一个随时间按正弦规律变化的脉动磁通 $\dot{\Phi}_1$,在转子中感应出电流,并由此产生转子磁通.

当转子静止时,转子导条与脉动磁场相互作用,将在转子导条中产生感生电流,感生电流产生的磁通方向和励磁磁通 $\dot{\Phi}_1$ 的方向在同一轴线上,它们的合成磁场的方向和励磁磁场方向也在同一轴线上,和输出绕组的线圈的法线垂直,所以输出绕组将无电动势产生,输出为零.

当转子转动时,转子的导条除产生由励磁磁通感应的磁通外,还将切割励磁磁通的磁感线,产生感生电流,而此电流产生的磁通 $\dot{\Phi}_2$ 将与原励磁磁通垂直,和输出绕组的方向平行,此时会在输出绕组中产生感应电动势.此电动势的大小和转子的转速成正比,所以输出电动势的大小间接反映了转子的转速.

通过电磁关系分析可知:

$$U_2 \approx Kn \tag{7-2-2}$$

式中,K 为常数.

交流测速发电机的输出电压 U_2 与转速 n 成正比;输出频率 f_2 等于励磁电源频率 f_1;转向改变时,输出电压的相位变化 180°电角度.

空心杯转子式异步交流测速发电机与直流测速发电机相比,具有结构简单、工作可靠等优点,是目前较为理想的测速元件.

空心杯转子式异步交流测速发电机和直流测速发电机一样,在使用中也会产生一定的误差,为了减小误差,其励磁电源常采用 400Hz 的中频电源.

3. **异步交流测速发电机的输出特性**

异步交流测速发电机的输出特性曲线如图 7-2-7 所示,它与转速大小、负载阻抗的大小及负载的性质有关.当负载阻抗值足够大时,实际输出特性接近于理想空载输出,输出电压及其相位角受负载变化影响很小,如曲线 1 所示.一般工作状态下,负载性质的差异影响到输出电压的大小和相位角,如曲线 2 所示.容性负载有利于减少输出电压值的偏差,但相位角偏差会增大;感性负载可使输出电压相位角偏差得到补偿,但电压值偏差增大.

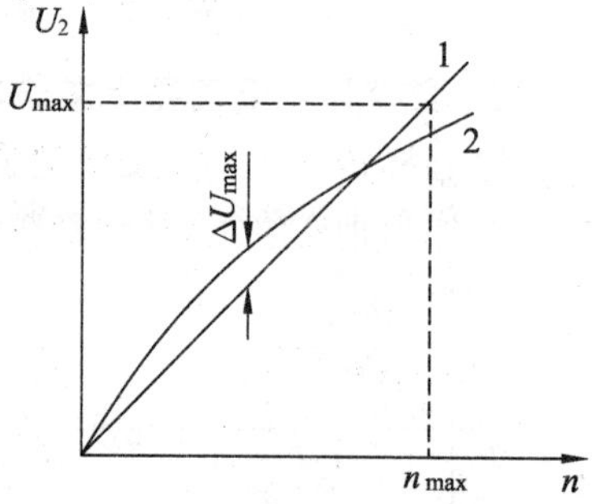

图 7-2-7 异步交流测速发电机的输出特性曲线

四、测速发电机的应用

测速发电机主要应用于速度伺服、位置伺服和计算解答等三类控制系统.

1. **速度伺服控制系统**

测速元件是速度闭环控制系统中的关键元件.为了扩大调速范围,改善低速平稳性,要求测速元件低速输出稳定,纹波小,线性度好.对于模拟量测速元件,通常采用直流测速发电机,它已被广泛应用于速度伺服系统中.尽管它存在由于气隙和温度变化以及电刷的磨损而引起的输出斜率改变等问题,但还是具有在宽广的范围内提供速度信号的能力等优点.因此,直流测速发电机仍是速度伺服控制系统中的主要反馈元件.

速度闭环控制系统中的测速发电机要求输出斜率大,线性误差小,剩余电压低.

2. 位置伺服控制系统

位置伺服控制系统又称随动控制系统. 模拟式随动系统中测速发电机也是转速反馈元件，但其作用不同于上述速度控制系统，转速反馈用于位置的微分反馈的校正，相当于起到速度阻尼的作用. 作校正元件用时，应着重考虑其比电动势要大，对线性误差不宜提出过分的要求，一般可允许 $\delta_x > 0.5\%$.

位置伺服系统用测速发电机要求输出斜率小，线性误差小，剩余电压可稍大.

3. 控制系统的积分运算

测速发电机作计算元件用时，应着重考虑其线性误差要小，电压稳定性要好，线性误差一般要求 $\delta_x \leqslant 0.05\% \sim 0.1\%$；对积分用测速发电机要求误差低，温度影响小. 计算解答控制系统是采用高精度测速发电机的模拟系统. 在计算解答控制系统中，要求测速发电机误差小、剩余电压低，永磁式直流测速发电机是无法满足要求的，而异步交流测速发电机的线性误差、剩余电压等方面能达到较高的要求. 为了满足上述的精度要求，异步交流测速发电机往往带有温度补偿及剩余电压补偿电路.

任务实施

直流、交流测速发电机输出特性的测定

一、实训目的

- 学会直流测速发电机和旋转机械的安装固定方法.
- 学会直流测速发电机和交流测速发电机的接线方法.
- 测出直流测速发电机和交流测速发电机的输出特性.

二、实训器材

工具、仪表、材料、设备等见学习准备.

三、实训内容及步骤

(一) 主要实训器材的认识

主要实训器材的作用及使用注意事项见表 7-2-1.

表 7-2-1　　主要实训器材的作用及使用注意事项

序号	器材名称	图　例	规　格	作　用
1	他励直流电动机		额定电压为 DC220V， 转速为 1500r/min	拖动测速发电机，产生不同的转速
2	永磁式直流测速发电机		型号为 90CY02(HK10)， 输出电压为 110V， 转速为 2000r/min	实训对象

续表

序号	器材名称	图　例	规　格	作　用
3	交流测速发电机		型号为 45CK5A(HK27),(励磁电压为 110V、转速为 1800r/min)	实训对象
4	直流伺服电动机励磁电源		励磁电压为 DC220V	为他励直流电动机提供励磁电压
5	可调电枢电源	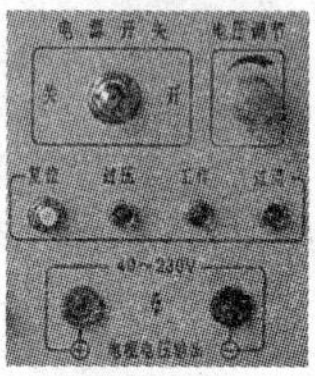	电枢电压为 DC 0～220V 可调	为他励直流电动机提供电枢电压
6	电阻		10kΩ/2W 的功率电阻	测速发电机的负载电阻,在使用中不要用手接触,防止烫手
7	电压表	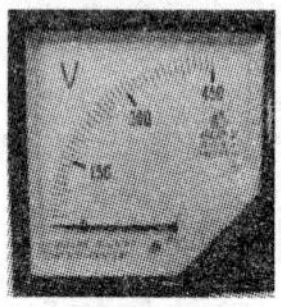	量程为 DC250V、AC250V 的电压表各一只	测量电路中的电压
8	转速表		型号为 DM6235P	测量电动机的转速
9	示波器	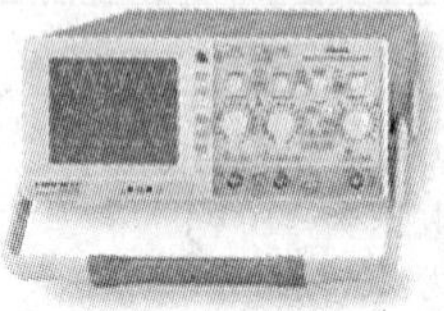	YKZ1-CA8022	测量交流测速发电机剩余电压,它是交流测速发电机的一个指标,因电压很小为毫伏级,所以选用示波器测量

（二）直流电动机和永磁式直流测速发电机机组的安装

将直流电动机和永磁式直流测速发电机安装在导轨上，安装时要求所有紧固件安装牢固，电动机和测速发电机安装时要在同一轴线上，转轴转动要灵活. 直流电动机和直流测速发电机机组如图 7-2-8 所示.

图 7-2-8　直流电动机和直流测速发电机机组

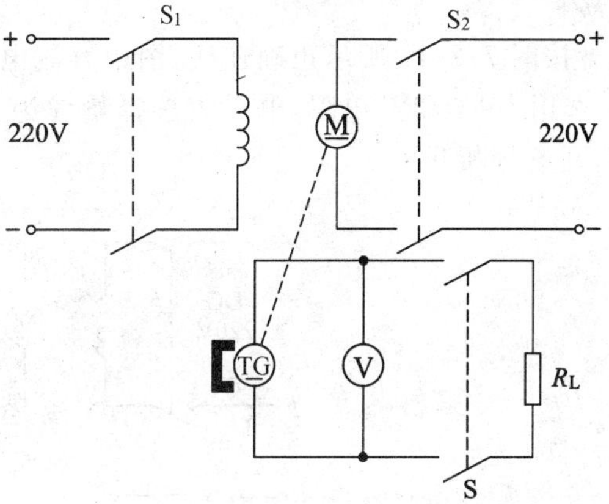

图 7-2-9　直流测速发电机使用接线图

（三）永磁式直流测速发电机输出特性的测定

1. 永磁式直流测速发电机输出特性测定电路

按图 7-2-9 接线，图中直流电动机作他励接法. R_L 选用 10kΩ/2W 电阻，电压表选择量程为 250V 直流电压表，开关 S 断开.

2. 空载时（$R_L=\infty$）永磁式直流测速发电机输出特性的测定

（1）将电枢电压调节旋钮调到最小，接通电源总开关，开启他励直流电动机的励磁电源开关 S_1，再接通电枢电源开关 S_2，并调整电枢电源电压为 DC220V，使直流电动机运行.

（2）调节电枢电压使转速为 1500r/min，减小电动机电枢电压，使转速降低，每 200r/min 记录一次对应的转速 n 和测速发动机输出电压 U，共测取 8～9 组，记录于表 7-2-2 中.

表 7-2-2　　永磁式直流测速发电机输出特性的实训记录（$R_L=\infty$）

n/(r/min)									
U/V									

注： 数据测取完后，先不要停机和改变接线，直接进入到下一个步骤.

3. $R_L=10\text{k}\Omega$ 时永磁式直流测速发电机输出特性的测定

合上负载开关 S，接通直流测速发电机 TG 的负载电阻 R_L，重复上面步骤，记录 8～9 组数据于表 7-2-3 中.

表 7-2-3　　永磁式直流测速发电机输出特性的实训记录（$R_L=10\text{k}\Omega$）

n/(r/min)									
U/V									

绘制输出特性曲线.根据测量的数据,绘制永磁式直流测速发电机的输出特性曲线(图 7-2-10).

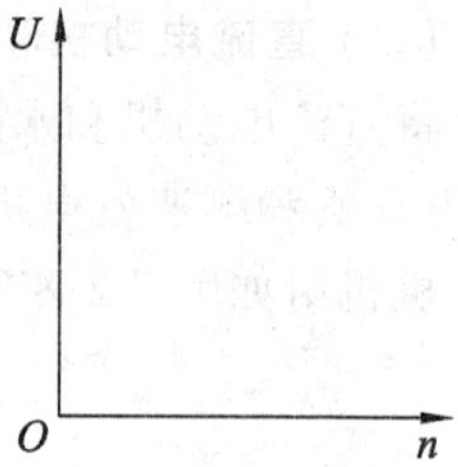

图 7-2-10　绘制永磁式直流测速发电机的输出特性曲线

(四) 空心杯转子式异步交流测速发电机输出特性的测定

1. 空心杯转子式异步交流测速发电机输出特性的测定电路

按图 7-2-11 所示正确连线,图中直流电动机作他励接法.R_L 选用 10kΩ/2W 电阻,电压表选择量程为 250V 的交流电压表,开关 S 断开.

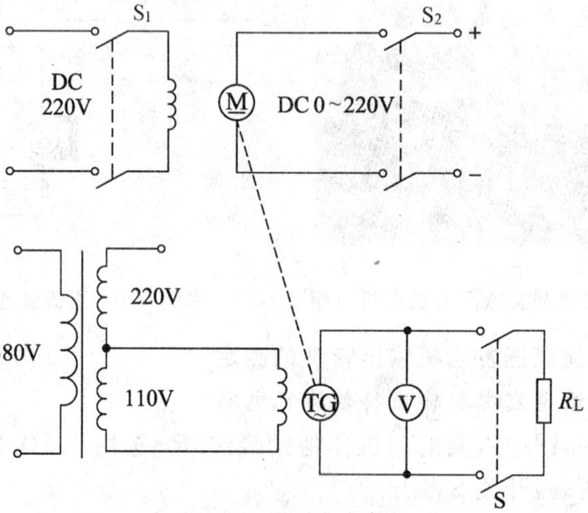

图 7-2-11　交流测速发电机使用接线图

2. 空心杯转子式异步交流测速发电机剩余电压的测定

将交流测速发电机的负载开关 S 处于断开状态,使交流测速发电机的输出绕组开路,直流电动机的电枢电压调整到零,交流测速发电机转子不旋转,交流测速发电机的励磁绕组接变压器输出交流电源 110V,这时用示波器观测输出电压为一个很小数值,此值即为剩余电压,绘制示波器测量的剩余电压波形(图 7-2-12).

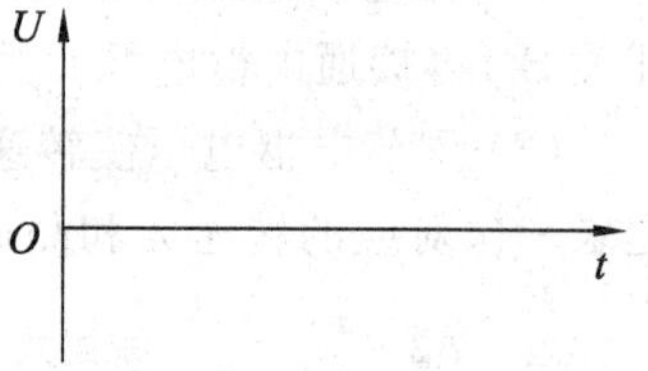

图 7-2-12　绘制空心杯转子式异步交流测速发电机剩余电压波形图

通过测试该交流测速发电机的剩余电压为________ mV.

3. 空载时空心杯转子式异步交流测速发电机输出特性的测定

调节直流电动机电枢电压,使转速升高到 1500r/min 左右,记录转速 n 及对应的空心杯转子式异步交流测速发电机输出电压有效值 U,并记录于表 7-2-4 中.

表 7-2-4　　空心杯转子式异步交流测速发电机输出特性的实训记录表($R_L=\infty$)

n/(r/min)									
U/V									

4. **带电阻性负载时空心杯转子式异步交流测速发电机输出特性的测定**

合上负载开关 S，接通空心杯转子式异步交流测速发电机 TG 的负载电阻 R_L，重复上面步骤，记录8～9组数据于表 7-2-5 中.

表 7-2-5　　空心杯转子式异步交流测速发电机的输出特性实训记录表(R_L =10$k\Omega$)

n/(r/min)									
U/V									

5. **绘制输出特性曲线**

根据测量的数据，绘制空心杯转子式异步交流测速发电机的输出特性曲线(图 7-2-13).

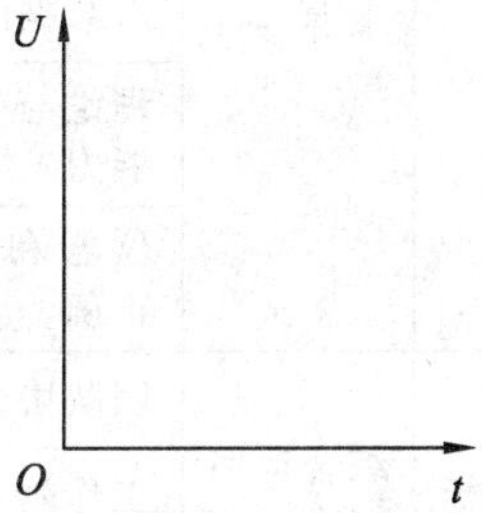

图 7-2-13　绘制空心杯转子式异步交流测速发电机的输出特性曲线

四、注意事项

- 在实训中因为电源电压较多，要注意区分直流电源和交流电源、励磁电源和电枢电源，不要接错.
- 操作过程中，直流电动机必须先加励磁电压，再加电枢电压. 注意接通开关的顺序和断开开关的顺序.
- 测量交流和直流电压时，要特别看清仪表类型，选择合适的电压量程.
- 因电路和强电直接相连，注意用电安全.
- 直流电动机在使用中不可断开励磁电源，以防止“飞车”.
- 机组在实验中有一定的振动，要放平放稳.
- 在启动中电枢电压要从零开始缓慢增加.

任务评价

根据本任务的学习情况，按行为、技能、情感三个指标进行自我评价、小组评价和教师评价.

任务评价表

一级评价指标	二级评价指标	评价内容	配分	自我评价 0.3	小组评价 0.3	教师评价 0.4
行为指标	安全文明生产	是否遵守安装规程	5分			
		是否按安全规程正确操作，无任何元器件的损坏	5分			
		工作岗位是否整洁	5分			
		是否具有良好的工作习惯	5分			
技能指标	工作过程中理论知识的掌握	预习和查阅资料的能力	5分			
		观察和分析问题的能力	5分			
		解决问题的方法和效果	5分			
		对测速发电机的用途、分类和基本工作原理的理解程度	5分			

续表

一级评价指标	二级评价指标	评价内容	配分	自我评价 0.3	小组评价 0.3	教师评价 0.4
技能指标	工作过程中技能的掌握	完成工作的积极性	5 分			
		直流、交流测速发电机的接线方法是否掌握	10 分			
		实验测试直流、交流测速发电机的输出特性是否掌握	10 分			
		对数据的分析能力是否掌握	10 分			
		理论与实际相结合的综合分析能力	5 分			
		仪器和仪表的使用方法是否正确	5 分			
情感指标	综合运用能力	团队协作能力	5 分			
		工作效率	5 分			
		知识或技能拓展能力	5 分			
合　计			100 分			
综合评价						

任务三　步进电动机的认识与使用

任务描述

步进电动机可以由上位机发送的脉冲进行控制，可以方便地与 PLC、单片机、计算机驱动卡等设备进行连接，它易于控制、响应性好、有较好的控制精度，普遍应用于经济型数控机床、雕刻机等设备中，利用一台步进电动机可以实行单轴控制，两台可以进行双轴控制. 通过本任务的学习，能知道步进电动机的结构、用途、分类和工作原理，通过步进电动机正反转控制电路的安装，知道最简单的步进电动机控制系统的组成，了解步进电动机驱动器和它的主要参数、选型、接线等方面的知识，学会简易控制器和驱动器的连接，了解驱动器和控制器参数的设定方法，以及不同工作模式的设定.

学习目标

◇ 能说出步进电动机的结构、用途、分类和工作原理.

◇ 能说出步进电动机的特性和参数的意义以及步进电动机选型.

◇ 会根据步进电动机选择它的驱动电源，学会步进电动机及驱动器的接线.

◇ 学会步进电动机正反转控制电路的安装和接线以及控制器的不同控制模式的设定.

学习地点

特种电机实训室.

学习准备

工具：常用电工工具.

仪表：万用表等.

设备：步进电动机、步进电动机驱动器、步进电动机控制器、示波器、多媒体设备等.

材料：连接导线等.

资料：电工手册、步进电动机驱动器使用说明书、步进电动机相关资料.

知识准备

一、步进电动机概述

步进电动机又称脉冲电机，是数字控制系统中的一种重要的执行元件，它是将电脉冲信号变换成转角或转速的执行电动机，其角位移量与输入电脉冲数成正比，其转速与电脉冲的频率成正比. 在负载能力范围内，这些关系将不受电源电压、负载、环境、温度等因素的影响，在很宽的范围内实现调速，快速启动、制动和反转，有些步进电动机在停止供电的情况下，能保持一定的定位转矩，具有自锁能力. 部分步进电动机的外形如图 7-3-1 所示.

图 7-3-1　步进电动机的外形

步进电动机的种类很多，主要有反应式、永磁式、混合式三种. 近年来又发展出直线步进电动机、平面步进电动机等新型步进电动机.

随着数字技术和电子计算机的发展，使步进电动机的控制更加简便、灵活和智能化，现已广泛用于各种经济型数控机床、办公设备、加工机械、绘图机、自动化仪表、计算机外设等设备中.

二、反应式步进电动机

(一) 反应式步进电动机的结构

反应式步进电动机也称为磁阻式步进电动机，其定子和转子的磁路都由硅钢片叠压而成，定子上有多相控制绕组，转子上没有绕组. 根据定子绕组的相数，反应式步进电动机通常可以做成二相、三相、四相、五相、六相或更多相数.

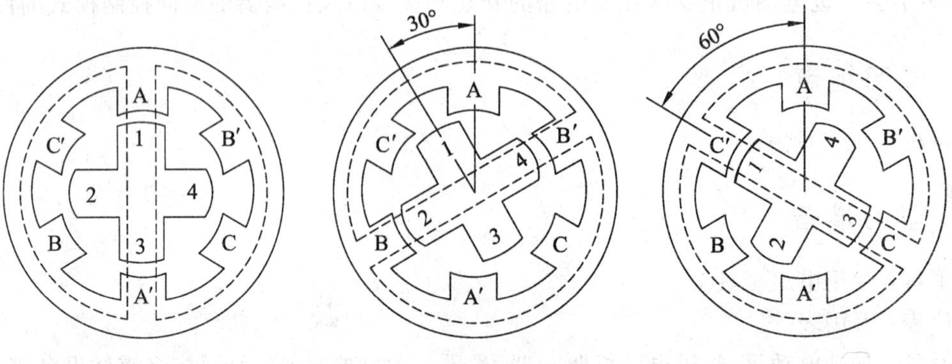

(a) A相通电　(b) B 相通电　(c) C相通电

图 7-3-2　三相反应式步进电动机工作原理

图 7-3-2 是一台三相反应式步进电动机的原理图. 定子铁芯为凸极式，共有三对（六个）磁极，每两个空间相对的磁极上绕有一相控制绕组. 转子用软磁性材料制成，也是凸极结构，只有四个齿，齿宽等于定子的极宽.

（二）反应式步进电动机的工作原理

步进电动机的旋转规律和其控制方式有关系，下面通过三种基本的控制方式来说明其工作原理.

1. 三相单三拍通电方式

三相单三拍通电方式，是指在绕组通电过程中，只有一相绕组通电，其他绕组不通电. 当 A 相控制绕组通电，B、C 两相均不通电，电动机内部产生了以定子 A 相极为轴线的磁场，由于磁通具有走磁阻最小路径的特点，使转子齿 1、3 的轴线与定子 A 相极轴线对齐，如果转子原来并不在该位置，在磁场力的作用下，转子转动到与定子 A 相极轴线对齐位置，如图 7-3-2(a)所示. 当 B 相控制绕组通电时，转子在转矩的作用下，逆时针方向转过 30°（步进电动机每个脉冲转动的角度称为步距角，用 θ_S 表示），使转子齿 2、4 的轴线与定子 B 相极轴线对齐，即转子走了一步，如图 7-3-2(b)所示. 当 C 相控制绕组通电，转子逆时针方向又转动 30°，使转子齿 1、3 的轴线与定子 C 相极轴线对齐，如图 7-3-2(c)所示.

如此按 A→B→C→A 的顺序循环通电，转子就会按逆时针方向转动，电动机的转速直接取决于绕组通电的频率. 如果要改变转向，则按照 A→C→B→A 的顺序循环通电.

图 7-3-2 中的定子三相控制绕组按 A→B→C→A 的顺序不断接通和断开，每一相都“单独”进行励磁，因此称为三相单三拍.

步进电动机三相单三拍工作时，各相通电的波形如图 7-3-3 所示. 其中电压波形是方波，而电流波形则由两段指数曲线组成.

三相单三拍运行时，步进电动机的控制绕组在断电、通电的转换期间，转子磁极因“失磁”而不能保持原“锁定”的平衡位置，即所谓失去“自锁”能力，这种现象称为失步现象.

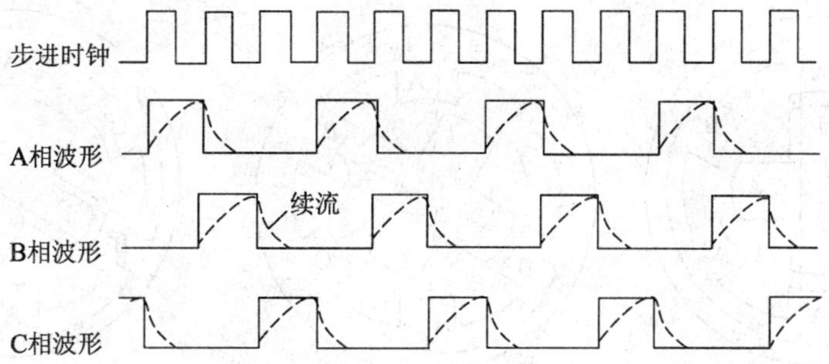

图 7-3-3　三相单三拍工作方式时的相电压、电流波形

2. 三相双三拍通电方式

三相双三拍通电方式，是指绕组在工作过程中按 AB→BC→CA→AB 或 AC→CB→BA→AC 的顺序循环通电. 在电动机工作过程中，有两相绕组同时通电，在脉冲转换过程中有一相绕组保持通电，使电动机具有一点的阻尼作用，所以运行较平稳，它的步距角同样为 30°.

三相双三拍方式工作时，各相通电的波形如图 7-3-4 所示.

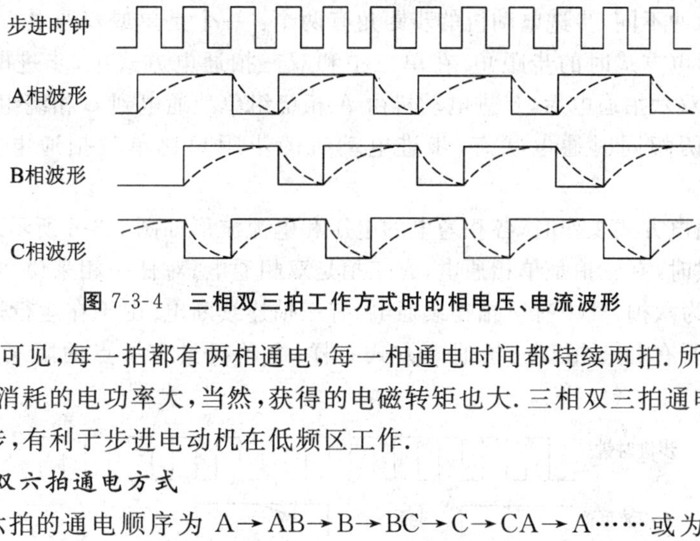

图 7-3-4　三相双三拍工作方式时的相电压、电流波形

由图 7-3-4 可见，每一拍都有两相通电，每一相通电时间都持续两拍. 所以，三相双三拍通电的时间长，消耗的电功率大，当然，获得的电磁转矩也大. 三相双三拍通电方式还有一个优点是不易失步，有利于步进电动机在低频区工作.

3. 三相单双六拍通电方式

三相单双六拍的通电顺序为 A→AB→B→BC→C→CA→A……或为 A→AC→C→CB→B→BA→A……在这种通电方式时，定子三相绕组需经过六次切换才能完成一个循环，故称为六拍，而且在通电时，有时是单个绕组接通，有时又为两个绕组同时接通，因此称为三相单双六拍.

三相单双六拍通电方式时，步进电动机的步距角与单三拍工作时的情况有所不同，参见图 7-3-5.

当 A 相绕组通电时，与单三拍运行的情况相同，转子齿 1、3 与定子磁极 A、A′对齐，如图 7-3-5(a)所示. 当 A、B 相绕组同时通电时，转子齿 2、4 又将在定子磁极 B、B′的吸引下，使转子沿逆时针方向转动，直至转子齿 1、3 与定子磁极 A、A′之间的作用力被转子齿 2、4 与定子磁极 B、B′之间的作用力所平衡为止，如图 7-3-5(b)所示. 当断开 A 相绕组而只有 B 相绕

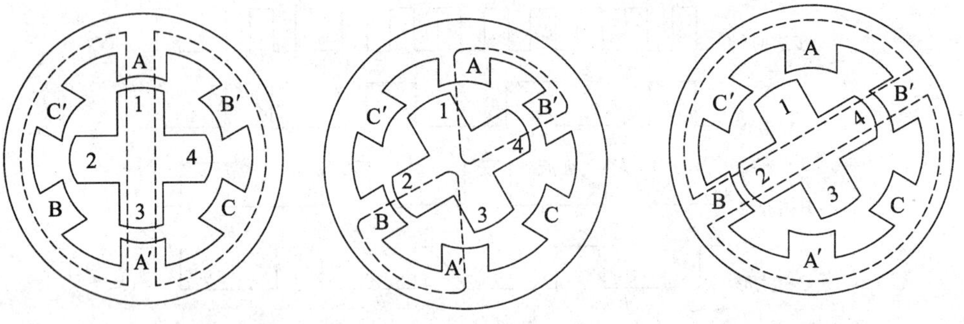

(a) A相通电　　(b) AB相通电　　(c) B相通电

图 7-3-5　三相单双六拍工作示意图

组接通电源时,转子将继续沿逆时针方向转过一个角度使转子齿 2、4 与定子磁极 B、B′对齐,如图 7-3-5(c)所示.若继续按 BC→C→CA→A 的顺序循环通电,那么步进电动机就按逆时针方向继续转动,如果通电顺序改为 A→AC→C→CB→B→BA→A……时,电动机将按顺时针方向转动.

根据供电脉冲不同,步进电动机的步距角有两个:一个是单或双通电方式时的步距角,另一个是单双通电方式时的步距角.在单三拍和双三拍通电方式中,步进电动机的步距角 $\theta_S=30°$.采用单双六拍通电后,步进电动机由 A 相绕组单独通电到 B 相绕组单独通电,中间还要经过 A、B 两相同时通电状态,步进电动机的步距角比单三拍通电方式减少一半,$\theta_S=15°$.

单双六拍通电方式工作时,各相通电的电压和电流波形如图 7-3-6 所示.可以看出,在单双六拍工作方式时,有三拍是单相通电,有三拍是双相通电;对任一相来说,它的电压波形是一个方波,周期为六拍,其中有三拍连续通电,有三拍连续断电.由于在运行过程中总有一相绕组保持通电,所有和三相双三拍通电方式一样,电动机具有一点的阻尼作用,所以运行平稳.

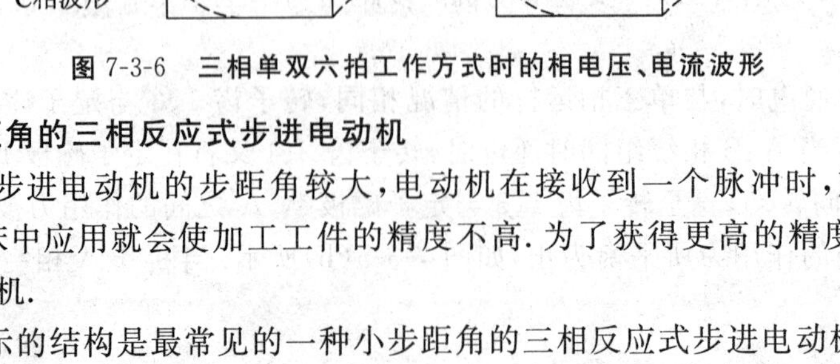

图 7-3-6　三相单双六拍工作方式时的相电压、电流波形

(三) 小步距角的三相反应式步进电动机

上述介绍的步进电动机的步距角较大,电动机在接收到一个脉冲时,旋转的角度比较大,如在数控机床中应用就会使加工工件的精度不高.为了获得更高的精度,必须采用小步距角的步进电动机.

图 7-3-7 所示的结构是最常见的一种小步距角的三相反应式步进电动机.它的定子上有

6 个极，上面装有绕组并接成 A、B、C 三相. 转子上均匀分布着 40 个齿，定子每个磁极上也各有 5 个齿，定、转子的齿宽和齿距都相同. 当 A 相绕组通电时，电动机中产生沿 A 极轴线方向的磁场，因磁通要按磁阻最小的路径闭合，使转子受到反应转矩的作用而转动，直到转子齿和定子 A 极上的齿对齐为止.

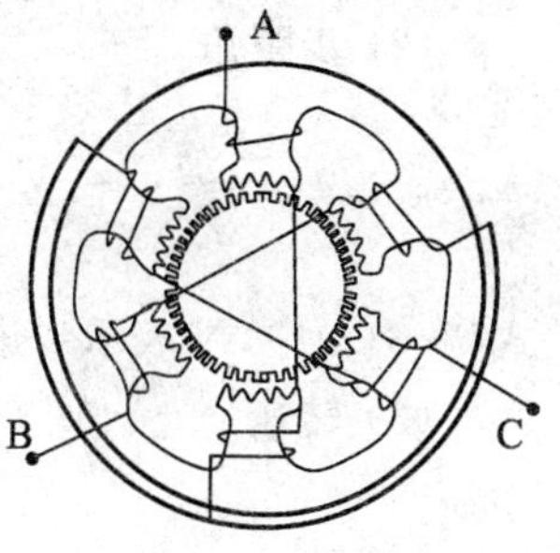

图 7-3-7　小步距角的三相反应式步进电动机

图 7-3-8 所示的是常见小步距角的步进电动机定、转子展开图，定子上有 5 个齿，转子上均匀分布 40 个齿，定转子的齿宽和齿距都相同. 如果用 Z_r 表示转子齿数、p 为定子绕组励磁磁场的极对数、m 为相数，则

转子齿距对应的空间角度为$\dfrac{360°}{Z_r}=\dfrac{360°}{40}=9°$.

定子相邻磁极间的转子齿数为$\dfrac{Z_r}{2pm}=\dfrac{40}{2\times1\times3}=6\dfrac{2}{3}$.

由于相邻磁极间的转子齿数不是整数，因此当 A 相绕组通电时，转子受到磁阻转矩的作用，使转子齿的轴线和定子 A、A′极下齿的轴线对齐. 这时，B 相转子齿和定子齿轴线必然错开$\dfrac{1}{3}$齿距，即为 3°，C 相错开$\dfrac{2}{3}$齿距，即为 6°，如图 7-3-8 所示.

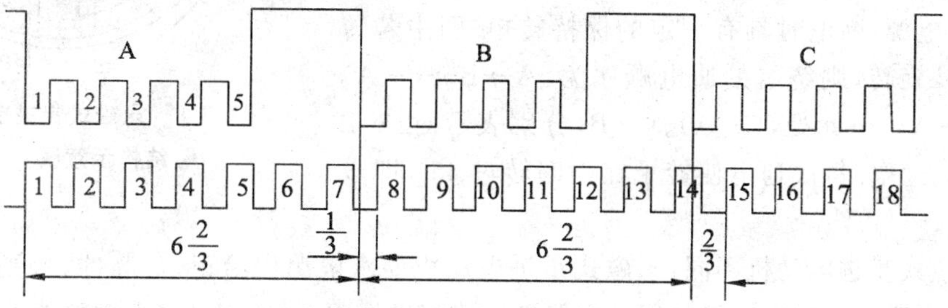

图 7-3-8　小步距角的步进电动机定、转子展开图

当 A 相断电、B 相通电时，因 B 相绕组的磁通力图走磁阻最小路径闭合，使转子受到磁阻转矩的作用而转动，转子按逆时针力向转动 1/3 齿距，即为 3°.

若采用三相单、双六拍通电方式运行，即按 A→AB→B→BC→C→CA→A 的顺序循环通电，步距角也要减少一半，即一个脉冲对应时转子转动 1.5°.

由上面分析可知：

(1) 转子的齿数 Z_r 和相数 m 与一相绕组通电时在圆周上形成的励磁磁场极对数 p 之间有确定关系，不能任意选取. 定子圆周上属于同一相的极总是成对出现的，所以转子齿数应是偶数. 另外，为了保证获得连续不断的步进运动，要求在不同相的磁极下，定、转子相对位置应依次错开$\dfrac{1}{m}$齿距，即

$$\frac{Z_r}{2mp}=k\pm\frac{1}{m} \tag{7-3-1}$$

式(7-3-1)中，k 为正整数.

(2) 步距角

$$\theta_S = \frac{360^\circ}{NZ_r} \quad (7\text{-}3\text{-}2)$$

$$N = C_m$$

式(7-3-2)中,N 表示步进电动机的拍数;C_m 为通电系数,单拍和双拍为 1,单、双拍为 2.

(3) 转速

$$n = \frac{60f}{Z_r N} \quad (7\text{-}3\text{-}3)$$

三、永磁式步进电动机

转子或定子的任何一方具有永磁材料的步进电动机称为永磁式步进电动机.永磁式步进电动机也有多种结构,图 7-3-9 所示为一种典型的结构示意图,它的定子是凸极式,装设两相或多相绕组;转子是一对极或多对极的星形永久磁钢.转子的极数应与定子每相极数相同.这种电动机的步距角较大,如 15°、22.5°、45°等,相数大多为二相或四相,启动和运行频率均较低,它消耗的功率比反应式步进电动机小,驱动电源一般为电压 12V、电流小于 2A 的正负电源.断电时具有一定的保持转矩.图中若转子按顺时针旋转,则绕组的通电顺序为:A→B→(−A)→(−B)→A…… 此处,(−A)、(−B)分别表示对 A、B 相绕组反向通电.每次通电使转子在空间转过 45°,即步距角为 45°.

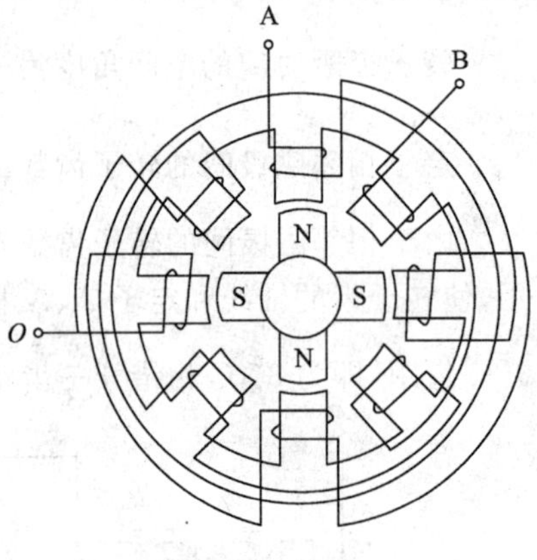

图 7-3-9 永磁式步进电动机结构示意图

与反应式步进电动机不同,永磁式步进电动机要求电源供给正、负脉冲,否则不能连续旋转.一般永磁式步进电动机的驱动电路要做成双极性驱动,这使供电电源的线路复杂化.

永磁式步进电动机具有如下特点:

(1) 大步距角,如 15°、22.5°、30°、45°、90°等.

(2) 启动频率较低,通常为几十到几百赫兹(但转速不一定低).

(3) 控制功率小.

(4) 在断电情况下有定位转矩.

四、混合式步进电动机

混合式步进电动机的结构示意图如图 7-3-10 所示.它的定子结构外形和四相反应式步进电动机相同,转子由环形磁钢和两端铁芯组成.两端转子铁芯的外圆周上有均布齿槽,彼此相错 $\frac{1}{2}$ 齿距.当某相绕组通电后,就会使一端磁极下的磁通增强,而另一端减弱,改变绕组的通电相序产生合成转矩可使转子转动 $\frac{1}{4}$ 齿距,这种电动机可做成较小的步距角,因而也有较高的启动和运行频率,消耗的功率较小,并有定位转矩.它兼有反应式和永磁式步进电动机两者的优点.

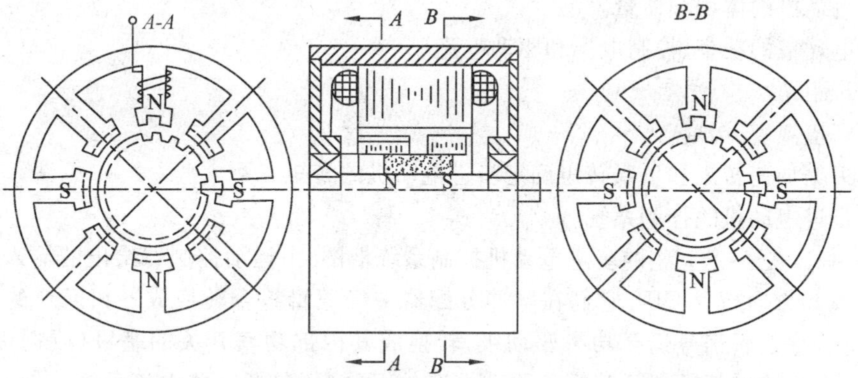

图 7-3-10 混合式步进电动机结构示意图

五、步进电动机的特性和参数

1. 步距角

步进电动机接收一个脉冲，转子所转过的空间角度称为步距角. 步距角与相数、转子表面的齿数和励磁控制方式有关.

2. 静态步距角误差

静态步距角误差即实际的步距角与理论的步距角之间的差值，静态步距角误差小，表示电动机精度高.

3. 启动频率(突跳频率)

启动频率是指步进电动机由静止状态不失步地启动到稳速所允许的最高输入脉冲频率. 这是表明步进电动机所允许的最高启动加速度. 负载的惯性越大，启动频率就越低.

4. 动态输出转矩—频率特性

该特性简称矩—频特性，是电动机连续运行时输出转矩与输入脉冲频率之间的关系，输出转矩(称为动态转矩)随频率 f 的增加而下降. 因此，电动机工作时应根据该特性确定其某一负载时的最高工作频率.

5. 步进电动机的工作频率

步进电动机的最高工作频率大于其启动频率. 这是因为步进电动机从静止启动时需要克服惯性，而启动后，缓慢地提高脉冲频率，电动机就可以不失步地连续工作.

6. 电气参数

(1) 额定电流：电动机不动时每一相绕组容许通过的电流.

(2) 额定电压：驱动电源供给的电压，一般不等于加在绕组两端的电压.

六、步进电动机的选型

步进电动机作为控制元件或驱动元件来使用，通常同驱动机构组合，来实现所要求的功能. 步进电动机系统的性能，除取决于电动机本身的特性外，还受驱动器的影响. 在实际应用场合，步进电动机系统是由电动机、驱动器以及推动负载用的机械驱动机构所构成的.

一般说来，步进电动机驱动机构通常是减速机构，其主要有齿轮减速、牙轮皮带减速、螺杆减速及钢丝减速等方式. 因此步进电动机的选择必须满足整个运动系统的要求. 通常，在选定步进电动机时，需要考虑的综合因素很多，一般可以着重考虑以下几个方面：

(1) 电动机的体积和质量.

(2) 电动机的功率、控制电压和驱动电流.

(3) 步距角.

(4) 环境温度、湿度等.

(5) 根据加速转矩和负载转矩确定步进电动机的转矩.

七、步进电动机的控制系统

图 7-3-11 是一个完整的步进电动机控制系统框图.由运动控制器给出的输入指令是输入时钟 CK 和方向指令 DIR.它们在脉冲分配器中经逻辑组合转换成各相通断的时序逻辑信号.导通程序逻辑信号送至功率驱动级,转换成其内部功率开关的基极(或栅极)驱动信号.功率驱动级除包括功率开关及其驱动电路外,可能还包括一些电流反馈控制和限流、限压、过热保护等电路.目前,集成化的步进电动机控制电路有多种类型,但其控制系统的基本构成框图是相同的.

运动控制器通常由微型计算机构成,它不但要完成位置控制,而且要设置好加速和减速过程的频率变化(即速度和加速度),以防止失步.脉冲分配器可设定多种不同的指令电流值,使步进电动机可实现整步、半步、$\frac{1}{4}$步、微步距控制.微步距控制技术(又称为细分技术)是步进电动机开环控制最新技术之一,利用计算机数字处理技术和 D/A 转换控制技术,将步进电动机一个整步均分为若干个更细的微步.每个微步距可能是原来基本步距的几十分之一,甚至是数百分之一.微步距技术使步进电动机步距细化,振动、噪声和转矩波动问题得到很大改善,运转更为平稳,在高级控制系统中获得更大的竞争力.

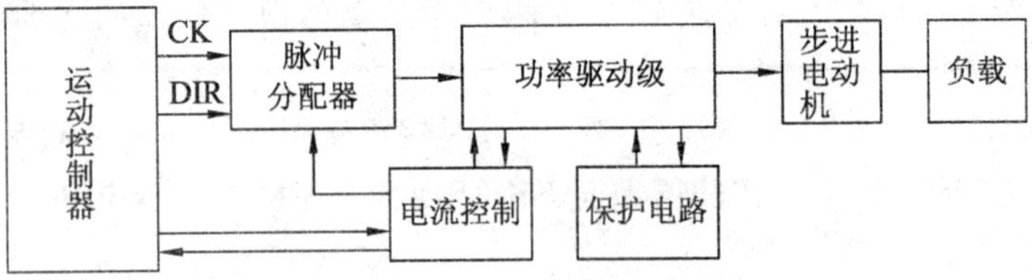

图 7-3-11　步进电动机控制系统框图

任务实施

步进电动机的使用

一、实训目的

- 会根据步进电动机选择它的驱动电源,学会步进电动机及驱动器的接线.
- 学会步进电动机正反转控制电路的安装和接线.
- 学会步进电动机控制器的不同控制模式的设定.

二、实训器材

工具、仪表、材料、设备等见学习准备.

三、实训内容及步骤

（一）主要实训器材的认识

主要实训器材的作用及使用注意事项见表 7-3-1.

表 7-3-1　　主要实训器材的作用及使用注意事项

序号	器材名称	图　例	规　格	作　用
1	开关电源		输入交流 220V，输出直流 24V 4.2A、5V 1A	为步进电动机提供电源
2	步进电动机控制器		JYPG 简易型步进电机控制器	为驱动器提供触发脉冲以及控制信号
3	步进电动机驱动器		型号为 2MA320，最大输出电流为 3A	步进电动机驱动
4	步进电动机		型号为 42H2P4010A4	控制主体
5	电位器		10kΩ	速度调节
6	按钮开关		SB1、SB2 为按钮，SB3 带自锁功能	在电路中作正反转控制

（二）步进电动机的正反转控制

1. 绘制步进电动机正反转控制电路原理图并正确接线

绘制步进电动机正反转控制电路原理图，如图 7-3-12 所示，安装电路，经指导教师认可后通电.

2. 操作步骤

(1) 在断电状态下将 2MA320 步进电动机驱动器设置如下：SW1 为 ON，SW2 为 ON，SW3 为 OFF，即电流为 1A；SW5 为 ON，SW6 为 ON，SW7 为 ON，即 200 步数一圈，此时速度最快.

(2) 将 JYPG 步进电动机控制器功能调整如下：

工作模式选择：指示灯 L_2 亮，表示选择工作模式 2，由 PI1 和 PI2 的两个开关触发正反转，PI3 控制运动与停止.

频率输出范围选择：指示灯 L_3 亮，表示输出频率为 0～25kHz.

(3) 接通 SB3，按下 SB1，调整电位器大小，观察电机速度.

(4) 按下 SB2，电机反向运转.

(5) 改变 JYPG 输出频率范围，调整电位器，观察速度变化范围.

注意： 2MA320 步进电动机驱动器和 JYPG 简易型步进电动机控制器的使用说明书详见本任务知识拓展.

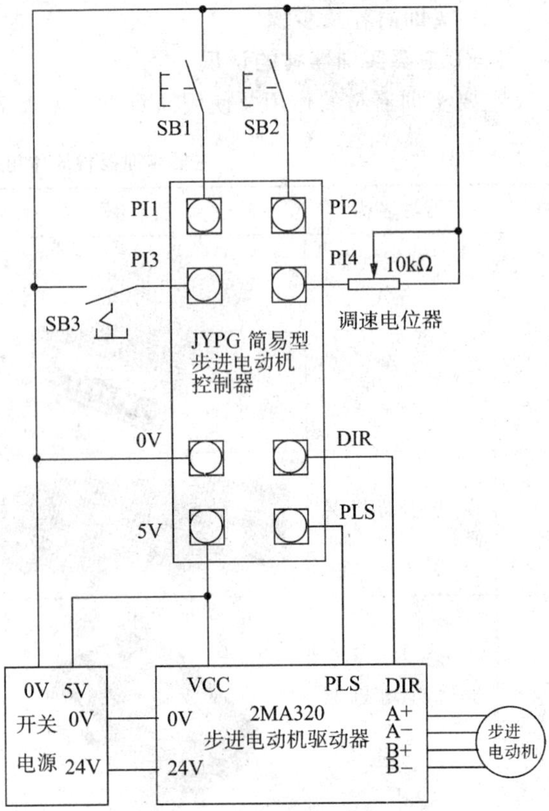

图 7-3-12　步进电动机正反转控制电路原理图

四、注意事项

- 在改变接线与驱动器调整预置开关位置时，要关断电源.
- 安装过程中，要仔细检查电源线的正负极性，不能接错.
- 步进电动机绕组接线不可接错.
- 步进电动机在运行过程中要放稳，防止跌落.
- 在调整电位器过程中，要缓慢调节，让速度逐步增大或减小.

任务评价

根据本任务的学习情况，按行为、技能、情感三个指标进行自我评价、小组评价和教师评价.

任务评价表

一级评价指标	二级评价指标	评价内容	配分	自我评价 0.3	小组评价 0.3	教师评价 0.4
行为指标	安全文明生产	是否遵守安装规程	5 分			
		是否按安全规程正确操作，无任何元器件的损坏	5 分			
		工作岗位是否整洁	5 分			
		是否具有良好的工作习惯	5 分			

续表

一级评价指标	二级评价指标	评价内容	配分	自我评价 0.3	小组评价 0.3	教师评价 0.4
技能指标	工作过程中理论知识的掌握	预习和查阅资料的能力	5 分			
		观察和分析问题的能力	5 分			
		解决问题的方法和效果	5 分			
		对步进电动机的用途、分类和基本工作原理的理解程度	5 分			
	工作过程中技能的掌握	完成工作的积极性	5 分			
		能根据不同的步进电动机设置驱动器的参数	10 分			
		会根据工作要求，设定控制器的模式	10 分			
		步进电动机控制器的接线是否掌握	10 分			
		理论与实际相结合的综合分析能力	5 分			
		工具、仪器和仪表的使用方法是否正确	5 分			
情感指标	综合运用能力	团队协作能力	5 分			
		工作效率	5 分			
		知识或技能拓展能力	5 分			
合　计			100 分			
综合评价						

知识拓展

2MA320 步进电动机驱动器和 JYPG 简易型步进电动机控制器的使用说明书

一、2MA320 步进电机驱动器使用说明书

在使用步进电动机的过程中，必须和步进电动机驱动器、步进电动机控制器、电源一起组成系统使用，各厂家的驱动器、控制器接口大同小异. 2MA320 步进电动机驱动器如图 7-3-13 所示.

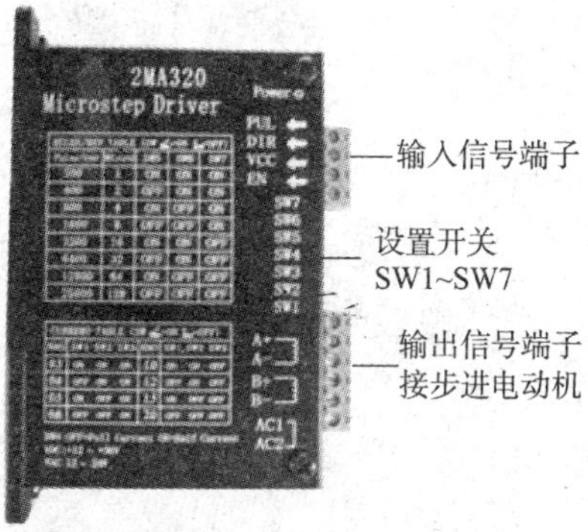

图 7-3-13　2MA320 步进电动机驱动器

1. 2MA320 步进电动机驱动器的主要参数

(1) 供电电压 DC 12～36V 或 AC 12～24V.

(2) 驱动电流 0.3～2.0A.

(3) 细分精度可在 1～128 范围内可选,详见细分设定表.

(4) 光隔离信号输入.

(5) 电机噪声优化功能.

(6) 可驱动任何 2.0A 相电流以下两相、四相混合式步进电动机.

(7) 20kHz 斩波频率.

2. 2MA320 步进电动机驱动器电气性能

说明	单位	最小值	典型值	最大值
输出电流	A	0.3	1.2	2
输入电源电压	V	12	24	36
控制信号输入电流	mA	7	10	16
步进脉冲频率	kHz	0.1	—	100
脉冲低电平时间	μs	5	—	—

3. 2MA320 步进电动机驱动器环境要求

冷却方式	自然冷却
使用场合	避免粉尘、油雾及腐蚀性气体
使用温度	0℃～+50℃
环境湿度	相对湿度<80%,不凝露,不结霜
保存	−20℃～+125℃下保存,避免灰尘,最好使用原包装盒

4. 输出电流设定表

输出峰值电流	SW1	SW2	SW3
0.3A	ON	ON	ON
0.4A	OFF	ON	ON
0.5A	ON	OFF	ON
0.6A	OFF	OFF	ON
1.0A	ON	ON	OFF
1.2A	OFF	ON	OFF
1.5A	ON	OFF	OFF
2.0A	OFF	OFF	OFF

5. 细分设定表

步数/圈	细分度	SW5	SW6	SW7
200	1	ON	ON	ON
400	2	OFF	ON	ON
800	4	ON	OFF	ON
1600	8	OFF	OFF	ON
3200	16	ON	ON	OFF
6400	32	OFF	ON	OFF
12800	64	ON	OFF	OFF
25600	128	OFF	OFF	OFF

6. 输入信号接口功能

符号标记	功　能	详细说明
PLS	步进脉冲信号	下降沿有效，每当脉冲由高变低时电机走一步. －5.5V≤低电平≤0.3V，3.6V≤高电平≤5.5V，脉冲宽度＞2.5μs
DIR	方向控制信号	改变电动机方向. －5.5V≤低电平≤0.3V，3.6V≤高电平≤5.5V，脉宽＞2.5μs
VCC	输入信号光电隔离正端	接＋5V供电电源，5～24V均可驱动，高于＋5V需接限流电阻
EN	电动机释放信号	有效(低电平)时关断电动机线圈电流，驱动停止工作，电动机处于自由状态

二、JYPG简易型步进电动机控制器

JYPG是一款简易型步进电动机控制器，电位器调速方便快捷，是一款简单易操作的小型控制器. 电源电压为DC 5～24 V. JYPG简易型步进电动机控制器如图7-3-14所示.

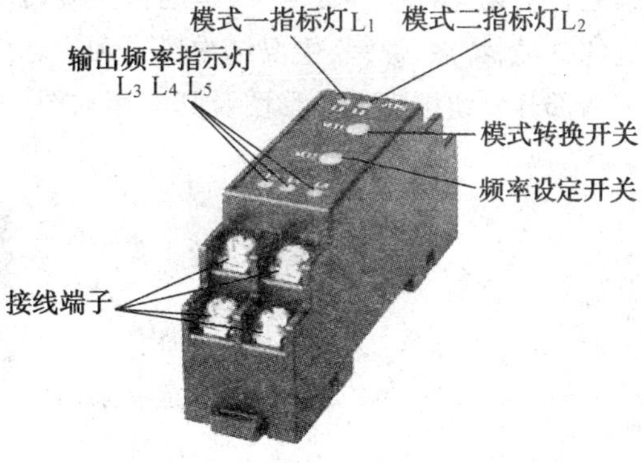

图7-3-14　JYPG简易型步进电动机控制器

(1) 工作模式选择：两种工作方式(按模式转换开关可改变工作模式).

指示灯L_1亮，表示选择工作模式1，由PI1和PI2的两个开关控制正反转运动，PI3不用.

指示灯L_2亮，表示选择工作模式2，由PI1和PI2的两个开关触发正反转，PI3控制运动与停止.

(2) 速度挡位选择：三挡速度(按频率设定开关可改变输出频率范围).

指示灯L_3亮，表示速度在0～25kHz的挡位；

指示灯L_4亮，表示速度在0～5kHz的挡位；

指示灯L_5亮，表示速度在0～1kHz的挡位.

(3) 速度调节：电位器(10kΩ)调速.

(4) 3 路开关量输入.

PI1、PI2、PI3:根据工作模式不同有不同的功能.

PI4: 电位器调速输入端.

任务四 直线电动机的认识与使用

任务描述

在生产机械中,直线运动是一种十分常见的运动形式,如流水线的运动、火车的运行、电梯的上行与下行、数控车床刀架的运行等,而目前的动力源,一般为旋转方式输出.

现代加工正向着高精密、高速的方向发展,精密和高速加工对传动及其控制提出了更高的要求,如更高的动态特性和控制精度,更高的进给速度和加速度要求.传统的传动链从作为动力源的电动机到工作部件要通过齿轮、皮带、丝杠、联轴器等中间传动环节,这些环节中产生了较大的转动惯量和传动误差.而直线电动机直接实现直线运动,从而消除了旋转电机由旋转运动到直线运动的中间机构,使精度提高、结构简化.在铁路运输上,直线感应电动机可以用于 400～500km/h 的超高速列车.在生产线上,各种传送带已开始采用直线电动机来驱动.现代机床加工设备中,采用直线直接驱动与定位.在仪器仪表系统中,直线电动机作为驱动、指示和测量的应用更加广泛,如快速记录仪、X—Y 绘图仪、磁头定位系统、光驱中轨迹的聚集与跟踪.直线电动机的应用已经进入运输行业、工业自动化、办公自动化、医疗设备和家庭自动化等许多领域.直线电动机与旋转电动机在原理上相同,本任务主要介绍直线电动机的分类、特点、原理、主要结构形式和实际应用.

部分直线电动机外形图及其应用如图 7-4-1 所示.

平板型直线电动机

圆筒型直线电动机

直线感应电动机超高速列车

由直线电动机驱动的加工中心

图 7-4-1 部分直线电动机外形图及其应用

学习目标

◇ 能说出直线电动机的特点、主要结构形式和基本工作原理.
◇ 能说出几种常见的直线电动机类型.
◇ 能举例说出直线电动机的具体应用场合.

学习地点

特种电机实训室.

学习准备

设备：各类型直线电动机教具、多媒体设备等.
资料：电工手册、直线电动机相关资料.

知识准备

一、直线电动机概述

1. 直线电动机的分类

直线电动机也称线性电动机、线性马达、直线马达、推杆马达，直线电动机不需要任何中间转换机构，就能产生直线运动，驱动做直线运动的生产机械，系统结构简单、运行精度和效率高.直线电动机的种类很多，从原理上讲，每种旋转电动机都可以有与之对应的直线电动机，所以按照工作原理直线电动机可以分成：交流直线感应电动机、交流直线同步电动机、直流直线电动机、直线步进电动机、混合式直流直线电动机等.直流直线电动机又分成直流永磁式直线电动机、直流电磁式直线电动机、直流无刷式直线电动机等.交流直线电动机可分成交流直线感应电动机、交流直线同步电动机等.

2. 直线电动机的特点

(1) 直线电动机因没有中间驱动环节，所以传动效率高，制造成本低，结构简单，维护方便，同时有效降低了整个系统的噪音.

(2) 直线电动机因无离心力的作用，因此线速度可以做得很大.

(3) 直线电动机容易做到其动子用磁悬浮支撑，使得动子和定子不接触，零件无磨损.因消除了定、动子间的接触摩擦阻力，因而大大地提高了系统的灵敏度、快速性和随动性.

(4) 直线电动机可以工作在比较恶劣的环境中，如高温、高湿度、具有腐蚀性和有害气体等环境中.

二、直线电动机的结构

按照直线电动机结构类型可以分成平板型、圆筒型(管型)、圆盘型和圆弧型等.

1. 平板型直线电动机

直流电动机是由旋转电动机演变而来的，由定子演变而来的一侧称为初级，由转子演变而来的一侧称为次级.如果将一台旋转的感应电动机剖开，并将定、转子圆周展开成平面就形成了平板型直线电动机，它有单边型和双边型之分，分别如图 7-4-2 和图 7-4-3 所示.因为直线电动机的初级和次级相对运动而工作，所以初级和次级不可能做成一样长，因此每种形式的直线电动机又有短初级长次级和长初级短次级之分.

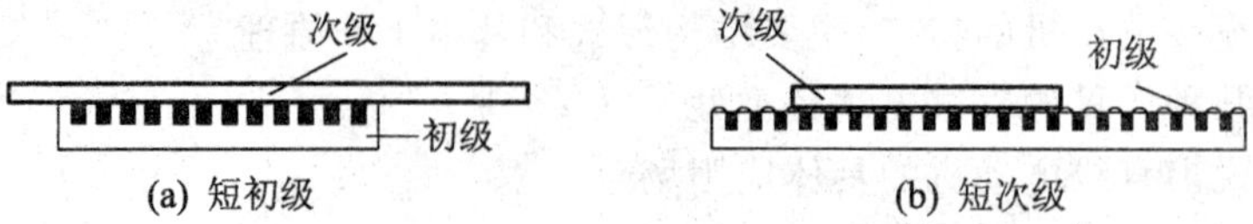

图 7-4-2　单边型直线电动机

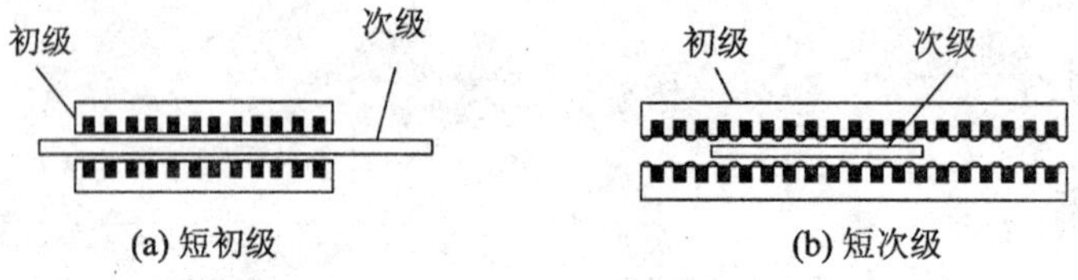

图 7-4-3　双边型直线电动机

2. 圆筒型直线电动机

如果将图 7-4-4(a)所示的平板型直线电动机的初级和次级依箭头方向卷曲，就成为圆筒型(管型)直线感应电动机，如图 7-4-4(b)所示. 圆筒型一般为短初级长次级.

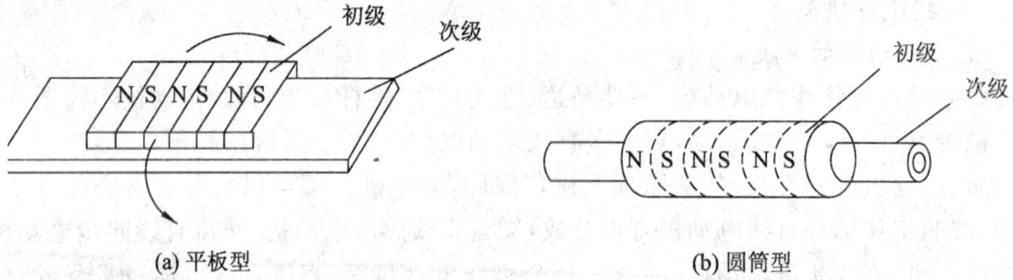

图 7-4-4　平板型和圆筒型直线感应电动机

3. 圆盘型和圆弧型直线电动机

如图 7-4-5 所示是圆盘型直线电动机，它的次级是一个圆盘，初级驱动圆盘做圆周运动，其初级可以是单边型，也可以是双边型.

如图 7-4-6 所示是圆弧型直线电动机，它的运动形式同样是旋转运动，与普通旋转电动机非常接近，然而它与旋转电动机相比也具有如圆盘型直线电动机那样的优点.

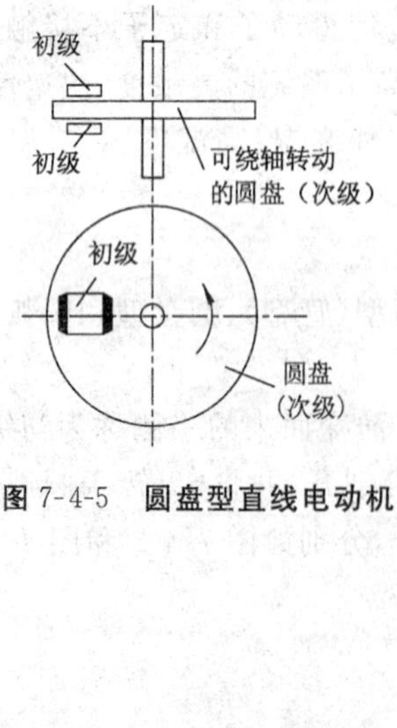

图 7-4-5　圆盘型直线电动机

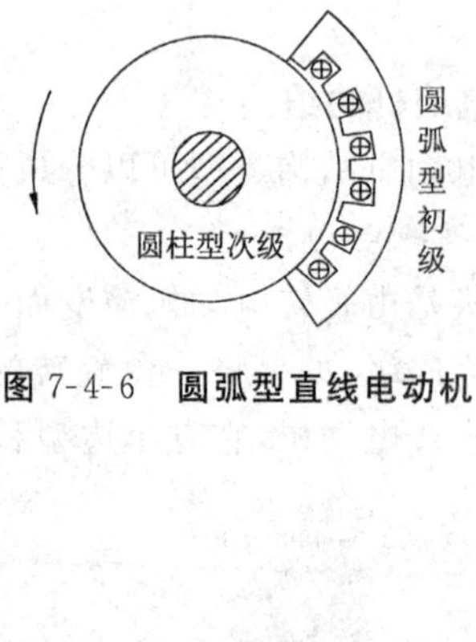

图 7-4-6　圆弧型直线电动机

三、直线电动机的工作原理

直线电动机都是由普通的旋转电动机演变而来的，所以各种不同的直线电动机都有各自的工作原理，其工作原理与对应的原形电动机类似. 现以一台最普通的平板型直线感应电动机为例简述其工作原理. 图 7-4-7(a)表示一台旋转的感应电动机，如果将它剖开，并将定、转子圆周展开成平板，做成如图 7-4-7(b)所示的形式，就可以得到最简单的平板型直线感应电动机，原定子称作初级，转子称作次级.

直线电动机的运动方式可以是固定初级，让次级运动，称为动次级；也可以固定次级而让初级运动，则称为动初级.

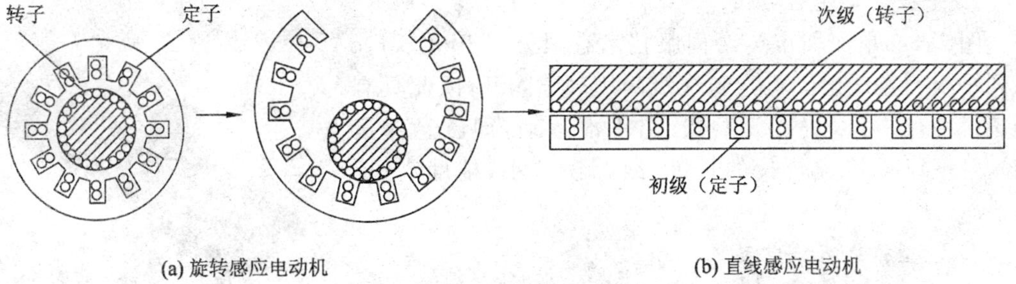

图 7-4-7　直线感应电动机形成

与旋转感应电动机一样，平板型直线感应电动机的初级铁芯也由硅钢片叠成，表面开有齿槽，槽中安放着单相、两相或三相绕组. 单相直线感应电动机可做成罩极式的，也可通过电容移相.

平板型直线感应电动机的次级形式较多，有类似鼠笼转子的结构，即在钢板上(或铁芯叠片里)开槽，槽中放入铜条或铝条，然后用铜带或铝带在两侧端部短接. 但由于其工艺和结构比较复杂，故在短初级直线电动机中很少采用. 最常用的次级有三种：第一种是整块钢板，称为钢次级或磁性次级. 这时，钢既起导磁作用，又起导电作用. 第二种为钢板上复合一层铜板或铝板，称为复合次级，钢主要用于导磁，而导电主要靠铜或铝. 第三种是单纯的铜板或铝板，称为铜(铝)次级或非磁性次级.

由于直线电动机是由旋转电动机演变而来的，所以其基本工作原理相同. 例如，由三相异步电动机演变的三相直线电动机，当在三相异步电动机的绕组中通入三相交流电时，电机中就会产生一个旋转磁场，而当直线电动机初级的三相绕组中通入三相交流电后，就会在直线电动机中产生直线移动的磁场，此磁场称为行波磁场，如图 7-4-8 所示.

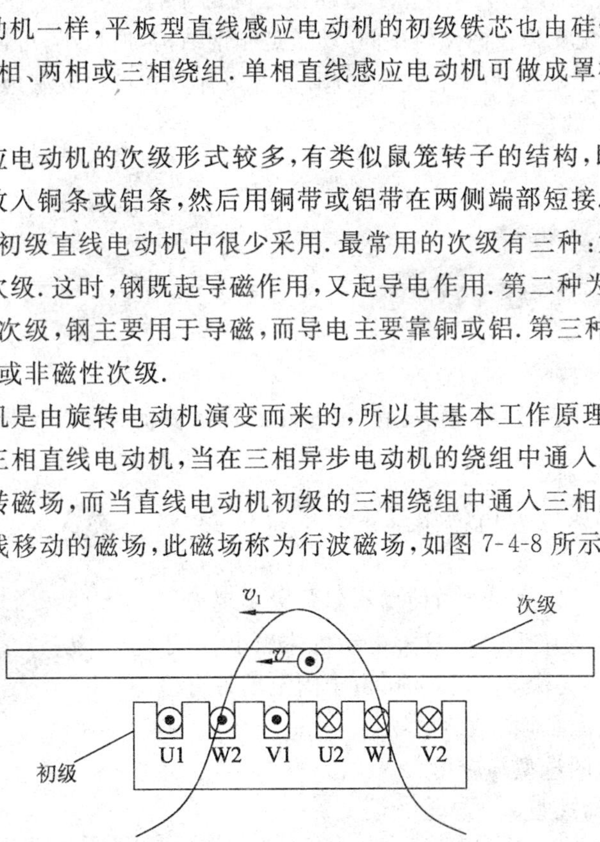

图 7-4-8　直线电动机的工作原理

行波的移动速度与旋转磁场在定子内圆表面上的线速度是一样的，次级导条切割行波磁场，将产生感应电动势和电流，所有导条的电流和行波磁场相互作用，便产生磁场力，如果初级是固定不动的，磁场力大于摩擦阻力，那么次级就会顺着行波磁场运动的方向做直线运动.

显然直线感应电动机的速度与电动机极数及电源频率有关，因此改变电动机极数或电源频率都可改变电动机的运行速度. 与旋转电动机一样，如果要改变电动机运动的方向，只要改变直线电动机初级绕组的通电相序即可.

四、常用直线电动机简介

1. 平板型直线电动机

图 7-4-9 是深圳市英诺伺服技术有限公司 Flat Servo 系列平板型直线电动机，初、次级间用气隙隔开，因此具有非接触特点，可以进行无磨损、超平滑运动（即磁悬浮运动），且可以连接成较长的长度，跟踪误差小，精度高，反应快.

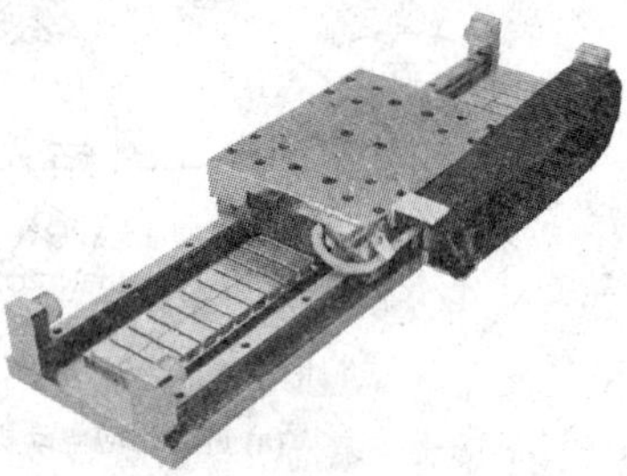

图 7-4-9　平板型直线电动机

2. U 型槽式直线电动机

图 7-4-10 所示是深圳市科尔机电有限公司 KUM1 系列 U 型槽式直线电动机，它有两个介于金属板之间的平行磁轨，动子由导轨系统支撑在两磁轨中间. 动子是非钢结构，惯量小，可以得到非常高的加速度. 动子线圈一般是三相的，可实行无刷换相. 这种设计方式可以较好地减少磁通泄露，减少因磁场力吸引所带来的危害.

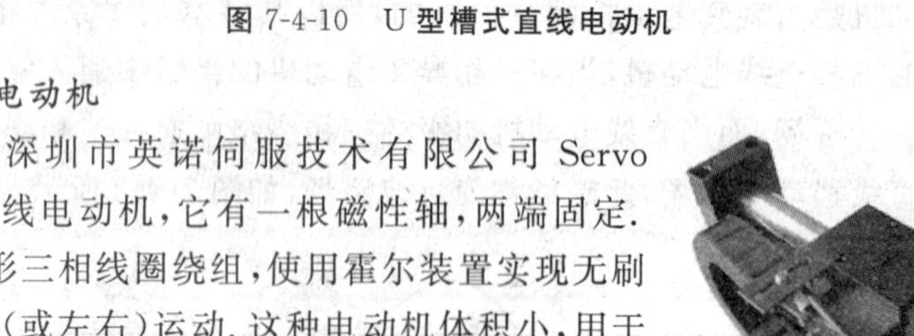

图 7-4-10　U 型槽式直线电动机

3. 管型直线电动机

图 7-4-11 为深圳市英诺伺服技术有限公司 Servo Shaft 系列管型直线电动机，它有一根磁性轴，两端固定. 动子线圈是圆柱形三相线圈绕组，使用霍尔装置实现无刷换相，沿磁棒上下（或左右）运动. 这种电动机体积小，用于平板型和 U 型电动机无法安装的场合，由于固定轴带有磁性，所以不适用于对磁通泄漏敏感的场合.

图 7-4-11　管型直线电动机

五、直线电动机的选型与应用

1. 直线电动机的选型

尽管直线电动机在结构和使用上具有特殊性，但选用电动机仍可以从以下几方面考虑：

(1) 在一般直线驱动系统中，若对运行过程中的速度要求不高，可采用一般直线感应电动机.

(2) 在需要按照输入脉冲个数产生直线位移，并需精密定位的场合，可采用直线步进电动机.

(3) 在需要将输入电信号变成直线运动的定位驱动中，一般采用直流直线电动机.

(4) 在需要产生高频往复直线运动的场合，可选用直线振荡电动机.

(5) 在需要微步驱动的短行程场合，可采用压电直线电动机.

2. 直线电动机的应用

直线电动机主要应用于三个方面：一是应用于自动控制系统，这类应用场合比较多；二是作为长期连续运行的驱动电动机；三是应用在需要短时间、短距离内提供巨大的直线运动动能的装置中.

高速磁悬浮列车是直线电动机实际应用的最典型的例子，目前我国及美、英、日、法、德、加拿大等国都在研制直线磁悬浮列车，其中日本进展最快.

直线电动机也可以使用在电梯中. 使用普通电梯技术，由于受钢丝绳的自重和自身强度的限制，电梯有效高度为 700～800m；而直线电动机因不需要钢丝绳拖拽，所以电梯可以做得很高. 世界上第一台使用直线电动机驱动的电梯，安装于日本东京都关岛区万世大楼，该电梯载重 600kg，速度为 105m/min.

图 7-4-12　直线电动机在 SMT 贴片机中的应用

直线电动机因其优良的特性，在绘图仪、机器人、磁盘存储器磁头驱动、记录仪记录头、精密测量和计量系统、光学系统的聚焦驱动、激光干涉仪和光刻机中都有应用. 图 7-4-12 是直线电动机在 SMT 贴片机中的应用.

任务评价

根据本任务的学习情况，按行为、知识、情感三个指标进行自我评价、小组评价和教师评价.

任务评价表

一级评价指标	二级评价指标	评价内容	配分	自我评价 0.3	小组评价 0.3	教师评价 0.4
行为指标	安全文明生产	是否遵守安装规程	5 分			
		是否按安全规程正确操作，无任何元器件的损坏	5 分			
		工作岗位是否整洁	5 分			
		是否具有良好的工作习惯	5 分			

续表

<table>
<tr><td>一级评价指标</td><td>二级评价指标</td><td>评价内容</td><td>配分</td><td>自我评价 0.3</td><td>小组评价 0.3</td><td>教师评价 0.4</td></tr>
<tr><td rowspan="7">技能指标</td><td rowspan="7">工作过程中理论知识的掌握</td><td>预习和查阅资料的能力</td><td>10 分</td><td></td><td></td><td></td></tr>
<tr><td>观察和分析问题的能力</td><td>5 分</td><td></td><td></td><td></td></tr>
<tr><td>解决问题的方法和效果</td><td>5 分</td><td></td><td></td><td></td></tr>
<tr><td>完成工作的积极性</td><td>5 分</td><td></td><td></td><td></td></tr>
<tr><td>对直线电动机的特点、主要结构形式和基本工作原理的理解程度</td><td>20 分</td><td></td><td></td><td></td></tr>
<tr><td>直线电动机的类型和具体应用场合是否掌握</td><td>10 分</td><td></td><td></td><td></td></tr>
<tr><td>理论与实际相结合的综合分析能力</td><td>10 分</td><td></td><td></td><td></td></tr>
<tr><td rowspan="3">情感指标</td><td rowspan="3">综合运用能力</td><td>团队协作能力</td><td>5 分</td><td></td><td></td><td></td></tr>
<tr><td>工作效率</td><td>5 分</td><td></td><td></td><td></td></tr>
<tr><td>知识或技能拓展能力</td><td>5 分</td><td></td><td></td><td></td></tr>
<tr><td colspan="3">合　计</td><td>100 分</td><td></td><td></td><td></td></tr>
<tr><td colspan="2">综合评价</td><td colspan="5"></td></tr>
</table>

知识拓展

永磁式同步电动机

微型同步电动机主要作为交流驱动用电动机，广泛应用于工业、农业、交通以及许多新兴技术领域和国防科学领域，如自动化仪表、银行设备、监视器转台、电动广告、电动阀门、娱乐设备、医疗器械中，家用电器中洗衣机的定时器、微波炉的转盘、全自动洗衣机电磁阀控制等使用的一般都是同步电动机.

同步电动机的最大特点是当电源频率一定、电动机的极对数不变时，则电动机转速为一常量. 电动机的转速满足以下公式：

$$n=60\frac{f}{p} \tag{7-5-1}$$

式(7-5-1)中，n 为电动机输出轴的转速(r/min)，f 为电源频率(Hz)，p 为电动机的极对数.

对于工频电源，同步电动机转速分别为：2 极为 3000r/min，4 极为 1500r/min，6 极为 1000r/min，8 极为 750r/min，16 极为 375r/min.

永磁式同步电动机是一种利用永磁体建立励磁磁场的微型同步电动机. 永磁式同步电动机的定子产生旋转磁场,转子由永磁材料制成.

永磁式同步电动机是小功率范围内使用最多的一类同步电动机. 永磁式同步电动机根据其结构特点和永磁材料可分为以下四类:

(1) 一般永磁式同步电动机. 转子用永久磁钢励磁,定子除三相绕组外,最多的是两相绕组或单相电容分相或采用罩极结构.

(2) 磁滞式同步电动机. 其转子采用磁滞材料制成,有自启动能力,通常为单相、两相或三相.

(3) 永磁感应子式同步电动机. 这类电动机的特点是转速比较低,工频供电,转速一般为 60r/min.

(4) 爪极式永磁同步电动机. 目前在微特电机领域内它是生产最多、应用量最大的一种廉价微型永磁式同步电动机.

参考文献

[1] 姜玉柱.电机原理及拖动基础.北京:北京理工大学出版社,2006
[2] 李庆斌.电机原理及拖动基础.武汉:武汉理工大学出版社,2009
[3] 李元庆.电机技术与维修.北京：中国电力出版社,2008
[4] 庄崇实.电机原理及拖动基础.北京：机械工业出版社,1987
[5] 袁维义.电机及电气控制.北京：机械工业出版社,2001
[6] 谭维瑜.电机与电气控制.北京：化学工业出版社,2006
[7] 闫和平.常见电机与电气控制技术问答.北京：机械工业出版社,2007
[8] 汤蕴璆.电机学-机电能量装换,2 版.北京：机械工业出版社,1986
[9] 贾大义,艾高烈.常见电机原理.北京：中国轻工业出版社,1981
[10] 杨渝欣.控制电机.北京：机械工业出版社,1981
[11] 赵承荻.周玲.电机与变压器.北京：机械工业出版社,2007
[12] 李学炎.电机与变压器.北京：中国劳动社会保障出版社,2001
[13] 赵承荻.维修电工技能训练. 北京：中国劳动社会保障出版社,2001
[14] 才家刚.图解三相电动机使用与维护技术.北京：中国电力出版社,2002
[15] 厉文建.看图学电动机常见故障检修.北京：机械工业出版社,2003
[16] 赵家礼.电机修理入门.北京：机械工业出版社,2002
[17] 潘成林.微型电机.广州：广州科技出版社,2003

江苏省技工院校一体化系列教材

电机与变压器

习题集

江苏省技工院校教材编写委员会组织编写

苏州大学出版社
Soochow University Press

图书在版编目(CIP)数据

电机与变压器习题集/刘青主编;江苏省技工院校教材编写委员会组织编写. —苏州:苏州大学出版社,2014.1(2015.2 重印)
江苏省技工院校一体化系列教材
ISBN 978-7-5672-0730-1

Ⅰ. ①电… Ⅱ. ①刘… ②江… Ⅲ. ①电机—技工学校—习题集 ②变压器—技工学校—习题集 Ⅳ. ①TM-44

中国版本图书馆 CIP 数据核字(2013)第 320418 号

电机与变压器习题集
江苏省技工院校教材编写委员会组织编写
责任编辑 周建兰

苏州大学出版社出版发行
(地址: 苏州市十梓街1号 邮编:215006)
宜兴市盛世文化印刷有限公司印装
(地址: 宜兴市万石镇南漕河滨路58号 邮编: 214217)

开本 787 mm×1 092 mm 1/16 印张 25.25(共两册) 字数 605 千
2014 年 1 月第 1 版 2015 年 2 月第 2 次印刷
ISBN 978-7-5672-0730-1 定价: 50.00 元(共两册)

苏州大学版图书若有印装错误,本社负责调换
苏州大学出版社营销部 电话: 0512-65225020
苏州大学出版社网址 http://www.sudapress.com

江苏省技工院校教材编写委员会

本书编审人员

主　编：刘　青

副主编：冷静燕

参　编：朱　伟　裴成平　郑　燕

主　审：刘进峰

总序

General Preface

近年来，我省加快经济发展方式转变和产业结构优化升级，为技工教育创造了广阔的发展空间，也对技能人才的培养提出了更高要求。为提高技能人才培养契合产业需求的有效性、针对性，从2009年起，人力资源和社会保障部启动了以课程为中心的一体化课程教学改革，给技能人才培养带来了全新的教学理念，是技能人才培养模式的一场教学革命，推动了我国技工教育与国际先进教学方式的接轨。

教材是体现技工院校教学课程目标和内容的重要载体，高质量的教学培训需要高质量的教材，加快研究开发理论与实践一体化的教材，是提高技工教育、技能人才培养质量的重要基础。为此，江苏省人力资源和社会保障厅于2013年初，组建了江苏省技工院校教材编写委员会，启动了全省技工院校新设专业课程标准和省版教材的开发。

省版教材的开发坚持两条原则：一是坚持贯彻急需紧缺并与部编教材相辅相成的原则，即开发目前尚无部编计划的教材，以及结合沿海地区经济发达、科技先进、教育领先的实际情况，经专家论证，重点开发高新技术专业教材和落后陈旧不适用的教材。二是坚持理论知识和实践操作融通合一的原则，教材编写借鉴先进的一体化课程教学改革的理念，采用项目引领、任务驱动、活动载体的格式体例，以学生为中心、以职业活动为导向、以综合职业能力培养为核心，充分调动学生的主观能动性和参与意识，实现理论教学与实践教学融通合一、能力培养与工作岗位对接合一，努力开发一批具有地方特色、理论与实践一体化的精品教材。

本教材可作为技工院校相关专业的教学用书及产业现场的职工技能培训用书。由于教材结构采用了理论知识和实践操作紧密结合、融通合一的方式，教学内容反映了国际先进的职业教育理念，因此本教材也可作为专家、学者的参考资料。

教材编写工作得到了全省各技工院校的大力支持，在此，我们表示诚挚的感谢。由于一体化课程教学改革目前仍处于探索、试点阶段，可供借鉴的资料和经验还不多，另外，由于受时间和编者水平的限制，不当甚至错误之处在所难免，恳切希望广大师生和专家学者提出宝贵意见与建议。

江苏省技工院校教材编写委员会

2013年12月

前言

Preface

《电机与变压器》是技工院校电工电子类专业中技阶段的通用教材，它不仅是一门专业基础课程，也是一门实用性很强的技术应用课程.

本书依据一体化课程改革的理念和要求，贯彻以学生为中心，以职业活动为导向，以综合职业能力培养为核心的原则，打破传统学科知识体系，注重项目引领、任务驱动，以实践活动为载体，调动学生的主观能动性和参与意识，实现理论教学与实践教学融通合一、能力培养与岗位技能对接合一的要求.

《电机与变压器》在江苏省人力资源和社会保障厅组织指导下，由省内多位知名专家反复研讨，多所技工院校的资深老师共同撰稿，并经多次函审、会审、修改，合作完成. 本书根据省颁《电机与变压器课程标准》的要求，主要包括 7 个项目：单相变压器的使用、三相变压器的使用与维护、直流电机的使用与维修、三相异步电动机的认识与使用、三相异步电动机的运行与维修、单相异步电动机的使用与维修、特种电机的认识与使用. 每一个项目分解为若干个任务，每一个任务包括：任务描述、学习目标、学习地点、学习准备、知识准备、任务实施、任务评价、知识拓展，并尽可能采用图表形式，简明直观.

本书在编写过程中突出了以下特点：

1. 紧贴产业现场岗位需求，突出职业能力培养，在理论知识上遵循“必需、够用”原则，压缩理论推导和分析等内容.

2. 从编写格式、体例上进行创新，尽可能使用图片、实物照片或表格等形式将各个知识点、工艺过程生动地展示出来，力求给学生营造一个更加直观的认知环境.

3. 采用理论与实践一体化的模式，使教材内容更加符合学生的认知规律，保证理论与实践密切结合. 教材中相关技术内容及术语、单位、符号等都采用最新国家标准.

4. 教材配有习题集，按照教材项目和任务顺序编排，题型丰富多样，难易配置适当，有助于学生复习和巩固所学知识.

本书项目一、项目二、项目三及对应习题集由江苏省常州技师学院刘青编写，项目四、项目五及对应习题集由江苏省常州技师学院冷静燕编写，项目六及对应习题集由淮海技师学院裴成平编写，项目七及对应习题集由镇江技师学院朱伟编写，南京技师学院郑燕参与了项目三的编写工作. 全书由刘青任主编，冷静燕任副主编，刘青负责全书的统稿工作，江苏省盐城技师学院刘进峰教授级高级讲师主审. 本书在编写过程中参考了许多专家学者的著作和教材，在此对给予本书编写工作支持和帮助的专家与同行表示衷心的感谢.

本书可作为技工院校电工电子类专业教学用书，也可作为各类技能培训教学用书.

由于编者水平有限，编写和校稿时间仓促，本书在内容安排和叙述上，难免出现不妥和错误，恳请专家、同行和读者批评指正.

编　者

2013 年 12 月

Contents

目　录

项目一　单相变压器的使用

项目知识回顾

1. 目前世界各国使用的电能均为由各类发电站发出的三相交流电能，该三相交流电能经变压器升压后，远距离输送给用户，再经过变压器的降压后供各类用电负载使用. 因此变压器是供电系统的重要电气设备.

2. 变压器是利用电磁感应原理对交流电压变、交流电流等进行数值变换的一种常用电气设备，它主要用于输、配电方面，称为电力变压器. 除此之外，变压器也被广泛地用于电工测量、电焊、电子技术领域中.

3. 铁芯和绕组是变压器最基本的组成部分. 铁芯构成变压器的磁路系统，一般用0.35mm冷轧硅钢片叠装而成；绕组构成变压器的电路系统，一般均用铜线或铝线绕制而成. 绕组套装在铁芯上，铁芯与绕组之间必须有良好的绝缘.

4. 根据变压器内部磁场的实际分布情况和所起的作用不同，把磁通分为主磁通和漏磁通两部分. 主磁通沿铁芯闭合，在一次、二次侧绕组内感应电动势，起传递能量的媒介作用；漏磁通通过非铁磁材料闭合，只起电抗压降作用，不直接参与能量传递.

5. 变压器一次侧绕组接额定交流电压，二次侧绕组开路时的运行方式称为空载运行. 变压器一次侧绕组接额定交流电压，而二次侧绕组与负载相连的运行方式则称为负载运行. 变压器运行时电压、电流变换的基本公式如下：

$$\frac{U_1}{U_2}=\frac{I_2}{I_1}=\frac{N_1}{N_2}=K$$

6. 变压器空载运行时，只有一次侧绕组流过电流，即空载电流. 空载电流的大小与铁芯的材料、额定磁通的大小有关. 一般地，由于变压器的铁芯采用高磁化能力、低涡流损耗和磁滞损耗的硅钢片叠压而成，空载电流是很小的，只占一次侧额定电流的4%～10%，甚至更低.

7. 变压器负载运行时，二次侧绕组中有电流流过，其中产生相应的磁动势i_2N_2，与一次侧绕组中产生的磁动势i_1N_1共同作用，产生铁芯中的主磁通.

8. 变压器不仅具有电压变换和电流变换的作用，还具有阻抗变换的作用，变压比为K的变压器可以把它二次侧的负载阻抗(Z_{fz})转换成为对于电源来说扩大了K^2倍的等效阻抗(Z_1).

9. 变压器在运行过程中有能量的消耗，其中铁损耗主要是指铁芯中的磁滞及涡流损耗. 铁损耗与变压器输出电流的大小无关，又称为“不变损耗”. 铜损耗主要指电流在一次、二次侧绕组中电阻上的损耗，它随电流的变化而变化，因此又称为“可变损耗”. 通常变压器的损耗比电机要小得多，因此变压器的效率很高. 变压器的铁损耗及铜损耗可通过变压器的空载试验及短路试验进行测定.

10. 变压器在工作时其输出电压将随输出电流的变化而变化，从实际应用出发，希望输出电压的变化越小越好，即希望变压器的外特征性曲线尽量平坦，或变压器的电压变化率尽量小.

11. 电压变化率 $\Delta U\%$和效率 η 是变压器的主要性能指标. $\Delta U\%$的大小表明了变压器运行时二次侧电压的稳定性，效率 η 则表明运行的经济性. 变压器参数对 $\Delta U\%$和 η 有很大的影响，对已制成的变压器，变压器参数可以通过试验测出.

12. 自耦变压器是一次、二次侧绕组共用同一绕组的变压器，这是它与其他变压器的主要区别. 一次、二次侧绕组的电压、电流、匝数关系也与双绕组变压器一样. 如果把自耦变压器的抽头做成滑动触点，就构成输出电压可调节的自耦变压器，广泛用于各实验室及试验部门.

13. 仪用互感器分电压互感器和电流互感器两大类，它们的工作原理与双绕组变压器一样，主要用于交流电压及交流电流的测量，用来扩大交流电压表及交流电流表的量程. 必须注意安全、正确地使用.

14. 电焊变压器是交流弧焊机的主要组成部分，用来将 380V 的交流电压降压为电焊所需要的电压. 为了适应电焊的工作需要，它的结构与一般变压器有所不同，其二次侧绕组允许短暂的短路，外特性下降得很剧烈，二次侧绕组输出电流可在一定范围内调节以满足不同规格焊件的焊接需要.

15. 小型单相变压器的制作流程.

(1) 选择导线及绝缘材料和骨架.

(2) 制作木芯.

(3) 线包起绕及线头固定.

(4) 按层次绕制线包. 绕线的顺序按一次侧绕组、静电屏蔽、二次侧高压绕组、二次测低压绕组依次叠绕. 每绕完一组绕组后，要衬垫绕组间绝缘. 当二次侧绕组数较多，每绕好一组后用万用表检查是否通路.

(5) 固定线尾. 当一组绕组绕制接近结束时，要垫上一条绝缘带的折条，继续绕线到结束，将线尾插入绝缘带的折缝中，抽紧绝缘带，线尾便固定.

(6) 制作静电屏蔽层.

(7) 焊接引出线.

(8) 对线包外层做绝缘处理.

(9) 装配铁芯和安装变压器，铁芯镶片要求紧密、整齐，不能损伤线包.

(10) 对变压器进行测试. 对外观进行检测，并测试空载电压、空载电流和绝缘电阻.

(11) 对变压器进行绝缘处理. 为防潮和增加绝缘强度，应做浸漆绝缘处理.

任务一　单相变压器的认识

一、填空题

1. 变压器是利用________原理制成的______电气设备.它能将某一数值的交变电压变换成同____________的所需电压值的交流电，以满足高压输电、低压供电及其他用途的需要.

2. 变压器的绕组常用绝缘______或_______绕制而成.接电源的绕组称为_______，接负载的绕组称为________；也可按绕组所接电压高低分为_________和________；按绕组绕制的方式不同，可分为_________和_________两大类型.

3. 变压器的铁芯常用______________________叠装而成，因线圈位置不同，可分成________和________两大类.

4. 在电力系统中使用的电力变压器，可分为______变压器、_______变压器和_______变压器.

5. 有一台变压器一次侧绕组接在50Hz、380V的电源上时，二次侧绕组的输出电压是36V.若把它的一次侧接在60Hz、380V的电源上，则二次侧输出的电压是________V，输出电压的频率是________Hz.

6. 在用兆欧表进行测量前需验表，将兆欧表_________和_________端开路，顺时针摇动兆欧表的手柄，由慢至快并达到___________的速度.

二、判断题(正确的在括号内打"√"，错误的打"×")

1. 变压器的工作原理实际上就是利用电磁感应原理，把一次侧电能传送给二次侧负载.（　）

2. 同心绕阻是将一次、二次侧线圈套在同一铁柱的内、外层，一般低压绕组在外层，高压绕组在内层.（　）

3. 热轧硅钢片比冷轧硅钢片的性能更好，磁导率高而损耗小.（　）

4. 变压器既可以变换电压、电流和阻抗，又可以变换相位、频率和功率.（　）

5. 心式铁芯指线圈包围铁芯，其结构简单，装配容易，省导线，适用于大容量、高电压.（　）

6. 电桥测电阻 R_x＝比较臂电阻×倍率.（　）

7. 变压器输入电流随输出电流的变化而变化，输出电压随输入电压的变化而变化.（　）

三、选择题

1. 变压器是传递(　　)的电气设备.

A. 电压　　B. 电流　　C. 电压、电流和阻抗　　D. 电能

2. 适用于制作变压器铁芯的材料是(　　).

A. 软磁材料　　B. 硬磁材料　　C. 矩磁材料　　D. 顺磁材料

3. 使用单臂电桥测量时,按键的按法是(　　).

A. 先按 G 后按 B　　B. 先按 B 后按 G

C. 同时按 B 和 G　　D. 只按 B

四、问答题

1. 传输电能时为什么要采用高压送电?

2. 变压器能改变直流电压吗? 如接上直流电压,会发生什么现象,为什么?

3. 简述变压器的工作原理及能量传递过程.

4. 如何正确使用单臂电桥?

5. 兆欧表在使用前如何对其进行检验?

五、技能拓展题

根据本任务教学内容的要求,参观当地变压器(或变压器零部件)的制造企业,完成参观活动的实训报告.

参观活动的实训报告

参观单位					
姓名		班级		参观时间	
收获与感想					
参观过程中的疑问					
建议与设想					

六、任务学习评价

想一想，在预习和查找资料、任务实施、与同学相处、与教师相处等学习活动中学到了什么？知识综合运用能力是否得到提升？团队协作能力是否得到提高？写一写在学习过程中遇到的问题以及解决办法，善于回顾、反思和总结是你成长的捷径.

任务学习心得体会	
年　　月　　日	
任务学习评价	□非常满意　□满意　□不太满意　□不满意
自我提升评价	□非常满意　□满意　□不太满意　□不满意

任务二 单相变压器参数的测定

一、填空题

1. 已知电源频率 f、变压器绕组匝数 N 和通过铁芯的主磁通幅值 Φ_m，则感应电动势 E 的表达式为________________.

2. ________________________叫作变压器的电压变比，降压变压器的变压比______ 1，升压变压器的电压变比 ______ 1.

3. 一次侧绕组为 660 匝的单相变压器，当一次侧电压为 220V 时，要求二次侧电压为 127V，则该变压器二次侧匝数应为________匝.

4. 在功放输出与喇叭连接时，为使喇叭获得最大功率，经变压器使功放输出内阻与喇叭阻抗________，这种方法称作____________.

5. 实际变压器存在_______损耗、______损耗. 对于已制造好的变压器，其_______损耗由电源电压及频率决定，而与负载无关；________损耗随负载电流的增加而很快地增加.

6. 变压器空载试验的目的是测定________、________、________和________等参数.

7. 在铁芯材料和频率一定的情况下，变压器的铁损耗与____________成正比.

8. 变压器的外特性是指变压器的一次侧输入额定电压和二次侧负载______________一定时，二次侧______________与______________的关系.

二、判断题（正确的在括号内打"√"，错误的打"×"）

1. 当变压器的二次侧电流增加时，由于二次侧绕阻磁动势的去磁作用，变压器铁芯中的主磁通将减小. （　）

2. 当变压器的二次侧电流变化时，一次侧电流也跟着变化. （　）

3. 升压变压器的电压变比大于 1. （　）

4. 一单相变压器，额定电压为 10kV/0.23kV，额定电流为 10A/435A，将它接入额定电压运行，一次侧电流一定是 10A. （　）

5. 根据变压器变换电压和变换电流的公式，我们就可判断导线细的为高压绕组. （　）

三、选择题

1. 某变压器额定电压 $U_{1N}/U_{2N}=220V/110V$，今电源电压为 220V，欲将其升高到 440V，可采用（　）.

A. 将二次侧绕组接到电源上，由一次侧绕组输出

B. 将一次侧绕组匝数增加为原来的 4 倍

C. 将一次侧绕组匝数减少为原来的四分之一

2. 变压器的外特性是(　　).

A. 当负载越大,电压变化率 $\Delta U\%$越大

B. 当 $\cos\varphi_2$ 越小,电压变化率 $\Delta U\%$越大

C. 当为感性负载时,$\cos\varphi_2$ 越小,电压变化率 $\Delta U\%$越大

3. 变压器运行时,在电源电压一定的情况下,当负载阻抗增加时,主磁通(　　).

A. 增加　　B. 基本不变　　C. 减小　　D. 不一定

4. 一负载 R_L 经理想变压器接到信号源上,已知信号源的内阻 $R_0=800\Omega$,变压器的电压变比 $K_u=10$. 若该负载折算到一次侧的阻值 R_L' 正好与 R_0 达到阻抗匹配,则负载 R_L 为(　　).

A. 80Ω　　B. 0.8Ω　　C. 8Ω　　D. 800Ω

5. 单相变压器的电压变比为 10,若一次侧绕组接入 36V 的直流电压,则二次侧绕组上的电压为(　　).

A. 3.6V　　B. 360V　　C. 0V　　D. 不能确定

6. 变压器的二次侧绕组额定电压是指一次侧绕组接额定电压时二次侧绕组(　　).

A. 满载时的端电压　　B. 开路时的端电压

C. 满载和空载时端电压的平均值

7. 将 50Hz、220V/127V 的变压器接到 100Hz、220V 的电源上,铁芯中的磁通将(　　).

A. 减小　　B. 增加　　C. 不变　　D. 不能确定

8. 用一台电力变压器向某车间的异步电动机供电,当开动的电动机台数增多时,变压器的端电压将(　　).

A. 升高　　B. 降低

C. 不变　　D. 可能升高,也可能降低

9. 对变压器进行短路试验时,可以(　　).

A. 由短路电压与二次侧短路电流之比确定短路阻抗

B. 测定短路电压

C. 测定额定负载时的铜损耗

D. 以上说法均正确

四、问答题

1. 某变压器的额定频率为 50Hz,若将其用于 25Hz 的交流电路中,能否正常工作?

2. 有一台电压为 220V/110V 的变压器，$N_1=2000$，$N_2=1000$. 有人想省些铜线，将匝数减为 400 和 200，是否也可以？

3. 变压器电压变化率 $\Delta U\%$ 的大小与哪些因素有关？已知变压器的额定电压 $U_{2N}=400V$，实际输出电压 $U_2=380V$，试计算电压变化率 $\Delta U\%$.

4. 做变压器空载和短路试验时，电源电压一般加在哪一侧比较合适？利用变压器空载和短路试验可以测出哪些参数？有什么意义？

五、计算题

1. 单相变压器的一次侧电压 $U_1=380V$，二次侧电流 $I_2=21A$，变比 $K=11$. 试求一次侧电流和二次侧电压.

2. 收音机的输出阻抗为 450Ω，现有 8Ω 的扬声器与其连接，用阻抗变压器使其获得最大输出功率，求输出变压器的变比.

3. 有一台单相照明变压器，额定容量 $S_N=30kV\cdot A$，额定电压 $U_{1N}/U_{2N}=10kV/0.22kV$. 现要在二次侧绕组接上 60W、220V 的白炽灯，问最多可以接几盏？

4. 某多绕组理想变压器如右图所示. 已知 $N_1=1000$ 匝, $N_2=500$ 匝, $N_3=100$ 匝, $R_1=100\Omega$, $R_2=4\Omega$, $U_1=220V$. 试求:

(1) S断开时的 I_1;

(2) S闭合时的 I_1、U_2、U_3.

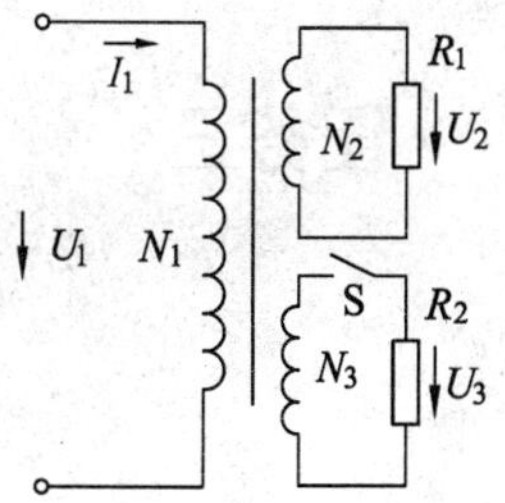

5. 一台额定容量为 500V·A、额定电压为 380V/127V 的控制变压器,二次侧接有 127V、260W、$\cos\varphi=0.5$ 的感性负载,试求一次侧、二次侧的额定电流. 该变压器能否带这一负载长期运行? 为什么?

六、任务学习评价

想一想,在预习和查找资料、任务实施、与同学相处、与教师相处等学习活动中学到了什么? 知识综合运用能力是否得到提升? 团队协作能力是否得到提高? 写一写在学习过程中遇到的问题以及解决办法,善于回顾、反思和总结是你成长的捷径.

<table>
<tr><td colspan="2">任务学习心得体会</td></tr>
<tr><td colspan="2">

年　　月　　日</td></tr>
<tr><td>任务学习评价</td><td>□非常满意　□满意　□不太满意　□不满意</td></tr>
<tr><td>自我提升评价</td><td>□非常满意　□满意　□不太满意　□不满意</td></tr>
</table>

任务三 特殊变压器的应用

一、填空题

1. 自耦变压器的一次侧和二次侧既有__________的联系又有__________的联系.

2. 电流互感器二次侧的额定电流一般为__________A,电压互感器二次侧的额定电压一般为__________V.

3. 电流互感器一次侧绕组的匝数__________,要__________接入被测电路;电压互感器一次侧绕组的匝数__________,要__________接入被测电路中.

4. 电流互感器二次侧严禁________运行,电压互感器二次侧严禁________运行.

5. 用电流变比为200A/5A的电流互感器与量程为5A的电流表测量电流,电流表的读数为4.2A,则被测电流为________A;若被测电流为180A,则电流表的读数应为________A.

6. 用电压变比为10V/0.1V的电压互感器和量程为100V的电压表测量电压,若电压表读数为99.3V,则被测电压为________V;若被测电压为9500V,则电压表的读数应为________V.

7. 电焊变压器作为__________的主要组成部分,是一台特殊的__________变压器.

二、判断题(正确的在括号内打"√",错误的打"×")

1. 自耦变压器绕组公共部分的电流,在数值上等于一次侧和二次侧电流数值之和. (　　)

2. 电流互感器实际上相当于一台处于短路状态的升压变压器. (　　)

3. 互感器既可以用于交流电路,又可以用于直流电路. (　　)

4. 电压互感器实际上相当于一台空载运行的双绕组降压变压器. (　　)

5. 电焊变压器通常采用磁分路法和串联可变电抗法来调节电抗值,以达到调节输出电流的目的. (　　)

6. 外加电抗器式电焊变压器,减小电抗器的气隙,可以增大电抗,电焊变压器输出电流减小. (　　)

7. 电焊变压器具有陡降的外特性,即当负载电流增大时,二次侧输出电压应急剧下降.通常额定运行时的输出电压 U_{2N} 为30V左右. (　　)

三、选择题

1. 自耦变压器不能作为安全电源变压器使用的原因是(　　).

A. 绕组公共部分电流太小　　B. 电压变比为1.2～2,不能增大
C. 一次侧与二次侧有电的联系　　D. 一次侧与二次侧有磁的联系

2. 自耦变压器接电源之前应把自耦变压器的手柄位置调到(　　).
A. 最大值　　B. 中间　　C. 零

3. 电流互感器二次侧回路所接仪表或继电器,必须(　　).
A. 串联　　B. 并联　　C. 混联

4. 决定电流互感器一次侧电流大小的因素是(　　).
A. 二次侧电流　　B. 二次侧所接负载　　C. 电流变比　　D. 被测电路

5. 电流互感器二次侧开路运行的后果是(　　).
A. 二次侧电压为零
B. 二次侧产生危险高压,铁芯过热
C. 二次侧电流为零,促使一次侧电流近似为零
D. 二次侧产生危险高压,变换到一次侧,使一次侧电压更高

6. 动圈式电焊变压器、磁分路动铁式电焊变压器和带可调电抗器的电焊变压器的主要区别在于(　　).
A. 改变漏磁的方法不同　　B. 改变原磁通的方法不同
C. 改变感应磁通的方法不同

7. 带电抗的电焊变压器通过(　　)调节空载电压的大小.
A. 调分接头　　B. 调铁芯　　C. 调电抗器　　D. 调铁芯柱

四、问答题

1. 自耦变压器的结构有什么特点？为什么不能用作安全照明变压器？

2. 简述使用电流互感器和电压互感器时的注意事项.

3. 电压互感器运行时,为什么二次侧绕组不允许短路？电流互感器运行时,为什么二次侧绕组不允许开路？

4. 电焊变压器有哪些性能特点？如何改变漏抗来调节输出电流？试举例说明.

五、计算题

1. 一台单相自耦变压器数据如下：$U_1=220V$，$U_2=180V$，$\cos\varphi=1$，$I_2=400A$. 试计算输入电流 I_1 和公共绕组中的电流 I 以及输出视在功率 S_2.

2. 一台自耦变压器，一次侧电压 $U_1=220V$，一次侧匝数为 660 匝，如果要求二次侧输出 380V 电压，求总匝数. 如果二次侧接有 76Ω 的负载，求各部分绕组中的电流.

3. 用电压变比 $K_u=60$ 的电压互感器来扩大 100V 电压表的量程，其电压表读数为 86V，求被测电路的实际电压.

4. 用电流变比 $K_i=40$ 的电流互感器来扩大 5A 电流表的量程，其电流表读数为 3.6A，求被测电路的实际电流.

5. 配电板用电表一般都按被测电流或电压标度配用相应的电流、电压互感器，就可以直接读出被测电流或电压的数值. 有一块 0～75A 的电流表（配用 75A/5A 的电流互感器）和一块 0～10kV 的电压表（配用 10kV/0.1kV 的电压互感器），它们的读数分别为 62A 及 9.8kV，问电流表和电压表实际的电流和电压各是多少？

六、任务学习评价

想一想，在预习和查找资料、任务实施、与同学相处、与教师相处等学习活动中学到了什么？知识综合运用能力是否得到提升？团队协作能力是否得到提高？写一写在学习过程中遇到的问题以及解决办法，善于回顾、反思和总结是你成长的捷径.

任务学习心得体会	
年　　月　　日	
任务学习评价	□非常满意　□满意　□不太满意　□不满意
自我提升评价	□非常满意　□满意　□不太满意　□不满意

任务四 小型单相变压器的绕制

一、填空题

1. 小型单相变压器的绕制过程一般分六道工艺：________、________、________、________、________、________.

2. 变压器绕组骨架(绕组架)一般有两个作用，除起________的作用外，还对铁芯起到________.

3. 为保证新制作或修理好的变压器的性能指标基本符合使用条件，一般进行________、________、________、________四个方面的检测.

二、判断题(正确的在括号内打“√”，错误的打“×”)

1. 变压器线包的厚度等于绕组的厚度与内层、层间、绕组间以及外包绝缘纸的厚度之和.（　　）

2. 变压器线尾的固定方法是当一组绕组绕制接近结束时，要垫上一条绝缘带的折条，继续绕线到结束，将线尾插入绝缘带的折缝中，抽紧绝缘带，线尾便固定. （　）

3. 制作变压器静电屏蔽层的材料若没有现成铜箔，可用0.12～0.15mm的漆包线密绕一层，一端埋在绝缘层内，一端接地. （　）

4. 变压器各绕组之间和各绕组与铁芯之间均应绝缘. 在业余条件下可用500V或1000V摇表测绝缘电阻. 绝缘电阻大于100MΩ的为合格；小于100MΩ的可能内部受潮，最好浸漆处理后使用；小于10MΩ的可能漏电；绝缘电阻为零时，视为短路. （　）

5. 变压器在运行中有响声，则可能是铁芯未插紧. （　）

6. 变压器铁芯和底板带电，可能的故障原因是引出线裸露部分碰触铁芯或底板. （　）

三、选择题

1. 当变压器一次侧电压加到额定值时，二次侧各绕组间的空载电压允许误差为（　）.

A. ±10%　　B. ±5%　　C. ±15%

2. 当变压器一次侧电压加到额定值时，其空载电流为（　）的额定电流值.

A. 5%～10%　　B. 5%～8%　　C. 8%～10%

3. 变压器绕组的引出线可利用原线绞合后直接引出，其漆包线规格（　）.

A. 线径大于0.2mm　　B. 线径小于0.2mm　　C. 线径小于0.1mm　　D. 无要求

4. 拆卸变压器铁芯的首要工作是（　）.

A. 用锤子轻轻敲断锯条　　B. 烘烤使绝缘软化

C. 夹在台虎钳钳口上　　D. 直接用手取出

5. 若二次侧绕组无电压输出，可能原因是（　）.

A. 一次侧绕组开路或引线脱焊　　B. 电源电压过高

C. 铁芯质量太差

6. 小型单相变压器外层绝缘材料是（　）.

A. 电话纸　　B. 电话纸或电缆纸

C. 电缆纸或青壳纸　　D. 无任何要求

四、问答题

1. 小型单相变压器的绕制过程一般分哪几步？要注意哪些问题？

2. 在绕制变压器时，绕组的线头和线尾应如何处理？

3. 简述硅钢片镶嵌的方法及要求.

4. 对变压器进行测试，包含哪些内容？如何判断变压器质量的好坏？

五、技能拓展题

通过查阅资料并结合变压器的绕制要点，试设计制作一台小型变压器. 已知 $U_{1N}=220V$，$S_N=15V\cdot A$，$U_{2N}=15V$.

(1) 计算线圈的匝数和导线的裸横截面积，确定导线的规格.

(2) 简要说明小型变压器的制作步骤和要求.

六、任务学习评价

想一想，在预习和查找资料、任务实施、与同学相处、与教师相处等学习活动中学到了什么？知识综合运用能力是否得到提升？团队协作能力是否得到提高？写一写在学习过程中遇到的问题以及解决办法，善于回顾、反思和总结是你成长的捷径.

任务学习心得体会	
年　月　日	
任务学习评价	□非常满意　□满意　□不太满意　□不满意
自我提升评价	□非常满意　□满意　□不太满意　□不满意

项目二 三相变压器的使用与维护

项目知识回顾

1. 由于电能在输、配电过程中均需靠变压器来实现，因此变压器效率的高低对降低电能损耗，充分利用能源有着重要的关系. 我国强制推行使用低损耗高效节能变压器.

2. 输、配电系统中的变压器一般均为三相电力变压器，其结构形式目前主要为油浸式，它除了铁芯及绕组外，还有油箱、变压器油、散热冷却装置及保护装置等部分.

3. 变压器铭牌上的主要技术数据有型号、额定容量、额定电压、额定电流、额定频率等.

4. 三相变压器按磁路系统可分为三相组合式变压器和三相心式变压器.

5. 所谓变压器绕组的极性，是指变压器一次、二次侧绕组的感应电动势之间的相位关系. 一次、二次侧绕组产生的感应电动势极性相同的端点称为同名端，用“*”“·”表示. 变压器绕组极性的测定方法有交流法和直流法. 两个绕组串联时必须异名端接在一起；两个绕组并联时必须同名端接在一起，否则会烧坏变压器.

6. 三相变压器的一次、二次侧绕组都可以接成星形或三角形.

三相变压器绕组接法的表示：

一次侧绕组：三角形接法用 D 表示；星形接法用 Y 表示，有中线时用 YN 表示.

二次侧绕组：三角形接法用 d 表示；星形接法用 y 表示，有中线时用 yn 表示.

7. 三相变压器连接组别：反映了三相变压器连接方式及一次、二次侧线电动势（或线电压）的相位关系. 国家标准规定五种常见的连接组，通常用时钟表示法，标号为 Y，yn0（最常用）；Y，d11；YN，d11；YN，y0；Y，y0.

8. 在实际运行时，会遇到几台变压器并联运行的问题. 进行并联运行最关键的一点是变压器的连接组别必须相同，连接组别是由一次和二次侧绕组的连接方式决定的. 除了连接组别相同以外，变压器的一次、二次侧绕组电压应相等，变压器的短路阻抗也应尽量相等.

9. 为了保证变压器能够安全可靠地运行，对变压器应该做定期巡回检查，严格监视其运行状态，发生异常情况时，及时做出相应处理，将故障消除在萌芽状态.

任务一　三相变压器的认识

一、填空题

1. 三相变压器按磁路系统可分为________变压器和________变压器.

2. 变压器的额定容量是指它在额定工作条件下的____________,用______功率表示,单位是________或________.

3. 三相变压器铭牌上标注的额定电压,是指一次、二次侧的________电压值.

4. 某变压器型号为S7-500/10,其中S表示__________,数字500表示____________,10表示________.

5. 所谓温升,是指变压器在额定工作条件下,内部绕组允许的______与______之差.油浸式变压器上层油的温度一般不应该超过______,最高不能超过______.

6. 变压器绕组的极性是指变压器一次、二次侧绕组在同一磁通作用下所产生的感应电动势之间的关系,通常用______来标记.

7. 所谓同名端,是指______________________,一般用______来表示.

8. 变压器绕组正向串联,也叫______,即把两个线圈的______相连,总电动势为两个电动势______,电动势会______.

9. 所谓三相绕组的星形接法,是指把三相绕组的尾端连在一起构成____________,三个首端分别接______的连接方式;三角形接法是把各相______相接构成一个闭合回路,把______接到电源上去.因首尾连接顺序不同,可分为______和______两种接法.

10. 三相变压器二次侧绕组采用星形接法时,如果一相绕组接反,就会使三相电动势______,其中两个线电压等于______,只有一相线电压大小是正常的,因此可以通过测量二次侧线电压的大小来判断______.

11. 对于三相电力变压器,我国国家标准规定了五种标准连接组,它们是:________、________、________、________、________.

12. 连接组别为Y,d3的三相变压器,其一次侧______接法,二次侧为______接法,一次侧线电压超前二次侧线电压______电角度.

13. 将连接组别为Y,d1的三相变压器的二次侧绕组的同名端换成另一端,则其连接组别变为______.

14. 变压器并联运行的条件:(1)________;(2)________;(3)________.

15. 电力变压器是最常用的变压器,目前我国使用量最大的电力变压器是容量在______之间的中小型三相电力变压器.

16. 为了减少轻载或空载状态运行的损耗,三相电力变压器铁芯的材料多采用

____________硅钢片.

17. 我国目前广泛用于住宅区照明动力用电的配电变压器是________________.

二、判断题（正确的在括号内打“√”，错误的打“×”）

1. 热轧硅钢片比冷轧硅钢片的性能更好，磁导率高而损耗小. （　）
2. 一般地说，电力变压器用于改变电压. （　）
3. 变压器的额定容量是指在额定工作情况下二次侧输出的有功功率. （　）
4. 三相心式变压器的铁芯必须接地，且只能有一点接地. （　）
5. 当三角形二次侧绕组接法正确时，其开口电压应该为零. （　）
6. Y，yn0 连接组不能用于三相壳式变压器，只能用于三相心式变压器. （　）
7. 两台三相变压器只要连接组别相同就可以并联. （　）
8. 连接组别不同的变压器是绝对不能并联运行的. （　）

三、选择题

1. 远距离输电，若输送的电功率一定，则电线上损失的电功率（　）.

A. 与输电电压成正比　　B. 与输电电压成反比

C. 与输电电压的平方成正比　　D. 与输电电压的平方成反比

2. 单相变压器一次、二次侧电压的相位关系取决于（　）.

A. 一次、二次侧绕组的同名端

B. 对一次、二次侧出线标记的规定

C. 一次、二次侧绕组的同名端及对一次、二次侧出线标记的规定

3. 变压器二次侧绕组作三角形接法时，为了防止发生一相接反的事故，正确的测试方法是（　）.

A. 把二次侧绕组接成开口三角形，测量开口处有无电压

B. 把二次侧绕组接成闭合三角形，测量其中有无电流

C. 把二次侧绕组接成闭合三角形，测量一次侧空载电流的大小

D. 以上三种方法都可以

4. 变压器二次侧绕组采用三角形接法时，如果一相接反，将会产生的后果是（　）.

A. 没有电压输出　　B. 输出电压升高

C. 输出电压不对称　　D. 绕组烧坏

5. 一台 Y，d 连接组别的变压器，若一次、二次侧绕组的额定电压为 220kV/110kV，该变压器一次、二次侧绕组的匝数比为（　）.

A. 2∶1　　B. $2:\sqrt{3}$　　C. $2\sqrt{3}:1$

6. 一台 Y，d11 连接组别的变压器，若每相一次、二次侧绕组匝数比为$\frac{\sqrt{3}}{4}$，则一次、二次侧额定电流之比是（　）.

A. $\sqrt{3}:4$　　B. 3∶4　　C. 4∶3

7. 同一台 Y，d11 连接组别的变压器，改接成为 Y，y12 连接组别后，其输出电压和电流

及功率与原来相比较(　　).

A. 电压不变,电流减小,功率减小

B. 电压降低,电流增大,功率不变

C. 电压升高,电流减小,功率不变

D. 电压降低,电流不变,功率减小

8. 二次侧额定电流分别为1500A和1000A的两台变压器并联运行,当前一台的输出电流为1000A时,后一台的输出电流为900A,试判断这两台变压器是否满足并联运行的条件(　　).

A. 完全满足

B. 电压变比相差过大

C. 短路电压相差过大

D. 连接组别不同

9. 两台变压器并联运行,空载时二次侧绕组中有一定大小的电流,其原因是(　　).

A. 短路电压不相等

B. 电压变比不相等

C. 连接组别不同

D. 并联运行的条件全部不满足

四、问答题

1. 三相油浸式电力变压器主要由哪几部分组成?各部分的作用是什么?

2. 三相变压器有哪两种结构?它们的磁路有什么区别?常用哪一种?为什么?

3. 变压器绕组的极性测定中,一般采用什么方法?试简述用交流法判定单相变压器绕组的同名端的原理.

4. 什么叫三相变压器的连接组?常用连接组有哪几种?

5. 什么叫变压器的并联运行?研究并联运行有什么实用意义?

6. 变压器并联运行必须满足哪些条件?

五、计算题

1. 一台三相电力变压器的电压变化率 $\Delta U\%=5\%$,要求该变压器在额定负载下输出的相电压为 $U_2=220$V,求该变压器二次侧绕组的额定相电压 U_{2N}.

2. 一台三相变压器,额定容量 $S_N=400$kV·A,一次、二次侧的额定电压 $U_{1N}/U_{2N}=$ 10kV/0.4kV,一次侧绕组为星形接法,二次侧绕组为三角形接法.

(1) 求一次、二次侧绕组的额定电流;

(2) 在额定工作的情况下,求一次、二次侧绕组实际流过的电流;

(3) 已知一次侧每相绕组的匝数是 150 匝,问二次侧每相绕组的匝数应为多少?

3. 一台三相变压器一次侧绕组的每相匝数 $N_1=2080$ 匝,二次侧绕组的每相匝数 $N_2=$ 1280 匝.如果将一次侧绕组接在 10kV 的三相电源上,试分别求当变压器作 Y,y0 及 Y,d1 两种接法时二次侧绕组的线电压.

六、任务学习评价

想一想，在预习和查找资料、任务实施、与同学相处、与教师相处等学习活动中学到了什么？知识综合运用能力是否得到提升？团队协作能力是否得到提高？写一写在学习过程中遇到的问题以及解决办法，善于回顾、反思和总结是你成长的捷径.

任务学习心得体会	
年　月　日	
任务学习评价	□非常满意　□满意　□不太满意　□不满意
自我提升评价	□非常满意　□满意　□不太满意　□不满意

任务二　三相变压器的运行维护

一、填空题

1. 变压器在运行过程中，可能会发生各种不同的故障，变压器常见的故障主要有________、________、________和________等.

2. 变压器正常工作时声音应是均匀的嗡嗡声，如果声音较正常时重，说明此时变压器________运行.

3. 变压器的各种故障中，绕组故障大约占到总数的60%～70%，绕组故障主要有________、________和________等.

4. 检查变压器油的温度是否超过允许值，油浸式变压器上层油的温度一般不应该超过________，最高不能超过________.

二、判断题(正确的在括号内打"√",错误的打"×")

1. 油浸式变压器油温过高可能是由变压器过负载引起的,也可能是变压器内部存在故障. ( )

2. 测量变压器绕组的直流电阻,可查出匝间短路、断路、引线与套管接触不良等. ( )

3. 非晶合金油浸式变压器铁芯已不再用传统的硅钢片制作,而是采用铁基、铁镍基、钴基等非晶带材料制作. ( )

4. 将组别不同(设并联运行的其他条件皆满足)的变压器并联运行,一定会烧坏变压器. ( )

5. 变压器的并联运行就是指几台变压器的一次、二次侧绕组分别连接到一次、二次侧的公共母线上,共同负载供电的运行方式. ( )

6. 严重漏油使油面下降,并低于油位计的指示限度,应立即退出运行并进行检查修理. ( )

7. 变压器油正常时应为透明略带浅黄色. ( )

8. 对于6～10kV的电力变压器,油温为50℃～60℃时绝缘电阻要求是45～24MΩ. ( )

三、选择题

1. 对于6～10kV的电力变压器,油温为10℃～20℃时绝缘电阻要求是( ).

A. 600～300MΩ　　B. 150～80MΩ

C. 45～24MΩ　　D. 13～8MΩ

2. 造成变压器绕组对地击穿或相间短路的故障,不可能的原因是( ).

A. 过电压引起绝缘击穿　　B. 引线随导电杆转动造成接地

C. 绝缘油受潮,使绝缘能力严重下降　　D. 导线接头焊接不良、出线端焊接不良

四、问答题

1. 简述电力变压器运行中的日常维护内容.

2. 电力变压器出现异常运行,应如何处理?

五、任务学习评价

想一想，在预习和查找资料、任务实施、与同学相处、与教师相处等学习活动中学到了什么？知识综合运用能力是否得到提升？团队协作能力是否得到提高？写一写在学习过程中遇到的问题以及解决办法，善于回顾、反思和总结是你成长的捷径.

任务学习心得体会	
年 月 日	
任务学习评价	□非常满意 □满意 □不太满意 □不满意
自我提升评价	□非常满意 □满意 □不太满意 □不满意

项目三 直流电机的使用与维修

项目知识回顾

1. 直流电机具有可逆性，一台直流电机是工作在发电机状态，还是工作在电动机状态，取决于电机的运行条件.

2. 直流电动机是一种将电能变换为机械能的旋转机械，其主要优点是具有良好的启动性能和调速性能，缺点是制造工艺复杂，运行可靠性差，维护也较困难.

3. 直流电动机的基本工作原理是：载流导体在磁场中受到电磁力作用. 直流电动机的电枢电动势 E_a 与电枢电流 I_a 方向相反，故称 E_a 为反电动势，而且 $E_a<U$，这是判别直流电机是否处于电动状态的依据. 直流电动机的基本方程式是：$E_a=C_e\Phi n$、$T=C_T\Phi I_a$、$U=E_a+R_aI_a$ 及 $P_2=P_1-\sum P$，它们是研究直流电动机的特性的基础.

4. 直流电动机由静止的磁极和旋转的电枢两部分组成，两者之间有空气隙，使电动机中的磁与电有相对运动，进行电能与机械能的转换.

5. 电枢绕组是直流电动机的心脏，能量转换就是在这里进行的. 电枢绕组的两种基本形式为单叠绕组和单波绕组.

6. 直流电动机的机械特性 $n=f(T)$，表示电动机的输出转矩和转速之间的关系. 并励（他励）电动机的机械特性为硬特性，即电动机的转速随转矩的增加稍有下降. 串励电动机的机械特性为软特性，即电动机的转速随转矩增加迅速下降.

7. 直流电动机一般不允许直接启动，必须减小电源电压或在电枢回路串电阻 R_{st} 启动.

8. 欲使直流电动机反转，可改变磁通方向或改变电枢电流的方向，二者中仅改变其一即可. 并励直流电动机通常是通过改变电枢电流的方向使电动机反转的.

9. 直流电动机的调速有三种方法：改变电源电压 U 调速、减小主磁通 Φ 调速、在电枢回路中串电阻调速. 因改变电源电压调速性能好，目前广泛采用改变电源电压 U 调速.

10. 直流电动机的电气制动，按其产生电磁制动转矩的方法不同，可分为再生制动、能耗制动和反接制动等几种. 它们各在不同的场合下采用.

11. 直流电动机在负载情况下运行，主磁场和电枢磁场同时存在，它们之间互相影响，电枢磁场对主磁场的影响称为电枢反应. 电枢反应的作用不仅使电动机内气隙磁场发生畸变，而且还存在去磁作用. 电枢反应对直流电动机是不利的，必须采取措施来减少电枢反应的影响.

12. 直流电动机经常性的维护和监视工作，是保证电动机正常运行的重要条件. 做好直流电动机的维护及检修工作，对提高生产效率、预防事故的发生具有非常重要的意义.

任务一　直流电机的认识

一、填空题

1. 电机是一种实现______与________相互转换的电磁装置，其运行原理基于电磁感应定律.

2. 直流电动机虽然________复杂，但它具有优良的__________性能和__________性能，是交流异步电动机所不可比拟的.

3. 直流电动机由_________和___________两大部分组成. 电动机定子与转子之间的空隙，称为____________，在小容量电机中，气隙约为 0.5～3mm.

4. 直流电机主磁极的作用是产生____________，它主要由____________和____________两大部分组成. 对于功率很小的直流电机，它的主磁极也可用永久磁铁制造.

5. 直流电机按其工作原理的不同可分为__________和__________两大类. 把机械能转变成直流电能输出的电机称为________，而将直流电能转变成机械能输出的电机称为____________.

6. 直流电机在运行中是可逆的，即一台直流电机既可以作为______________运行，也可以作为______________运行.

7. 直流电动机的励磁方式是指________产生的方式. 直流电机主磁场的获得通常有两种情况：一种是由________产生，称为永磁电动机；另一种是________通入直流电产生，根据主磁极绕组与电枢绕组连接方式的不同，可分为________、________、________、________.

二、判断题（正确的在括号内打“√”，错误的打“×”）

1. 发电机的基本原理是导线切割磁感线产生感应电动势，电动机的基本原理是载流导体在磁场中受电磁力的作用.（　　）

2. 他励直流电动机的励磁绕组和电枢绕组由同一电源供电.（　　）

3. 直流电动机的定子又称电枢.（　　）

4. 直流电动机的额定功率是指输入的电功率.（　　）

5. 直流电动机与交流电动机相比，它具有优良的调速性能和启动性能.（　　）

6. 不论是直流发电机还是直流电动机，电磁转矩的方向总是和电机的旋转方向一致.（　　）

7. 直流电机的额定电流 I_N 不论是对发电机，还是对电动机，都是指流过电枢绕组中的电流.（　　）

8. 直流发电机在电枢绕组元件中产生的是交流电动势，只是由于加装了换向器和电刷

装置，才能输出直流电.（　　）

9. 直流电动机的换向器是把流过电刷两端的直流电流变成电枢绕组的交流电流，因此可直接给电枢绕组通入交流电，取消换向器.（　　）

10. 直流电机的额定功率 P_N 对发电机来讲是指输出的电功率，对电动机来讲则是指输入的电功率，它们都可用 $P_N=U_N \cdot I_N$ 来计算.（　　）

三、选择题

1. 直流电动机的主磁场是指（　　）.
A. 主磁极产生的磁场　　B. 电枢电流产生的磁场
C. 换向极产生的磁场

2. 直流电动机铭牌上的额定电流是（　　）.
A. 额定电枢电流　　B. 额定励磁电流
C. 电源输入电动机的电流

3. 直流电动机转子的主要部分是（　　）.
A. 电枢　　B. 主磁极　　C. 换向极　　D. 电刷

4. 适用于制作直流电机铁芯的材料是（　　）.
A. 软磁材料　　B. 硬磁材料
C. 矩磁材料　　D. 顺磁材料

5. 直流电动机在旋转一周的过程中，某一个绕组元件（线圈）中通过的电流是（　　）.
A. 直流电流　　B. 交流电流
C. 互相抵消正好为零

6. 换向器在直流发电机中起（　　）的作用.
A. 交流电变直流电　　B. 直流电变交流电
C. 保护电刷　　D. 产生转子磁通

四、问答题

1. 简述直流发电机和直流电动机的工作原理，并说明什么叫直流电机的可逆原理.

2. 直流电动机由哪些主要部件组成？它们各起什么作用？

3. 直流电动机按励磁方式不同可以分成哪几类？各有什么特点？

4. 直流电机的换向器和电刷构成换向装置，它在直流发电机和直流电动机中各起什么作用？

5. 直流电机有哪些优缺点？应用于哪些场合？试举例说明.

五、计算题

1. 一台直流发电机，$P_N=10\text{kW}$，$U_N=110\text{V}$，$n_N=1450\text{r/min}$，$\eta_N=85\%$. 求额定电流 I_N.

2. 一台直流电动机，$P_N=20\text{kW}$，$U_N=220\text{V}$，$n_N=1500\text{r/min}$，$\eta_N=88\%$. 求额定输入功率 P_{1N}、额定电流 I_N 和额定输出转矩 T_{2N}.

六、任务学习评价

想一想，在预习和查找资料、任务实施、与同学相处、与教师相处等学习活动中学到了什么？知识综合运用能力是否得到提升？团队协作能力是否得到提高？写一写在学习过程中遇到的问题以及解决办法，善于回顾、反思和总结是你成长的捷径.

任务学习心得体会	
年　月　日	
任务学习评价	□非常满意　□满意　□不太满意　□不满意
自我提升评价	□非常满意　□满意　□不太满意　□不满意

任务二　直流电动机的启动

一、填空题

1. 直流电动机产生的感应电动势方向与外加电源电压的方向________，因此称为________，与电源电压相平衡.

2. 他励直流电动机的励磁电流由________供电，因此励磁电流的大小与电机本身的端电压大小________.

3. 对于已经制造好的直流电机，其电磁转矩 T 的大小正比于________和________，通过调节励磁电流 I_f 的大小和电枢电流 I_a 的大小都可以达到改变________大小的目的.

4. 直流电动机的损耗功率包括________损耗和________损耗两部分，其中空载损耗又包括________损耗和________损耗等.

5. 电动机的效率是指它的________功率与________功率之比，并用百分数表示.

6. 直流电动机接通电源，转子由________状态逐渐加速到________的过程称为启动.

7. 直流电动机启动瞬间转速为零，________也为零，加之电枢电阻又很小，所以启动电流很大，可达额定电流的________倍.

8. 直流电动机限制启动电流的启动方法有________启动和________启动两种.

9. 改变直流电动机旋转方向的方法有：(1) 将________反接，使励磁电流方向改变；(2) 将＿＿＿＿＿反接，使电枢电流方向改变.

二、判断题(正确的在括号内打"√"，错误的打"×")

1. 使用并励直流电动机时，若发现转向不对，将接到电源的两根线对调一下即可.　(　　)

2. 直流发电机运行时，输出端电压 U 总是小于电枢电动势 E_a.　(　　)

3. 直流电机在电动状态下运行时，电枢电动势 E_a 总是小于端电压 U.　(　　)

4. 直流电动机一般不允许直接启动，而要在电枢电路中串入启动电阻以限制启动电流，启动电流越小越好.　(　　)

5. 直流电动机的输入电功率，扣除空载损耗以后，即为电动机的输出机械功率.　(　　)

6. 并励直流电动机启动时，应先将励磁回路电阻由小往大调节.　(　　)

三、选择题

1. 为了保证拖动系统顺利启动，直流电动机启动时，一般都要通过串入电阻或降低电压等方法把启动电流控制在(　　)额定电流范围内.

A. <2 倍　　B. ≤1.1～1.2 倍

C. ≥1.1～1.2 倍　　D. ≤2～2.5 倍

2. 改变并励直流电动机的旋转方向，一般采用(　　).

A. 磁场反接法　　B. 电枢反接法

C. 磁场和电枢绕组全反接

3. 直流电动机运行于电动机状态时的电磁转矩是(　　).

A. 拖动转矩，靠它向外输出机械功率　　B. 制动转矩，其方向与转动方向相反

C. 电源输入电动机的电流

4. 为了改变电动机的转动方向，下述采取的措施正确的是(　　).

A. 改变电源电压的大小

B. 改变通过线圈的电流的大小

C. 改变通过线圈的电流方向

D. 对调 N、S 两磁极位置，同时对调电源正、负极

四、问答题

1. 启动直流电动机前，电枢回路调节电阻 R_{pa} 和励磁回路调节电阻 R_{pf} 的阻值应分别调到什么位置？

2. 直流电动机停机时，应该先切断电枢电源，还是先断开励磁电源？

3. 直流电动机中，电动势和电磁转矩的大小分别与哪些因素有关？

4. 如何根据直流电机内部电压与电动势的大小关系来确定电机的运行状态？

5. 当并励直流电动机的机械负载减小时，它的转速、电枢反电动势和电枢电流有何变化？为什么？

6. 说明直流电动机输入功率 P_1、电磁功率 P、输出功率 P_2 的含义. 这三个物理量之间有何关系？

五、计算题

1. 并励直流电动机额定数据为 $P_{2N}=P_2=10\text{kW}$，$U_N=110\text{V}$，$n_N=1100\text{r/min}$，$\eta=0.909$，电枢绕组电阻 $R_a=0.02\Omega$，励磁回路电阻 $R_f=55\Omega$. 求：

(1) 额定电流 I_N、电枢电流 I_a、励磁电流 I_f；

(2) 铜损耗 P_{Cu} 及空载损耗；

(3) 额定转矩 T_N；

(4) 反电动势 E_a.

2. 一台额定功率 $P_N=20\text{kW}$ 的他励直流电动机，其额定电压 $U_N=230\text{V}$，$U_{fN}=180\text{V}$，额定转速 $n_N=1500\text{r/min}$，电枢回路总电阻 $R_a=0.15\Omega$，励磁回路总电阻 $R_f=75\Omega$. 已知机械损耗和铁损耗 $P_\Omega+P_{Fe}=1\text{kW}$. 求额定负载情况下各绕组的铜损耗、电磁功率、总损耗和输入的机械功率 P_1.

3. 有一台 ZD 型 100kW 的他励直流电动机，$U_N=220V$，$I_N=517A$，$n_N=1200r/min$，$R_{总}=0.05\Omega$，空载损耗 $P_0=2kW$. 试求：

(1) 电动机的效率 η；

(2) 电磁功率 P；

(3) 输出转矩 T_2.

4. 一台并励直流电动机，$P_N=12kW$，$U_N=220V$，$I_N=64A$，$n_N=685r/min$，$R_a=0.296\Omega$. 若直接启动，启动电流约为额定电流的几倍？如果将启动电流限制为 $2.5I_N$，应与电枢串联多大的启动电阻 R_{pa}？

六、任务学习评价

想一想，在预习和查找资料、任务实施、与同学相处、与教师相处等学习活动中学到了什么？知识综合运用能力是否得到提升？团队协作能力是否得到提高？写一写在学习过程中遇到的问题以及解决办法，善于回顾、反思和总结是你成长的捷径.

任务学习心得体会	
年　　月　　日	
任务学习评价	□非常满意　□满意　□不太满意　□不满意
自我提升评价	□非常满意　□满意　□不太满意　□不满意

任务三 直流电动机的调速

一、填空题

1. 直流电动机的机械特性曲线是指在____________、__________和__________都等于常数的条件下，__________与____________间的关系曲线.

2. 他励直流电动机调速方法有__________、__________和__________三种.

3. 直流电动机削弱磁场调速时，转速 n 随励磁电流 I_f 的减小而__________，但最高转速通常控制在_____倍额定转速以下.

4. 直流电动机调速时，转速 n 随电枢回路电阻 R_{pa} 的增加而__________，其机械特性将会__________.

5. 并励直流电动机具有________机械特性，当负载转矩增大时，转速____________________，这种特性适用于当负载变化时要求______________的场合.

6. 串励直流电动机具有________机械特性，即当负载转矩变化时，转速下降_______，并且轻载或空载时转速__________. 这种特性适用于____________且不能__________的场合.

二、判断题（正确的在括号内打"√"，错误的打"×"）

1. 改变励磁回路电阻调速法可自由地增大或减小转速，是一种应用非常广的调速方法. （ ）

2. 在并励直流电动机电枢回路中的启动电阻，除启动时可用来限制启动电流外，运行时调节此电阻，又可起到调速作用. （ ）

3. 并励直流电动机励磁回路断开时会造成"飞车"事故. （ ）

4. 并励直流电动机从空载增加到额定负载时转速下降不多. （ ）

三、选择题

1. 并励直流电动机改变电源电压调速，是指（ ）.

A. 改变励磁电压，电枢电压仍为额定值

B. 改变电枢电压，励磁电压仍为额定值

C. 同时改变励磁、电枢电压

2. 当负载转矩一定时，在串励直流电动机的励磁绕组两端并联一定阻值的电阻，那么电动机的转速将会（ ）.

A. 不变　　B. 下降　　C. 上升

3. 当直流电动机输出机械功率增大时，电动机的电枢电流和所需的电功率也必然随之增大，此时转速（ ）.

A. 上升　　B. 下降　　C. 不变

4. 他励直流电动机的负载转矩一定时，若在电枢回路串入一定的电阻，则其转速将(　　).

A. 上升　　B. 下降　　C. 不变

5. 串励直流电动机负载增大时，其转速下降很多，其机械特性称为(　　)特性.

A. 硬　　B. 较软　　C. 软　　D. 较硬

6. 并励直流电动机的机械特性为硬特性，当电动机负载增大时，其转速(　　).

A. 下降很多　　B. 下降很少　　C. 不变　　D. 略有上升

7. 串励直流电动机具有“软”机械特性，因此适用于(　　).

A. 转速要求基本不变的场合　　B. 转矩要求基本不变的场合

C. 输出功率基本不变的场合

四、问答题

1. 电力拖动系统一般由哪几部分组成？

2. 直流电动机在轻载或额定负载时，增大电枢回路中调节电阻 R_{pa} 的阻值，电动机的转速如何变化？增大励磁回路中调节电阻 R_{pf} 的阻值，转速又如何变化？

3. 当直流电动机的负载转矩和电枢电压不变时，减小励磁电流，为什么会引起转速的升高？

4. 串励直流电动机的机械特性有什么特点？

5. 为什么串励直流电动机决不允许空载启动？而并励直流电动机在使用中决不允许励磁绕组开路？如出现上述情况，将产生什么后果？

6. 直流电动机的调速方法有哪三种？各有何特点？

五、任务学习评价

想一想，在预习和查找资料、任务实施、与同学相处、与教师相处等学习活动中学到了什么？知识综合运用能力是否得到提升？团队协作能力是否得到提高？写一写在学习过程中遇到的问题以及解决办法，善于回顾、反思和总结是你成长的捷径.

任务学习心得体会	
年　　月　　日	
任务学习评价	□非常满意　□满意　□不太满意　□不满意
自我提升评价	□非常满意　□满意　□不太满意　□不满意

任务四　直流电动机的制动

一、填空题

1. 直流电动机常用的制动方法有：__________制动、__________制动、__________制动等.

2. 反接制动时，当电动机转速接近于______时，应及时___________，防止___________.

3. 能耗制动过程的物理意义是，电动机由生产机械和自身的______作用拖动发电，把生产机械和电动机储存的_________转换为__________，再消耗在电枢回路的电阻 R_a 和 R_b 上，所以称为能耗制动.

4. 再生制动多用于直流电动机拖动位能负载时的转速_______场合，此时电动机处于_____________运行状态，因电磁转矩与_____________相反，对电动机起制动作用.

二、判断题（正确的在括号内打"√"，错误的打"×"）

1. 制动的方式很多，最简单的方法就是用机械抱闸，依靠摩擦力把电动机制动，该方式称为机械制动.（　　）

2. 电气制动的优点是制动转矩大，制动强度比较容易控制.（　　）

3. 若直流电动机转速 n 高于理想空载转速 n_0，直流电动机就处于发电状态.（　　）

4. 并励直流电动机在进行电枢反接制动时，应同时在电枢电路串入适当的电阻，否则其电枢反向制动电流将达到近乎两倍的直接启动电流值，电动机将受到损伤.（　　）

三、选择题

1. 在对直流电动机进行制动的所有方法中，最经济的制动是（　　）.

A. 机械制动　　B. 回馈制动　　C. 能耗制动　　D. 反接制动

2. 他励直流电动机要多次启动和停止，注意每次启动直流电动机时，都要将（　　）调至最小，（　　）调至最大；先接通（　　），再接通（　　）.

A. 励磁电源开关　　B. 励磁调节电阻 R_{pf}

C. 电枢电源开关　　D. 电枢调节电阻 R_{pa}

3. 直流电动机采用能耗制动是利用励磁电流产生的（　　）磁通，进而产生感生电动势，致使电动机制动.

A. 交变　　B. 正弦　　C. 恒定　　D. 脉动

4. 直流电动机反接制动时，电枢电流很大，这是因为（　　）.

A. 电枢反电动势大于电源电压　　B. 电枢反电动势为零

C. 电枢反电动势与电源电压同方向

四、问答题

1. 直流电动机常用的制动方法有哪几种？各有何特点？

2. 试阐述能耗制动的工作原理.

3. 试阐述反接制动的工作原理.

五、任务学习评价

想一想，在预习和查找资料、任务实施、与同学相处、与教师相处等学习活动中学到了什么？知识综合运用能力是否得到提升？团队协作能力是否得到提高？写一写在学习过程中遇到的问题以及解决办法，善于回顾、反思和总结是你成长的捷径.

<table>
<tr><td colspan="2">任务学习心得体会</td></tr>
<tr><td colspan="2">

年　　月　　日</td></tr>
<tr><td>任务学习评价</td><td>□非常满意　□满意　□不太满意　□不满意</td></tr>
<tr><td>自我提升评价</td><td>□非常满意　□满意　□不太满意　□不满意</td></tr>
</table>

任务五　直流电动机的检修

一、填空题

1. 直流电动机的电枢反应是指__________对__________的影响，它不论对直流电动机或还是对直流发电机都将带来__________的影响.

2. 直流电动机改善换向的方法有________、________、________、________，其中改善换向最有效的方法是__________.

3. 直流电动机在电刷与换向器表面产生的火花通常可分________、________、________、________、________五个等级，在正常运行情况下，火花等级不应大于________.

4. 电枢反应对直流电动机带来的影响是使电动机的__________有所减小，并使电刷与换向器表面的火花__________.

二、判断题（正确的在括号内打"√"，错误的打"×"）

1. 不论是直流发电机还是直流电动机，其换向绕组都应与主磁极绕组串联.　（　　）

2. 换向器在负载下经长期无火花运转后，在表面产生一层褐色有光泽的坚硬薄膜，这是正常现象，它能保护换向器的磨损，这层薄膜必须加以保护，不能用砂布摩擦.　（　　）

3. 若换向器表面出现粗糙、烧焦等现象时可用 0 号砂布在旋转着的换向器表面进行细致研磨.　（　　）

三、选择题

1. 对于装有换向极的直流电动机，为了改善换向，应将电刷（　　）.

A. 放置在几何中性线上　　B. 放置在物理中心线上

C. 顺转向移动一角度　　D. 逆转向移动一角度

2. 金属石墨电刷具有良好的（　　），且载流量大.

A. 导电性　　B. 绝缘性　　C. 耐热性　　D. 耐磨性

3. 直流电动机的电刷因磨损而需更换时应（　　）电刷.

A. 选用较原电刷硬些的　　B. 选用较原电刷软一些的

C. 选用与原电刷牌号相同的　　D. 随意选一种

4. 直流电动机中的电刷是为了引导电流，在实际应用中应采用（　　）电刷.

A. 石墨　　B. 铜质　　C. 银质　　D. 铁质

5. 在直流电机中，为了改善换向，需要装置换向极，其换向极绕组应与（　　）.

A. 主磁极绕组串联　　B. 主磁极绕组并联

C. 电枢串联　　　　　　　　　　　　　　D. 电枢并联

四、问答题

1. 什么叫电枢反应？电枢反应对直流电动机工作有什么影响？

2. 直流电动机的电刷与换向器之间产生火花的原因有哪些？

3. 直流电动机在使用过程中定期进行检查时应特别注意哪些事项？

4. 阐述常见的直流电动机的故障现象及引起的原因.

五、任务学习评价

想一想，在预习和查找资料、任务实施、与同学相处、与教师相处等学习活动中学到了什么？知识综合运用能力是否得到提升？团队协作能力是否得到提高？写一写在学习过程中遇到的问题以及解决办法，善于回顾、反思和总结是你成长的捷径.

任务学习心得体会	
年　月　日	
任务学习评价	□非常满意　□满意　□不太满意　□不满意
自我提升评价	□非常满意　□满意　□不太满意　□不满意

项目四　三相异步电动机的认识与使用

项目知识回顾

1. 三相异步电动机由定子和转子两大基本部分构成，根据转子结构不同可分为鼠笼式和绕线式两种. 鼠笼式结构简单、维护方便，应用最为广泛；绕线式电动机的转子可外接变阻器，启动和调速性能较好.

2. 旋转磁场的旋转方向与通入定子绕组的电流相序一致. 只要把接在定子绕组上的三根电源线中的任意两根对调，即可改变通入三相绕组中的电流相序. 旋转磁场的旋转速度称为同步转速.

3. 三相定子绕组通入三相交变电流后在电动机定子和转子的气隙中产生旋转磁场，由于转子与旋转磁场之间的相对运动，使转子受到磁场力作用，磁场力对转轴形成电磁转矩，从而驱使转子顺着旋转磁场的旋转方向而转动起来.

4. 转差率是分析异步电动机运行情况的一个重要参数，它能反映异步电动机的各种运行情况.

5. 三相异步电动机的机械特性是指电动机的转速 n 与电磁转矩 T 之间的关系. 三相异步电动机的机械特性曲线分为稳定区和不稳定区两段，电动机正常运行时在稳定区工作，能适应负载的变化自动调整转速和转矩，维持稳定运行. 电磁转矩 T 与转差率 s 有关，定子每相电压 U_1、转子电阻 R_2 是影响电磁转矩 T 的两个重要因素. 绕线式异步电动机就是通过改变转子电阻 R_2 从而改变电动机的电磁转矩的.

6. 电动机的最大转矩和启动转矩是衡量电动机的过载能力和启动性能的两个重要标志. 额定转矩是电动机轴上输出转矩的最大允许值. 最大转矩和启动转矩越大，则电动机的过载能力越强，启动性能越好.

7. 对三相异步电动机进行检查和试验的内容一般包括绝缘电阻的测定、直流电阻的测定、耐压试验、空载试验等. 只有检查合格的电动机，方可使用.

任务一 三相异步电动机的拆装

一、填空题

1. 交流电机是实现__________和__________之间相互转换的一种机械，交流电机按其功能可分为交流__________和交流__________两大类.

2. 交流电动机按工作原理可分为__________电动机和__________电动机两大类.目前应用最广泛的是__________电动机.

3. 三相异步电动机的主要组成部分为__________、__________、__________及__________、__________、__________等.

4. 三相异步电动机定子铁芯一般用 0.35～0.5mm 厚表面涂有__________的__________叠装而成，在硅钢片的内圆冲有均匀分布的槽，以嵌放__________.

5. 三相异步电动机转子绕组根据结构不同可分为__________和__________两种.

6. 转子是三相异步电动机的__________部分，由__________、__________和__________等组成.转子绕组的作用是产生__________和__________，并在旋转磁场的作用下产生__________而使转子转动.

二、判断题(正确的在括号内打“√”，错误的打“×”)

1. 三相定子绕组在空间上互差 120°电角度. (　　)
2. 额定功率是指三相电动机工作在额定状态时轴上所输出的机械功率. (　　)
3. 额定转速表示三相电动机在额定工作情况下运行时每秒的转速. (　　)
4. 我国规定标准电源频率(工频)为 50Hz. (　　)
5. 三相异步电动机的额定电压和额定电流是指电动机的输入线电压和线电流. (　　)
6. 三相异步电动机的机座与直流电机机座一样必须用导磁材料制造. (　　)
7. 只要看国产三相异步电动机型号中的最后一个数字，就能估算出该电动机的转速. (　　)

三、选择题

1. 鼠笼式异步电动机在运行时，转子导体中有感应电动势及电流存在，因此转子导体与转子铁芯之间(　　).

A. 需用绝缘材料加以绝缘　　B. 只需浸绝缘漆绝缘

C. 不必绝缘

2. 三相异步电动机的定子铁芯及转子铁芯采用硅钢片叠压而成的原因是(　　).

A. 减少铁芯中的能量损耗　　B. 允许电流通过

C. 价格低廉、制造方便

3. 鼠笼式三相异步电动机的转子铁芯一般都采用斜槽结构，是为了(　　).

A. 改善电动机的启动及运行性能　　B. 增加转子导体的有效长度

C. 简化制造工艺

4. 国产小功率鼠笼式三相异步电动机的转子导体结构采用最广泛的是(　　).

A. 铜条结构转子　　B. 铸铝转子

C. 深槽式转子

5. 欲将三相异步电动机的定子绕组接成星形，下图正确的是(　　).

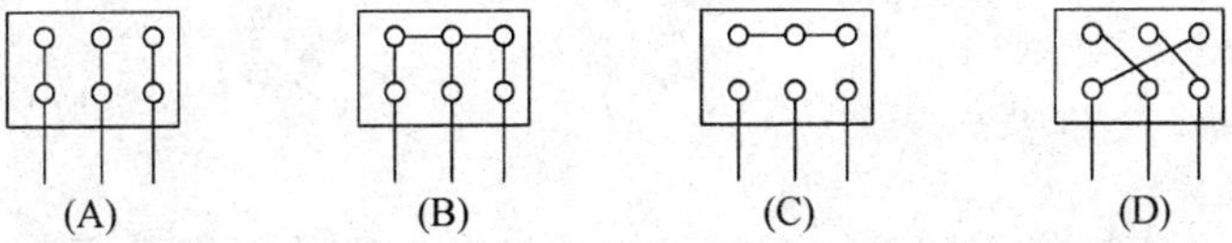

6. 在上题中，欲将三相异步电动机的定子绕组接成三角形，正确的连接是(　　).

A. (A)图　　B. (B)图　　C. (C)图　　D. (D)图

7. 某三相异步电动机的铭牌参数如下：$U_N=380V$，$I_N=15A$，$P_N=7.5kW$，$n_N=960r/min$，$f_N=50Hz$. 对这些参数的理解，下列说法正确的是(　　).

A. 电动机正常运行时三相电源的相电压为 380V

B. 电动机额定运行时每相绕组中的电流为 15A

C. 电动机额定运行时电源向电动机输入的电功率为 7.5kW

D. 电动机额定运行时同步转速比实际转速快 40r/min

四、问答题

1. 鼠笼式三相异步电动机主要由哪些部分组成？各部分的作用是什么？

2. 为什么三相异步电动机的定子铁芯等用 0.35～0.5mm 厚表面涂有绝缘漆的薄硅钢片叠压而成？

3. 常用的鼠笼式转子有哪两种？为什么鼠笼式转子的导电条都做成斜的？

4. 线绕式三相异步电动机的转子绕组和鼠笼式异步电动机的转子绕组有什么区别？

5. 简述三相异步电动机型号 Y112S-2 的含义.

6. 拆卸一台电动机前应作好哪些标记？拆装三相异步电动机时要注意哪些问题？

五、计算题

1. 某三相异步电动机的铭牌数据如下：$U_N=380V$，$I_N=15A$，$P_N=7.5kW$，$\cos\varphi_N=0.38$，$n_N=960r/min$. 试求电动机的额定效率 η_N.

2. 一台三角形连接的 Y132M-4 型三相异步电动机的额定数据如下：$P_N=7.5kW$，$U_N=380V$，$n_N=1440r/min$，$\cos\varphi_N=0.82$，$\eta_N=88.2\%$. 试求该电动机的额定电流和对应的相电流.

六、任务学习评价

想一想，在预习和查找资料、任务实施、与同学相处、与教师相处等学习活动中学到了什么？知识综合运用能力是否得到提升？团队协作能力是否得到提高？写一写在学习过程中遇到的问题以及解决办法，善于回顾、反思和总结是你成长的捷径.

任务学习心得体会	
年　　月　　日	
任务学习评价	□非常满意　□满意　□不太满意　□不满意
自我提升评价	□非常满意　□满意　□不太满意　□不满意

任务二 三相异步电动机的简单使用

一、填空题

1. 若向空间互差______的三相定子绕组中通入____________________,则在电动机定子、转子及空气隙中即产生一个沿定子内圆旋转的磁场,统称为______________.

2. 三相异步电动机旋转磁场的转速称为____________,同步转速的大小取决于旋转磁场的_______和交流电源的_________,同步转速的计算公式为___________.

3. 三相异步电动机中产生的旋转磁场的转速与________成正比,与________成反比.

4. 三相异步电动机转子总是紧跟着旋转磁场以_______________________的转速而旋转,因此称为异步电动机. 又因为转子电流是由电磁感应定律而产生的,所以又称为____________电动机.

5. 当三相异步电动机的转差率 $s=1$ 时,电动机处于____________状态;当 s 趋近于零时,电动机处于____________状态;在额定负载时,s 约在__________到____________之间.

6. 三相异步电动机的转向取决于______________的方向,要改变电动机的转向,只要改变接入定子绕组的_________,即把电动机的________与________互相对调.

二、判断题(正确的在括号内打"√",错误的打"×")

1. 旋转磁场的转速越快,则异步电动机的转速也越快. ( )

2. 根据旋转磁场的转速公式 $n_1=\dfrac{60f_1}{p}$,当 $f_1=50\text{Hz}$ 时,则两极异步电动机($p=1$)和四极异步电动机($p=2$)的额定转速分别为 3000r/min 和 1500r/min. ( )

3. 转差率 s 是分析异步电动机运行性能的一个重要参数,当电动机转速越快时,则对应的转差率也越大. ( )

4. 异步电动机转速最大时,转子导体切割磁感线最多,感生电流和电磁转矩最大. ( )

5. 交流电动机由于通入的是交流电,因此它的转速也是不断变化的,而直流电动机的转速是恒定不变的. ( )

三、选择题

1. 某台进口的三相异步电动机,其额定频率为 60Hz,现工作于 50Hz 的交流电源上,则电动机的额定转速将( ).

A. 有所提高　　B. 相应降低　　C. 保持不变

2. 异步电动机的转子转速 n 与旋转磁场的转速 n_1 的关系为( ).

A. $n_1>n$　　B. $n_1<n$　　C. $n_1=n$

3. 某电动机的 $n_N=980$r/min,则该异步电动机是(　　)极的.

A. 2　　　　B. 4　　　　C. 6

4. 某异步电动机的额定转速为 1470r/min,则该电动机的额定转差率 s_N 为(　　).

A. 0.01　　　　B. 0.02　　　　C. 0.03

四、问答题

1. 旋转磁场产生的条件有哪些？旋转磁场的转向和转速由哪些因素决定？

2. 简单说明三相异步电动机的工作原理.

五、计算题

1. 电源频率 $f_1=50$Hz,额定转差率 $s=0.04$,分别求二极、四极、六极三相异步电动机的同步转速及额定转速.

2. 两台三相异步电动机的电源频率为 50Hz,额定转速分别为 1440r/min 和 2910r/min,试问它们的磁极数分别是多少？额定转差率分别是多少？

3. JO2-42-4 三相异步电动机的额定频率 $f_N=50$Hz,额定转速 $n_N=1440$ r/min. 求其同步转速 n_1、转差率 s 和转子绕组中感应电动势的频率 f_2.

六、任务学习评价

想一想，在预习和查找资料、任务实施、与同学相处、与教师相处等学习活动中学到了什么？知识综合运用能力是否得到提升？团队协作能力是否得到提高？写一写在学习过程中遇到的问题以及解决办法，善于回顾、反思和总结是你成长的捷径.

任务学习心得体会	
年　　月　　日	
任务学习评价	□非常满意　□满意　□不太满意　□不满意
自我提升评价	□非常满意　□满意　□不太满意　□不满意

任务三　三相异步电动机的检查与试验

一、填空题

1．三相异步电动机空载时，电动机的__________基本都是励磁电流．电动机的空载电流为额定电流的__________.

2．三相异步电动机要求有一定的过载能力，通常用__________与__________的比值来描述电动机的过载能力．过载系数用 λ 表示，即__________.

3．三相异步电动机的功率平衡方程式是____________________，其中 P_{Cu1} 为__________，P_{Fe} 为__________.

4．三相异步电动机转子电路的感应电动势、转子漏电抗、转子电流均随转速的增加而__________，而转子电路的功率因数则随转速的增加而__________.

5．异步电动机的转矩特性曲线是指在电源电压__________，电动机的__________和

________________之间的关系曲线．对应于 $s=1$ 时的转矩称为__________，对应于临界转差率 s_m 时的转矩为__________．

6．通过转矩特性的分析知道异步电动机的最大转矩与转子电路电阻 R_2 的大小________，而与外加电压 U_1 的________，因此电源电压的波动对电动机的转矩__________．

二、判断题（正确的在括号内打"√"，错误的打"×"）

1．三相异步电动机不管其转速如何改变，定子绕组上的电压、电流的频率及转子绕组中电势、电流的频率总是固定不变的．（　　）

2．三相异步电动机的最大转矩 T_m 取决于转子电阻 R_2 的大小．（　　）

3．三相异步电动机的额定转矩 T_N 指电动机在额定电压、额定负载下电动机轴上输出的电磁转矩．（　　）

4．当加在三相异步电动机定子绕组上的电压不变时，电动机内部的铁损耗基本维持不变，它不受电动机转速的影响．（　　）

5．三相异步电动机在机械特性曲线的稳定段运行时，当负载转矩减小，则电动机的转速将有所增加，电流及电磁转矩将减小．（　　）

6．由转矩特性知道，产生最大转矩时的临界转差率 s_m 与外加电压无关．因此当外加电压变化时，电动机的额定转差率 s_N 也将保持不变．（　　）

7．堵转转矩倍数越大，说明异步电动机带负载启动的性能越差．（　　）

三、选择题

1．三相异步电动机启动后，随着转速升高，转子感应电动势 E_2 会（　　）．

A．增大　　B．减小　　C．不变

2．三相异步电动机的机械特性是指电磁转矩与（　　）之间的关系．

A．转差率　　B．定子电流　　C．输入功率

3．当三相异步电动机参数一定时，电磁转矩与（　　）成正比．

A．U_1　　B．f_1　　C．U_1^2

4．三相异步电动机的可变损耗就是（　　），不变损耗就是（　　）．

A．铁损耗＋机械损耗　　B．铜损耗　　C．机械损耗

5．由转矩特性分析知道，电动机临界转差率 $s_m=\dfrac{R_2}{X_{20}}$，为了增大启动转矩，希望转子回路电阻 R_2（　　）．

A．越大越好　　B．越小越好　　C．等于 X_{20}

6．三相异步电动机要保持稳定运行，则其转差率 s 应该（　　）．

A．小于临界转差率　　B．等于临界转差率

C．大于临界转差率

7．△形接法的三相异步电动机，若误接为 Y 形接法使用，那么在拖动的负载转矩不变的情况下，其铜损耗和温升将会（　　）．

A. 减小　　B. 基本不变　　C. 增加

8. 异步电动机不希望空载或轻载运行的主要原因是(　　).

A. 功率因数低　　B. 定子电流较大

C. 转速太高有危险

四、问答题

1. 三相异步电动机的铭牌有什么作用?说明铭牌上最重要的参数是哪几个?

2 . 三相异步电动机转子绕组中感应电动势的频率与转差率有何关系?

3. 三相异步电动机的工作特性包括哪些?各有何特点?

4. 若三相异步电动机的电源电压波动过大,会对电动机造成什么影响?

5. 为什么要求三相异步电动机的额定转矩 T_N 比最大转矩 T_m 小很多?能否使额定转矩接近最大转矩?

五、计算题

1. Y-90L-6 三相异步电动机的额定功率 $P_N=1.1\text{kW}$,额定转速 $n_N=910\text{r/min}$,$T_{st}/T_N=2$. 求 S、T_N、T_{st}.

2. Y-160M1-2 三相异步电动机额定功率 $P_N=11kW$，额定转速 $n_N=2930r/min$，过载系数 $\lambda=2.2$，启动系数 $\lambda_{st}=2.0$. 求额定转矩 T_N、最大转矩 T_m 以及启动转矩 T_{st}.

六、任务学习评价

想一想，在预习和查找资料、任务实施、与同学相处、与教师相处等学习活动中学到了什么？知识综合运用能力是否得到提升？团队协作能力是否得到提高？写一写在学习过程中遇到的问题以及解决办法，善于回顾、反思和总结是你成长的捷径.

任务学习心得体会	
年　　月　　日	
任务学习评价	□非常满意　□满意　□不太满意　□不满意
自我提升评价	□非常满意　□满意　□不太满意　□不满意

项目五 三相异步电动机的运行与维修

项目知识回顾

1. 小容量的三相异步电动机可以采用直接启动，容量较大的鼠笼式电动机可以采用降压启动. 常用的降压启动方法有定子绕组串电阻降压启动、Y－△降压启动和自耦变压器降压启动等. 定子绕组串电阻降压启动，因启动电流随电压的减小而按一次方关系减小，而启动转矩随电压的减小按平方关系减小，所以它适用于轻载启动. Y－△降压启动只适用于三角形连接的电动机，其启动电流和启动转矩均降为直接启动时的三分之一，它也适用于轻载启动. 自耦变压器降压启动时，启动电流和启动转矩均降为直接启动时的$\frac{1}{K^2}$(K 为自耦变压器的变比)，它适合带较大的负载启动. 绕线式异步电动机可采用转子串接电阻或频敏变阻器启动，其启动转矩大、启动电流小，它适用于中、大型异步电动机的重载启动.

2. 三相异步电动机有三种制动状态：能耗制动、反接制动和再生发电制动.

3. 三相异步电动机的调速方法有变极调速、变频调速和变转差率调速. 其中，变转差率调速包括绕线式异步电动机的转子串电阻调速和降压调速. 变极调速是通过改变定子绕组接线方式来改变电机极数，从而实现电机转速的变化，变极调速为有级调速. 双速电机定子绕组 Y/YY 连接方式属于恒转矩调速方式，△/YY 属于近似恒功率调速方式. 变极调速时，应同时对调定子两相接线，这样才能保证调速后电动机的转向不变. 变频调速是现代交流调速技术的主要发展方向，它可实现无级调速，适用于恒转矩和恒功率负载. 绕线式异步电动机的转子串电阻调速方法简单，易于实现，但调速是有级的、不平滑的，且低速时特性软，转速稳定性差，同时转子铜损耗大，电机的效率低. 异步电动机的降压调速主要用于风机、泵类负载的场合.

4. 三相定子绕组在铁芯中的分布和连接，应保证定子产生的旋转磁场对称. 三相绕组一般采用分布绕组的形式，即一个线圈组均匀分布在一个相带里. 根据绕组结构上的区别可分为单层、双层或单双层混合绕组；按每极、每相所占槽数分，可分为整数槽绕组和分数槽绕组；按绕组的连接来分，单相绕组又可分为链式绕组、同心式绕组、交叉式绕组，双层绕组又可分为叠绕组和波绕组.

5. 三相异步电动机的故障概括起来可分为电气故障和机械故障两部分：电气故障包括各种类型的开关、按钮、熔断器、定子绕组及启动设备等；而机械方面故障，指轴承、风叶、机壳、联轴器、端盖、轴承盖、转轴等. 发生故障之后，必须迅速、准确地掌握故障发生的原因并进行检修.

任务一　三相异步电动机的启动

一、填空题

1. 电动机的启动是指异步电动机从________开始，转速逐步由________增至________转速为止的这一过程.

2. 鼠笼式三相异步电动机启动方法有________和________两种，当电动机的容量较大或电动机在启动瞬间造成电网电压波动较大时应采用________启动方法.

3. 绕线式异步电动机的启动方法有转子电路串________和串________两种，前者用于________启动，后者主要用于________启动.

4. 鼠笼式三相异步电动机的降压启动有________、________和________等. 其中使用最广泛的是________.

5. 鼠笼式三相异步电动机用Y—△降压启动时，启动电流为直接用△形接法直接启动时的________，所以对降低电动机的启动电流很有效. 但启动转矩也只有直接启动时转矩的________. 故此方法适用于电动机________启动.

二、判断题（正确的在括号内打“√”，错误的打“×”）

1. 只要供电线路允许三相异步电动机直接启动，我们就可采用直接启动的方法来启动电动机.（　）

2. 鼠笼式三相异步电动机如果需带动重负载启动，则不能用降压启动的方法来启动电动机.（　）

3. 三角形接法的三相异步电动机，若误采用星形接法，假设负载转矩不变，则电动机转速将会比三角形接法时稍有增加或大体不变.（　）

4. 三相异步电动机采用自耦变压器降压启动时，电压降低，电流变大，启动转矩增大，可以用于重负载的启动.（　）

5. 绕线式异步电动机定子绕组接成Y形，转子绕组接成△形.（　）

6. 绕线式异步电动机转子串电阻启动，既可降低启动电流，又能提高电动机的启动转矩.（　）

7. 绕线式异步电动机如果将三相转子绕组中的任意两相与启动变阻器的接线对调，则电动机将反转.（　）

三、选择题

1. 为了使异步电动机能采用Y—△降压启动，电动机在正常运行时必须为（　）.

A. Y形接法　　B. △形接法　　C. Y/△形接法

2. Y—△降压启动电流为全压启动电流的(　　)倍.

A. $\sqrt{3}$　　　　B. $1/\sqrt{3}$　　　　C. $1/3$

3. 我国生产的JO2系列及Y系列电动机凡功率在4kW及以上者均采用△形接法运行,其原因是(　　).

A. 可以采用Y—△降压启动　　　　B. 可以用自耦变压器启动

C. 为了满足直接启动时电源线电压380V的需要

4. 普通型号的三相异步电动机直接启动的电流比额定电流(　　),转矩(　　).

A. 增加不多　　　　B. 增加很多

C. 减少不多　　　　D. 减少很多

5. 绕线式异步电动机转子串电阻启动是为了(　　).

A. 空载启动　　　　B. 增加电机转速

C. 轻载启动　　　　D. 增大启动转矩

四、问答题

1. 鼠笼式三相异步电动机启动方法有哪些?说说它们的优缺点.

2. 三相异步电动机Y—△降压启动的特点是什么?适用于什么场合?

3. 三相异步电动机自耦变压器降压启动的特点是什么?适用于什么场合?

五、计算题

一台20kW电动机,其启动电流与额定电流之比为6∶5,变压器容量为5690kV·A,能否采用全压启动?另有一台75kW电动机,其启动电流与额定电流之比为7∶1,能否采用全压启动?

六、任务学习评价

想一想，在预习和查找资料、任务实施、与同学相处、与教师相处等学习活动中学到了什么？知识综合运用能力是否得到提升？团队协作能力是否得到提高？写一写在学习过程中遇到的问题以及解决办法，善于回顾、反思和总结是你成长的捷径.

任务学习心得体会	
年　　月　　日	
任务学习评价	□非常满意　□满意　□不太满意　□不满意
自我提升评价	□非常满意　□满意　□不太满意　□不满意

任务二　三相异步电动机的调速

一、填空题

1. 异步电动机的调速是指________________，人为地改变电动机的转速. 异步电动机的调速方法有____________、____________和____________.

2. 绕线式异步电动机通过转子回路串接__________来改善启动和调速性能.

3. 变频调速可以通过____________、____________等方法实现.

4. 在电源频率不变的条件下，改变________________，可以改变磁极对数，从而得到不同的转速.

5. 国产 YD 系列双速电机所采用的变极方法是△/YY 接法，允许输出的功率近似不变，属__________调速方式.

6. 多速电动机启动时宜先接成______，然后再换接为______，这样可获得较大的启动转矩.

二、判断题(正确的在括号内打"√",错误的打"×")

1. 变频调速可以实现三相异步电动机的平滑调速.　(　　)

2. 变转差率调速是在改变同步转速的条件下进行调速.　(　　)

3. 三相异步电动机进行变频调速时,不需要专用的变频设备.　(　　)

4. 绕线式电动机转子电路既然可用串频敏变阻器进行启动,则也可用串频敏变阻器法进行调速.　(　　)

5. 绕线式异步电动机由于其启动及调速性能比鼠笼式异步电动机好,因此在实际应用中比鼠笼式异步电动机广泛得多.　(　　)

三、选择题

1. 绕线式异步电动机转子串电阻调速属(　　).

A. 变转差率调速　　B. 变极调速

C. 变频调速

2. 用改变电源电压的方法来调节异步电动机的转速主要用于(　　).

A. 带恒转矩负载的鼠笼式异步电动机　　B. 带风机负载的鼠笼式异步电动机

C. 变极调速的异步电动机

3. 为了满足起重机调速范围宽、调速平滑的要求,桥式起重机上采用的绕线式异步电动机应采用(　　).

A. 降低电源电压的方法　　B. 转子串调速电阻的方法

C. 转子串频敏变阻器的方法

四、问答题

1. 什么叫三相异步电动机的调速?鼠笼式三相异步电动机有哪几种调速方法?比较其优缺点.

2. 绕线式三相异步电动机通常采用什么方法调速?

3. 电风扇与普通的负载有何不同?在调速上有什么区别?

五、任务学习评价

想一想，在预习和查找资料、任务实施、与同学相处、与教师相处等学习活动中学到了什么？知识综合运用能力是否得到提升？团队协作能力是否得到提高？写一写在学习过程中遇到的问题以及解决办法，善于回顾、反思和总结是你成长的捷径.

任务学习心得体会	
年　　月　　日	
任务学习评价	□非常满意　□满意　□不太满意　□不满意
自我提升评价	□非常满意　□满意　□不太满意　□不满意

任务三　三相异步电动机的制动

一、填空题

1. 为了使电动机能迅速准确地停转，必须对电动机实行制动，通常采用的制动方法有__________和__________，电气制动又分反接制动、__________和再生制动.

2. 三相异步电动机在制动时利用电磁抱闸机构来使电动机迅速停转的制动方法称为__________.

3. 三相异步电动机的电气制动是使异步电动机产生的__________的方向和轴上所受的机械转矩方向相________，从而对电动机实现制动.

4. 三相异步电动机能耗制动的方法是将运行着的异步电动机的定子绕组从三相交流电源上断开，立即接到__________.

5. 三相异步电动机能耗制动时制动转矩的大小与通入的____________有关. 直流

电流越大，静止磁场越强，产生的制动转矩就越大.

6. 三相异步电动机反接制动时，转差率 s ________ 1，当转速接近于零时，要利用控制电器将三相电源及时切断，并用抱闸刹车，否则电动机将____________.

二、判断题（正确的在括号内打“√”，错误的打“×”）

1. 三相异步电动机的三种电气制动方法均只适用于鼠笼式异步电动机，而对绕线式异步电动机必须采用电磁抱闸制动.（　　）

2. 能耗制动的特点是制动平稳，对电网及机械设备冲击小，而且不需要直流电源.（　　）

3. 反接制动由于制动时对电动机产生的冲击比较大，因此应串入限流电阻，即使是这样也只用于小功率的异步电动机中.（　　）

4. 三相异步电动机采用再生制动只能限制电动机的转速，而无法将电动机制停.（　　）

三、选择题

1. 把运行中的异步电动机三相定子绕组出线端的任意两相与电源接线对调，电动机的运行状态变为（　　）.

A. 反接制动　　B. 反转运行

C. 先是反接制动，后是反转运行

2. 桥式起重机在下放重物时，重物能保持一定的速度匀速下降，而不会像自由落体一样落下，主要原因是电动机此时处于（　　）.

A. 反接制动状态　　B. 能耗制动状态

C. 再生发电制动状态

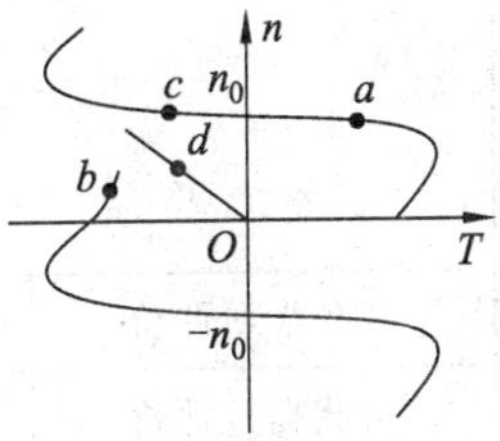

3. 三相异步电动机的机械特性如右图所示，表示处于发电机回馈制动工作状态的工作点是（　　）.

A. a　　B. b

C. c　　D. d

4. 向电网反馈电能的三相异步电动机制动方式称为（　　）.

A. 能耗制动　　B. 再生制动　　C. 反接制动　　D. 电磁抱闸

5. 三相异步电动机轻载运行时，三根电源线突然断一根，这时会出现（　　）现象.

A. 能耗制动，直至停转　　B. 反接制动后，反向转动

C. 由于机械摩擦存在，电机缓慢停车　　D. 电机继续运转，但电流增大，电机发热

四、问答题

1. 什么叫三相异步电动机的制动？机械制动有何优缺点？一般用于什么场合？

2. 电气制动有哪几种方法？说明各种制动方法的特点与适用范围.

五、任务学习评价

想一想，在预习和查找资料、任务实施、与同学相处、与教师相处等学习活动中学到了什么？知识综合运用能力是否得到提升？团队协作能力是否得到提高？写一写在学习过程中遇到的问题以及解决办法，善于回顾、反思和总结是你成长的捷径.

任务学习心得体会	
年　月　日	
任务学习评价	□非常满意　□满意　□不太满意　□不满意
自我提升评价	□非常满意　□满意　□不太满意　□不满意

任务四 三相异步电动机的检修

一、填空题

1. 三相异步电动机的绕组是指________绕组和________绕组的总称. 不论是鼠笼式电动机还是绕线式电动机，它们的________绕组结构是相同的，主要区别之处在于________结构完全不同.

2. 三相异步电动机单层绕组的线圈数只有槽数的一半，制造方便，故常用于 10kW 以下的小型异步电动机中. 单层绕组可分为________、________和________三种.

3. 某电机为三相单层链式绕组，已知 $z_1=48$，$2p=8$，则 $q=$______，$\tau=$______，绕组元件的实际跨距为________.

4. 三相异步电动机在运行中出现的故障主要可分为________和__________两大类.当电动机在运行时出现故障，则首先必须立即__________________，然后对电动机进行分析研究，找出________________，再设法排除故障.

5. 当电源电压过低时对三相异步电动机造成的故障现象可能有____________、____________、______________等现象.

6. 三相异步电动机在运行中突然出现振动及异声，其造成的原因可能是____.

7. 三相异步电动机绕组直流电阻的测定一般在常温下进行.绕组电阻可采用______测量.所测各相电阻值偏差与其平均值之比不得超过______.

8. 对三相异步电动机主要测定各绕组间、各绕组与地间冷态绝缘电阻.对于500V以下的电动机，绝缘电阻值不应低于________ Ω.

二、判断题（正确的在括号内打“√”，错误的打“×”）

1. 新购进的鼠笼式三相异步电动机只要用手拨动电动机转轴，如转动灵活就可以通电运行.（　　）

2. 三相异步电动机在运行中如有焦臭味发出，则肯定电动机运行不正常，必须迅速停机检查原因.（　　）

3. 三相单层绕组的三种结构形式其产生的电磁效果基本上是一样的，因此凡是采用单层绕组的电机从原理上讲随便使用哪种结构形式都可以.（　　）

三、选择题

1. 绕组节距 y 是指一个绕组元件的两有效边之间的距离，在选择绕组节距时应该（　　）.

A. 越大越好　　B. 越小越好　　C. 接近极距 τ　　D. 无要求

2. 由于交叉式绕组是由一组大线圈和一组小线圈组合而成的，因此它只能用于（　　）.

A. $q=2$ 的绕组中　　B. $q=3$ 的绕组中

C. $q=4$ 的绕组中

3. 三相异步电动机长久使用以后，如轴承磨损导致转子下沉带来的后果是（　　）.

A. 电流及温升增加　　B. 转速加快

C. 无法启动

4. 三相异步电动机在运行时出现一相电源断电，对电动机带来的影响主要是（　　）.

A. 电动机立即停转　　B. 电动机转速降低，温度增高

C. 电动机出现振动及异声

5. 三相异步电动机某相定子绕组出线端有一处对地绝缘损坏，给电动机带来的故障为（　　）.

A. 电动机停转　　B. 电动机温度过高而冒烟

C. 电动机外壳带电

6. 三相异步电动机启动的时间较长，加载后转速明显下降，电流明显增加，可能的原因是（　）.

A. 电源缺相　　B. 电源电压过低

C. 某相绕组断路　　D. 电源频率过高

四、问答题

1. 简单说明判断三相异步电动机故障的步骤.

2. 三相异步电动机运行中发生电源断一相的故障，会产生什么现象？

3. J0-41-2 三相异步电动机定子绕组数据为：单层同心式，$2p=2$，$z_1=24$，跨距 y 为 1—12 及 2—11，计算各绕组参数，并画出三相绕组的展开图.

4. Y-132M1-6 三相异步电动机定子绕组数据为：单层链式，$2p=6$，$z_1=36$，跨距 y 为 1—6，计算各绕组参数，画出 U 相绕组的展开图并确定 V 相及 W 相尾端的槽号.

五、任务学习评价

想一想，在预习和查找资料、任务实施、与同学相处、与教师相处等学习活动中学到了什么？知识综合运用能力是否得到提升？团队协作能力是否得到提高？写一写在学习过程中遇到的问题以及解决办法，善于回顾、反思和总结是你成长的捷径.

任务学习心得体会	
年　　月　　日	
任务学习评价	□非常满意　□满意　□不太满意　□不满意
自我提升评价	□非常满意　□满意　□不太满意　□不满意

项目六 单相异步电动机的使用与维修

项目知识回顾

1. 单相异步电动机是利用单相电源供电的一种小容量交流电动机，它具有结构简单、运行可靠、维护方便等优点，特别是可以直接用220 V交流电源供电，因此广泛用于工业、农业、医疗和家用电器等方面.

2. 单相异步电动机是指一种利用单相交流电源供电，电动机转速随负载变化而稍有变化的交流电动机，通常其功率都比较小，主要用于小型风机、家用电器等由单相电源供电的场合.

3. 由于在单相定子绕组中通入单相交流电后产生的是脉动磁场，因此单相异步电动机本身没有启动转矩，不能自行启动.

4. 根据单相异步电动机启动方法的不同，可分为电容分相单相异步电动机、电阻分相单相异步电动机和罩极式单相异步电动机三大类.

5. 单相异步电动机本身的结构与三相异步电动机相似，也由定子和转子两大部分组成.但由于其功率一般较小，因此结构也较简单.

6. 目前使用较多的是电容运行单相异步电动机，它的结构简单，使用维护也较方便，但启动转矩较小，主要用于空载或轻载启动的场合.

7. 单相异步电动机的调速方法也与三相异步电动机一样，有变频调速、调压调速和变极调速三种.由于电动机功率小，目前调压调速使用较多，常用的调压调速有：自耦变压器调速、串电抗器调速、定子绕组抽头调速、串电容器调速、双向晶闸管调速等多种.

8. 单相异步电动机在家用电器中的应用特别广泛，与人们的生活密切相关.对单相异步电动机的使用维护和检修显得非常重要.使用时要经常注意电动机转速是否正常，能否正常启动，温升是否过高，声音是否正常，振动是否过大，有无焦味等.若有故障应及时维修，防止故障的扩大，影响人身和财物的安全.

任务一　单相异步电动机的认识

一、填空题

1. 普通单相交流异步电动机按转子内外形式可分为_______结构形式和_______结构形式两种.

2. 单相异步电动机按启动方式的不同可分为五类：__________、__________、__________、__________和__________.

3. 所谓脉动磁场，是指它的____________和____________按正弦规律变化，绕组轴线方向磁场的空间位置不变.

4. 定子铁芯仅嵌有一个绕组(也未设短路铜环)的单相异步电动机，其______方向是不固定的，当朝某个方向施加一个外力后转子沿着________的方向转动起来. 通常在其定子上安放两套绕组，通入单相交流电后，经电容或电阻分相后，产生____________并固定电动机转向.

5. 双值电容单相异步电动机中的两只电容是________、________，其中__________电容容量较大，两只电容__________联后与启动绕组__________联.

6. 为解决单相异步电动机的启动问题，通常单相异步电动机定子上安装两套绕组，一套是_______，又称主绕组，另一套是________，又称副绕组，它们在空间位置上相差________电角度.

7. 凸极式罩极单相异步电动机定子铁芯通常用____________________叠成，每极在____________处开个小槽，在小部分极上套有____________. 这样，当励磁绕组通入____________时，磁极之间形成一个磁场而使电动机获得启动转矩.

8. 所谓电容启动或电阻启动单相异步电动机，是指在启动绕组上串联一适当的________或________后，经离心开关与工作绕组________联，再接到单相交流电源上，电动机启动后待转速达到额定值的________左右，借助离心开关将启动绕组回路切断.

二、判断题(正确的在括号内打“√”，错误的打“×”)

1. 单相异步电动机在没有启动绕组的情况下也能产生旋转磁场.　(　　)

2. 单相异步电动机不能自行启动.　(　　)

3. 给在空间互差 90°电角度的两相绕组内通入同相位交流电，就可产生旋转磁场.　(　　)

4. 电容运行单相异步电动机，因其工作绕组与启动绕组中的电流是同相位的，所以被称为单相异步电动机.　(　　)

5. 额定频率为 60Hz 的电动机不得使用 50Hz 电源.　(　　)

6. 家用吊扇的电容器损坏拆除后，每次启动拨动一下，照样可以转动起来. （ ）

7. 罩极式单相异步电动机具有结构简单、制造方便等优点，所以洗衣机上也采用它. （ ）

8. 电容启动单相异步电动机启动后，当启动绕组开路，则转子转速会减慢. （ ）

三、选择题

1. 电动机铭牌上的功率是指（ ）.

A. 输入功率　　B. 输出的机械功率

C. 损耗的功率　　D. 输入与输出功率

2. 单相异步电动机上电容的作用是（ ）.

A. 增大电流　　B. 减小电流

C. 起工作绕组和启动绕组电流分相作用　　D. 减小损耗

3. 单相交流电通入单相绕组产生的磁场是（ ）.

A. 旋转磁场　　B. 恒定磁场　　C. 脉动磁场

4. 目前国产的吊扇、电冰箱、洗衣机中的单相异步电动机大多属于（ ）.

A. 罩极式单相异步电动机　　B. 电容启动单相异步电动机

C. 电容运行单相异步电动机

四、问答题

1. 试简述单相异步电动机的工作原理.

2. 试简述电容运行单相异步电动机的工作原理.

3. 气隙磁场为脉动磁场的单相异步电动机有无启动转矩产生？如何才能使该电动机转动？

4. 拆装一台吊扇，写出工艺过程.

五、任务学习评价

想一想，在预习和查找资料、任务实施、与同学相处、与教师相处等学习活动中学到了什么？知识综合运用能力是否得到提升？团队协作能力是否得到提高？写一写在学习过程中遇到的问题以及解决办法，善于回顾、反思和总结是你成长的捷径.

任务学习心得体会	
    年　月　日	
任务学习评价	□非常满意　□满意　□不太满意　□不满意
自我提升评价	□非常满意　□满意　□不太满意　□不满意

任务二　单相异步电动机的运行

一、填空题

1. 电风扇电动机调速有五种方法，分别是：__________、__________、__________、__________和__________.

2. 吊扇的工作绕组直流电阻较______（填“大”或“小”），启动绕组电阻较______（填“大”或“小”）.

3. 家用台扇电动机采用抽头调速，一个电机引出线有 5 根，分别是__________、__________、__________、__________和__________.

4. 利用改变晶闸管的导通角来调节电动机的端电压，可以使电风扇实现______调速.

5. 洗衣机的洗涤电动机的反转是由定时器的一个触点开关将电动机的__________对换，实现正、反交替运转的.

6. 单相异步电动机的转向与旋转磁场的转向相同,因此要使单相异步电动机反转就必须改变旋转磁场的转向.改变旋转磁场的方法有两种:一种是____________,另一种是____________,这种方法只适合于电容运行单相异步电动机.

二、判断题(正确的在括号内打"√",错误的打"×")

1. 单相异步电动机只要调换两根电源线就能改变转向. (　　)
2. 要改变罩极式异步电动机的转向,只要改变电源接线即可. (　　)
3. 单相异步电动机工作绕组直流电阻小,启动绕组直流电阻大. (　　)
4. 单相异步电动机串电抗器调速后,电动机转速既能高于额定转速又能低于额定转速. (　　)
5. 串电抗器调速是通过电抗器分压降低电动机电压来实现的,所以电抗器可以用电阻来代替. (　　)

三、选择题

1. 家用台扇最常用的调速方法是(　　).
A. 抽头调速　　B. 串电抗器调速
C. 双向晶闸管调速　　D. 自耦变压器调速

2. 吊扇最常用的调速方法是(　　)和(　　).
A. 抽头调速　　B. 串电抗器调速
C. 双向晶闸管调速　　D. 自耦变压器调速

3. 电容如果串入单相异步电动机工作绕组中会发生(　　)现象.
A. 电动机反转　　B. 电动机立即烧掉
C. 电动机正常运行　　D. 电动机转向不变,但转速增大

4. 罩极式单相异步电动机的转动方向(　　).
A. 总是由磁极的未罩部分转向被罩部分
B. 总是由磁极的被罩部分转向未罩部分
C. 决定于定子绕组首、尾端的接线关系

5. 若要改变电容启动单相异步电动机的转向,只要将(　　).
A. 工作绕组、启动绕组对换
B. 工作绕组、启动绕组中任意一组首尾端对调
C. 电源的"相"线与"零"线对调

四、问答题

1. 单相异步电动机的调速方法有哪几种? 各有何特点?

2. 改变单相异步电动机的转向有几种方法？分别是如何实现的？

3. 如何用万用表来判别吊扇电动机的工作绕组和启动绕组？

4. 试画出家用台扇或风扇常用的调速线路图.

五、任务学习评价

想一想，在预习和查找资料、任务实施、与同学相处、与教师相处等学习活动中学到了什么？知识综合运用能力是否得到提升？团队协作能力是否得到提高？写一写在学习过程中遇到的问题以及解决办法，善于回顾、反思和总结是你成长的捷径.

任务学习心得体会	
年　月　日	
任务学习评价	□非常满意　□满意　□不太满意　□不满意
自我提升评价	□非常满意　□满意　□不太满意　□不满意

任务三 单相异步电动机的检修

一、填空题

1. 给单相异步电动机加上额定电压时，而离心开关没有闭合，电动机________(填“能够启动”或“不能启动”).

2. 电动机绕组断路，加上额定电压以后，电动机________(填“能够转动”或“不能转动”).

3. 将万用表拨至×10kΩ 或 1kΩ 挡，用一字旋具或导线短接电容器两端进行放电后，把万用表表笔接电容器接线端.

(1) 若指针大幅度摆向电阻零位，然后慢慢返回初始位置，说明电容器________;(2) 若指针不动，说明电容器________;(3) 若指针摆到刻度盘上的某较小阻值处不再返回，说明电容器________;(4) 若指针摆到电阻零位后不返回，说明电容器________;(5) 若指针能正常摆动和返回，但第一次摆幅小，说明电容器________;(6) 将万用表拨至×100Ω 挡，用表笔测电容器两端接线端对地电阻，若指示为零，说明电容器________.

二、判断题(正确的在括号内打“√”，错误的打“×”)

1. 单相异步电动机上电容的作用是平稳电压. ( )

2. 离心开关的作用是当电动机达到额定转速时，切断电容所在的支路. ( )

3. 电动机长期在低电压下运行时，有可能会被烧毁. ( )

4. 检查电容器时，要先将电容器短接，将所存电荷释放掉. ( )

5. 单相异步电动机通电后，熔丝很快熔断，则可能是绕组短路或接地. ( )

6. 用于洗衣机的电容运行单相异步电动机，工作绕组、启动绕组接错后，会使电动机过热. ( )

7. 电容启动单相异步电动机的离心开关启动前不闭合，则电动机不能启动；若启动后断不开，电动机会发热甚至冒烟. ( )

三、选择题

1. 单相异步电动机中电容器容量变小，会使电动机( ).

A. 转速变慢　　B. 被烧毁　　C. 没有任何影响

2. 用万用表电阻挡检测电容器好坏时，发现万用表指针指到零位后不动，说明电容器( ).

A. 是好的　　B. 断路　　C. 短路

3. 单相异步电动机有( )组定子绕组.

A. 1　　B. 2　　C. 3

4. 给单相异步电动机更换电容器时，(　　)必须与原规格相同.

A. 电容器的容量　　　　B. 额定电压

C. 电容器的容量与额定电压

5. 单相异步电动机的转速低于正常转速，可能是(　　).

A. 电源电压过低　　　　B. 转子鼠笼条全部开路

C. 工作绕组或启动绕组短路或接地

四、问答题

1. 在电源正常的情况下，单相异步电动机转速变慢，最常见原因是什么？

2. 家用吊风扇电容运行单相异步电动机有三个出线头 a、b、c，如何判断它们中哪两个端子直接接电源？哪一个端子与电容串联，然后接电源的哪一端？

五、任务学习评价

想一想，在预习和查找资料、任务实施、与同学相处、与教师相处等学习活动中学到了什么？知识综合运用能力是否得到提升？团队协作能力是否得到提高？写一写在学习过程中遇到的问题以及解决办法，善于回顾、反思和总结是你成长的捷径.

任务学习心得体会	
年　月　日	
任务学习评价	□非常满意　□满意　□不太满意　□不满意
自我提升评价	□非常满意　□满意　□不太满意　□不满意

项目七 特种电机的认识与使用

项目知识回顾

1. 伺服电动机将电压信号转变为电动机转轴的角速度或角位移输出，在自动控制系统中作执行元件.

2. 直流伺服电动机指的是使用直流电源的伺服电动机，实质上是一台他励式直流电动机. 除传统型直流伺服电动机外，还有盘式电枢、空心杯转子式和无槽电枢等低惯量直流伺服电动机. 直流伺服电动机有电枢控制和磁极控制两种控制方式，其中以电枢控制方式应用较多. 目前使用的直流伺服电动机都要和配套的直流伺服电动机驱动器配合使用.

3. 交流伺服电动机相对于普通的异步电动机而言，具有较大的转子电阻，一方面可防止转子的自转现象；另一方面可使伺服电动机的机械特性更接近于线性. 交流伺服电动机的控制方式有幅值控制、相位控制、幅值与相位控制，它的机械特性和调节特性都是非线性的.

4. 测速发电机是自动控制系统中的信号元件，它可以把转速信号转换成电信号.

5. 直流测速发电机是一种微型直流发电机，按励磁方式分为电磁式和永磁式两大类. 理想的输出特性曲线为一条直线，而实际上输出特性曲线有一定误差. 为减小误差在使用时必须注意发电机的转速不得超过规定的最高转速，负载电阻不得小于规定值.

6. 异步测速发电机常采用空心杯转子式结构，转子旋转时切割励磁磁通产生感应电动势和电流，在输出绕组中产生感应电动势，从而产生输出电压. 输出电压的大小与转速成正比. 理想的输出特性曲线是一条直线. 在实际使用中，为提高异步测速发电机的性能，通常采用四极发电机结构. 为了减小误差，应增大转子电阻和负载阻抗，减小励磁绕组和输出绕组的漏阻抗，采用 400Hz 的中频励磁电源，发电机的工作转速不应超过规定的转速范围.

7. 步进电动机是将控制脉冲信号变换为角位移或直线位移的一种特殊电动机. 反应式步进电动机的工作原理是建立在磁感线通过磁阻最小的路径，产生磁阻转矩来驱动转子转动的. 输出的角位移或线位移量与脉冲数成正比，转向取决于控制绕组中的通电顺序.

8. 步进电动机每相绕组中的通电是脉冲式的，每输入一个控制脉冲信号，转子转过的角度称为步距角. 步距角的大小由转子齿数和运行拍数所决定. 由于同一台步进电动机既可用单相通电方式又可用两相通电方式运行，所以步进电动机一般有两个步距角. 步进电动机除反应式外，还有永磁式和感应子式永磁式(混合式).

9. 步进电动机在使用中也要和专用的驱动器配套使用，驱动电源对步进电动机的运行性能有很大的影响，目前使用的驱动器除可以产生脉冲输出以外，还可以对脉冲信号进行细分，而使步进电动机的步距角更加细化.

10. 直线电动机是一种直接产生直线运动的电动机，任何一种旋转电动机理论上都有与之对应的直线电动机，直线电动机按照结构类型分为平板型、圆筒型(管型)、圆盘型和圆弧型等. 其中，平板型是最基本的一种. 它们有长初级和短初级之分，且均有单边型和双边型两种. 直流直线电动机按励磁方式分为永磁式和电磁式两类. 在使用中直线电动机也要和相应的驱动器配合使用.

任务一　伺服电动机的认识与使用

一、填空题

1. 伺服电动机的应用领域广泛，需要有__________源驱动，而且对___________较高的场合，一般都可使用伺服电动机.

2. 伺服电动机又称______________，在自动控制系统中作为__________，其作用是将接收到的电信号转变为轴上的___________或___________，它的输出量受输入___________的控制.

3. 直流伺服电动机的结构与____________基本相同，由__________、__________、__________、电刷装置以及机壳等构成.

4. 直流伺服电动机的控制方式和普通直流电动机的控制方式类似，可以分为___________控制和__________控制两种.

5. 交流伺服电动机实质上是一种微型____________，通常是____________相结构，在定子槽内嵌有两组在空间相差_____________的定子绕组，其中一组是__________，另一组是___________.

6. 交流伺服电动机当负载转矩一定时，通过改变___________或___________，就能达到改变电动机转速的目的.

二、判断题(正确的在括号内打“√”，错误的打“×”)

1. 在自动控制系统中，把输入的电信号转换成电机轴上的角位移或角速度的电磁装置称为伺服电动机.　(　　)

2. 直流伺服电动机不论是他励式还是永磁式，其转速都是由信号电压控制的.　(　　)

3. 在自动控制系统中，伺服电动机常作为信号元件来使用.　(　　)

4. 交流伺服电动机的电磁转矩的大小取决于控制电压的大小.　(　　)

5. 直流伺服电动机实质上就是一台自励式直流电动机.　(　　)

6. 当切削液进入电刷时，会造成直流伺服电动机运转时噪声大.　(　　)

7. 交流伺服电动机实质上就是一种微型交流异步电动机.　(　　)

8. 直流伺服电动机的结构和原理与一般异步电动机基本相同. （ ）

三、选择题

1. 伺服电动机按其使用电源的性质,可分为（ ）两大类.
A. 交流和直流 B. 同步和异步
C. 永磁和他励 D. 两相和三相

2. 空心杯转子式电枢直流伺服电动机有一个外定子和一个内定子,通常（ ）.
A. 外定子为永久磁钢,内定子为软磁材料
B. 外定子为软磁材料,内定子为永久磁钢
C. 内、外定子都是永久磁钢
D. 内、外定子都是软磁材料

3. 交流伺服电动机在没有控制信号时,定子内（ ）.
A. 没有磁场 B. 只有旋转磁场
C. 只有永久磁场 D. 只有脉动磁场

4. 交流伺服电动机的定子圆周上装有（ ）绕组.
A. 一个 B. 两个互差 90°电角度
C. 两个互差 180°电角度 D. 两个串联

5. 低惯量直流伺服电动机（ ）.
A. 输出功率大 B. 输出功率小
C. 对控制电压反应快 D. 对控制电压反应慢

6. 空心杯转子式电枢直流伺服电动机有 1 个外定子和（ ）个内定子.
A. 1 B. 2 C. 3 D. 4

7. 空心杯转子式非磁性转子交流伺服电动机,当只给励磁绕组通入励磁电流时,产生的磁场为（ ）磁场.
A. 脉动 B. 旋转 C. 恒定 D. 不定

8. 他励式直流伺服电动机的正确接线方式是（ ）.
A. 定子绕组接信号电压,转子绕组接励磁电压
B. 定子绕组接励磁电压,转子绕组接信号电压
C. 定子绕组和转子绕组都接控制信号
D. 定子绕组和转子绕组都接励磁信号

四、问答题

1. 对伺服电动机的性能要求有哪些?

2. 两相伺服电动机的控制方法有哪些？

3. 什么是两相交流伺服电动机的"自转"现象？

4. 如果直流伺服电动机的励磁电压下降，对电动机的机械特性有哪些影响？

五、任务学习评价

想一想，在预习和查找资料、任务实施、与同学相处、与教师相处等学习活动中学到了什么？知识综合运用能力是否得到提升？团队协作能力是否得到提高？写一写在学习过程中遇到的问题以及解决办法，善于回顾、反思和总结是你成长的捷径。

任务学习心得体会	
年　月　日	
任务学习评价	□非常满意　□满意　□不太满意　□不满意
自我提升评价	□非常满意　□满意　□不太满意　□不满意

任务二 测速发电机的认识与使用

一、填空题

1. 测速发电机是一种将旋转机械的旋转速度转变成________的设备，通常要求测速发电机的输出电压与机械的转速成________关系，它广泛用于自动控制系统中作为转速__________元件.

2. 直流测速发电机的结构与_________相同，同样由__________、_________、换向器组成，一般为_________极. 直流测速发电机根据励磁方式不同，可分为__________和__________.

3. 测速发电机可分为__________测速发电机和__________测速发电机两大类. 交流测速发电机，可分为_________测速发电机和_________测速发电机. 在自动控制系统中，目前应用的异步测速发电机，主要是_________________.

4. 交流测速发电机的输出电压 U 与转速 n 成_______，输出频率等于励磁电源频率，转向改变时，输出电压的相位要变化_______电角度.

5. 测速发电机主要应用于_________、_________和_________等三类控制系统.

二、判断题（正确的在括号内打"√"，错误的打"×"）

1. 测速发电机是将旋转机械的转速变换成电压输出的小型发电机. （　　）
2. 改变交流发电机的转向，则它的输出电压将改变 90°. （　　）
3. 永磁式直流测速发电机工作时，必须加励磁电压. （　　）
4. 当交流测速发电机转速为零时，输出电压一定为零. （　　）
5. 交流测速发电机上的励磁电源和直流测速电动机一样，都提供直流电压. （　　）
6. 测速发电机在自动控制系统中作为电源给电子电路供电. （　　）

三、选择题

1. 交流测速发电机的杯形转子用（　　）材料做成.

A. 高电阻　　B. 低电阻　　C. 高导磁　　D. 低导磁

2. 交流测速发电机的定子绕组上有（　　）绕组.

A. 一个　　B. 两个串联

C. 两个并联　　D. 两个空间相差 90°电角度

3. 直流测速发电机一般为（　　）极.

A. 二极　　B. 三极　　C. 四极　　D. 六极

4. 测速发电机将旋转机械的转速转换成(　　)输出.

A. 电流　　B. 电压　　C. 频率　　D. 功率

5. 若被测量机械的转向改变,则交流测速发动机的(　　).

A. 电压大小改变　　B. 频率高低变化

C. 输出电压相位改变 90°　　D. 输出电压相位改变 180°

6. 永磁式直流测速发电机工作时(　　).

A. 不需要加励磁电压　　B. 需要加励磁电压

C. 需要加交流励磁电压　　D. 需要加直流励磁电压

7. 目前较理想的测速发动机是(　　).

A. 空心杯转子式　　B. 交流同步

C. 永磁式　　D. 电磁式

四、问答题

1. 测速发电机在自动控制系统中主要起什么作用?

2. 直流测速电动机按照励磁方式可分为哪几类?

3. 为什么直流测速发电机在使用中不宜超过规定的最高转速?

4. 简述空心杯转子式交流异步测速发电机的工作原理.

五、任务学习评价

想一想,在预习和查找资料、任务实施、与同学相处、与教师相处等学习活动中学到了什么?知识综合运用能力是否得到提升?团队协作能力是否得到提高?写一写在学习过程中遇到的问题以及解决办法,善于回顾、反思和总结是你成长的捷径.

任务学习心得体会	
年　月　日	
任务学习评价	□非常满意　□满意　□不太满意　□不满意
自我提升评价	□非常满意　□满意　□不太满意　□不满意

任务三 步进电动机的认识与使用

一、填空题

1. 步进电动机又称________电机，是一种重要的________元件，它是将________变换成________的执行电动机，其角位移量与输入电脉冲数成________，其转速与电脉冲的频率成正比.

2. 步进电动机的种类很多，主要有________、________、________三种.

3. 反应式步进电动机也称为______步进电动机，其定子和转子的磁路都由______叠压而成，定子上有________，转子上________绕组.

4. 步进电动机接收一个脉冲，转子所转过的空间角度称为______. 步距角与相数、转子表面的齿数和________有关.

5. 步进电动机的步距角较大，电动机在接收到一个脉冲时，旋转的角度比较大，使加工工件的精度不高，为了获得更高的精度，必须采用________的步进电动机.

二、判断题(正确的在括号内打"√"，错误的打"×")

1. 步进电动机绕组上的电压是直流电压.　(　　)

2. 步进电动机工作时要有专用的驱动器.　(　　)

3. 步进电动机的转速受脉冲频率的控制. (　　)
4. 改变步进电动机电源电压大小,就可以改变转速. (　　)
5. 步进电动机在工作中只能以“步进”方式运动. (　　)
6. 由步进电动机演变而来的直线电动机是直线步进电动机. (　　)
7. 步进电动机在任何转矩下,都能每一个脉冲前进一步. (　　)

三、问答题

1. 为什么步进电动机上标注的步距角有两个？怎样改变步进电动机的转向？

2. 简述反应式三相步进电动机三相单三拍控制方式时的工作原理.

3. 选择步进电动机时应从哪几个方面考虑？

4. 步进电动机的控制系统包括哪些主要部分？它们的主要功能是什么？

四、任务学习评价

想一想,在预习和查找资料、任务实施、与同学相处、与教师相处等学习活动中学到了什么？知识综合运用能力是否得到提升？团队协作能力是否得到提高？写一写在学习过程中遇到的问题以及解决办法,善于回顾、反思和总结是你成长的捷径.

<table>
<tr><td colspan="2">任务学习心得体会</td></tr>
<tr><td colspan="2">

年　　月　　日</td></tr>
<tr><td>任务学习评价</td><td>□非常满意　□满意　□不太满意　□不满意</td></tr>
<tr><td>自我提升评价</td><td>□非常满意　□满意　□不太满意　□不满意</td></tr>
</table>

任务四　直线电动机的认识与使用

一、填空题

1. 直线电动机也称 ____________、____________、____________、推杆马达，直线电动机不需要任何____________就能产生直线运动，驱动直线运动的生产机械.

2. 直线电动机按照结构类型可以分成________、________、圆盘型和圆弧型等.

3. 直线电动机的种类很多，从原理上讲，每种旋转电动机都可以有与之对应的直线电动机. 按照工作原理，直线电动机可以分成____________、____________、____________、直线步进电动机、混合式直流直线电动机等.

4. 直线电动机可以工作在比较恶劣的环境中，如____________、____________、具有腐蚀性的有害气体环境等.

5. 直线电动机的运动方式可以是固定初级，让次级运动，称为____________________；也可以固定次级，而让初级运动，则称为____________________.

二、判断题（正确的在括号内打"√"，错误的打"×"）

1. 直线电动机是通过丝杠和外部机械连接输出直线运动的.　（　）

2. 直线感应电动机的速度与电机极数及电源频率有关，因此改变电动机极数或电源频

率都可改变电动机的运行速度.　　（　　）

3. 直线电动机可以完成高速度的往复运动.　　（　　）

4. 与旋转电动机一样,如果要改变电动机运动的方向,只要改变直线电动机初级绕组的通电相序即可.　　（　　）

5. 直线电动机易做到其动子用磁悬浮支撑,使得动子和定子不接触,零件无磨损.　　（　　）

6. 在需要按照输入脉冲个数产生直线位移、并需精密定位的场合,可采用直线感应电动机.　　（　　）

三、选择题

1. 能直接产生直线运动的电动机是(　　).

A. 步进电动机　　B. 三相异步电动机

C. 永磁式直线电动机　　D. 无刷电动机

2. 经济型数控机床常采用(　　)电动机.

A. 直流伺服　　B. 交流伺服　　C. 步进　　D. 直线

3. 影响直线感应电动机速度的因素(　　).

A. 只有电动机极数　　B. 只有电源频率

C. 只有电源电压　　D. 主要有电动机极数和电源频率

4. 平板型直线电动机的初级铁芯由(　　)做成.

A. 整块钢板　　B. 硅钢片　　C. 铜片　　D. 钢片和铜片

四、问答题

1. 简述直线电动机的工作原理,它有哪几种结构?

2. 直线电动机有哪些优点?直线电动机主要用于哪些场合?

五、任务学习评价

想一想,在预习和查找资料、任务实施、与同学相处、与教师相处等学习活动中学到了什么?知识综合运用能力是否得到提升?团队协作能力是否得到提高?写一写在学习过程中遇到的问题以及解决办法,善于回顾、反思和总结是你成长的捷径.

任务学习心得体会	
年　月　日	
任务学习评价	□非常满意　□满意　□不太满意　□不满意
自我提升评价	□非常满意　□满意　□不太满意　□不满意